O cérebro
espiritual

Mario BEAUREGARD, Ph.D. & Denyse O'LEARY

O cérebro espiritual

5ª edição

Tradução
Alda Porto

Revisão técnica
Fernanda Campos

Rio de Janeiro | 2025

CIP-BRASIL. CATALOGAÇÃO-NA-FONTE
SINDICATO NACIONAL DOS EDITORES DE LIVROS, RJ

Beauregard, Mario

B352c   O cérebro espiritual / Mario Beauregard, Denyse O'Leary;
5ª ed.   tradução: Alda Porto. – 5ª ed. – Rio de Janeiro: BestSeller, 2025.

Tradução de: The spiritual brain: a neuroscientist's case
for the existence of the soul

Inclui bibliografia
ISBN 978-85-7684-199-9

1. Psicologia religiosa. 2. Cérebro – Aspectos religiosos.
3. Homem (Teologia). 4. Doenças. 5. Neurociências. 6. Espi-
ritualidades. I. O'Leary, Denyse. II. Porto, Alda. III. Título.

09-0349   CDD: 200.19
                                                CDU: 211.000.159

Texto revisado segundo o Acordo Ortográfico da Língua Portuguesa de 1990.

Título original norte-americano
THE SPIRITUAL BRAIN: A NEUROSCIENTIST'S CASE FOR THE EXISTENCE
OF THE SOUL

Copyright © 2007 by Mario Beauregard and Denyse O'Leary
Copyright da tradução © 2008 by Editora Best Seller Ltda.

Design de capa: Sérgio Campante
Editoração eletrônica: Abreu's System

Todos os direitos reservados. Proibida a reprodução, no todo ou em parte,
sem autorização prévia por escrito da editora, sejam quais forem os meios
empregados, com exceção das resenhas literárias, que podem reproduzir
algumas passagens do livro, desde que citada a fonte.

Direitos exclusivos de publicação em língua portuguesa para o Brasil adquiridos pela
EDITORA BEST SELLER LTDA.
Rua Argentina, 171 – Rio de Janeiro, RJ – 20921-380 – Tel.: (21) 2585-2000
que se reserva a propriedade literária desta tradução

Impresso no Brasil

ISBN 978-85-7684-199-9

Seja um leitor preferencial Record.
Cadastre-se no site www.record.com.br e receba informações
sobre nossos lançamentos e nossas promoções.

Atendimento e venda direta ao leitor
sac@record.com.br

Agradecimentos

Sou muito grato aos meus alunos de doutorado Johanne Lévesque, Élisabeth Perreau-Linck e Vincent Paquette, cujos estudos de imagens do cérebro apresentamos neste livro.

Também apresento os devidos agradecimentos ao Natural Sciences and Engineering Research Council of Canada, ao Metanexus Institute e à John Templeton Foundation, sem cujo apoio financeiro não teriam sido realizados os estudos carmelitas.

Susan Arellano, nossa agente literária, merece nossa gratidão pela grande eficiência.

Nós dois queremos agradecer a Eric Brandt, nosso editor na HarperOne, pelas sábias sugestões editoriais, e também à editora de produção Laurie Dunne e à preparadora de originais Ann Moru, pela competência, paciência e compreensão. Também gostaríamos de agradecer ao trabalho de Pierre-Alexandre Lévesque sobre os recursos visuais do cérebro humano.

Por último, quero agradecer à minha mulher, Johanne, e aos meus filhos, Audrey e Marc-Antoine, por seu amor e compreensão.

Mario Beauregard

Quero agradecer ao meu pai, John Patrick O'Leary, que durante toda a vida se interessou pelas ideias centrais sobre civilização, incentivando-me neste e em todos os outros projetos, e à minha mãe, Blanche O'Leary, que jamais se queixou das dificuldades de viver com uma escritora durante o andamento de um livro, e que foi de imensa e inestimável ajuda.

Denyse O'Leary

Sumário

	Introdução	9
Um	Para uma neurociência espiritual	19
Dois	Existe um programa de Deus?	65
Três	Será que o módulo de Deus sequer existe?	83
Quatro	O estranho caso do capacete de Deus	107
Cinco	Mente e cérebro são idênticos?	131
Seis	Para uma ciência não materialista da mente	157
Sete	Quem vive experiências místicas e o que as provoca	219
Oito	As experiências religiosas, espirituais ou místicas mudam vidas?	271
Nove	Os estudos carmelitas: uma nova direção?	299
Dez	Foi Deus que criou o cérebro ou foi o cérebro que criou Deus?	335
	Notas	343
	Glossário	407
	Bibliografia	415
	Índice Remissivo	429

Introdução

Quando meu aluno de doutorado Vincent Paquette e eu começamos a estudar as experiências espirituais das freiras carmelitas, na Université de Montréal, sabíamos que nossas motivações tinham grande probabilidade de serem mal interpretadas.

Primeiramente, tivemos de convencer as freiras de que *não* estávamos tentando provar que suas experiências religiosas não ocorriam de fato, que eram delírios, ou explicáveis por alguma pequena pane no cérebro. Depois tivemos de abrandar a esperança de ateus profissionais e os temores do clero sobre a possibilidade de que tentávamos reduzir essas experiências a algum tipo de "chave de Deus" no cérebro.

Muitos neurocientistas querem fazer apenas isso. Mas Vincent e eu somos parte de uma minoria — neurocientistas não materialistas. A maioria dos cientistas hoje é de materialistas que acreditam que o mundo físico é a única realidade. Pode-se explicar absolutamente tudo o mais — incluindo pensamento, sentimento, mente e vontade — em termos de matéria e fenômenos físicos, sem deixar espaço algum para a possibilidade de as experiências religiosas e espirituais serem outra coisa senão ilusões. Os materialistas são como o personagem Ebenezer Scrooge, de Charles Dickens, que descarta sua experiência com o fantasma de Marley como apenas "um indigesto pedaço de bife, uma mancha de mostarda, uma migalha de queijo, um fragmento de batata meio crua".

Vincent e eu, em contrapartida, não encaramos nossa pesquisa com qualquer suposição materialista. Como não somos materialistas, não duvidamos, a princípio, de que uma pessoa contemplativa pudesse fazer contato com uma realidade externa a si mesma durante uma

10 O CÉREBRO ESPIRITUAL

experiência mística. Na verdade, entrei na área de neurociência porque sabia experimentalmente que essas coisas podem de fato acontecer. Nós queríamos apenas descobrir o que poderiam ser os correlatos neurais — a atividade dos neurônios — durante uma experiência como essa. Em vista da esmagadora dominância do materialismo na neurociência hoje, consideramo-nos felizardos pelo fato de as freiras terem acreditado em nossa sinceridade e concordado em nos ajudar, e também pelo fato de a Templeton Foundation ter compreendido a importância do financiamento de nossos estudos.

É claro que, você talvez se pergunte: podem estudos neurocientíficos com freiras contemplativas demonstrar que Deus existe? Não, mas podem demonstrar — e de fato demonstraram — que o estado de consciência mística realmente existe. Nesse estado, a pessoa contemplativa tende a vivenciar aspectos da realidade não acessíveis em outras condições. Essas constatações excluem várias teses materialistas de que a pessoa contemplativa está fingindo ou confabulando a experiência. Vincent e eu também demonstramos que as experiências místicas são complexas — uma descoberta que contesta a ampla variedade de explicações materialistas do tipo "gene de Deus", "ponto de Deus" ou "chave de Deus" em nosso cérebro.

A jornalista Denise O'Leary e eu escrevemos este livro para discutir a importância desses estudos, e, principalmente, fornecer um método neurocientífico para entender as experiências religiosas, espirituais e místicas. A disciplina da neurociência hoje é materialista. Isto é, supõe que a mente se resume simplesmente às atividades físicas do cérebro. Para observar como isso funciona, considere a seguinte frase: "Coloquei na cabeça que compraria uma bicicleta", que é diferente de "Coloquei em meu cérebro que compraria uma bicicleta". Outro poderia dizer "Capacetes para ciclistas previnem danos cerebrais", mas não poderia dizer "Capacetes previnem danos à mente". Os materialistas acham que a distinção entre a mente como entidade imaterial e o cérebro como um órgão do corpo não tem base real. Consideram a mente uma mera ilusão gerada pelas atividades do cérebro. Alguns chegam até a defender que não se deve de fato usar uma terminologia que sugira a existência da mente.

Neste livro, pretendemos mostrar que a sua mente existe, sim, que ela não é apenas o seu cérebro. Não se podem descartar as ideias e sentimentos de alguém, nem explicá-los apenas como descargas de si-

Introdução 11

napses e fenômenos físicos. Num mundo unicamente material, o "força de vontade" ou o "domínio da mente sobre a matéria" são ilusões, não existem coisas como propósito ou sentido, não há espaço para Deus. No entanto, muitas pessoas sentem essas coisas, e apresentamos provas de que essas experiências são reais.

Em contraposição, muitos materialistas agora afirmam que ideias como sentido ou propósito não correspondem à realidade; não passam de adaptações para a sobrevivência humana. Em outras palavras, sua existência não seria nada além da evolução de circuitos em nosso cérebro. Como codescobridor do código genético, Francis Crick escreve em *The Astonishing Hypothesis*: "Nossos cérebros desenvolvidíssimos, afinal, não evoluíram sob a pressão de descobrir verdades científicas, mas apenas para nos tornar capazes de sermos inteligentes o bastante para sobreviver e deixar descendentes." Serão, porém, as questões sobre sentido e propósito apenas mecanismos de sobrevivência? Se uma rejeição assim tão superficial de milhares de anos de vida intelectual parece vagamente dúbia, bem, talvez isso seja verdade.

Imagine, por exemplo, um homem saudável que doa um rim a um estranho agonizante. O materialista talvez procure uma analogia entre as toupeiras, os ratos ou chimpanzés, como a melhor maneira de entender os motivos do doador. Acredita que a mente do doador pode ser completamente explicada pela hipótese de que seu cérebro evoluiu lenta e meticulosamente a partir do cérebro de criaturas como essas. Portanto, a mente dele não passa de uma ilusão criada pelas atividades de um cérebro subdesenvolvido, e sua consciência da situação é, na verdade, irrelevante como explicação de suas ações.

Este livro defende que o fato de o cérebro humano evoluir não quer dizer que se deva desmerecer a mente humana. Muito pelo contrário, afinal o cérebro do homem capacita a mente humana, enquanto o cérebro da toupeira, não (com minhas desculpas à espécie das toupeiras). O cérebro, contudo, não é a mente; é um órgão apropriado para ligar a mente ao restante do universo. Por analogia, as competições olímpicas exigem uma piscina de categoria olímpica. Mas a piscina não cria as competições olímpicas; torna-as factíveis em determinada localidade.

De acordo com a perspectiva materialista, a consciência e o livre-arbítrio da mente humana são problemas a serem esclarecidos. Para entender o que isso significa, avalie os comentários do cientista cognitivo Steven Pinker, da Harvard University, sobre a consciência, em recente matéria na revista *Time*, intitulada "O Mistério da Consciência" (19 de janeiro de 2007). Ao abordar dois problemas essenciais que os cientistas enfrentam, ele escreve:

> Embora não se tenha resolvido qualquer dos dois problemas, os neurocientistas concordam com ambos em vários aspectos, e o aspecto que eles consideram menos polêmico é justamente o que muitas pessoas fora do campo acham mais surpreendente. Francis Crick chamou isso de "hipótese espantosa" — a ideia de que nossos pensamentos, sensações, alegrias e dores consistem inteiramente da atividade fisiológica nos tecidos do cérebro. A consciência não reside numa alma etérea, que usa o cérebro como um computador de mão; a consciência é a atividade do cérebro.

Visto que Pinker admite que não se resolveu qualquer dos dois problemas relacionados à consciência, e que não se está sequer próximo de se resolver, como ele pode ter tanta certeza de que a consciência é apenas "a atividade do cérebro", concluindo que não existe alma?

Um conveniente aspecto do materialismo de Pinker é que, em princípio, é possível rotular qualquer dúvida como "não científica". Isso impede uma discussão da plausibilidade do materialismo. Com certeza, o materialismo é uma fé que muitos intelectuais jamais pensariam em questionar. Mas toda essa convicção materialista não mostra o que é uma correta explicação da realidade nem fornece provas a seu favor. Já a visão contrária pode ser melhor defendida, como demonstrará este livro.

Sim, esta obra — partindo de uma tendência geral em livros sobre neurociência destinados ao público geral — de fato questiona o materialismo. Muito mais que isso, apresenta indícios de que ele não é verdadeiro. O leitor verá por si mesmo que a prova a favor do materialismo não é nem de perto tão boa quanto Steven Pinker gostaria que acreditássemos. Só podemos conservar a fé no materialismo supondo — pela fé — que qualquer prova contrária sobre ele deve estar errada.

Por exemplo, como mostraremos, um materialista prefere acreditar de imediato — sem qualquer prova confiável — que os grandes líderes espirituais sofrem de epilepsia do lobo temporal a admitir que eles vivem experiências espirituais que inspiram outros, além de a si mesmos. No tocante à espiritualidade, esse dado experimental é um constrangimento

Introdução

para o estreito pensamento materialista. Afinal, um sistema como o materialismo é gravemente prejudicado por qualquer prova contra ele. Em consequência, os dados que contestam o materialismo são simplesmente ignorados por muitos cientistas. Inclusive, há décadas, os materialistas vêm travando uma contínua guerra contra pesquisas psi* (sobre fenômenos parapsicológicos, conhecimento ou ação a distância, como percepção extrassensorial, telepatia, conhecimento prévio, premonição ou telecinesia), porque *qualquer* prova da validade dos fenômenos parapsicológicos, por menor que seja, é fatal para o sistema ideológico deles. Recentemente, por exemplo, um grupo de céticos declarados atacou o estudante ateu graduado em neurociência Sam Harris, porque ele propôs, no livro intitulado *The End of Faith*, que a pesquisa sobre os fenômenos parapsicológicos tem validade. Harris, como veremos, apenas acompanha os indícios. Mas, ao fazê-lo, está claramente violando um importante dogma do materialismo: a ideologia materialista sobrepuja a prova.

Mas existem outros desafios ao materialismo. Os materialistas devem acreditar que sua mente não passa de uma ilusão criada pelas atividades do cérebro, e, por conseguinte, o livre-arbítrio na verdade não existe e não poderia ter influência alguma no controle de qualquer distúrbio. Mas as propostas não materialistas têm demonstrado claramente benefícios para a saúde mental. A seguir, alguns exemplos discutidos neste livro.

Jeffrey Schwartz, neuropsiquiatra não materialista da University of California (UCLA), trata o distúrbio obsessivo-compulsivo — doença neuropsiquiátrica caracterizada por pensamentos angustiantes, intrusivos e indesejáveis — fazendo os pacientes reprogramarem o cérebro. A mente deles muda o cérebro.

De forma semelhante, alguns de meus colegas neurocientistas na Université de Montréal e eu demonstramos, por meio de técnicas de imagens cerebrais, o seguinte:

- Mulheres e meninas podem controlar voluntariamente o nível de reação a pensamentos tristes, embora as meninas considerassem mais difícil fazer isso.

---

* Pesquisa psi é também conhecida como parapsicologia. É o estudo de alegações de origens supostamente sobrenaturais e associadas à experiência humana. Esses fenômenos também são conhecidos como paranormais. (*N. da R.T.*)

14   O CÉREBRO ESPIRITUAL

- Os homens que veem filmes eróticos tornam-se perfeitamente capazes de controlar as reações a eles, quando solicitados a fazê-lo.

- As pessoas que sofrem de fobias, como de aracnofobia, por exemplo, conseguem reorganizar o cérebro de modo a perder o medo.

A prova do controle da mente sobre o cérebro é de fato captada nesses estudos. Existe, *sim*, essa coisa de "domínio da mente sobre a matéria". Temos força de vontade, consciência e emoções que, combinados com o senso de propósito e de significado, realizam mudanças.

De certa forma, as explicações materialistas de religião e espiritualidade merecem consideração. Por exemplo, Sigmund Freud afirmou que as lembranças infantis da figura paterna levavam as pessoas religiosas a acreditar em Deus. A explicação de Freud é falha porque o cristianismo é a única das principais religiões que enfatiza a paternidade divina. Mas a ideia, embora errônea, não é ridícula. Relacionamentos com os pais, felizes ou não, são experiências humanas complexas, que têm algumas analogias com a religião. De modo semelhante, o antropólogo J. G. Frazer defende que as religiões modernas tiveram origem em cultos de fertilidade primitivos e só mais tarde foram espiritualizadas. Na verdade, os indícios apontam mais claramente para as experiências espirituais como origem de crenças e rituais religiosos posteriores. Apesar disso, a ideia de Frazer estava longe de ser trivial. Resultava de um longo e profundo conhecimento de antigos sistemas de crença.

No entanto, recentemente, as explicações materialistas de religião e espiritualidade fugiram ao controle. Influenciada por esse preconceito materialista, a mídia popular aceita com avidez matérias sobre o gene da violência, da gordura, da monogamia, da infidelidade e agora até um gene de Deus! O raciocínio é mais ou menos o seguinte: os psicólogos evolucionários tentam explicar a espiritualidade humana e a crença em Deus insistindo em que os homens das cavernas que acreditavam numa realidade sobrenatural tinham mais probabilidade de passar os genes do que os que não acreditavam. O progresso da genética e da neurociência incentivou alguns a procurar, com muita seriedade, um gene de Deus como esse, ou então um ponto, módulo, fator ou chave que liga ou

Introdução 15

desliga Deus no cérebro humano. Na época em que o "capacete de Deus" (um capacete para veículo de neve modificado com bobinas elétricas que supostamente estimulava os indivíduos a sentirem Deus), em Sudbury, no Canadá, tornou-se um ímã para jornalistas de ciência na década de 1990 (a Década do Cérebro), o materialismo estava prestes a ir além da paródia. No entanto, os materialistas continuam a procurar uma chave ou um botão para Deus. Desvios cômicos como esse à parte, não há como escapar do não materialismo da mente humana.

Em essência, não existe uma chave de Deus. Como demonstraram os estudos com as freiras carmelitas, que serão detalhados neste livro, as experiências espirituais são complexas, como as dos relacionamentos humanos. Deixam assinaturas em várias partes do cérebro. Tal fato é compatível (embora não demonstre por si mesmo) com a ideia de que quem as experiencia faz contato com uma realidade fora de si mesmo.

O fato é que o materialismo empacou. Não apresenta hipóteses úteis para a mente humana ou para as experiências espirituais, nem se aproxima de criar alguma. Há todo um domínio no qual não se pode entrar via materialismo, e menos ainda estudar. Mas a boa notícia é que, na ausência de materialismo, há sinais promissores de que é possível, de fato, explorar e estudar a espiritualidade com o auxílio da neurociência moderna.

A neurociência não materialista não é obrigada a rejeitar, negar, explicar ou tratar como problemas todos os indícios que contestam o materialismo. Isso é promissor, porque a pesquisa atual vem apresentando um corpo cada vez maior desses indícios. Três exemplos tratados neste livro são o efeito psi, as experiências de quase-morte (as EQM) e o efeito placebo.

O efeito psi, como visto em fenômenos tais como percepção extrassensorial e psicocinese, é de baixo nível, sem dúvida, mas os esforços para desmenti-lo foram falhos. As EQM também se tornaram um tema mais frequente de pesquisa nos últimos anos, certamente porque a disseminação de técnicas avançadas de ressuscitação criou uma população muito maior que sobrevive para contá-las. Em consequência do trabalho de pesquisadores como Pim van Lommel, Sam Parnia, Peter Fenwick e Bruce Greyson, temos hoje uma base crescente de informação. Os resultados não confirmam a visão materialista da mente e da consciência, como sugeriu Pinker na revista *Time*: "Quando cessa a atividade fisiológica do cérebro, pelo que todos sabem, a consciência da pessoa deixa de existir."

A maioria de nós não passou pela experiência de efeitos raros como psi ou EQM, mas é provável que tenha sentido o efeito placebo: você já foi alguma vez ao médico pegar um atestado dizendo que não poderia ir trabalhar porque estava com uma gripe terrível — e de repente começou a se sentir melhor ali, sentado na clínica, folheando revistas? É constrangedor, mas fácil de explicar: sua mente gera mensagens para iniciar os processos analgésicos ou terapêuticos quando você aceita que de fato começou a trilhar um caminho para a cura. A neurociência materialista há muito tempo encarava o efeito placebo como um problema, mas é um dos fenômenos mais confirmados da medicina. Para o neurocientista não materialista, porém, trata-se de um efeito normal de grande valor terapêutico quando corretamente usado.

Parece que o materialismo não consegue responder a questões-chave sobre a natureza do ser humano e tem pouca perspectiva de algum dia a respondê-las de forma inteligível. Também convenceu milhares de pessoas de que não devem buscar desenvolver a natureza espiritual porque não a têm.

Alguns acham que a solução é continuar a defender o materialismo com mais ruído do que antes. Nos últimos tempos, os principais portavozes materialistas têm lançado uma cruzada "anti-Deus" com divulgação forte e meio estarrecedora. Obras ateístas como *Breaking the Spell: Religion as a Natural Phenomenon* (Daniel Dennett), *Deus, um delírio* (Richard Dawkins), *God: The Failed Hypothesis — How Science Shows that God Does Not Exist* (Victor J. Stenger), *God Is Not Great* (Christopher Hitchens) e *Letters to a Christian Nation* (Sam Harris) são acompanhadas por conferências como *Beyond Belief*, da Science Network, e campanhas como a "Blasphemy Challenge", veiculada no site YouTube.

O admirável é que não há uma novidade sequer em nada do que eles têm a dizer. Os *philosophes* do século XVIII disseram tudo isso há muito tempo, com propósitos semelhantes. Admite-se que as obras recentes tenham sido apimentadas com as questionáveis suposições da psicologia evolucionária — a tentativa de derivar a religião e a espiritualidade das práticas que talvez tenham permitido a alguns de nossos ancestrais do Plistoceno passarem seus genes. Mas os ancestrais do Plistoceno há muito se foram, e não há de fato muito a aprender com uma disciplina sem tema. Também há inúmeras convicções sobre

Introdução 17

a natureza ilusória da mente, da consciência e do livre-arbítrio, e a inutilidade ou o perigo da espiritualidade.

Vários especialistas de meados do século XX previram que a espiritualidade iria, vagarosa mas seguramente, desaparecer. Assim que se abastecessem de abundantes bens materiais, as pessoas simplesmente deixariam de pensar em Deus. Mas eles se enganaram. Embora a espiritualidade hoje seja mais variada, cresce no mundo todo. Por isso, sua contínua vitalidade estimula especulações, medos e algumas conjecturas bastante espantosas — mas, acima de tudo, uma irresistível curiosidade, um desejo de pesquisar.

Mas como pesquisar cientificamente a espiritualidade? Para começar, redescobrindo nossa herança não materialista. Ela sempre existiu; apenas foi amplamente ignorada. Neurocientistas famosos, como Charles Sherrington, Wilder Penfield e John Eccles, na verdade não foram materialistas reducionistas, e tiveram bons motivos para essa postura. Hoje, a neurociência não materialista prospera, apesar das limitações impostas pela disseminada compreensão equivocada e, em alguns casos, das hostilidades. Recomenda-se aos leitores que encarem todas as questões e provas apresentadas neste livro com a mente aberta. O momento é de pesquisa, não de dogma.

Nosso livro vai estabelecer três ideias essenciais. A visão da mente humana é uma rica e vital tradição que explica muito melhor as provas que a visão materialista, atualmente tão empacada. Segundo, os métodos não materialistas para a mente resultam em benefícios e tratamentos, assim como permitem acesso a fenômenos que as explicações materialistas não podem sequer tratar. Por último — e isso talvez seja o valor mais importante para muitos leitores —, nosso livro mostra que, quando as experiências espirituais transformam vidas, a explicação mais razoável — e a que melhor esclarece todas as provas — é que as pessoas que têm essas experiências realmente entraram em contato com uma realidade fora de si mesmas, uma realidade que as levou para mais perto da verdadeira natureza do universo.

Mario Beauregard
Montréal, Canadá
4 de março de 2007

UM

Para uma neurociência espiritual

Em junho de 2005, realizou-se a histórica Reunião de Cúpula Mundial sobre Evolução, na remota ilha de San Cristobal, nas Ilhas Galápagos, próximo à costa do Equador. A modesta localização, Frigatebird Hill, foi escolhida por ser o mesmo lugar em que Charles Darwin atracou em 1835 para sondar o "mistério dos mistérios" — a origem e a natureza das espécies, incluindo (e talvez em especial) a espécie humana.

Essas isoladas ilhas do Pacífico, que se estendem ao longo do equador, mais tarde tornaram-se uma parada para piratas, caçadores de baleias e focas que levaram as formas de vida estudadas por Darwin à beira da extinção. Ainda mais tarde, porém, sob a proteção governamental no século XX, as ilhas evoluíram para uma espécie de santuário do materialismo — a crença em que toda vida, inclusive a humana, é apenas produto das forças cegas da natureza.[1] Segundo a visão materialista, nossa "mente" — alma, espírito, livre-arbítrio — é apenas uma ilusão criada pelas cargas elétricas dos neurônios do cérebro. A natureza é, segundo a famosa afirmação do zoólogo Richard Dawkins, um "relojoeiro cego".[2]

O encontro de Galápagos logo foi saudado como o Woodstock da Evolução. Os cientistas presentes, um "Quem é quem da teoria evolucionária",[3] tinham pleno conhecimento da própria importância e da relevância de seus trabalhos. "Nós nos sentimos simplesmente aturdidos por estar aqui", escreveu um jornalista, lembrando que a

20
O CÉREBRO ESPIRITUAL

plateia de elite ouvia a conhecida história da evolução "extasiada, como crianças ouvindo a narração da história preferida".[4]

Segundo a história preferida, os seres humanos são apenas "um bizarro e pequeno clado" (grupo de organismos originados de um único ancestral comum), — nas palavras de um participante.[5] E a missão da próxima reunião é contar essa história ao mundo todo.[6] A julgar, porém, pela crescente dissensão em torno do ensino da evolução, o mundo já a conhece.

Uma série de fenômenos impensados?

Uma figura central na conferência foi o filósofo americano Daniel Dennett. Ele, que tem impressionante semelhança física com Charles Darwin, é um filósofo da mente conhecido no mundo todo, e o preferido dos que pensam que os computadores podem simular processos mentais humanos. De maneira curiosa para um filósofo da mente, ele espera convencer o mundo de que não existe essa ideia tradicional de mente como a conhecemos. Talvez seja mais famoso por dizer que "a perigosa ideia de Darwin" é a melhor que já se teve, porque fundamenta com firmeza a vida no materialismo. Ele acredita que os seres humanos são "grandes e luxuosos robôs", e ainda melhor:

> Se você tem o tipo certo de processo e tempo suficiente, pode criar coisas grandes e luxuosas, até coisas com mentes, a partir de processos individualmente estúpidos, impensados e simples. Simplesmente uma grande quantidade de pequenos fenômenos impensados ocorrendo ao longo de bilhões de anos pode criar não apenas ordem, mas desígnio, e não apenas desígnio, mas mentes, olhos e cérebros.[7]

Dennett insiste em que não existem alma nem espírito associados ao cérebro humano, nem qualquer elemento sobrenatural, nem vida após a morte. Portanto, o foco de sua carreira foi a explicação de que "sentido, função e propósito podem passar a existir num mundo intrinsecamente sem sentido e sem função".[8] Ele foi a Galápagos confirmar essa opinião.

Claro que muitas pessoas ficam consternadas com ideias como as de Dennett e esperam que sejam falsas. Outras as acolhem como um

Para uma neurociência espiritual

meio de libertar a raça humana das restrições impostas pelas religiões e filosofias tradicionais. Avancemos, dizem, para um sistema mais humano que ao mesmo tempo espere menos dos humanos e os culpe menos por seus fracassos — fracassos que não podem realmente impedir, de qualquer modo.[9]

A questão tratada neste livro não é se o materialismo é uma boa ou má notícia. Em vez disso, a questão é: as provas da neurociência o confirmam? Como professor de direito constitucional, Phillip Johnson, inimigo de longa data do materialismo, que denomina de "naturalismo", escreve: "Se a tese do relojoeiro cego é verdadeira, o naturalismo merece governar, mas eu me dirijo aos que julgam a tese falsa, ou pelo menos estão dispostos a pensar na possibilidade de que seja falsa."[10]

Verdadeiro ou falso, o materialismo foi a corrente intelectual dominante do século XX e proporcionou o ímpeto para a maioria dos principais movimentos filosóficos e políticos atuais. Na verdade, muitos pensadores hoje veem o objetivo básico da ciência como o de fornecer provas para as crenças materialistas. Rejeitam com hostilidade quaisquer provas científicas que contestem essas crenças, como veremos na discussão do efeito psi no Capítulo 6. Todo ano publicam-se milhares de livros, em dezenas de disciplinas, promovendo ideias materialistas.

Mas não é o caso deste. Este livro mostrará que o professor Dennett e vários neurocientistas que concordam com ele estão enganados. Levará você numa viagem diferente da que ele fez. Não às Ilhas Galápagos, mas para dentro do cérebro. Por que ele está enganado? Em primeiro lugar, a explicação dos seres humanos determinada pelos materialistas não se sustenta sob uma avaliação mais atenta. Em segundo lugar, há uma boa razão para acreditarmos que os seres humanos são dotados de uma natureza espiritual, a qual sobrevive até a morte. Porém, uma coisa de cada vez. Por que devemos embarcar nessa jornada, a menos que você perceba a necessidade de uma explicação não materialista para a natureza humana? Uma nova explicação é necessária porque aquela determinada pelos materialistas é inadequada. É falha em muitas áreas.

Assim, comecemos esboçando algumas dessas falhas. Partamos da seguinte pergunta: o que lhe restaria se aceitasse a explicação que os materialistas dão sobre *você*? Você se reconheceria? Em caso negativo, por quê? O que está faltando?

Mente, vontade, eu e alma

O cérebro e suas glândulas satélites já foram esquadrinhados a ponto de não restar lugar algum que possa ser racionalmente concebido como refúgio de uma mente não física.[11]

— Edward O. Wilson, sociobiólogo

Por que as pessoas acreditam que há implicações perigosas na ideia de que a mente é um produto do cérebro, de que parte do cérebro é organizada pelo genoma, e de que o genoma foi moldado pela seleção natural?[12]

— Steven Pinker, cientista cognitivo

E a mente, a vontade, o eu e a alma? Têm futuro no novo mundo da ciência?

Dennett está longe de ser o único pensador materialista que afirma não existir na verdade nenhum *você* em você, que consciência, alma, espírito e livre-arbítrio são apenas ilusões apoiadas pelo folclore. Ao contrário, sua visão é, na verdade, a suposição padrão na neurociência atual. Dennett fala por inúmeros neurocientistas quando diz que "um cérebro sempre vai fazer o que é levado a fazer pelas circunstâncias presentes, locais, mecânicas".[13] Sua consciência, seu senso de si mesmo, é "como uma 'ilusão de usuário' benigna".[14] Qualquer coisa semelhante ao livre-arbítrio é improvável ou, na melhor das hipóteses, mínima e problemática.[15]

O crítico de cultura americana Tom Wolfe resumiu a questão num elegante e curto ensaio publicado em 1996: "Lamento, mas sua alma acabou de morrer", esclarecendo a "visão neurocientífica da vida".[16] Ele escreveu sobre as novas técnicas de imagens do cérebro que permitem aos neurocientistas ver o que ocorre no cérebro quando você tem um pensamento ou emoção. O resultado, segundo Wolfe, é o seguinte:

Uma vez que a consciência e o pensamento são inteiramente produtos físicos do cérebro e do sistema nervoso — e visto que o cérebro chegou totalmente impresso no nascimento —, o que o faz pensar que tem livre-arbítrio? De onde viria isso? Que "fantasma", que "mente", que "eu", que "alma", que qualquer outra coisa que não seja logo agarrada por essas desdenhosas aspas fará borbulhar o tronco ence-

Para uma neurociência espiritual 23

fálico para dá-lo a você? Eu soube que os neurocientistas teorizam que, de posse de computadores e sofisticação suficientes, será possível prever o curso da vida de qualquer ser humano momento a momento, incluindo o fato de que o pobre diabo estava prestes a balançar a cabeça em descrédito diante da ideia em si.[17]

Wolfe duvida de que qualquer calvinista do século XVI acreditasse de forma tão completa na predestinação quanto esses entusiásticos jovens cientistas. Todo o credo materialista por ele esboçado apoia-se em duas palavrinhas: "Visto que" — *"Visto que* a consciência e o pensamento são inteiramente produtos físicos do cérebro e do sistema nervoso..." Em outras palavras, os neurocientistas *não* descobriram que não existe *você* algum em você; já começam o trabalho com essa suposição. Tudo o que encontram é interpretado com base nessa visão. A ciência não exige isso. Ao contrário, é uma obrigação imposta aos materialistas por eles mesmos.

Mas e se as provas científicas apontam em outra direção? Como veremos, apontam. Antes de passarmos à neurociência, porém, talvez valha a pena examinar outros motivos para acreditar que o consenso materialista do século XX não é verdadeiro. A neurociência, afinal, é uma disciplina relativamente nova, e seria melhor primeiramente estabelecer que também há bons motivos para duvidar do materialismo que surge das disciplinas mais antigas.

Em que as pessoas acreditam?

Se o materialismo é verdadeiro, por que a maioria das pessoas não acredita nele?

Em abril de 1966, a revista *Time* anunciou que os americanos estavam abandonando Deus. Escolhendo a sexta-feira santa (8 de abril) para divulgar a notícia, a matéria de capa perguntava: "Deus está morto?", dando a entender que a resposta era sim. A ciência vinha matando a religião. Tudo que não fosse conhecido por métodos científicos, conforme interpretado nessa época, era desinteressante ou irreal.[18] A partir daí, a única filosofia ou espiritualidade válida seria a angústia existencial. Os editores da *Time* tinham toda certeza disso. E não podiam mais estar errados.

Uma pesquisa de opinião do site Beliefnet, feita 39 anos depois, em 2005, perguntou a 1.004 norte-americanos sobre suas crenças religiosas — e descobriu que 79 por cento se descreviam como "espirituais" e 64 por cento, como "religiosos". Conforme destacou a matéria de capa da *Newsweek* em setembro de 2005, "A espiritualidade na América": "Ninguém escreveria uma matéria dessas agora, numa era de televangelismo 24 horas por dia e exibições presidenciais de religiosidade cristã."[19] Jerry Adler, da *Newsweek*, comenta:

A história registra que a vanguarda dos intelectuais dominados pela angústia na revista *Time*, lutando para imaginar Deus como uma nuvem de gás nos remotos limites da galáxia, nunca arrebatou a nação. O que morria em 1966 era uma teologia bem-intencionada, mas árida, nascida do racionalismo: um hesitante toque de clarim em defesa do comportamento ético, uma busca de sentido numa carta ao editor a favor dos direitos civis. O que nasceria em seu lugar, num ciclo de renovação que se tem repetido várias vezes desde o Templo de Salomão, seria a paixão por uma imediata e transcendente experiência de Deus.[20]

Como a *Time* entendeu tão errado? Adler sugere que os editores talvez tenham confundido os valores e estilos de vida do município de Manhattan com os Estados Unidos em geral. A *Time* também se concentrou nos problemas de prestígio das denominações protestantes e ignorou as renovações carismáticas pentecostais. Essas renovações e fenômenos semelhantes, como o movimento de Jesus, na certa arrebanharam mais membros das religiões protestantes que o secularismo. Como os editores da *Time* em 1966 tinham a ideia preconcebida de que a religião se extinguiria, parece que não notaram essas tendências, ou não captaram sua importância.

Houve, de fato, importantes mudanças na religião dos Estados Unidos. É possível que, em consequência do multiculturalismo, os caminhos escolhidos hoje sejam muito mais diversos. Entre os americanos da corrente dominante, a hostilidade a outras crenças religiosas é muito menor do que uma geração atrás. Mas os americanos, seja qual for a maneira pela qual concebem Deus, continuam sendo "uma nação sob Deus".

Ateísmo

Poucas pessoas têm fé suficiente para serem ateias. Em âmbito mundial, a proporção de ateus diminuiu nos últimos anos. Embora muitas vezes se considere a Europa altamente secular quando comparada com os Estados Unidos, tendências semelhantes parecem estar em ação por lá. O número de verdadeiros ateus na Europa, por exemplo, diminuiu a ponto de não serem numerosos o bastante para que se possa usá-los em pesquisa estatística.[21] É interessante lembrar que, em 1960, metade da população mundial era nominalmente ateia.[22] Não seria possível descrever nada assim hoje. Em 2004, um dos maiores defensores do ateísmo, o filósofo Antony Flew, anunciou que o aparente design inteligente do universo e de formas de vida o havia convencido de que existia realmente alguma espécie de divindade.[23] Flew, deve-se observar, não se juntou a uma religião, no sentido habitual, mas se tornou deísta — isto é, passou a acreditar em Deus com base em provas externas, não na experiência pessoal.

A parte mais famosa da sociedade americana em que hoje se dissemina o ateísmo é constituída por cientistas da elite. Por exemplo, enquanto 41 por cento dos cientistas Ph.D. acreditam num Deus ao qual se pode orar, o quadro muda drasticamente em academias de elite como a National Academy of Sciences (NAS). Quando entrevistados numa pesquisa de opinião pelos historiadores Edward Larson e Larry Witham em 1996, apenas 7 por cento dos membros manifestaram crença pessoal em Deus, e mais de 72 por cento expressaram descrença pessoal. Os demais expressaram dúvida ou agnosticismo.[24]

Parece que esse fato não é muito conhecido, mesmo na própria academia. Em 1988, Bruce Alberts, então presidente da NAS, defendeu enfaticamente o ensino da evolução darwiniana em escolas públicas, afirmando que "vários membros destacados dessa academia são pessoas muito religiosas, pessoas que acreditam na evolução, muitos deles biólogos". Larson e Witham comentaram, enérgicos: "Nossa pesquisa sugere o contrário."

Em contraste, a maioria dos seres humanos jamais acreditou em ateísmo ou materialismo. Na verdade, a religião talvez exista há tanto tempo quanto os seres humanos. Há setenta mil anos, os neandertais, uma espécie extinta de seres humanos, enterravam seus mortos junto a ferramentas, aparentemente para serem usadas no outro mundo. É

26 O CÉREBRO ESPIRITUAL

significativo o fato de que muitos mortos fossem colocados em posição fetal, sugerindo que os neandertais esperavam "nascer de novo" quando morressem.[25] Paul Pettitt relata:

> Na Sima de los Huesos ("Cova dos Ossos"), em Atapuerca, na Espanha, foram encontrados mais de 32 indivíduos do *Homo heidelbergensis*, datando de mais de 200 mil anos atrás, no fundo de uma fossa profunda. É possível que todos esses ossos... tenham chegado lá acidentalmente — mas eu duvido. As grutas e os sumidouros são lugares escuros e misteriosos; ecoam barulhos estranhos de vento e água. Em períodos posteriores, eram encarados como portões para o "outro mundo". Parece muito mais provável que os neandertais o vissem de forma semelhante.[26]

Por que a maioria das pessoas não acredita no materialismo? Psiquiatras do início do século XX teorizaram que a espiritualidade é motivada pelo desejo de uma figura paterna, ou pelo desejo inconsciente de evitar a morte. Essas explicações eram tentativas plausíveis de esclarecer a espiritualidade, embora, por sua própria natureza, não sejam comprovadas. Também tendiam a ser eurocêntricos, pressupondo que os acontecimentos no cristianismo ou judaísmo europeus representavam a religião em âmbito mundial.[27] Lamentavelmente, os progressos da ciência, longe de esclarecer, levaram a muitas explicações menos plausíveis. As explicações de hoje se degeneraram em ideias que às vezes beiram o frívolo, como a suposta adaptação evolucionária das pessoas religiosas, as *teotoxinas* (substâncias químicas venenosas no cérebro), dano cerebral, memes, um gene de Deus, ou um ponto de Deus no cérebro. Vamos examinar várias explicações atuais propostas e mostrar por que são inadequadas à tarefa explanatória. Por enquanto, note que todas as explicações debatidas têm um aspecto em comum. Como as teorias dos psiquiatras do início do século XX, são tentativas de *minimizar* a espiritualidade, explicando-a como algo que não aponta de fato para uma realidade espiritual.

Claro, se os materialistas estão certos, a espiritualidade é, necessariamente, uma ilusão. Mas, como já observamos, os materialistas apenas pressupõem que estão certos; não o demonstram. Teriam sido sensatos se prosseguissem com cautela antes de descartar como ilusão as crenças mais profundas que a maioria da humanidade sempre teve sobre *si mesma.* Não vamos descartar a visão do cavalo de que é um cavalo, nem a do cachorro de que é um cachorro. Mas as preconcebidas ideias materialistas exigem que descartemos a visão do ser humano do que é ser humano. E isso já é o suficiente para nos deixar desconfiados.

Uma forma popular de descartar a espiritualidade é a psicologia evolucionária, uma tentativa de entender o comportamento humano, baseada em teorias sobre o comportamento que ajudaram os primeiros hominídeos a sobreviver.

Psicologia evolucionária

Nosso passado humano nos enganou, levando-nos a duvidar do materialismo?

Nas últimas décadas do século XX, a psicologia evolucionária explodiu quando cientistas de muitas disciplinas tentaram atacar as questões fundamentais sobre a natureza e a mente humana, começando com uma proposição surpreendentemente simples: o cérebro do primata superior (isto é, o cérebro humano e o do macaco)

inclui vários mecanismos funcionais, chamados de adaptações psicológicas, ou mecanismos psicológicos evoluídos, que alcançaram a evolução por seleção natural para beneficiar a sobrevivência e a reprodução do organismo. Esses mecanismos são universais nas espécies, com exceção dos específicos a sexo ou idade.[28]

Proliferam estudos que afirmam que todo comportamento humano, incluindo altruísmo, economia, política, sexo, amor, guerra, obesidade, estupro e religião, é entendido melhor à luz das qualidades que permitiram a nossos remotos ancestrais sobreviver. Mas quem sabe exatamente por que determinado ancestral humano sobreviveu? Quanto mais distante remontamos ao passado, mais significativos se tornam esses destinos individuais. Uma teoria geralmente aceita em genética defende que uma única mulher, a "Eva mitocondrial", que viveu entre 190 mil e 130 mil anos atrás, é a ancestral de todo ser humano vivo. Teria sido ela especialmente adaptada? Especialmente afortunada? Especialmente escolhida? Simplesmente não sabemos. Sabemos menos ainda como ela pensava, pois não deixou nada além de mitocôndrias.

28 O CÉREBRO ESPIRITUAL

Alguns teóricos afirmam que nossa incapacidade de entender e aceitar essa linha de raciocínio é em si uma demonstração de sua precisão. Richard Dawkins escreve: "É quase como se o cérebro humano fosse especificamente projetado para compreender mal o darwinismo e achá-lo difícil de acreditar."[29] Mas seria a psicologia evolucionária uma linha de pesquisa prolífica? Analisaremos essa questão mais detalhadamente no Capítulo 7, mas por ora tratemos de uma pergunta essencial: é possível encontrar respostas sobre natureza humana em programas genéticos das profundezas de nosso passado humano ou pré-humano?

> A amizade é desnecessária, como a filosofia, como a arte... Não tem valor algum de sobrevivência; ao contrário, é uma dessas coisas que dão valor à sobrevivência.
>
> C. S. Lewis, *Os quatro amores*

Alguns aspectos do comportamento humano sem dúvida surgiram no passado remoto. Pense, por exemplo, no ciúme. Dificilmente é exclusivo dos humanos, ou até dos primatas. Cachorros e gatos o demonstram sem a menor ambiguidade. Mas, por esse mesmo motivo, descobrir a origem do ciúme seria trivialidade. A fim de explicar verdadeiramente a natureza humana, a psicologia evolucionária visa esclarecer apenas o comportamento exclusivamente humano como altruísmo, a disposição de seres humanos a se sacrificarem pelos outros, às vezes até por estranhos.

ALTRUÍSMO: UM DEFEITO NA FIAÇÃO ELÉTRICA DO CÉREBRO?

O altruísmo, ou autossacrifício por outras pessoas que não os do próprio sangue, relaciona-se em geral, embora nem sempre, a crenças espirituais; por exemplo, a imagem de Madre Teresa aparece rotineiramente em artigos dedicados ao estudo do altruísmo. É mais fácil estudar de forma direta o altruísmo que a espiritualidade, exatamente porque se trata de um comportamento que pode ser estudado separado de um sistema de crença. Assim, como a psicologia evolucionária explica o altruísmo? De acordo com o escritor de ciência Mark Buchanan ao *New Scientist*: "Em termos evolucionários, é um quebra-cabeças, porque qualquer organismo que ajuda outros à própria custa fica em desvantagem evolucionária. Então, se muitas pessoas são de

Para uma neurociência espiritual 29

fato verdadeiramente altruístas, como aparentam, por que os concorrentes mais cobiçosos e egoístas não as extinguiram?"[30]

A psicologia evolucionária não se esquivou do desafio de explicar o altruísmo. O biólogo evolucionário Robert Trivers, da Rutgers University, acha que tem uma resposta: a evolução *está* extinguindo os altruístas, mas ainda não concluiu sua missão. "Nosso cérebro nega fogo quando se vê diante de uma situação para a qual não criamos uma resposta", explica.[31] Em outras palavras, devemos ser egoístas porque a evolução montou nossa fiação dessa maneira. E, se não somos, nosso cérebro tem a fiação errada. Muito razoável. Se isso é verdade, devemos esperar que os altruístas essencialmente causem problemas a si mesmos e aos outros com suas ações.

Na terça-feira, 2 de agosto de 2005, durante uma chuva torrencial, um airbus transportando 309 pessoas abortou a aterrissagem em uma pista no Aeroporto Internacional Pearson, em Toronto, e em seguida explodiu. O ministro de transportes canadense foi informado de que duzentas pessoas haviam morrido. O governador-geral do Canadá transmitiu sinceras condolências aos sobreviventes. Na verdade, quando a chuva e a fumaça diminuíram, constatou-se que ninguém morrera (embora 43 pessoas tenham sofrido ferimentos leves). Por que isso? Na verdade, o avião parou perto da Rodovia 401, a principal artéria de Ontário. Conta o colunista Mark Steyn:

> Os relatos das testemunhas variam: consta que algumas pessoas entraram em pânico, enquanto outras permaneceram calmas... Motoristas pararam na estrada e correram em direção ao jato pegando fogo, para ajudar os sobreviventes. Das oito saídas de emergência, duas foram consideradas inseguras para usar, e na terceira e na quarta havia rampas que não funcionaram. Apesar disso, numa situação caótica, centenas de estranhos coordenaram-se o suficiente para evacuar um pequeno espaço por quatro saídas em menos de dois minutos, antes de o airbus ser consumido pelas chamas.[32]

Muitos passageiros retirados foram depois recolhidos no acostamento da Rodovia 401 e conduzidos por estranhos ao terminal da Air France.

30 O CÉREBRO ESPIRITUAL

Então... centenas de pessoas desconhecidas, que jamais voltariam a se ver, cooperaram para garantir que todos saíssem a tempo? Pessoas ofereceram caronas a estranhos de outras partes do mundo, embora alguns bem pudessem ser terroristas responsáveis pela turbulenta aterrissagem do avião?

O altruísmo é parte necessária para a sobrevivência de um grupo, embora haja o problema do "bicão". Se os genes do "bicão" não fossem detectáveis, todo mundo se tornaria um "bicão", e os grupos sociais se desintegrariam. Aqui, a necessidade de reconhecimento e memória é importante para que se possam reconhecer e recompensar os atos altruísticos (e punir os "bicões"). Os módulos de custo/benefício determinam se minha ação altruística será recompensada com ações altruísticas em troca e, se por fazê-la, vou sofrer no curto ou longo prazo.[33]

— Extraído de uma introdução on-line à Psicologia Evolucionária

O desejo de seu coração é dar, portanto dê de qualquer forma com que se sinta em paz.[34]

—Trent Fenwick, que doou um rim a um
desconhecido agonizante

Evidentemente, sempre se pode inventar uma história plausível passada nos tempos pré-históricos para explicar o altruísmo como um comportamento egoísta, e muitos teóricos assim fizeram.[35] No entanto, sem dúvida, faz mais sentido concluir que os estranhos de Toronto que se arriscaram a ajudar não buscavam nenhum benefício para si mesmos ou seus descendentes. Nem a evolução parece de algum modo empenhada no processo de eliminá-los por isso. Nem seu cérebro tem a fiação errada. E tampouco têm qualquer tipo de benefício em relação aos motoristas que não ajudam. Os psicólogos evolucionários apenas andam procurando nos lugares errados para tentar entender o comportamento dessas pessoas.

Na verdade, se a evolução estivesse extinguindo os altruístas, devíamos logicamente esperar ver hoje menos altruístas que no passado. Mas não há prova alguma disso. Ao contrário, as religiões como

Para uma neurociência espiritual 31

o cristianismo — que promove diretamente o altruísmo — e o budismo — que rechaça o egoísmo e o mundanismo — substituíram em grande parte os "cultos de carga" dos primitivos tempos históricos. Isso indiretamente sugere que o altruísmo tornou-se mais — e não menos — popular.

A PSICOLOGIA EVOLUCIONISTA COMO CIÊNCIA

A psicologia evolucionária foi alvo de ataques em muitos redutos[36] devido à falta de verificabilidade ou refutabilidade de quaisquer hipóteses dadas. O biólogo Jerry Coyne queixa-se:

> A psicologia evolucionária sofre do equivalente à megalomania. A maioria dos adeptos está convencida de que toda ação ou sentimento humano, incluindo depressão, homossexualismo, religião e consciência, foi posta diretamente em nosso cérebro por seleção natural. Segundo essa visão, a evolução se torna a chave — a única — que pode destrancar nossa humanidade.[37]

A psicologia evolucionária, que veremos com mais detalhes no Capítulo 7, falha ao tentar explicar religião ou espiritualidade, fato reconhecido há quase um século por Evelyn Underhill, pesquisadora de misticismo:

> Récéjac disse bem: "A partir do momento em que o homem não se contenta mais em inventar coisas úteis para sua existência sob a exclusiva ação da vontade de viver, violou-se o princípio da evolução (física)." Nada é mais certo do que o homem não ser muito contente. Foi chamado pelos filósofos utilitários de animal fabricante de ferramentas — o mais digno elogio que lhe souberam conceder. Com mais certeza, é um animal fabricante de visões; uma criatura de ideais perversos e não práticos, dominado tanto por sonhos quanto por apetites — sonhos que só podem ser justificados sob a teoria de que ele avança para alguma outra meta além da perfeição física e da supremacia intelectual, é controlado por alguma realidade mais elevada e vital que a dos deterministas. Somos levados à conclusão de que, se a teoria da evolução pretende incluir ou explicar os fatos de experiência artística e espiritual — e não

pode ser aceita por qualquer pensador sério, uma vez que deixa de fora de seu raio de ação esses grandes aspectos da consciência —, precisa ser reformulada em uma base mais mental que física.[38]

Ernst Fehr e Suzanne-Viola Renninger chegam a uma conclusão expressa de forma menos imponente, porém relacionada:

> Numa era de iluminismo e secularização, cientistas como Charles Darwin chocaram os contemporâneos quando questionaram o status especial dos seres humanos e tentaram classificá-los numa série contínua com todas as outras espécies. Despiu-se dos seres humanos tudo que era divino. Hoje a biologia traz de volta algo daquela antiga posição exaltada. Parece que nossa espécie é a única com a composição genética que promove abnegação e verdadeiro comportamento altruístico.[39]

Que não haja nenhum mal-entendido: *não* é objetivo deste livro afirmar que a evolução não ocorreu. Há um registro fóssil, afinal. Apesar dos muitos defeitos, o registro mostra que a evolução ocorreu. A questão, em vez disso, é saber se a evolução humana é um processo inteiramente naturalístico que ocorre sem sentido, propósito, direção ou desígnio, num universo inteiramente materialista. Este livro oferece provas da neurociência e de outras disciplinas que contestam essa visão.

Alguns caminhos bem percorridos em busca da compreensão da natureza humana de maneira apenas materialista não passam de becos sem saída. A tentativa de demonstrar que altruísmo e espiritualidade são de fato algum tipo de mecanismo oculto de sobrevivência darwiniana revela-se apenas um desses becos. Na verdade, podemos tirar algumas conclusões baseadas em fatos sobre a psicologia de nossos remotos ancestrais — por exemplo, concluir, a partir das primitivas práticas de sepultamento, que eles tinham algumas crenças religiosas. Mas não temos qualquer meio real de saber se essas crenças melhoravam suas chances de sobrevivência. Em geral, a espiritualidade associa-se positivamente à saúde e à felicidade na sociedade atual, mas não temos como supor, sem provas, que sempre foi assim. Era realmente conveniente para neandertais enterrar objetos úteis com os mortos?

Para uma neurociência espiritual

Ou eram motivados por algo que ia além da capacidade de adaptação darwiniana?

E quanto aos nossos parentes mais próximos, os chimpanzés e outros grandes primatas? Alguns cientistas passaram a vida convivendo com eles e estudando-os detalhadamente, na esperança de esclarecer a natureza do ser humano.

Nossa natureza animal

A resposta à natureza humana está em nossa natureza animal? Em nosso parentesco com os chimpanzés? Com os mamíferos em geral? Devemos remontar às experiências além do passado especificamente humano?

Ou, onde o boi de olhar antigo rumina
Com a ruminação especulo,
Leio a concentrada e completa visão,
De volta à época em que a mente era lama.[40]

Assim pensava o vitoriano George Meredith, entusiasta do materialismo. Claro, é fácil para um poeta talentoso como Meredith, contemplando os imensos olhos vazios de um boi satisfeito, imaginar-se "de volta à época em que a mente era lama". É mais fácil, porém, um poeta bem-dotado imaginar qualquer coisa. Como saber quais imaginações são verdadeiras percepções da natureza da realidade?

Em termos práticos, já existiram, ou poderia algum dia haver existido, horas em que toda a mente — dentro ou além do nosso universo — era lama? Em outras palavras, pode a mente apenas evoluir da não mente sem nenhuma ajuda, como insistem os materialistas? Essa pergunta se encontra no centro do conflito entre o materialismo e todas as filosofias que atribuem sentido e propósito ao universo.

Concentrando-se mais de perto na mente humana por ora, duas importantes tendências de pesquisa foram o estudo do comportamento do macaco na selva e a tentativa de lhe ensinar a linguagem dos sinais americana. A suposição, claro, é que, sendo o ser humano apenas "o terceiro chimpanzé", a mente humana não passa de uma

34   O CÉREBRO ESPIRITUAL

versão mais elaborada do chimpanzé. Há duas espécies de chimpanzé-comum (*Pan troglodytes*) e o menor, bonobo (*Pan paniscus*); se os humanos fossem classificados com eles, seríamos o terceiro. Segundo reconhecimento geral, compartilhamos 98 por cento de nosso DNA com os chimpanzés, logo, com certeza, conclui o raciocínio, 100 por cento dos chimpanzés guardam o segredo.

Seres humanos e chimpanzés podem cruzar entre si?

Acredita-se que os seres humanos e os chimpanzés se dividiram a partir de um ancestral comum há cerca de 5 a 7 milhões de anos, segundo a atual teoria evolucionária. Como os chimpanzés pertencem à espécie animal mais próxima dos humanos, muitos especularam sobre a possibilidade de se gerar um híbrido, um "humanzé." Segundo documentos da antiga ex-União Soviética, o ditador Joseph Stalin esperava produzir esses superguerreiros semi-humanos, semimacacos, anunciando: "Quero um novo ser humano invencível, insensível à dor, resistente e indiferente à comida que ingere."[41] O plano não deu em nada, e o cientista encarregado morreu no vasto sistema de prisão soviético.

Com mais frequência, porém, a motivação para gerar um híbrido tem sido filosófica. O zoólogo britânico Richard Dawkins entusiasmou-se com a possibilidade do nascimento desse híbrido. "A política jamais seria novamente a mesma, nem a teologia, sociologia, psicologia ou os principais ramos da filosofia. O mundo que seria muito abalado por um acontecimento incidental como a hibridização é na verdade um mundo especiesista (suposição da superioridade humana sobre outras criaturas, que leva à exploração de animais), dominado pela mente descontínua."[42] Por "mente descontínua", Dawkins refere-se à visão de que há diferenças fundamentais de qualidade entre a mente humana e a do chimpanzé, uma visão da qual ele discorda completamente.

De qualquer modo, a hibridização talvez seja muito difícil. Os chimpanzés têm 48 cromossomos, e os seres humanos, apenas 46. O falecido paleantropólogo Stephen Jay Gould também explica:

> As diferenças genéticas entre humanos e chimpanzés são mínimas, mas incluem pelo menos dez grandes inversões e translocações. Inversão é, literalmente, a reviravolta de um segmento cromossômico. Cada célula

Houve até um projeto para reclassificar o chimpanzé no gênero *Homo*, junto com os humanos modernos e os neandertais (extintos).[43] Ainda mais ambiciosos, muitos autores especularam sobre a hibridização de um humano e um chimpanzé, esperando que o nascimento da vida resultante criasse confusão social, moral e legal, e assim ajudasse os humanos a ver que somos animais, afinal, sem um destino mais elevado.

híbrida teria um conjunto de cromossomos de chimpanzé e um conjunto correspondente de cromossomos humanos. As células do óvulo e espermatozoide são feitas por um processo denominado meiose, ou divisão de redução. Na meiose, cada cromossomo precisa emparelhar-se (ficar lado a lado) com sua contraparte antes da divisão celular, para que os genes correspondentes se combinem um a um: isto é, cada cromossomo de chimpanzé precisa combinar-se com a contraparte humana. Mas, se o segmento de um cromossomo humano está invertido com relação a sua contraparte nos chimpanzés, a disposição em pares gene-gene não pode ocorrer sem um complicado entrelaçamento que em geral impede uma divisão celular bem-sucedida.[44]

Mas, apesar das dificuldades técnicas, a ideia recusa-se a morrer. Fazendo referência a uma teoria atual de que humanos e chimpanzés levaram algum tempo para tomar caminhos diferentes, o professor David P. Barash, da Washington University, saudou o dia em que, "graças aos avanços na tecnologia de reprodução, haverá híbridos, ou algum tipo de combinação genética em nosso futuro". Ecoando Dawkins, ele pondera que um híbrido apagaria a linha divisória entre os seres humanos e outras formas de vida, anunciando: "É uma linha que existe apenas na mente daqueles que proclamam que a espécie humana possui uma chama divina, e que por isso ficamos fora da natureza."[45]

O escritor canadense de ficção científica Rob Sawyer, que trata de problemas éticos em sua obra, observou que — se fosse possível — dificilmente seria ético reproduzir até mesmo um extinto hominídeo em laboratório, afirmando: "Se trouxéssemos de volta o *Homo erectus*, ele seria considerado, por todos os padrões atuais, gravemente retardado mental."[46] Assim, é provável que o mesmo ocorresse com o humanzé, se seus proponentes tivessem conseguido produzi-lo.

Os macacos

Embora há alguns anos isso parecesse a mais implausível ciência, não me parece fora de cogitação que, após alguns anos numa comunidade verbal de chimpanzé como essa, talvez surgissem memórias da história natural e da vida mental de um chimpanzé, publicada em inglês ou japonês (com talvez um "segundo depoimento a" após a matéria assinada).[47]

— Carl Sagan, *Os dragões do Éden*

O que os macacos podem nos dizer sobre nós mesmos?

Se somos realmente 98 por cento chimpanzé, com certeza o eu, a mente, a vontade, a alma, o espírito e a espiritualidade são apenas formas humanas de uma função cerebral normal. Talvez o chimpanzé 100 por cento possa na verdade ajudar-nos a entender a nós mesmos. Mas esse método de compreensão da mente humana chegou a um beco sem saída. Eis alguns dos motivos:

Os indícios do DNA da semelhança entre seres humanos e chimpanzés não nos dizem o que precisamos saber. Lembre-se de que apenas quatro nucleotídeos (A, C, G, T) escrevem todo o código genético, portanto um sortimento puramente aleatório nos registraria como partilhando 25 por cento de nosso DNA com qualquer forma de vida conhecida, tenha ela cérebro ou não. Também, como nos lembra o antropólogo evolucionário Jonathan Marks, partilhamos 40 por cento do nosso DNA com os peixes, mas ninguém sugere que os peixes são 40 por cento de um ser humano[48] — ou, aliás, que os humanos são 250 por cento de um peixe. Conceitos rudimentares como a partilha do DNA na verdade não proporcionam muita ajuda na compreensão da natureza humana, pois são as diferenças, e não as semelhanças, que precisamos conhecer. De qualquer modo, as estimativas atuais da quantidade de DNA que os seres humanos e os chimpanzés partilham variam entre 95 a 99 por cento, dependendo das regras escolhidas pelo pesquisador que as faz.[49] Assim, nem mesmo a quantidade de DNA que partilhamos está clara.

Os macacos não são, de fato, um reflexo do comportamento ou do pensamento humanos. Os primatologistas os estudam a fim de fornecer uma explicação evolucionária para o comportamento humano,

Para uma neurociência espiritual 37

sobretudo o violento. Em consequência, tendem a se concentrar no comportamento comum (ou pelo menos interessante) entre os seres humanos, embora isso seja raro entre outros primatas. Robert Sussman, da Washington University, e Paul Garber, da University of Illinois, salientaram recentemente, após uma extensa pesquisa a literatura, que a maioria dos macacos nem sequer é *sociável*, quanto mais propensa à violência. Os gorilas passam apenas 3 por cento do tempo em atividades sociais, e os chimpanzés, apenas 25 por cento. As comparações entre o comportamento humano e o do macaco são facilmente distorcidas pela predisposição do pesquisador e não conseguem nos dizer muita coisa sobre nós mesmos.[50]

Os chimpanzés e os seres humanos em geral não partilham laços emocionais estreitos. Se você quiser conviver com um não humano emocionalmente próximo aos seres humanos, partilhe a vida com um cachorro, não com um chimpanzé. Em pesquisas, os cachorros demonstraram maior capacidade de entender as emoções humanas que os chimpanzés — embora o rosto humano seja mais semelhante ao do chimpanzé que ao canino. Como observa em *The Chronicle of Higher Education*:

> Os chimpanzés, nossos parentes mais próximos, demonstraram saber acompanhar o olhar humano, mas se saem muito mal numa experiência clássica que lhes exija extrair dicas da observação de uma pessoa. Nesse teste, o pesquisador esconde comida em um dos vários recipientes fora da visão do animal. Então deixa o chimpanzé escolher um deles, depois que o pesquisador indica a opção correta por vários métodos, como olhar fixo, assentir com a cabeça, apontar, dar batidinhas ou pôr um marcador. Apenas com muito treinamento os chimpanzés e outros primatas conseguem acertar mais do que se estivessem escolhendo aleatoriamente.[51]

Em 2001, experiências mostraram que os cachorros eram muito melhores que os chimpanzés para encontrar comida usando dicas sociais dadas por seres humanos. Assim, maior semelhança genética não significa maior comunhão de mente entre seres humanos e chimpanzés.

As afirmações de que os macacos têm habilidades semelhantes às dos seres humanos são questionáveis. Alguns pesquisadores dedicaram carreiras ao ensino dos simples sinais da linguagem dos surdos-mudos, mas, como salienta Jonathan Marks:

Apesar de todo o interesse gerado pelas experiências de linguagem dos sinais com macacos, três coisas são claras. Primeiro, eles têm capacidade de manipular um sistema de símbolos que os seres humanos lhes dão, e de comunicar-se com isso. Segundo, lamentavelmente nada têm a dizer. E terceiro, não usam qualquer sistema desses na selva.[52]

Conclui Marks: "A linguagem não é coisa de chimpanzé. Há de fato pouquíssima sobreposição entre a comunicação humana e a do chimpanzé."[53] Na verdade, provavelmente falta aos primatas não humanos a complexidade neural para lidar com o pensamento abstrato necessário à mente. O radiologista Andrew Newberg e seus colegas observam:

Uma versão rudimentar do lobo parietal encontra-se presente em nossos parentes evolucionários próximos, os chimpanzés. Embora sejam inteligentes o bastante para dominar conceitos matemáticos simples e adquirir a capacidade de linguagem não verbal, parece faltar ao cérebro deles a complexidade neural necessária à formulação de qualquer tipo de pensamento abstrato, o tipo de pensamento que leva à formação de culturas, arte, matemática, tecnologia e mitos.[54]

Um dos motivos de primatologistas como Jane Goodall enfatizarem a semelhança entre macacos e seres humanos é inteiramente digno de louvor: eles querem oferecer proteção aos habitats naturais dos macacos selvagens em risco de extinção e acabar com o tratamento desumano dos cativos em laboratórios. Mas, como observou Marks, os macacos precisam de proteção como macacos, não como equivalentes a seres humanos. E salienta: "Eles devem ser preservados e tratados com compaixão, mas o obscurecimento da linha entre nós e eles é um dispositivo retórico não científico."[55]

É revigorante trabalhar com chimpanzés: são os políticos honestos pelos quais todos nós ansiamos. Quando o filósofo político Thomas Hobbes postulou um irrefreável ímpeto de poder, acertou o alvo ao mesmo tem-

Para uma neurociência espiritual

po para seres humanos e macacos. Observando como os chimpanzés usam ostensivamente todos os meios para conseguir uma posição, procuraremos em vão motivos posteriores e promessas convenientes.[56]

— Frans B. M. de Waal, primatologista

A verdadeira política — mesmo aquela digna do nome, a única à qual estou disposto a me dedicar — é simplesmente uma questão de servir os que nos rodeiam: servir à comunidade e àqueles que virão depois de nós. Suas raízes mais profundas são morais, porque se trata de uma responsabilidade manifestada pela ação, para e pelo todo.[57]

— Vaclav Havel, prisioneiro político
e ativista dos direitos humanos,
ex-presidente da República Tcheca

Portanto, os chimpanzés não podem nos ajudar a entender nossa mente porque o que nos separa deles é *justamente* a mente humana. Como surgiu e como funciona essa mente, isso continua sendo um genuíno quebra-cabeça. Segundo a escritora especializada em ciência Elaine Morgan:

Considerando-se a relação genética muito próxima que se estabeleceu com a comparação de propriedades bioquímicas de proteínas sanguíneas, estrutura de proteína e reações imunológicas e de DNA, as diferenças entre um homem e um chimpanzé são mais espantosas que as semelhanças... Alguma coisa deve ter acontecido ao *Homo sapiens* que não aconteceu aos ancestrais dos gorilas e chimpanzés.[58]

Então, o que os chimpanzés e outros grandes macacos podem nos dizer? Não o que precisamos saber, infelizmente. Não podem responder às perguntas que eles próprios não fazem a si mesmos.

Mas talvez a resposta nem sequer esteja nas formas de vida. Se é a *inteligência* humana que precisamos entender, a fim de compreender a natureza espiritual dos seres humanos, talvez a biologia seja apenas uma bagunça obscura que atrapalha o código binário matemático e claro. Por isso, muitos teóricos insistiram em que a resposta está mesmo na inteligência artificial (IA), a inteligência dos computadores.

Inteligência artificial

Os supercomputadores vão alcançar a capacidade de um cérebro humano em 2010, e os computadores pessoais, por volta de 2020... Na década de 2030, predominará a parte não biológica de nossa inteligência.[59]

— Ray Kurzweil,
A era das máquinas espirituais

Os computadores sabem? A inteligência artificial seria capaz de reproduzir mente ou espírito?

No divertido romance de Douglas Adams, *O guia do mochileiro das galáxias*, atribuiu-se ao Pensador Profundo, o segundo maior computador de todo tempo e espaço, a tarefa de calcular a resposta à Grande Questão da Vida, do Universo e Tudo o Mais. O computador pensa durante 7,5 milhões de anos e anuncia sua resposta: "Quarenta e dois."

Em reação à decepção geral, Pensador Profundo responde: "O problema, para ser muito honesto com vocês, é que na verdade nunca souberam qual é a questão." E oferece-se para projetar um computador ainda maior, chamado "Terra", que incorpora os seres vivos. Terra vai determinar a questão à qual "42" é a resposta.

No fim das contas, a questão é:

O QUE SE OBTÉM QUANDO MULTIPLICA SEIS POR NOVE?
"Seis vezes nove, 42."
"É isso aí. É só isso."[60]

Será que os computadores avançados eventualmente se sairiam melhor do que a "Terra" como espera Daniel Dennett? Podem tornar-se "máquinas espirituais" que se aproximam da mente humana, como previu o guru da inteligência artificial Ray Kurzweil? Serão capazes de entender — ou, o mais provável, eliminar — a espiritualidade[61] como conceito?

"Você sabia", disse ele no final, "que é possível mapear toda rede neural de um cérebro humano e produzir uma duplicata exata da

Para uma neurociência espiritual 41

mente dentro de um computador?... Que acharia se eu lhe dissesse que meu cérebro foi mapeado e duplicado?"[62]

— Robert J. Sawyer, *The Terminal Experiment*

O filósofo da mente John Searle conta que, nas décadas finais do século XX, muitos pensadores estavam inteiramente convencidos de que era bastante possível um computador pensar como um ser humano. Afinal, considerava-se o cérebro humano um computador. Ele lembra:

> É impossível exagerar a empolgação que essa ideia gerou, porque, afinal, ela nos dava não apenas uma solução para os problemas filosóficos que nos assediavam, mas também um programa de pesquisa. Podemos estudar a mente, entender como ela funciona na verdade, descobrindo quais programas são implementados no cérebro. Um aspecto imensamente atraente desse programa de pesquisa é que não temos de fato de saber como funciona o cérebro como sistema físico a fim de criar uma completa e estrita ciência da mente... Ocorreu-nos por acaso, graças a uma espécie de acidente evolucionário, ser implementados com neurônios, mas qualquer hardware complexo serviria tão bem quanto o que temos no cérebro.[63]

Afinal, a "máquina espiritual"[64] de Ray Kurzweil satisfez essas esperanças como previsto?

Um mergulho cada vez mais profundo...

Uma das consagradas metas da inteligência artificial foi um computador muito grande e programado com inteligência suficiente para derrotar qualquer ser humano no xadrez. Trata-se de um bom jogo para um computador poderoso, porque, como o da velha, tem problemas bem definidos. Claro que o xadrez é muitíssimo mais complicado. As 32 peças e os 64 quadrados proporcionam uma gama de opções que excede o número estimado de átomos no universo.[65]

A princípio, o progresso foi lento. Em 1952, o pioneiro da IA Alan Turing elaborou o primeiro programa de xadrez para computador. Somente em 1980 se estabeleceu o Prêmio Fredkin: 100 mil dólares

42   O CÉREBRO ESPIRITUAL

seriam concedidos aos programadores do primeiro computador a vencer um campeão mundial de xadrez na época. Durante mais de uma década e meia, os programadores labutaram nisso sem conquistar o prêmio. Em 1996, o grande mestre russo Garry Kasparov anunciou: "As máquinas são burras por natureza", e derrotou em seguida o Deep Blue da IBM.

Mas, em 1997, a perda de Kasparov para o Deep Blue chegou às manchetes, e os três programadores dividiram o Prêmio Fredkin. Segundo várias fontes da mídia, a era do ser humano terminara, e era o começo da era da máquina espiritual.

> As máquinas acabam de transpor um importante limiar: aquele no qual, pelo menos até certo ponto, dá ao ser humano imparcial a impressão de ter inteligência. Devido a um tipo de chauvinismo humano ou antropocentrismo, muitos seres humanos relutam em admitir essa possibilidade. Mas eu acho que é inevitável.[66]
>
> — Carl Sagan, *Os dragões do Éden*

Os comentaristas não perceberam de modo algum a questão — os programadores do Deep Blue eram simplesmente tão humanos quanto Kasparov. Assim, a questão não é se a máquina pode derrotar o ser humano, mas se o ser humano que joga xadrez elaborando um programa se sai melhor que outro ser humano que joga xadrez sem elaborar um programa. Se a máquina dá a impressão de ter inteligência, como observou Sagan, isso não deveria ser surpresa alguma, pois uma inteligência a criou. As falas que Shakespeare escreveu para Hamlet também dão a impressão de que Hamlet é inteligente, pelo mesmo motivo.

De qualquer modo, a era da máquina espiritual passou tão rápido que quase ninguém a viu. Em 2003, Kasparov empatou com um Deep Junior bem mais poderoso e ainda com outro programa, o X3dFritz.[67] Isso surpreendeu muita gente, porque um poderoso programa de computador é capaz de pensar em muito mais estratégias de uma só vez que o ser humano. Em geral, um computador jogando xadrez conta com seu enorme poder de processamento paralelo para classificar e analisar uma vasta memória, a fim de avaliar milhões de jogadas e escolher a melhor. O Deep Junior processava até 3 milhões de joga-

Para uma neurociência espiritual 43

das possíveis por segundo. Kasparov na certa avaliava apenas duas ou três.

Ora, isso suscita uma pergunta óbvia: por que Kasparov *sequer consegue* vencer? Não deveria sempre perder? A resposta parece ser: o que ele faz quando pensa na jogada seguinte é diferente em espécie do que o Deep Junior faz. Disse o próprio mestre russo: "Não importa o que os programadores Shay e Amir digam sobre a capacidade de Junior percorrer milhões de estratégias possíveis; eu, em contraposição, talvez pense em apenas umas poucas por jogo. Mas pode apostar sua vida que elas serão as melhores de todas."[68] Como expressa o filósofo e entusiasta de xadrez Tim McGrew, da Western Michigan University: "Alguma coisa se passa na mente do grande mestre que não é apenas radicalmente diferente... mas também inconcebivelmente mais eficiente. É uma espécie de milagre computacional que seres humanos consigam jogar xadrez."[69]

Também se descobriu depois que os grandes mestres vêm se saindo melhor ao jogar com os computadores, embora estes tenham se tornado mais poderosos.[70] O entusiasta da IA, Kenneth Silber, queixa-se:

> Trata-se de um decepcionante estado de coisas para os entusiastas da inteligência artificial. Com suas exigências de cálculos e memória, o xadrez é uma atividade visivelmente bem apropriada para os computadores. Se estes vêm realizando progressos apenas moderados no xadrez, que perspectiva existe para que desenvolvam capacidades como criatividade, bom senso e consciência — sem falar na inteligência super-humana que preveem alguns especialistas?[71]

A resposta bem pode ser: nenhuma. Não encontraremos a resposta na alma da nova máquina, porque os especialistas em IA erraram na compreensão do problema desde o início. O xadrez de computador não ajuda a entender o pensamento humano, porque os computadores não formam nem seguem planos, não têm metas. Não têm ideias abrangentes, nem usam analogias ou metáforas — e, no momento, não há nada que indique que eles o farão. O que computadores de fato fazem são cálculos. A dificuldade está em que, como salienta o pioneiro em computação John Holland: "Vários problemas de inteligência artificial não podem ser resolvidos simplesmente pela elabora-

44 O CÉREBRO ESPIRITUAL

ção de mais cálculos." Em consequência, ele não espera computadores "conscientes" tão cedo.[72]

> Não acho que exista algo único na inteligência humana. Todos os neurônios do cérebro que formam percepções e emoções operam de maneira binária.
>
> — Bill Gates, pioneiro dos softwares

> A mente humana é um computador feito de carne.
>
> — Marvin Minsky, guru da inteligência artificial

De modo semelhante, John Searle descreve as primeiras ideias otimistas sobre a IA ("qualquer hardware com complexidade suficiente funcionaria tão bem quanto o que temos no cérebro") como "irremediavelmente errôneas", e diz que "desde o início nada mudou minha opinião".[73] Como para enfatizar os comentários de Seale, a revista especializada em tecnologia e outros campos eletromagnéticos *Red Herring* reconheceu em uma matéria publicada de 2005 que as ideias da IA são úteis em várias áreas empresariais, mas "falta-lhes uma grande visão ontológica". Muito justo, mas foi a grande visão ontológica que impulsionou a IA em primeiro lugar.

A ciência é capaz de espantosas realizações, *com a condição de que* os cientistas tenham claro entendimento da natureza do sistema que estudam. O cérebro humano não é uma máquina de calcular, e uma máquina de calcular não pode responder às nossas indagações sobre o sentido da vida. Nem o "deus calculador"[74] do escritor de ficção científica Rob Sawyer pôde responder às nossas perguntas. Os computadores, por mais inteligentes que os construamos, não se tornam máquinas espirituais, nem conseguem esclarecer a natureza espiritual do ser humano.

A natureza espiritual do ser humano

Os seres humanos podem ter uma natureza espiritual num universo sem propósito ou desígnio?

Como já vimos, as linhas de pesquisa que buscam fundamentar a natureza humana numa realidade apenas material não tiveram êxito.

Para uma neurociência espiritual 45

A psicologia evolucionária, por exemplo, falha no ponto exato em que começa o comportamento exclusivamente humano — com o verdadeiro altruísmo. Do mesmo modo, os estudos sobre os primatas e as pesquisas sobre a IA são malsucedidas nos exatos pontos em que exigimos respostas.

Mas o insucesso das atuais explicações materialistas não revela a verdade de uma explicação não materialista. De fato, se buscarmos a natureza do ser humano como uma realidade material, enfrentaremos de início uma séria, e talvez fatal, objeção. Sobre a natureza do próprio universo, Bertrand Russell, o filósofo analítico britânico do século XX, chegou à famosa conclusão:

> O homem é produto de causas que não tinham previsão alguma do fim a que chegariam; mas sua origem, suas esperanças, seus medos, amores e suas crenças não passam do resultado de colocações acidentais de átomos; que não há fogo, nem heroísmo, nem intensidade de pensamento e sentimento que possam preservar uma vida individual além do túmulo; que as conquistas de todas as eras, toda a devoção, toda a inspiração, todo o iluminado brilhantismo do gênio humano se destinam à extinção na vasta morte do sistema solar; e que todo o templo da realização do Homem deve inevitavelmente ser enterrado sob os detritos de um universo em ruínas — tudo isso, embora não esteja muito além da discussão, é quase tão certo que nenhuma filosofia que o rejeita pode esperar subsistir.[75]

Nesse caso, em tese, uma natureza espiritual é impossível para o ser humano. Precisamos evitar as explicações não materialistas da natureza humana porque é impossível que estejam certas. Segue-se daí uma importante consequência: ainda que a ciência materialista hoje não ofereça explicações satisfatórias, devemos nos ater a visões insatisfatórias, na esperança de que visões melhores cheguem algum dia.

O filósofo especializado em ciência Karl Popper chamou essa linha de pensamento de "materialismo promissório".[76] Em outras palavras, quando a adotamos, aceitamos uma nota promissória sobre o futuro do materialismo. O materialismo promissório teve imensa influência nas ciências, porque é possível rotular qualquer dúvida sobre o materialismo — não importa o estado da *evidência* — de "não científica", em tese.

46 O CÉREBRO ESPIRITUAL

Reunindo provas contra o materialismo

No verão de 2005, Guillermo Gonzalez, astrônomo de 41 anos, da Iowa State University, descobriu por acidente o tamanho da dívida do materialismo promissório. Como professor assistente de física e astronomia na iminência da posse permanente no cargo, descobriu um dia que 124 membros do corpo docente (cerca de 7 por cento) haviam assinado uma declaração criticando-o por seu suposto apoio à "teoria do design inteligente". (Essa teoria propõe que, em vista dos indícios, o atual estado do universo é melhor interpretado como produto de causação ou design inteligente, assim como a lei e o acaso. Não defende que todos os acontecimentos sejam inteligentemente causados, mas não elimina causas inteligentes em princípio, em que a prova dá garantia. Um meio de entender isso é que o universo é de cima para baixo, não de baixo para cima. A mente vem primeiro e cria a matéria. Não é a matéria que vem primeiro e cria a mente.)[77]

Qual foi o crime de Gonzalez? Ele é um especialista reconhecido no obscuro campo da habitabilidade galática — a capacidade de um planeta sustentar a vida como a conhecemos.[78] Também é o principal autor do livro *The privileged planet: how our place in the cosmos is designed for discovery*,[79] em que, fundamentado em extensa pesquisa sobre várias posições favoráveis à astronomia em nosso sistema solar, afirma que a Terra é admiravelmente conveniente para a astronomia — situada no mesmo plano da órbita elíptica, bem perto de um braço espiral de nossa galáxia, com o resultado de que os seres humanos na verdade podem ver a galáxia em profundidade.

> As pessoas envolvidas com a astronomia se dedicam a isso muito cedo. É uma ciência bastante deslumbrante. Muitas têm a profunda sensação do infinito e da grandeza do universo.
> As pessoas têm fortes convicções de que não se pode introduzir Deus na ciência. Mas eu não introduzo Deus na ciência. Observei a natureza atentamente e descobri esse padrão, baseado em indícios empíricos... É óbvio que isso exige uma explicação diferente.[80]
> — Guillermo Gonzalez, astrônomo

Gonzalez, um homem cristão, afirma que essa e outras descobertas semelhantes significam que os seres humanos se destinavam a explorar

Para uma neurociência espiritual 47

o universo. Ele enfatiza que todas as suas afirmações são científicas — ou seja, fundamentadas em provas, testificáveis e falseáveis. Mas isso não aplaca críticos como Jim Colbert, professor assistente de ecologia, evolução e biologia do organismo vivo, que rebate: "Não dizemos que não se deve acreditar em design inteligente. Apenas que, quando não é possível acumular provas, não é ciência."[81]

O que ficou claro na polêmica resultante foi que nem a prova da posição da Terra nem a qualidade da pesquisa de Gonzalez eram questões em discussão. A tentativa de impedi-lo de conseguir a posse permanente do cargo baseou-se, essencialmente, no materialismo promissório.[82] Qualquer pesquisa que revele a possibilidade de propósito, desígnio ou sentido no universo é encarada como uma ameaça à ciência, porque a ciência é entendida como um empreendimento que defende a visão do cosmos expressa de forma eloquente por Russell. O pecado de Gonzalez foi exatamente *acumular* provas contra essa visão.

Embora o fato de Gonzalez ser cristão o predisponha a pensar desta maneira, isto não é, de modo algum, necessário. Rob Sawyer manteve-se a par da controvérsia maior (e crescente), observando: "Acho que vem ocorrendo um debate legítimo. Não se trata de material periférico." Na verdade, embora não escreva a partir de uma perspectiva religiosa, Sawyer gosta de descrever os vários exemplos da delicada sintonia fina do universo (às vezes chamados de coincidências antrópicas) — por exemplo, o fato de que, se a força da gravidade diferisse de sua força conhecida em até mesmo uma parte de 1×10^{40}, estrelas como nosso sol não poderiam existir tampouco um planeta que sustente a vida como a terra.[83] Nisso, juntou-se a ele o astrofísico Paul Davies, que também não defende qualquer posição religiosa específica, mas observa que "não podemos evitar algum componente antrópico em nossa ciência, o que é interessante, pois após trezentos anos percebemos afinal que de fato somos importantes".[84]

Em face das evidências para o ajuste fino, tal como definido por Gonzalez e muitos outros, o único argumento consistente contra o propósito e o design é a possibilidade de que nosso universo é um sucesso acidental entre um monte de lixo de universos falhos.[85] No entanto, não temos maneira de saber quais outros universos existem ou no que eles podem ter falhado.[86]

Indistintamente, em meio a tempestades e alvoroços, as pessoas passam a tomar partidos. Em vista do que Tom Wolfe tinha a dizer sobre a neurociência há dez anos ("a ideia de um eu... já começa a escorregar, escorregar... escorregar..."),[87] foi uma surpresa e tanto conhecer suas ideias em 2005 sobre o darwinismo, a teoria biológica que o escora: "Veja Darwin. Meu Deus, que teoria poderosa! Aliás, dou a essa mais uns quarenta anos, e se extinguirá em chamas."[88]

Claro que propósito e desígnio no universo ou em formas de vida não demonstram que os seres humanos têm uma natureza espiritual. Mas tornam a ideia passível de pesquisa. Em termos simples, se Russell estiver certo, não podemos ter uma natureza espiritual, nem devemos buscá-la não mais do que Gonzalez deve procurar indícios de que a posição da Terra é significativa. Mas se Gonzalez estiver certo, talvez

---

A ciência é uma busca por verdade ou por apoio ao materialismo?

Às vezes, os cientistas acadêmicos têm tanta convicção de que fornecer apoio ao materialismo é o objetivo da ciência que acabam violando os direitos civis convencionais. Isso aconteceu com Richard von Sternberg, paleontólogo que permitiu a publicação de um artigo revisto por um colega acadêmico em sua revista do Instituto Smithsonian (*Proceedings of the biological society of Washington*), sugerindo que a explosão das complexas formas de vida ocorridas de repente há cerca de 525 milhões de anos talvez fosse melhor explicada pelo design inteligente. Quase todas as grandes classificações existentes de animais (filos, grupos taxonômicos) surgiram de repente, durante poucos milhões de anos, um mero espirro do tempo geológico. O próprio Sternberg não era defensor da hipótese do design inteligente, mas acreditava com forte convicção que devia pôr todas as opções na mesa.

A simples sugestão de uma origem que incluía a causação inteligente desencadeou um imenso barulho, dirigido não ao autor, o geólogo e brilhante teórico do design Steve Meyer, mas sobretudo ao editor Sternberg. Ele foi contrainvestigado sobre suas crenças religiosas e políticas pelos patrões, e, afastado do cargo, teve negado o acesso às coleções de fósseis que precisava para o trabalho como paleontólogo. Também contou ao *Washington Post* que, quando a sociedade biológica emitiu uma declaração repudiando o artigo de Meyer,

Para uma neurociência espiritual

na verdade tenhamos uma natureza espiritual, e possamos pesquisar a questão, usando as ferramentas da ciência. As provas atuais sobre a natureza do universo como um todo não favorecem mais a visão de Russell do que a de Gonzalez,[89] e por isso não deve ser um impedimento para pensar na natureza espiritual dos seres humanos.

Os limites do materialismo

Mas o materialismo não pode de fato estar errado? Grandes pensadores argumentam em defesa disso!

O materialismo erra na avaliação da natureza humana porque não está de acordo com os *indícios*. Vale a pena, contudo, fazer duas afirmações sobre as limitações do materialismo como *suposição* filosófica.

aconselharam-no a não comparecer, porque, segundo ele: "Fui informado de que os sentimentos estavam tão exaltados que eles não podiam me garantir a manutenção da ordem."[90] Sternberg recorreu então ao USA Office of Special Counsel, um órgão federal que protege os direitos civis dos empregados do governo, que declarou que ele fora submetido à retaliação e a uma campanha de desinformação. Em dezembro de 2006, o relatório do congresso mais uma vez inocentou Sternberg de várias alegações falsas, acusando as autoridades do Smithsonian de "o terem atormentado, discriminado e retaliado".

Ficou claro que Sternberg violara não uma lei escrita, mas tácita: não se poderia examinar a causação inteligente, independentemente do estado da prova, ou do fato de cientistas de qualquer modo associados a ela haverem ou não seguido procedimentos corretos na reunião e publicação de evidências. Esperava-se que Sternberg não tivesse pensado melhor antes de publicar um trabalho como esse, *embora* ele tenha passado pela revisão de outros especialistas.

Alguns afirmam que essas regras tácitas, na verdade, obstruem a própria ciência que deveriam proteger. O matemático e teórico da identidade William Dembski, por exemplo, diz: "A ideologia materialista subverteu o estudo das origens biológicas e cosmológicas, para que o conteúdo real dessas ciências se corrompesse. O problema, portanto, não é apenas que se esteja usando a ciência de forma ilegítima para promover uma visão de mundo materialista, mas que essa visão tem ativamente desprezado a pesquisa científica, levando a conclusões incorretas e não fundamentadas sobre as origens biológicas e cosmológicas."

50   O CÉREBRO ESPIRITUAL

O materialismo é uma *filosofia monista*, isto é, uma filosofia segundo a qual tudo que existe se constitui fundamentalmente de uma única substância (por exemplo, matéria). Como Russell deixa claro, o materialismo busca explicar toda a realidade, das imensas muralhas da galáxia às partículas fundamentais subatômicas que sustentam nosso corpo, das sutilezas da mente humana ao mimetismo inconsciente de uma orquídea.[91] Seguem-se duas importantes consequências. Primeiro, num sistema monista, é difícil saber se estamos errados. Os monistas não têm nada com que comparar seu sistema. Como já vimos, um resultado é o materialismo promissório, em que apenas se adiam os problemas com as suposições do sistema para a ciência futura; não resultam em um exame crítico do próprio sistema.

Segundo, pode-se destruir um sistema monista como o materialismo com qualquer prova que se tenha contra ele. Essa fraqueza encontra-se embutida no sistema pela sua própria natureza; não se pode atribuí-la a críticos adversos, irracionais ou preconceituosos. Em consequência, os sistemas monistas tendem a ser hostis a investigações que fornecem indícios contra as suposições do sistema. Os defensores do sistema às vezes buscam impedir essas investigações. E também, às vezes, buscam manipular as definições, para que sejam condenadas fora da ciência, independentemente dos indícios, como descobriu Guillermo Gonzalez.

> Eu afirmo que o mistério humano é incrivelmente aviltado pelo reducionismo, com sua afirmação no materialismo promissório para acabar explicando todo o mundo espiritual em termos de padrões de atividade neural. Deve-se classificar essa crença como superstição... Somos seres espirituais com alma num mundo espiritual, além de seres materiais com corpo e cérebro vivendo em um mundo material.[92]
> — Sir John Eccles, neurologista e vencedor do Prêmio Nobel

Com essas questões em mente, agora voltamos para a pergunta-chave: que indícios a partir da neurociência lançam dúvida sobre a interpretação materialista da mente humana e da espiritualidade?

Para uma neurociência espiritual

Em defesa da natureza espiritual dos seres humanos

Até aqui, este livro mostrou apenas que as pressuposições materialistas, longe de explicar a natureza do ser humano, na maioria das vezes ainda restringem nosso campo de pesquisa a algumas áreas desgastadas — e a essa altura improdutivas —, como as especulações sobre a pré-história, os estudos dos primatas e da inteligência artificial. Isso significa que a própria ciência, além das pressuposições do materialismo, nada tem a contribuir para a compreensão da natureza espiritual do ser humano? Com toda certeza, não! O desafio para a ciência é, ao contrário, elaborar hipóteses que levem os fatos observados a sério o suficiente para ir além das limitações do materialismo.

Neste ponto, precisa-se tratar de um problema essencial. A maioria de nós, quando solicitada a dar uma explicação de nós mesmos, acredita que tem "mente", que diferenciamos de "cérebro". Achamos que é a mente a responsável por gerar a fundamental escolha da ação realizada pelo conjunto de circuitos do cérebro. Por exemplo, um motorista, diante de um engarrafamento inesperado, pode decidir não xingar ou buzinar, mas simplesmente dar de ombros e virar em uma rua lateral. Talvez descrevamos seu processo mental dizendo: "Harry decidiu na *mente* não se aborrecer, e simplesmente ir para casa por outro caminho." Não dizemos: "O conjunto de circuitos do cérebro de Harry o levou a tirar a mão da buzina e, em vez disso, conduzir o carro para a direita e tomar uma rua secundária." Supomos que Harry tem livre-arbítrio, e que ele — ou alguma coisa nele — pode de fato decidir como vai agir.[93]

Como já vimos, a neurociência materialista não pode explicar a mente ou o livre-arbítrio dessa forma. Ela supõe que Harry e quaisquer observadores são vítimas de uma ilusão de livre-arbítrio, porque o materialismo não tem modelo algum de como de fato funcionaria o livre-arbítrio.

O primeiro dogma em que passei a desacreditar foi o do livre-arbítrio. Pareceu-me que todas as ideias de matéria eram determinadas pelas leis da dinâmica e por isso não poderiam ser influenciadas pela vontade humana.

— Bertrand Russell, filósofo analítico
(1872-1970)

52 O CÉREBRO ESPIRITUAL

Tudo, incluindo o que acontece no cérebro, depende disto e apenas disto: um conjunto de leis determinísticas fixas. Um conjunto de acidentes puramente aleatórios.

— Marvin Minsky, guru da inteligência artificial

Toda teoria é contra a liberdade de vontade; toda a experiência é a favor.

— Samuel Johnson, crítico literário inglês (1709-84)

Todos os fatos têm uma causa material?

O materialismo exige que todos os fatos tenham uma causa *material*, o que significa uma causa governada pelas forças físicas da natureza, como entende a física clássica. É inevitável que isso signifique uma causa "determinista". Não há como um objeto não agir de acordo com essas forças, não existe a possibilidade de uma bola de bilhar deixar de disparar em qualquer direção para a qual um impacto a tenha enviado. Muito bem, vamos supor por enquanto que todos os fatos são governados pelas forças físicas da natureza. Mas temos uma *explicação* correta dessas forças, sobretudo das que talvez operem no cérebro?

A maioria de nós imagina, apenas por parecer algo racional, que, em um nível fundamental, a realidade material do universo consiste de partículas de matéria. O poeta romano Lucrécio assim explicou a realidade, aproximadamente no ano 55 da era cristã.

Toda a natureza como é em si mesma consiste de duas coisas — corpo e o espaço vazio no qual se situa o corpo, e pelo qual se movimenta em diferentes direções... Não existe nada que seja distinto do corpo e desse vazio.[94]

Isaac Newton, o brilhante criador do século XVII das leis da gravidade, convenceu-se de uma ideia semelhante:

Para uma neurociência espiritual 53

Parece-me provável que, no início, Deus tenha formado a matéria em partículas móveis, impenetráveis, duras e sólidas, de tais formas e figuras, e com tais outras propriedades e em tal proporção ao espaço, e a maioria foi conduzida ao fim para o qual Ele as formou; e que estas partículas primitivas, sendo sólidas, são incomparavelmente mais duras que quaisquer dos seus corpos porosos compostos; tão duras que nunca se consomem ou se quebram em pedaços; pois nenhum poder comum é capaz de dividir o que o próprio Deus fez na primeira Criação.[95]

Na verdade, Lucrécio e Newton se enganaram. As leis fundamentais da realidade física não são nem um pouco assim. Há acúmulos de campos de força. No início do século XX, físicos mostraram que esses campos de força, o nível "quantum" do nosso universo, não obedece necessariamente às "leis da natureza" que conhecemos.

As leis de Newton podem ser violadas?

Por que as leis de Newton funcionam tão bem, se ele se enganou sobre as camadas fundamentais da realidade física? Suas leis descrevem um nível médio da realidade, entre o muito pequeno e o muito grande. No nível quântico muito pequeno, precisamos lutar com a incerteza quântica fundamental. Nos níveis da organização que em geral observamos, nosso corpo e outros objetos contêm inacreditáveis números de pacotes de matéria e energia. Neste caso, as aproximações descritas pelas leis de Newton são confiáveis. Por isso, se você largar este livro, pode ter certeza de que ele cairá no chão. Contudo, se continuamos até um nível muito alto de organização no espaço interestelar, a teoria da relatividade assume o controle e dispensa mais uma vez as certezas de Newton, embora de formas diferentes. Por exemplo, um triângulo entre estrelas talvez *não* resulta em 180 graus, por causa da distorção espaço-tempo. O que se deve decidir em cada caso é o grau de certeza necessário e para qual propósito.

Portanto, como é esse nível de *quantum* fundamental do nosso universo? Os elétrons (cargas de átomos negativas), por exemplo, não existem definidamente no espaço e no tempo. São uma nuvem de probabilidades; sua existência em qualquer ponto determinado é apenas potencial. Quando saltam de um estágio de energia para outro, não "atravessam" o espaço que há entre eles. Simplesmente reaparecem num estado superior ou inferior. Um meio de entender isso é imaginar uma lâmpada tripartida, que emite 50, 100 ou 150 watts ao se girar o interruptor, mas nada nas áreas intermediárias. Não há *nada* nas áreas intermediárias.[96] De modo ainda mais estranho, se medirmos esses elétrons, tornaremos sua existência em determinado ponto real, pelo menos para nossa finalidade. Assim, em certo sentido, criamos aquilo que queremos medir. Há um princípio para isso chamado princípio da incerteza (indeterminação) de Heisenberg. De acordo com esse princípio, as partículas subatômicas não ocupam posições definidas no espaço ou tempo; só podemos descobrir onde estão a partir de uma série de probabilidades sobre onde poderiam estar (precisamos decidir o que queremos saber).

Essa área da física, a física quântica, é o estudo do comportamento da matéria e energia no nível subatômico do universo. De forma resumida, as sinapses, os espaços entre os neurônios do cérebro, conduzem sinais usando partes dos átomos chamadas íons. Estes funcionam de acordo com as regras da física quântica, não da física clássica.

Que diferença faz se a física quântica governa o cérebro? Bem, uma coisa de que dispomos agora mesmo é o determinismo, a ideia de que tudo no universo foi ou pode ser predeterminado. O nível básico de nosso universo é uma nuvem de probabilidades, não de leis. No cérebro humano, isso significa que ele não é impelido a processar determinada decisão; o que de fato se sente é uma "mancha" de possibilidades. Mas como decidir entre elas?

> Muitas vezes se discute o princípio de indeterminação como se representasse a dificuldade de medir corretamente as locações e trajetórias das partículas. Mas a questão importante não é que seja difícil encontrar o lugar exato em que, digamos, está um elétron, mas que o elétron na verdade não tem localização exata. Dependendo de como é medido, o elétron pode parecer específico como uma ponta de prego ou vago como uma nuvem.[97]
>
> — Timothy Ferris, *The Whole Shebang*

As pessoas habituaram-se ao determinismo do século passado, em que o presente determina todo o futuro, e agora têm de habituar-se a uma

Para uma neurociência espiritual 55

situação diferente, em que o presente dá apenas uma informação de natureza estatística sobre o futuro. Muitos acham isso desagradável... Devo dizer que também não gosto do indeterminismo. Preciso aceitá-lo, porque sem dúvida é o melhor que se tem a fazer com o conhecimento atual. Sempre se pode ter a esperança de futuros desmembramentos levarem a uma teoria drasticamente diferente.[98]

— Paul Dirac, teórico quântico

Uma descoberta da mecânica quântica que talvez nos ajude a entender como tomamos decisões é o efeito Zeno quântico. Físicos descobriram que, quanto mais continuamente se observa uma partícula elementar quântica instável, menos ela se desintegra — embora com quase toda certeza se desintegrasse se não observada. Na física quântica, não é possível separar inteiramente o observador da coisa observada, pois ambos fazem parte do mesmo sistema. Os físicos mantêm, em essência, a partícula instável em determinado estado pelo ato de medi-la sempre.[99] Da mesma forma, experiências mostraram que, como o cérebro é um sistema quântico, se você se concentrar em determinada ideia, mantém seu padrão de ativar os neurônios no lugar. A ideia não se desintegra, como ocorreria se fosse ignorada. Mas a ação de manter de fato uma ideia no lugar é uma decisão tomada por você, da mesma forma que os físicos decidem manter a partícula no lugar e continuar a observá-la.[100]

O CÉREBRO DO SER HUMANO ADULTO PODE MUDAR?

Durante muitos anos, os neurocientistas acreditaram que o cérebro do ser humano adulto era essencialmente completo. Que não mudava nem podia mudar, como uma bola de bilhar, e os neurônios individuais não se regeneravam. Segundo a visão clássica, em tal sistema fixo alguns programas mentais eram apenas passados e repassados. As decisões individuais não afetavam o funcionamento do sistema, mas eram uma ilusão criada pelo funcionamento dele.

Nos últimos anos, contudo, os neurocientistas descobriram que o cérebro adulto é na verdade muito maleável. Conforme veremos, se os circuitos neurais receberem uma grande quantidade de tráfego, irão crescer. Se receberem pouco tráfego, vão continuar na mesma ou en-

56   O CÉREBRO ESPIRITUAL

colherão. A quantidade de tráfego que os circuitos neurais recebem depende, em grande parte, de para onde optamos por dirigir nossa atenção. Não podemos apenas tomar decisões nos concentrando em uma ideia em vez de outra, mas mudar os padrões dos neurônios no cérebro fazendo sempre isso. Mais uma vez, além de ter sido demonstrado por experiências científicas,[101] isso é usado até mesmo em tratamentos psiquiátricos para distúrbio obsessivo-compulsivo.[102]

Então, o que acontece no cérebro quando tomamos uma decisão? Segundo o modelo criado por H. Stapp e J. M. Schwartz, com base na interpretação de física quântica de Von Neumann, o esforço consciente causa um padrão de atividade neural que se torna um gabarito da ação.[103] Mas o processo não é mecânico nem material. Não há dentinhos de engrenagens nem rodinhas no cérebro. Há uma série de possibilidades; uma decisão causa um colapso quântico no qual uma delas se torna realidade. A causa é a concentração mental, da mesma forma que a causa do efeito Zeno quântico é a contínua observação dos físicos. Embora seja uma causa, não é mecânica nem material. Uma mudança de verdadeira profundidade feita pela física quântica é a verificação da existência de causas não mecânicas.[104] Entre elas, a atividade da mente humana, que, como veremos, não é idêntica às funções do cérebro.

Aonde este livro quer chegar?

Uma neurociência aberta a novas ideias pode contribuir significativamente para um modelo de mente (não é uma ilusão) e contar-nos importantes fatos sobre experiências místicas/espirituais. Ao longo do caminho, este livro explicará em detalhes por que as atuais teorias neurocientíficas materialistas da mente e as experiências místicas/espirituais estão enganadas.

Os Capítulos 2 a 4 apresentam e criticam teorias populares sobre experiência espiritual que apoiam a visão ateísta do mundo. O autor Matthew Alper, por exemplo, defende que os seres humanos têm uma fiação criada pela evolução, para acreditar em Deus. Em *A parte divina do cérebro*, Alper afirma que a espiritualidade não é uma dedução ou intuição racional, mas representa um traço geneticamente herdado de nossa espécie.

Um modelo para causas não mecânicas

Na interpretação de física quântica criada pelo físico John von Neumann (1903-1957), uma partícula provavelmente existe apenas numa ou noutra posição; consta que essas prováveis posições são "sobrepostas" umas nas outras. A medição provoca um "colapso quântico", o que significa que o pesquisador escolheu uma posição para a partícula, e com isso excluiu as outras posições. O modelo de Stapp e J. M. Schwartz postula que isso é análogo à forma em que a atenção concentrada (medição) em um pensamento o mantém no lugar, desintegrando as probabilidades numa única posição. Essa estratégia de atenção direcionada, usada para tratar distúrbios obsessivos-compulsivos, fornece um modelo de como funcionaria o livre-arbítrio num sistema quântico. O modelo pressupõe a existência de uma mente que escolhe o tema de atenção, assim como o colapso quântico pressupõe a existência de um pesquisador que escolhe o ponto de medição.

O Capítulo 2 aborda essa ideia, mostrando por que ela é inútil para a discussão de questões espirituais. Essa parte do livro também examina o argumento semelhante sobre o "gene de Deus" proposto pelo biólogo molecular Dean Hamer (chefe de estrutura genética no U.S. National Cancer Institute) num livro recém-publicado, *O gene de Deus: Como a herança genética pode determinar a fé*. Hamer acredita que os seres humanos, "um conjunto de reações químicas correndo em círculos dentro de um saco", são governados pelo DNA. Como Alper, ele afirma que a espiritualidade humana é um traço adaptativo (que promove a sobrevivência e a capacidade de produzir rebentos férteis). Veremos por que não faz o menor sentido científico falar em "gene de Deus".

O Capítulo 3 examina a afirmação de Jeffrey Saver e John Rabin (e também de outros especialistas), do Reed Neurologic Research Center (UCLA), de que existe "um módulo de Deus" no cérebro. Tal módulo, dizem, explica as visões religiosas, os sentimentos de êxtase e os fenômenos relacionados. Alguns cientistas se concentraram na epilepsia para pesquisar essa ideia. Vilayanur Ramachandran, diretor do Center of Brain and Cognition, da University of California, em San Diego, aumentou as apostas sugerindo que seu estudo de 1997 descobrira um "ponto (ou módulo) de Deus" no cérebro humano que poderia servir de base a um instinto evolucionista para acreditar em Deus. A mídia popular e as comunidades científica e acadêmica foram atraídas pela ideia de que a crença religiosa era de algum modo "ligada por fiação" ao cérebro humano em determinado módulo. Minha pesquisa mostra que as descobertas de Ramachandran indicam apenas que os lobos temporais e o sistema límbico estão envolvidos nas experiências espirituais/místicas. Essas descobertas não dizem que tais áreas criam sozinhas as experiências. *O cérebro espiritual* demonstra o papel de muitas outras regiões cerebrais.

O Capítulo 4 revê o trabalho do Dr. Michael Persinger, neuropsicólogo da Laurentian University, em Sudbury, Ontário, inventor de um capacete (chamado de Polvo ou Capacete de Deus) que supostamente induz experiências espirituais/místicas, ao estimular por meio eletromagnético os lobos temporais de quem o usa. O problema dessa pesquisa é que, como mostraram os testes no Montreal Neurological Institute feitos por Wilder Penfield, não é possível gerar de forma constante um tipo específico de experiência por estimulação do cérebro humano.

O Capítulo 5 trata de uma questão-chave: "O que é a mente?" A visão materialista, um dogma central da atual neurociência, considera a mente uma ilusão criada pelo cérebro. Assim, para a atual neurociência, a questão *não* gira em torno da existência de provas de que alguns indivíduos tiveram determinada experiência espiritual. Por definição, de acordo com o dogma atual, eles *não podem* ter tido uma experiência que os pôs em contato com uma realidade além de si mesmos, porque tal realidade não existe. Portanto, essa experiência é uma ilusão criada pelo cérebro. Mas há indícios de que a mente e o cérebro não são idênticos, o que significa que a verdadeira experiência de uma realidade extracorpórea é uma possibilidade real que vamos investigar.

O Capítulo 6 apresenta estudos mostrando que a mente age no cérebro como uma causa não material. Também apresento uma hipótese de como a mente interage com o cérebro. Recentemente, interessantes estudos científicos, alguns conduzidos por Peter Fenwick, Sam Parnia, Bruce Greyson e Pin van Lommel sobre experiências de quase-morte (EQM), dão apoio extra a essa visão. Também se apresentam alguns casos investigados pelo pesquisador Kenneth Ring, mostrando que as pessoas nascidas cegas enxergam durante uma EQM, e o caso de Pam Reynolds, julgada clinicamente morta quando ocorreu a EQM. Em geral, a ocorrência de

EQMs durante uma parada cardíaca suscita questões sobre a possível relação entre a mente e o cérebro. A mente e a consciência parecem continuar em um momento em que o cérebro não é funcional e é considerado morto segundo os critérios clínicos. Se for este o caso, é muito plausível que os místicos na verdade entrem em contato com alguma coisa fora deles quando estão em profundo estado místico.

Do Capítulo 7 ao 9 tratamos de experiências místicas em geral. O Capítulo 7 discute quem as teve e o que as desencadeou. Embora a maioria das pessoas não tenha tais experiências (o que solapa a explicação evolucionista materialista para elas), elas podem ser desencadeadas de várias maneiras. Serão examinadas, em particular, muitas crenças populares e acadêmicas sobre os místicos. *O cérebro espiritual* também vai examinar o trabalho de Sir Alister Hardy, renomado zoólogo que instituiu a Religious Experience Research Unit (RERU) no Manchester College em Oxford, em 1969. O objetivo da RERU era reunir e classificar relatos contemporâneos, em primeira mão, de experiências religiosas, ou transcendentes, e pesquisar a natureza e a função dessas experiências. Publicaram-se depois as descobertas dessa pesquisa de mais de 3 mil relatos de experiência mística como *The Spiritual Nature of Man*. As causas mais frequentes eram preces, meditação, beleza natural e participação em culto religioso. As conclusões de Hardy apoiam o papel-chave da prece e da contemplação no misticismo cristão.

O Capítulo 8 investiga como as experiências místicas/espirituais afetam quem as tem. Um dos aspectos importantes dessas situações é que em geral mudam a vida do indivíduo. Ou seja, a pesquisa psicológica científica contemporânea que examina a relação entre o eu, personalidade e espiritualidade indica que as experiências místicas/espirituais resultam em profundas mudanças de vida em metas, sentimentos, atitudes e comportamento, assim como melhora de saúde. Em geral, as experiências místicas/espirituais têm efeitos positivos, mas os exemplos de efeitos negativos são interessantes por si só.

O Capítulo 9 apresenta o projeto e a pesquisa que fiz com Vincent Paquette, meu aluno de doutorado. Realizamos o projeto com as freiras carmelitas empregando ferramentas científicas para identificar o que acontece no cérebro delas quando lembram e revivem a *unio mystica*, a união mística com Deus (a meta principal das técnicas contemplativas praticadas pelos cristãos místicos). Usamos duas das mais poderosas tecnologias de imagens de cérebro funcional existentes,

60 O CÉREBRO ESPIRITUAL

imagens por ressonância magnética funcional (IRMf) e eletrencefalografia quantitativa (EEGQ). A última mede as correntes elétricas, na superfície do escalpo, que refletem os registros gráficos das ondas cerebrais. Podem ser estatisticamente analisadas, traduzidas em números e depois reproduzidas como um mapa colorido.

O que os dois estudos de neuroimagem demonstram é que a experiência de união com Deus não está apenas associada ao lobo temporal. Em outras palavras, não existe ponto de Deus algum no cérebro localizado no lobo temporal. (Este é um dos motivos de o estímulo eletromagnético do lobo temporal com o "capacete de Deus" não funcionar.) Em vez disso, efetua-se essa experiência com um circuito neural ampliado, abrangendo regiões cerebrais envolvidas na atenção, representação corporal, imagística visual, emoção (aspectos fisiológicos e subjetivos) e autoconsciência. Essas descobertas são mais compatíveis com uma experiência verdadeira que com uma ilusão. O Capítulo 9 também discute os outros poucos estudos realizados até agora no campo da neurociência espiritual, que aumentam em termos significativos nosso conhecimento e nossa compreensão acerca da neurobiologia das experiências místicas/espirituais. O novo conhecimento adquirido em nosso projeto de pesquisa esclarece as circunstâncias em que as experiências místicas/espirituais têm mais probabilidade de ocorrer.

Muitas pessoas nas sociedades atuais anseiam por desenvolver o lado espiritual, mas se questionam se ele existe realmente. Não querem enganar a si mesmas, afinal. Quando terminarem de ler este livro, verão que seu lado espiritual existe de fato. Mas, como qualquer faculdade, é necessário permitir-lhes desenvolver-se, se gostariam de ver sua vida transformada.

O Capítulo 10 aborda uma importante questão filosófica: Deus cria o cérebro ou o cérebro cria Deus? Por um lado, as experiências místicas/espirituais são muito influenciadas pela cultura. Por exemplo, é improvável que um cristão tenha uma experiência religiosa envolvendo um brâmane (hinduísmo). Da mesma forma que muçulmanos e judeus não têm experiências religiosas que envolvam uma trindade que forma um único Deus (no sentido cristão). Contudo, por outro lado, alguns aspectos da experiência mística claramente transcendem a cultura. Uma característica-chave é o estado de conhecimento, percepção, consciência, revelação e iluminação, além da compreensão do intelecto. Há consciência de unidade com o Absoluto. Talvez ainda mais impor-

Para uma neurociência espiritual 61

tante, as pessoas às vezes mudam profunda e irreversivelmente após essas experiências. Interpreta-se em geral a mudança como para melhor porque a pessoa se torna mais amorosa e tolerante. Isso sugere, embora não prove, que aqueles que passam por experiências místicas/espirituais na verdade entram em contato com uma força real objetiva fora de si mesmas (Deus) e que o poder transformador das experiências místicas/espirituais surge de um contato com a realidade última (ou Deus).

Algumas ressalvas

Não se pode provar ou refutar diretamente a realidade externa de Deus ao estudar o que acontece no cérebro humano durante as experiências místicas. Demonstrar a associação de estados cerebrais específicos a experiências místicas/espirituais tampouco mostra que essas experiências são "apenas" estados cerebrais, ou prova que Deus existe. Somente mostra que é razoável acreditar que místicos entram de fato em contato com uma força fora de si mesmos.

Coerentes com essa visão, os estudos neurocientíficos das experiências de fé não devem questionar a própria fé. Pode-se interpretar o fato de o cérebro humano ter um substrato neurológico que lhe permite experimentar um estado espiritual como dom de um criador divino ou, se preferirem, como contato com a natureza essencial ou propósito do universo. Os filósofos materialistas insistem em que tal substrato não faz sentido e apenas por acaso se chegou lá. Mas, como observamos antes, o materialismo os obriga a pensar assim. Nada nas provas científicas existentes exige essa interpretação.

Ao mesmo tempo, não estamos aqui defendendo que toda atividade empreendida em nome da religião é boa ou igual. Pensem nas seguintes figuras famosas (e agora falecidas):

Madre Teresa — fundadora das missões religiosas dos mais pobres dos pobres;

Jim Jones — líder de um culto que levou oitocentos seguidores ao suicídio;

Baha'ullah — fundador de uma nova seita religiosa que incentiva a paz inter-religiões;

Mohammed Atta — homem-bomba suicida do 11 de Setembro;

Mahatma Gandhi — fundador de um movimento de desobediência civil não violento;

David Koresh — morto em 1993 com 75 seguidores, num impasse com o FBI.

Todas essas figuras foram, de algum modo, motivadas pela religião. Apesar de terem tido motivações muito diferentes, com consequências distintas. Uma defesa positiva das crenças religiosas precisa ser feita por seus próprios méritos, o que não é o objetivo deste livro.

Quanto à classificação, não se podem separar experiências religiosas, espirituais e místicas de forma inteiramente sistemática. Algumas experiências se incluem diretamente numa dessas categorias e não se sobrepõem a nenhuma das outras, mas outras experiências se sobrepõem a duas ou a todas três.[105] Por exemplo, alguns indivíduos tiveram experiências místicas durante a contemplação da natureza ou arte. Devem-se chamar suas experiências de espiritualidade, ou até de religião da natureza ou arte? Alguns que a experimentam aceitariam a designação, mas outros resistiriam com firmeza e insistiriam em que foram mal interpretados, talvez até deturpados. Uma demonstração visual desse problema talvez descrevesse três círculos cujos centros se sobrepõem.

Para uma neurociência espiritual 63

Portanto, é sensato evitar polêmicas sobre terminologia e, em vez disso, concentrar-se no que é possível aprender com a observação de casos verdadeiros. O termo EMERs será usado muitas vezes neste livro significando "experiências místicas e/ou espirituais religiosas".[106]

A neurociência é um assunto complexo devido à natureza do cérebro humano — a mais complexa estrutura viva que conhecemos. Os mapas do cérebro, por exemplo, são tridimensionais, não bidimensionais. A terminologia técnica, contudo, será minimizada sempre que possível sem distorção do sentido. E agora, vamos em frente!

DOIS

Existe um programa
de Deus?

A espiritualidade vem de dentro. O núcleo deve estar lá desde o início.
Deve fazer parte dos genes.[1]
> — Dean Hamer, geneticista comportamental

No verão de 2005, o Zoológico de Londres chamou a atenção da imprensa internacional. Durante quatro dias, de 26 a 29 de agosto, no habitat florestal de Bear Mountain, foram exibidos três machos e cinco fêmeas da espécie *Homo sapiens*. Um rótulo afixado dizia: "Cuidado: Seres humanos em seu ambiente natural." A porta-voz da instituição, Polly Wills, explicou que a exposição "ensina ao público que o ser humano é apenas mais um primata".[2]

No entanto, os *sapiens* não haviam sido adquiridos pelo zoológico, da forma habitual. Os candidatos que respondiam aos anúncios tinham de dar um depoimento convincente de cinquenta palavras. Um químico, um aspirante a ator e um entusiasta da forma física passaram nessa prova e viram-se instalados na exposição com "apenas folhas de parreira protegendo o pudor". Sim, o pudor. Um dos visitantes ficou decepcionado pelo fato de os *sapiens* aparecerem usando trajes de banho por trás das folhas de parreira recortadas em papel.

Outra diferença era que, após exibirem os bíceps e as curvas diante de multidões nos feriados (protegidos o tempo todo dos irritados parentes animais por uma cerca elétrica), os *sapiens* partiam toda noite

66 O CÉREBRO ESPIRITUAL

— não para uma moita de samambaia, mas para os próprios apartamentos. Curiosamente, um participante comentou: "Muita gente acha que os seres humanos estão acima dos outros animais. Vê-los aqui como animais nos lembra que não somos tão especiais assim."[3]

Trata-se de um comentário interessante, uma vez que o golpe publicitário só foi possível porque a verdade é exatamente o oposto. Os moradores que davam pulos na jaula se exibiam de boa vontade aos outros seres humanos por diversão e possível promoção na carreira. Então por que exatamente devemos aceitar a ideia de que os seres humanos são animais *no mesmo sentido* em que as criaturas sem voz por trás de grades elétricas em outros cercados, que não podem dar um depoimento, falar o que pensam aos repórteres nem (o que talvez seja mais pungente) ir para "casa" toda noite?

Sim, nós somos, fisicamente, membros do reino animal, e participamos de todos os seus riscos e oportunidades. Mas o comentário da participante ("não somos tão especiais assim") mostra como se entranhou em nossa sociedade o materialismo filosófico. Diante das óbvias diferenças entre os seres humanos e os típicos habitantes do zoológico, muitos supõem de fato que viram semelhanças. Não é tão surpreendente, afinal. Diante da escolha entre o que veem e o que ouvem, muitas pessoas reduzem a dissonância cognitiva, preferindo acreditar no que ouvem.

> Em quem você vai acreditar, em mim ou em seus próprios olhos?
> — Chico Marx, *O diabo a quatro (1933)*

Esse mesmo estado de espírito materialista tem dominado as recentes tentativas de compreender a espiritualidade. Muitos pesquisadores a buscam numa parte do cérebro ou num gene, ou talvez numa hipotética história, ou meme (um gene equivalente). Em outras palavras, supõem que os seres humanos são animais com algum tipo de órgão, gene ou instinto programado para a espiritualidade. Por exemplo, Matthew Alper afirma, usando a lógica de Sócrates, que deve haver uma parte específica do circuito do cérebro que governa as ideias religiosas. O geneticista Dean Hamer acredita ter descoberto um gene ou genes que codificam a espiritualidade. Mas o que eles de fato descobriram?

Existe um programa de Deus? 67

A parte divina do cérebro

Se o cérebro evoluiu por seleção natural... as crenças religiosas devem ter surgido pelo mesmo mecanismo.[4]
— Edward O. Wilson, *Tratado da natureza humana*

Não sugeriria o fato de todas as culturas humanas, por mais isoladas que fossem, acreditarem na existência de um reino espiritual que essa visão deve constituir uma característica inerente à nossa espécie, ou seja, um traço geneticamente herdado?[5]
— Matthew Alper, *A parte divina do cérebro*

Matthew Alper é um missionário, que inspirou a admiração do ilustre biólogo evolucionista Edward O. Wilson[6] e a simpatia de milhares de ateus. Como muitas pessoas conscientes, ele se sente perturbado pelo que descreve como "o problema de Deus".

Nascido e criado em Nova York, Alper fazia bicos como professor de história e roteirista de cinema. Mas também viajou pelo mundo para descobrir o que há por trás da ideia de Deus:

Com todo o nosso conhecimento, ainda permanece uma peça do quebra-cabeça sempre enganosa, o mistério que assoma como uma provocação acima de todas as ciências físicas, o problema de Deus. Esse, mais que qualquer outra coisa, parece ser o desafio final à humanidade, aquele enigma que — se resolvido — talvez nos mostrasse o quadro definitivo pelo qual andamos tão penosamente buscando.[7]

Em sua busca, ele conheceu tanto as religiões tradicionais quanto as alternativas e rejeitou ambas por apresentarem falhas em lógica. Também experimentou substâncias que alteram a mente — com desastrosos resultados. Causaram-lhe uma séria depressão clínica e distúrbio de ansiedade.[8]

Depois que um regime médico lhe devolveu a saúde, ele concluiu que essa suscetibilidade aos efeitos das drogas mostrava que "a consciência talvez seja uma entidade estritamente física, baseada em pro-

68 O CÉREBRO ESPIRITUAL

cessos exclusivamente físicos". Contudo, ele percebeu que, certa ou errada, sua interpretação da consciência não resolveria seu problema original. Assim, munido de um diploma de ciência da história, Alper partiu em busca de uma ciência que explicasse Deus. O livro *A parte divina do cérebro* luta com a ideia de Deus por meio de conceitos extraídos da psicologia evolucionária. Trata-se do ramo da psicologia segundo o qual o cérebro humano, incluindo qualquer componente que envolva religião ou espiritualidade, abrange adaptações ou mecanismos psicológicos que evoluíram por seleção em benefício da sobrevivência e da reprodução do organismo humano.

Em *A parte divina do cérebro*, Alper afirma que temos uma "fiação concreta inata" para perceber uma realidade espiritual e acreditar em forças que transcendem as limitações de nossa realidade física. Em outras palavras, Deus não está necessariamente "fora", além e independente de nós, mas antes é produto de uma adaptação evolucionária dentro de nosso cérebro. Ele apresenta sua defesa da seguinte forma:

A religião se disseminou tanto que deve ser um instinto herdado pela genética. "Se toda cultura humana exibe universalmente um comportamento, esse comportamento deve representar uma característica da espécie, um instinto herdado pela genética."[9]

O medo da morte selecionou geneticamente o instinto da crença religiosa nos primeiros seres humanos. "À medida que passavam... as gerações proto-humanas, aqueles cujas constituições cerebrais lidavam de modo mais eficaz com a ansiedade resultante da consciência da morte eram mais capazes de sobreviver."[10]

Partes específicas do cérebro disparam a crença religiosa como um mecanismo de sobrevivência. "O fato de que todas as culturas falaram das propriedades curativas da prece leva-me a acreditar que nossa espécie possui um conjunto distinto de mecanismos que reagem à prece, existente dentro de nosso cérebro."[11]

Como os cientistas continuam a desenrolar e decifrar o conteúdo do genoma humano, talvez chegue um momento em que teremos

Existe um programa de Deus? 69

conhecimento exato de quais genes são responsáveis ou quais partes do cérebro dão origem à religiosidade e à consciência espiritual. Para se adaptarem a esse novo campo, as ciências talvez tenham de esperar toda uma nova disciplina — uma nova genoteologia — para obter as respostas.[12]

— Matthew Alper, *A parte divina do cérebro*

Alper representa um largo fio na atual meada de ideias sobre espiritualidade e neurociência — a esperança de que a neurociência proporcione apoio a uma visão de mundo ateia e materialista. Contudo, dois problemas acossam a sua tese: (1) toma como provadas as perguntas a que tenta responder; e (2) não tem uma verdadeira ciência por trás.

As questões provadas

Ter um cérebro humano normal não significa que se tenha religião. Significa apenas que se pode adquiri-la, o que é muito diferente.[13]

— Pascal Boyer, *Religion Explained*

Talvez jamais possamos conhecer as suposições culturais de pessoas que viveram antes de se registrarem as ideias nas artes e literatura. Mas podemos ter certeza de que algumas informações são completamente improváveis, como, por exemplo, os dois primeiros pontos da afirmação anteriormente citada.

A religião se disseminou tanto que deve ser um instinto herdado pela genética? O fato de um comportamento ser amplamente demonstrado em todas as culturas históricas não significa que seja uma herança genética. O que os seres humanos de fato herdam é a *capacidade* de ideias abstratas como Deus, o futuro, a ética, o livre-arbítrio, a morte, a matemática, e assim por diante. Como se esperaria, as ideias religiosas em geral se correlacionam com regiões do cérebro bem desenvolvidas nos humanos. Mas a busca por um mecanismo ou processo herdado que governe especificamente as ideias religiosas (e não outras?) é equivocada.

A meditação (ou a contemplação) correlaciona-se com regiões específicas do cérebro, mas só porque, ao executar esta prática, se procura um estado mental cerebral específico. Por outro lado, ideias, crenças e práticas culturais gerais ligadas a Deus ou à religião são difu-

70   O CÉREBRO ESPIRITUAL

sas e idiossincráticas demais para serem categorizadas como instintos da forma que Alper espera. Buda pregando o Sermão de Fogo, a viúva acendendo velas memoriais, o cristão carismático falando línguas e os que cultuam a carga[14] à espera do príncipe Philip talvez demonstrem estados mentais/cerebrais muito diferentes. Contudo, todas essas atividades podem ser apropriadamente classificadas como religião. O que une as atividades — e as separa do comportamento instintivo dos animais — é apenas a inteligência humana para conceber uma ideia geral da realidade e agir com base nela, não qualquer região ou circuito específico do cérebro.

O medo da morte selecionou geneticamente o instinto da crença religiosa nos primeiros seres humanos? Alper faz a curiosa suposição, disseminada entre os ateus, de que a origem da crença em Deus de nossos ancestrais é o desejo de sobreviver à morte. Mas, pelo que sabemos, a maioria das culturas humanas simplesmente *supôs* que os seres humanos sobrevivem à morte.[15] Alguns esperam o céu, outros temem o inferno e muitos preveem cemitérios de vivos ou intermináveis renascimentos num estado desconhecido. Na verdade, em alguns sistemas religiosos, o desesperado anseio pela aniquilação perseguido pelo crente só se realiza quando se alcança um alto estado de iluminação espiritual, talvez por meio de várias vidas!

Longe de temer que as almas simplesmente morram, as culturas aborígines nos tempos históricos acreditavam que a alma se separa com facilidade do corpo vivo, como observou o antropólogo J. G. Frazer, em *O ramo de ouro*, 1890). Satisfazer aos espíritos dos ancestrais tem sido uma preocupação constante de muitas culturas há milhares de anos. Muitas vezes se julgou que sombras, reflexos, fotos e sonhos são almas desligadas, que viajam sob sua própria orientação.[16] Também foi generalizada a crença em que animais e plantas tinham uma espécie de alma. Eis a versão dada por Frazer da visão tradicional do caçador:

> [Ele] em geral concebe os animais como dotados de almas e inteligências semelhantes às suas, e portanto, naturalmente, os trata com respeito semelhante. Assim como tenta apaziguar os fantasmas dos homens que matou, também tenta acalmar os espíritos dos animais que matou... Quase sempre parece supor que o mau efeito da quebra de tais tabus não é tanto o enfraquecimento do caçador ou pescador

Existe um programa de Deus? 71

quanto, por um motivo ou outro, o delito aos animais, que em consequência não se deixarão apanhar.[17]

Se as crenças populares das culturas tradicionais nos tempos históricos servem de orientação, nossos ancestrais remotos talvez jamais tenham pensado que a morte significa aniquilação. Pode-se afirmar que a seleção natural de Darwin *seleciona* os seres humanos que evitam a separação da alma do corpo. Mas podemos questionar se as práticas ascéticas e os tabus impostos pelas culturas tradicionais criaram qualquer vantagem seletiva real para os crentes:

> A cada animal atribui-se um prazo definido de vida que não pode ser reduzido por meios violentos. Se for morto antes do término do tempo atribuído, a morte é apenas temporária, e o corpo logo ressuscita na forma certa sob as gotas de sangue, e o animal continua a viver até o fim do período predestinado, quando o corpo por fim se dissolve e o espírito liberado segue para juntar-se às sombras irmãs na terra da Escuridão.[18]
>
> — Tradicional crença cheroqui

Por algum motivo, Alper supõe que todas as religiões se assemelham ao típico modelo ocidental. O crítico Michael Joseph Gross aborda esse problema:

> O argumento evolucionista de Alper exige que ele descreva a religião em termos universais, mas suas ideias de religião são, do modo mais estrito, ocidentais, monoteístas e pessoais; e a apresentação que faz das visões de mundo religiosas é exclusivamente dualista... Esse argumento é um pombo de barro, e pode ser despedaçado de vários ângulos. A palavra "Ásia" deve bastar.[19]

De fato.

A CIÊNCIA PERDIDA

E que tal a afirmação de que existe uma parte de "Deus" no cérebro? Se existe, deve ser fácil encontrá-la. Hoje, o neurocientista pode ob-

72   O CÉREBRO ESPIRITUAL

servar a atividade em partes específicas do cérebro de um paciente, por ressonância magnética funcional (IRMf), como se demonstra no Capítulo 9.

Partes específicas do cérebro disparam a crença religiosa como um mecanismo de sobrevivência? Já se mostrou que os complexos processos cognitivos e emocionais eram mediados por redes neurais que abrangem várias regiões do cérebro, por isso é muito improvável que exista uma parte "divina" no cérebro responsável por conhecimentos, sensações e comportamentos espirituais. Alper parece desconhecer a neurociência, e jamais chega perto de fornecer informações específicas, detalhadas. Em vez disso, lemos declarações como a seguinte:

> Em vez de permitir... que os medos nos esmaguem e destruam, talvez a natureza tenha escolhido aqueles cujas sensibilidades cognitivas os levaram a processar o conceito que faziam da morte de uma forma inteiramente nova. Talvez, após centenas de gerações de seleção natural, tenha surgido um grupo de seres humanos que perceberam o infinito e a eternidade como parte inextricável da autoconsciência e da autoidentidade. Talvez tenha surgido uma série de ligações neurológicas em nossa espécie que nos obrigou a nos ver como espiritualmente eternos.[20]

As afirmações de Alper se baseiam em "talvez", uma visão incomum de abordagem numa pessoa que anseia por uma base científica estrita[21] para compreender a complexidade dos comportamentos religiosos humanos, espirituais ou místicos. Os marcos fundamentais de uma teoria científica são a capacidade de ser testada e de falsificação, e a hipótese de Alper não passa nesses testes. De qualquer forma, é improvável que a teoria esteja correta, porque não trata de relevantes fatos-chave.

Alper é apenas um dos muitos que buscaram na biologia e na neurociência evolucionárias uma explicação materialista para a natureza espiritual dos seres humanos. Seu livro continua sendo editado, e ele faz conferências em várias universidades. E sempre há uma sequência.

Mas esperem, e se alguém de fato *descobriu* um gene que se correlaciona com a religiosidade e a experiência religiosa? O geneticista Dean Hamer afirma ter feito exatamente isso. Vamos examinar sua obra a seguir.

Deus em nossos genes

Em *O gene de Deus*, proponho que a espiritualidade tem um mecanismo biológico semelhante ao canto dos pássaros, embora muito mais complexo e cheio de nuances.[22]

— Dean Hamer, Geneticista comportamental

Quando tribos que vivem em áreas remotas apresentam um conceito de Deus com a mesma presteza que nações vivendo ombro a ombro, trata-se de um indício muito forte de que a ideia foi mais pré-carregada no genoma que escolhida ao acaso. Se assim é, trata-se de uma indicação igualmente forte de que existem bons motivos para que ela exista.[23]

— Jeffrey Kluger et al.
sobre o "gene de Deus" de Hamer, *Time*

Se alguém nos procura e diz: "Descobrimos o gene de X", podemos detê-lo antes que chegue ao fim da frase.[24]

— John Burn, médico geneticista

Dean Hamer, diretor da estrutura genética no U.S. National Cancer Institute, acha que de fato encontrou Deus em nossos genes. Ele afirma que identificou um gene codificador da produção dos neurotransmissores que regulam nossos estados de espírito. A revista *Time*, que se apressou a captar o significado de tais descobertas, informa: "Nossos mais profundos sentimentos de espiritualidade, segundo uma interpretação literal da obra de Hamer, podem dever-se a pouco mais que uma ocasional dose de produtos químicos intoxicantes governados por nosso DNA."[25] A qualificação "interpretação literal" da *Time* parece supérflua, porque o próprio Hamer diz: "Acho que seguimos a lei básica da natureza, de que somos um pacote de reações químicas correndo em círculos dentro de um saco."[26]

Quando Dean Hamer tinha 13 anos, em 1966, uma revista deixada na mesa da sala de sua casa forjou uma lembrança indelével: "Embora eu já tivesse visto centenas de capas, lembro-me apenas de uma. Não tinha foto nem arte gráfica, apenas uma simples pergunta impressa em vermelho sobre um fundo negro: *Deus está morto?*"[27] Era, claro, a

74   O CÉREBRO ESPIRITUAL

edição de sexta-feira santa de 1966 da *Time*, discutida no Capítulo 1. Em retrospecto, Hamer vê que Deus não morreu — mas não será ele apenas um gene peculiar?

Hamer começou a pesquisar essa questão em particular enquanto examinava a relação entre fumo e vício para o National Cancer Institute. No padronizado teste de personalidade, Inventário de Temperamento e Caráter (ITC), com 240 perguntas, aplicado a mil voluntários, há uma medição de "autotranscendência". Acredita-se que a medição, projetada pelo psiquiatra Robert Cloninger, da Washington University, identifica a capacidade de ter experiências espirituais, que ele descreve como autotranscendência, um sentimento de ligação com um universo maior, ou misticismo (nos termos do ITC, uma abertura para coisas que não se podem provar literalmente).

Hamer enfatiza que não se deve confundir o teste com as típicas descrições de crença ou prática religiosas. Segundo suas palavras,

> independente da religiosidade tradicional. Não se baseia na crença em qualquer Deus específico, frequência de prece ou quaisquer outras doutrinas ou práticas religiosas. Ao contrário, vai ao coração da crença espiritual: a natureza do universo e nosso lugar nele. Os indivíduos autotranscendentes tendem a ver tudo, incluindo a si mesmos, como parte de uma grande totalidade. As pessoas não autotranscendentes, por outro lado, tendem a ter um ponto de vista mais autocentrado.[28]

Isso pode significar a paixão pelo meio ambiente, a justiça social ou a busca da ciência. Não inclui amor incondicional nem mudanças positivas de atitude e comportamento no longo prazo, que, como mostram os Capítulos 7 e 8, devem ser considerados componentes críticos de afirmações sobre espiritualidade ou religião.

O LEGADO DE HAMER

O legado de Hamer desacreditaria a ideia de que existe um Deus? Não necessariamente. Como ele próprio diz: "Minhas descobertas são agnósticas quanto à existência de Deus. Se há um Deus, há um Deus. Só o conhecimento de quais substâncias químicas estão envolvidas no reconhecimento disso não vai mudar o fato.[29] Na verdade, na matéria da

Existe um programa de Deus?

Time, o professor de estudos budistas Robert Thurman afirmava que a descoberta impulsionaria a crença popular no conceito budista de que herdamos um gene de espiritualidade de nossa encarnação anterior: "Menor que um gene comum, combina com dois genes físicos maiores que herdamos de nossos pais, e juntos formam nosso perfil físico e espiritual." Como Thurman o vê: "O gene espiritual ajuda a estabelecer a confiança geral no universo, um senso de abertura e generosidade."[30] Mas que indício temos de que existe algum "gene espiritual"?

A COMPROVAÇÃO DE HAMER

A ideia básica por trás da obra de Hamer é que a autotranscendência é um traço de adaptação (que promove a sobrevivência e a capacidade de produzir rebentos férteis). Como tal, ele o procurou num gene que herdamos por nos ser útil. Estudou nove genes que estimulam a produção de substâncias químicas cerebrais chamadas monoaminas — que incluem serotonina, norepinefrina e dopamina, que regulam

---

Uma questão de autotranscendência?

Pesquisadores às vezes usam listas de verificação de características pessoais ou fazem perguntas aos participantes para poder comparar suas ligações com a espiritualidade. A seguir, alguns traços em geral associados a experiências espirituais, e algumas perguntas que podem aparecer em questionários.

Autotranscendência:

esquecimento de si mesmo (perde-se numa experiência)

identificação transpessoal (sente-se ligado a um universo maior)

misticismo (abertura a coisas literalmente não comprováveis)

Alguns itens numa escala de autotranscendência (extraídos de *Beliefnet*):

Q1: Quando faço algo que gosto ou que já estou habituado (como jardinagem ou jogging), muitas vezes "me desligo", perdendo-me no momento e esquecendo minhas preocupações.

Q2: Muitas vezes sinto uma forte ligação espiritual ou emocional com todas as pessoas à minha volta.

Q3: Ocorreram momentos em que eu de repente tive um claro e profundo sentimento de unidade com tudo que existe.[31]

tanto o humor quanto a motivação. As monoaminas são as substâncias químicas que os antidepressivos tentam controlar.

Ele afirma que uma variação num gene conhecido como VMAT2, em inglês (transportador de monoamina vesicular), é o "gene de Deus" responsável pela codificação desse traço adaptivo. Segundo suas descobertas, o VMAT2 (um C e não um A na posição 33050 do genoma humano) pareceu diretamente relacionado com dezenas de voluntários no teste de autotranscendência. Aqueles nos quais se encontrou o ácido nucleico citosina (C) num lugar específico do gene se classificaram em grau mais elevado. Outros, para os quais ocupava o mesmo lugar o ácido nucleico chamado adenina (A), classificaram-se mais baixo. Assim, ele afirma, uma única mudança genética relaciona-se diretamente com a autotranscendência. (A propósito, uma coisa que Hamer não descobriu foi qualquer correlação entre a autotranscendência e a ansiedade,[32] o que contradiz a tese central de Alper, de que as crenças religiosas resultam da ansiedade.)

Hamer reforça sua afirmação com estudos que parecem confirmar que os gêmeos idênticos são semelhantes em religiosidade. Ele afirma:

> As crianças não aprendem a ser espirituais com os pais, professores, padres, imames ou rabinos, nem com sua cultura ou sociedade. Todas essas influências são igualmente partilhadas por gêmeos idênticos e fraternos criados juntos, e, no entanto, os dois tipos são dessemelhantes de uma forma impressionante, na medida em que se correlacionam para a autotranscendência... Ela deve ser parte de seus genes.[33]

Embora certamente seja possível que alguns traços genéticos predisponham EMERs, a imprensa popular logo abraçou qualquer tese que atribua valor aos genes. O gene da gordura,[34] o gene da infidelidade[35] e o gene gay (também defendido por Hamer)[36] chegaram recentemente à primeira página dos jornais. A cientista social Hilary Rose observa que, em sua terra natal, Grã-Bretanha, "as afirmações biológicas deterministas que afirmam que o mau comportamento (em geral, sobre sexo ou violência) tem causas genéticas conseguem atenção generosa e nada crítica garantida na imprensa, mesmo de jornalistas especializados em ciência cujo conhecimento da genética contemporânea devia torná-los mais atentos a esses problemas."[37]

Existe um programa de Deus? 77

Na verdade, o repetido fracasso em não reproduzir essas descobertas nada significa diante de um mito tão poderoso que nos absolve do peso da responsabilidade por nossa vida.

OS CIENTISTAS E O GENE DE DEUS

Como observou com melancolia o poeta Keats, a filosofia corta as asas de um anjo. A mídia popular adora a tese de Hamer, mas a científica tem sido decididamente menos bondosa. Ele logo recuou da posição implícita no título de seu livro e na subsequente matéria da *Time*.[38] Admite de imediato que mesmo traços humanos menores envolvem centenas ou milhares de genes.

Numa ponta do espectro, o físico naturalista e repórter Chet Raymo, que deixa claro que *gostaria* de acreditar na tese de Hamer, declara-a "frágil" e espera que outros a defendam melhor.[39] O repórter especializado em ciência Carl Zimmer sugere que melhor se denominaria o VMAT2 como "Gene que responde por menos de 1 por cento da variação encontrada em dezenas de questionários destinados a medir um fator chamado autotranscendência, que pode significar tudo, desde a filiação ao partido verde até acreditar em ESP (percepção extrassensorial), segundo um estudo inédito e não reproduzido".[40] Na outra ponta do espectro negativo, o repórter John Horgan pergunta sem rodeios: "Em vista do registro dos geneticistas comportamentais em geral, e de Dean Hamer em particular, por que alguém ainda leva a sério o que eles dizem?"[41]

Deve-se notar que a relutância dos cientistas em dar muito crédito à obra de Hamer *não* se deve a uma indisposição global de levar em conta explicações genéticas deterministas. Muito pelo contrário, como observa a socióloga Dorothy Nelkin:

A linguagem usada pelos geneticistas para descrever os genes é impregnada de imagística bíblica. Os geneticistas chamam o genoma de "Bíblia", "O Livro do Homem" e o "Santo Graal". Passam uma imagem dessa estrutura molecular como mais que uma poderosa entidade biológica: é também uma força mística que define a ordem natural e moral. E projetam uma ideia de essencialismo genético, sugerindo que, com a decifração do texto da molécula, poderão reconstruir a es-

78 O CÉREBRO ESPIRITUAL

sência dos seres humanos e decodificar e abrir a chave da natureza humana. Como diz o geneticista Walter Gilbert, a compreensão do nosso código genético é a resposta última ao mandamento "Conhece-te a ti mesmo". Gilbert inicia suas conferências sobre sequência genética tirando um CD do bolso e anunciando à plateia: "Isto é vocês."[42]

Tendo em vista a reverência prestada aos genes, mesmo pelos geneticistas, o determinismo genético da espiritualidade sem dúvida seria bem acolhido pelos cientistas, *se* pudesse ser clara e consistentemente confirmado com provas. Assim, é improvável que o simples preconceito tenha tornado os cientistas céticos em relação às descobertas de Hamer.

ESTUDOS DE IRMÃOS E GÊMEOS

E os estudos sobre irmãos e gêmeos? Não são nem um pouco convincentes? A tendência, de fato, não era forte, era fraca — menos de 1 por cento da variação total.[43] Portanto, supondo-se que a afirmação sobre o VMAT2 se sustente (e quase nunca o fazem), não significa nada demais.

Além disso, um dos problemas com os estudos sobre gêmeos e irmãos numa área geral como as EMERs é que podemos ficar tentados a vê-los como mais semelhantes do que na verdade são.[44] Isso é sobretudo provável por causa da gama de comportamentos que Hamer considera espiritual. Por exemplo, ele aponta duas irmãs que conheceu, Gloria e Louise.[45] A primeira foi uma católica devota e frequentadora da igreja durante toda a vida. A irmã, Louise, após lutar com substanciais abusos e maus relacionamentos (que resultaram em quatro filhos) durante 25 anos, encontrou Deus quando participava de um programa em 12 etapas. Hamer impressionou-se com a semelhança física das duas irmãs por serem ambas crentes. Mas, se *procurarmos* um "efeito irmãos", de modo algum acharemos as histórias semelhantes! O fato de as duas irmãs se dizerem religiosas talvez nem tenha muita importância, levando-se em conta que a maioria dos americanos se considera religiosa, no sentido de Hamer.[46]

Natalie Angier, resenhando *Twins and What They Tell Us About Who We Are*, de Lawrence Wright (1998), para o *New York Times*, observa:

As histórias contadas a um público fascinado estão recheadas de narrativas de gêmeos reunidos, como os famosos casos de James Lewis e James Springer, que se casaram cada um com uma mulher chamada Linda e depois tornaram a casar-se com outras chamadas Betty... O que o público não fica sabendo é das muitas discrepâncias entre os gêmeos. Eu sei de dois casos em que produtores de televisão tentaram fazer documentários sobre gêmeos idênticos criados separadamente, e depois descobriram que eram tão distintos em estilo pessoal — um comunicativo e aberto, o outro tímido e inseguro — que os programas desabaram por sua própria falta de persuasão.[47]

A antropóloga Barbara J. King também observa que não se deve supor que os irmãos tenham a mesma experiência de vida apenas porque crescem na mesma família:

Os anos mais novos da irmã caçula podem coincidir com um período de harmonia conjugal dos pais e os da outra podem atravessar um prolongado divórcio que causa tensão a toda a família. Ou talvez uma das irmãs encontre determinado professor que a inspire ou um livro confortante que a outra não encontrou. Experiências não partilhadas como essas empilham contingência sobre contingência à medida que cada menina se desenvolve. No fim, as duas podem, em essência, crescer em ambientes emocionais divergentes — e, consequentemente, fazer escolhas muito diferentes sobre o papel da espiritualidade em sua vida.[48]

É óbvio que as semelhanças e diferenças não relacionadas à idade, como a influência específica de professores e livros, afetariam tanto os gêmeos idênticos quanto os gêmeos e irmãos fraternos. Do mesmo modo, eles podem confundir as interpretações genéticas da capacidade de ter experiências espirituais.

Provas mínimas e muitas qualificações

Hamer disse, em uma entrevista à *Beliefnet,* que o gene de Deus "se refere ao fato de que os seres humanos herdam uma predisposição a ser espirituais — ir além e buscar um ser superior".[49] Não é provável

80 O CÉREBRO ESPIRITUAL

que alguém conteste isso a princípio, mas em que medida será tal predisposição apenas resultado de um nível humano de experiência, e não ligada a qualquer gene específico? No fim, a tese de Hamer tem a morte da prova mínima, agravada por milhares de restrições. Carl Zimmer observou: "O momento de escrever livros populares de ciência sobre a descoberta de um "gene de Deus" é *depois* que os cientistas publicam seus resultados em um jornal examinado por outros especialistas, *depois* que os resultados são cientificamente replicados e *após* o teste de qualquer valor de adaptação do gene (ou genes)."[50]

Esse momento talvez jamais chegue. É um milagre buscar uma simples base genética para as EMERs. Nossos genes são a linguagem de nossa vida física, e por isso não são impotentes. Sem dúvida, predispõem nosso tipo de personalidade, e talvez, em consequência, influenciem a experiência religiosa. Há mais de um século, William James, um dos primeiros psicólogos da religião, cuja obra discutiremos em detalhes no Capítulo 7, distinguia tendências "mentais saudáveis" de tendências "mentais mórbidas" à espiritualidade. Ele *não* quis dizer que essas distinções sejam necessariamente interpretadas como "más" *versus* "boas", mas sim que tipos básicos de personalidade podem atrair mais uma ampla forma de espiritualidade que outra. Em outras palavras, os genes ajudam a fornecer o equipamento para o sentido de autotranscendência e a influenciar sua direção, mas *não* criam a autotranscendência. Portanto, não faz sentido científico falar em um "gene de Deus". Fazer isso representa uma forma extrema de pensamento reducionista.

Como veremos, o sistema mente-cérebro é bastante complexo. Deve-se ter cuidado com a tendência a buscar uma explicação simples e única para quaisquer fenômenos mentais complexos, sem falar na espiritualidade. Como advertiu C. S. Lewis: "Ver o 'outro lado' de tudo é o mesmo que não ver nada."[51]

Na verdade, Hamer só tem mesmo um pé na genética. Plantou o outro na turfa muito mais mole da psicologia evolucionária, o que discutiremos detalhadamente no Capítulo 7. Se ele de fato encontrou um gene que codifica sistematicamente experiências espirituais transcendentes, não precisaria demonstrar que o gene beneficiou nossos ancestrais, como tenta fazer. Se um efeito genético fosse demonstrado de forma convincente, a origem genética seria, na melhor das hipóte-

Existe um programa de Deus?

ses, uma questão lateral. Por exemplo, só uma combinação genética resulta em olhos azuis em alguns grupos étnicos. Olhos azuis conferem algum benefício? Talvez, em alguns casos,[52] mas o padrão dos olhos azuis é claramente responsável pelos olhos azuis. Isso torna a questão de sua utilidade pré-histórica interessante, mas, em última análise, supérflua para a compreensão da origem desse traço. Uma hipótese genética sobre as EMERs deve alcançar esse nível de rigor para ser cientificamente sustentável.

Na ausência de uma mensagem clara da pré-história ou da genética, os psicólogos evolucionistas se voltam para as teorias fundamentadas na neurociência funcional. Pode haver, por exemplo, um módulo de Deus, isto é, um traço ou circuito cerebral visível que provoque a ideia de Deus? Talvez mesmo um traço que provoque a ideia do divino especificamente porque não funciona direito?

TRÊS

Será que o módulo de Deus sequer existe?

Embora hoje seja um conhecimento comum, jamais deixa de me espantar o fato de que toda a riqueza de nossa vida mental — nossos sentimentos religiosos e mesmo o que cada um de nós encara como seu eu pessoal, privado — é apenas a atividade dessas pequenas partículas de geleia em nossa cabeça, em nosso cérebro. Nada mais há.[1]

— V. S. Ramachandran, neurocientista

A ciência é maravilhosa em explicar aquilo no que é maravilhosa em explicar, mas, quando vai além disso, tende a procurar as chaves do carro onde a luz é melhor.[2]

— Jonah Goldberg, *Jewish World Review*

No pungente romance *Lying Awake*, de Mark Salzman, a Irmã São João da Cruz enfrenta uma decisão angustiante. Décadas antes, ela trocara uma infância emocionalmente privada pela estrita regra de silêncio, austeridade e prece em um convento carmelita perto de Los Angeles. A vida conventual oferecia ordem e paz, mas, apesar disso, os anos passavam vazios e sem realização. Então, a Irmã começou a ter estranhas visões que transformou em bela literatura, resultando no popular livro *Sparrow on a Roof*. A obra ajudou a pagar as despesas do convento e chegou a atrair outra irmã para a ordem. Na verdade, a Irmã João tornou-se uma espécie de "estrela" espiritual, coberta de graças.

84   O CÉREBRO ESPIRITUAL

Mas com as visões veio também uma série de dores de cabeça. A princípio, ela as recebeu bem, achando que devia sofrer por amor a Deus. Mas então as dores pioraram, e finalmente surgiram os ataques. Ela consultou o neurologista e descobriu a verdade. Tinha epilepsia do lobo temporal (ELT), causada por um minúsculo tumor acima da orelha direita. Informaram-lhe que:

epilepsia do lobo temporal às vezes causava mudanças no comportamento e no pensamento, mesmo quando o paciente não sofria ataques. Essas mudanças incluíam hipergrafia (escrita de textos volumosos), intensificação, mas também estreitamento da reação emocional e um interesse obsessivo por religião e filosofia.[3]

Também lhe informaram que o apóstolo Paulo *e* a fundadora de sua ordem religiosa, Teresa d'Ávila, eram "candidatos prováveis" à epilepsia do lobo temporal.

Podia-se remover facilmente o tumor, porém cessariam as visões. Então as visões não passavam de doença? Irmã João viu que toda a sua vida poderia ser encarada, do ponto de vista materialista, como simples patologia, uma espécie de doença mental:

O ideal da prece contínua: *hiper-religiosidade*. A opção de viver como celibatária: *hipossexualismo*. Controle da vontade pelo controle do corpo, conseguido pelo jejum regular: *anorexia*. Manutenção de um detalhado diário espiritual: *hipergrafia*.[4]

Devia ela concordar com a operação que terminaria com as visões?

Este capítulo aborda a questão de saber se as experiências religiosas, espirituais ou místicas resultam de problemas no cérebro. Por exemplo, a epilepsia é a explicação correta das experiências espirituais, como sugere o romancista Salzman na apresentação do dilema da Irmã São João?

O neurologista Jeffrey Saver e John Rabin, do Reed Neurologic Research Center, da University of California, afirmaram que sim. Eles acham que a epilepsia e as EMERs são aliadas próximas e que o sistema límbico desempenha papel fundamental. O neurocientista Vilayanur Ramachandran também afirma que a epilepsia do lobo temporal pode ser a causa-chave das EMERs.

Será que o módulo de Deus sequer existe?   85

Será que eles têm razão? Os transtornos cerebrais disparam uma espécie de módulo de Deus ou circuito de Deus?

Antes de começarmos, talvez se deva esclarecer a terminologia correspondente. Para os fins deste livro, experiências "religiosas" são aquelas que surgem do seguimento de uma tradição religiosa. Espiritualidade significa qualquer experiência que se julgue levar quem a experimenta ao contato com o divino (em outras palavras, não apenas qualquer experiência que pareça importante). O misticismo em geral significa a busca de um estado alterado de consciência que possibilita ao místico tomar consciência de realidades cósmicas que não se podem captar durante os estados normais de consciência.

Loucura divina

Será a epilepsia a *verdadeira* explicação para as experiências espirituais básicas?

> Novas e polêmicas pesquisas sugerem que a crença em um Deus talvez não seja uma questão de livre-arbítrio. Os cientistas hoje acreditam que pode haver diferenças físicas no cérebro de crentes ardorosos.[5]
>
> Liz Tucker, *BBC News*,
> sobre a pesquisa da ELT

Se as matérias publicadas em revista algum dia forem automatizadas, um bom teste modelo seria uma série de reportagens recentes sobre epilepsia e espiritualidade.[6] Eis como automatizar uma matéria dessas:

1. Começar perguntando se "nossos sentimentos religiosos" ou "nossas mais profundas ideias" são "apenas" um produto do funcionamento do cérebro. (Use a primeira pessoa do plural para dar um toque pessoal.)

2. Defina religião, espiritualidade ou misticismo de forma tão ampla que inclua a lavagem de carro para levantar fundos para a equipe de voleibol, uma música favorita ou a capacidade de se espantar diante das excentricidades da vida. Poucos leitores se sentirão excluídos, mesmo que assim prefiram.

86 O CÉREBRO ESPIRITUAL

3. Sugira que nosso cérebro pode ter uma "fiação física" para a religião ou para Deus. (Neste ponto, vem a calhar a especulação sobre os seres humanos há um milhão de anos, e quem pode provar que você está errado?)

4. Enfatize que as descobertas, sejam lá quais forem, não provam nem deixam de provar que Deus existe. (Não aliene os leitores religiosos, pois suas contribuições são tão boas quanto as de qualquer um.)

5. Salpique a matéria com restrições como "pode", "poderia" ou "possivelmente", ou: "Os cientistas hoje acreditam que fulano de tal (famosa figura religiosa do passado) talvez tenha sofrido desse tipo de epilepsia."[7] O Apóstolo Paulo e Joana d'Arc são boas escolhas, pelo fato de terem sido os dois visionários e mártires reconhecidos. (Depois pode-se muito bem desautorizar a hipótese que não tem apoio, quando bem calçada por restrições.)

6. Sugira que há pouca neurociência real por baixo das especulações oferecidas, mas *não* entre em contato com cientistas que critiquem os métodos ou resultados. (Encoraje, contudo, os líderes religiosos a expressar angústia ou consternação que pareçam fortalecer a defesa.)

Estratégia arriscada, você se pergunta? De jeito nenhum! Poucos leitores ou espectadores sabem muita coisa sobre epilepsia ou sobre as biografias de conhecidas figuras religiosas. Com um pouco de sorte, a maioria não fará perguntas fatais: até que ponto isso é ciência ou especulação? E até onde é abastecido apenas por suposições materialistas, e não por descobertas científicas? Embora seja legal dizer que a receita mencionada anteriormente é grosso exagero, muitas histórias sobre a relação entre espiritualismo e cérebro parecem assim construídas, talvez apenas porque não se fizeram muitas das perguntas certas.

Sem dúvida, os puristas da ciência tentaram perguntar por que têm tanta importância a atenção e as invenções da imprensa. Na verdade, as histórias da mídia *importam, sim,* porque a imprensa interpreta

Será que o módulo de Deus sequer existe? 87

a ciência na sociedade. A maneira como a sociedade compreende as descobertas científicas tem impacto sobre seu compromisso com a ciência. Quando os meios de comunicação minimizam, exageram ou distorcem de qualquer forma a importância das descobertas da neurociência, esta, como disciplina, talvez sinta o efeito. Mas comecemos a compreender a questão olhando a ciência.

O LOBO TEMPORAL COMO FONTE DAS EMERs

Em um influente trabalho de 1997, Jeffrey Saver e John Rabin, neurologistas da University of California, afirmaram que o sistema límbico do cérebro — que fica ao alcance dos lobos e das funções temporais como veículo das emoções — desempenha papel-chave nas EMERs.[8] Afirmam que estes envolvem a perda do senso do eu como diferente do ambiente e a tendência geral a ver maior significado em situações comuns. Como nada importante acontece *de fato* quando a pessoa sente tal experiência, é difícil descrevê-la em palavras.[9]

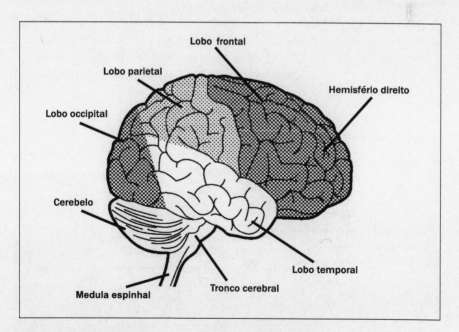

Visão sagital dos quatro lobos corticais (no hemisfério direito) e do cerebelo, tronco cerebral e medula espinhal.

"O conteúdo da experiência — os componentes visuais e sensórios — é o mesmo que todos sentem o tempo todo", como explicou o neurologista Jeffrey Saver ao *New Scientist* em 2001. "Em vez disso, o sistema límbico temporal grava esses momentos como intensamente importantes para o indivíduo, caracterizados por grande alegria e harmonia. Quando a experiência é comunicada a outra pessoa, só o conteúdo e a percepção de que é diferente podem ser transmitidos. A sensação visceral, não."[10]

Na matéria para o jornal, Saver e Rabin também discutem um tipo de personalidade inclinada à religião,[11] chamada de "personalidade lobo-temporal", que eles associam com a epilepsia do lobo temporal.

O sistema límbico

O sistema límbico do cérebro está associado às emoções e lembranças. Localizado no meio do cérebro, forma uma espécie de fronteira (*limbus*) em torno do tronco cerebral, que governa as funções básicas como a respiração. Acima, fica o grande cérebro, a área especificamente humana desenvolvidíssima. O sistema límbico é chamado de "límbico" porque inclui várias estruturas cerebrais e áreas pelas quais reagimos emocionalmente. As emoções não podem, claro, ser observadas de forma direta, mas são associadas à atividade no sistema límbico, que os neurocientistas podem medir — alguns, inclusive, examinam o sistema límbico para encontrar pistas das EMERs.

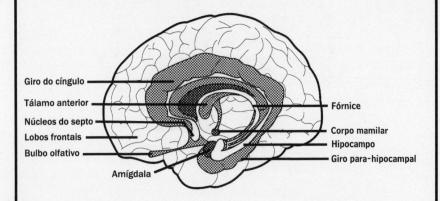

Visão sagital medial do sistema límbico.

Essa forma de epilepsia pode afetar o sistema límbico. Os dois propõem que muitas grandes figuras religiosas do passado podem ter exibido sintomas de ELT.[12] A hipótese foi amplamente divulgada e exagerada pela mídia popular. Por exemplo, em 2003, um programa do canal BBC, "Deus no Cérebro", apresentou duas pessoas com epilepsia do lobo temporal, Rudi Affolter e Gwen Tighe, que têm fortes visões, e explicaram: "Ele é ateu; ela, cristã. Ele julgou haver morrido; ela, que dera à luz Jesus."[13]

Contudo, uma olhada atenta à hipótese de Saver e Rabin revela muitos pontos fracos. Primeiro, várias regiões não límbicas desempenham papel relevante nas EMERs, como mostra o Capítulo 9. Assim, uma hipótese de EMERs que se concentre apenas nos lobos temporais e no sistema límbico será necessariamente inadequada.

A experiência mística (entendida no sentido chinês)[14] pode incluir vários elementos: o sentido de haver tocado o terreno final da realidade e o de incomunicabilidade da experiência, o senso de unidade, a experiência de estar fora do tempo e do espaço, o senso de união com a humanidade, o universo e Deus, além de sentimentos de afeto positivo, paz, alegria e amor.[15] Essa experiência em geral se caracte-

> As partes principais do sistema límbico são:
>
> O *hipotálamo*, abaixo do tálamo, é uma espécie de termostato central que regula as funções do corpo como pressão arterial e respiração. Também governa a intensidade do comportamento emocional. O hipotálamo controla ainda a glândula pituitária, que regula o crescimento e o metabolismo.
>
> A *amígdala*, localizada logo atrás do hipotálamo, que medeia as emoções, em especial as relacionadas à segurança ou ao bem-estar. Às vezes chamadas de *amígdalas*, porque compreendem duas massas de neurônio em forma de amêndoa.
>
> O *hipocampo* é uma estrutura cerebral que pertence ao sistema límbico e está localizado dentro do lobo temporal. Semelhante a um cavalo-marinho, está envolvido na navegação memorial e espacial.
>
> O *fórnice* e o *giro para-hipocampal* conectam as várias estruturas do sistema límbico.
>
> O *giro cingulado*, camada de neurônios acima da principal ligação entre os dois hemisférios do cérebro (o *corpo caloso*), que coordena visões e cheiros agradáveis com lembranças prazerosas. O giro cingulado também participa da reação emocional à dor e da regulação da emoção.

90 O CÉREBRO ESPIRITUAL

riza por imagens visuais e alterações da semiconsciência, do estado emocional e dos esquemas do corpo. Como veremos no Capítulo 9, essas alterações estão ligadas a mudanças neurais em muitas regiões do cérebro que em geral apoiam tais funções. Em outras palavras, nenhum módulo (ou centro) especial de Deus nos lobos temporais produz EMERs.

Segundo, devemos perguntar se a "personalidade lobo-temporal" é tão prontamente definível como supõem Saver e Rabin. Se é, desempenha de fato papel importante nas EMERs? E, finalmente, qual é a prova de que figuras-chave religiosas realmente tiveram ELT?

EPILEPSIA DO LOBO TEMPORAL (ELT)

Os lobos temporais do cérebro localizam-se um em cada lado da cabeça, pouco acima das orelhas. A ELT, breve distúrbio nas funções elétricas cerebrais, é um dos tipos mais comuns de epilepsia, embora não haja estatísticas confiáveis sobre quantas pessoas sofrem desse transtorno.[16] Não se deve confundir a ELT com as dramáticas "convulsões tônico-clônicas", às vezes chamados de "grande mal", que em geral resultam em inconsciência. Contudo, cerca da metade das pessoas que sofrem de ELT também tem convulsões tônico-clônicas.

Com maior frequência, a ELT começa com ataques parciais, que envolvem vozes, música, cheiros, gostos, lembranças esquecidas ou sentimentos de extraordinária intensidade.[17] Essas alucinações, chamadas auras, são breves — talvez um cheiro como o de lavanda ou de ovos podres. O estado cerebral pode então progredir para uma crise parcial e complexo, que classicamente resulta em mordidelas nos lábios, esfregação das mãos ou outras ações inconscientes, durante cerca de um ou dois minutos. Todos esses efeitos são chamados de crises "parciais" porque afetam apenas parte do cérebro. (Em contraposição, a convulsão tônico-clônica afeta o cérebro todo, motivo pelo qual a inconsciência é o resultado habitual.) A ELT pode resultar de um tumor, de ferimentos na cabeça ou de infecção cerebral, mas muitos casos são de causa desconhecida (idiopática).

O tratamento pode incluir medicação, cirurgia, dieta, estimulação elétrica do nervo vago, ou biofeedback, porém o mais comum é a medicação. Quase metade das crianças com essa disfunção a supera com

Será que o módulo de Deus sequer existe? 91

facilidade, mas repetidos ataques de ELT em adultos pode levá-los a uma perda de memória. A depressão e a ansiedade são efeitos colaterais comuns quando a ELT não melhora com o passar do tempo.[18]

PERSONALIDADE LOBO-TEMPORAL (PLT)

Haverá uma personalidade lobo-temporal que predispõe a pessoa à epilepsia do lobo temporal (ELT) — e, assim, a experiências religiosas?

No início do século XIX, originou-se a opinião de que certo tipo de intensidade religiosa estava associada à ELT, como descrevemos. Dizia-se que "a hiper-religiosidade e as intensas preocupações filosóficas e cosmológicas" seriam as características-chave entre episódios epilépticos dessa "suposta síndrome",[19] muitas vezes chamada de síndrome de Geschwind. O tipo de personalidade também era caracterizado por "hipermoralismo, afetos aprofundados, circunstancialidade, falta de humor, viscosidade interpessoal (tendência a grudar nos outros de uma forma que pode prejudicar os relacionamentos), irritabilidade agressiva e hipergrafia".[20] O romancista russo Fiodor Dostoievski é muitas vezes citado como um excelente exemplo de personalidade lobo-temporal.[21]

Contudo, apesar das frequentes citações na literatura popular, a pesquisa posterior na verdade não rendeu muitos frutos. Alguns pesquisadores identificaram alta religiosidade entre pacientes lobo-temporais. No entanto, outros estudiosos não chegaram ao mesmo resultado.[22] A história se complica ainda mais porque John R. Hughes, o neurologista da University of Chicago que investigou várias afirmações sobre epilepsia em figuras históricas, observa que Vincent van Gogh, que definitivamente tinha uma "personalidade lobo-temporal", incluindo religiosidade, na certa *não* tinha ELT. Em vez disso, o mais provável é que suas perdas de consciência resultassem de sério abuso de substâncias.[23]

A suposta síndrome de Geschwind não é reconhecida nos manuais de diagnóstico padrão. Por exemplo, o banco de dados da Pub Med, de fácil acesso ao público, disse o seguinte sobre a síndrome, em agosto de 2006:

Síndrome de personalidade característica, que consiste de circunstancialidade (produção verbal excessiva, viscosidade, hipergrafia),

92   O CÉREBRO ESPIRITUAL

alteração da sexualidade (em geral homossexualismo) e vida mental intensificada (aprofundamento das reações cognitivas e emocionais), presente em alguns pacientes que sofrem de epilepsia. Como identificação, sugeriu-se o nome "síndrome de Geschwind" para esse grupo de fenômenos comportamentais. O apoio e as críticas à existência dessa síndrome como distúrbio específico de personalidade produziram mais fogo que substância, mas reconheceu-se a presença de uma polêmica não resolvida e contínua. Hoje, o maior apoio vem dos muitos clínicos que descreveram e tentaram tratar pacientes vítimas de crises com esses traços de personalidade. São necessários estudos cuidadosamente orientados para confirmar ou negar que a síndrome de Geschwind representa um distúrbio epiléptico/psiquiátrico específico.[24]

Em outras palavras, é uma boa questão saber se a síndrome de fato existe. A maioria dos epileptólogos hoje acha que a religiosidade não caracteriza tipicamente as pessoas com ELT.[25]

O quadro que emerge é que a ELT muitas vezes se associa à obsessão. Uma pequena minoria de pacientes talvez se torne obsessiva em relação à religião — e não em relação à arte, a esportes, sexo ou à política, por exemplo —, mas não se pode construir uma teoria da religião apenas com base nisso.

Ainda assim, vale a pena perguntar: a epilepsia associa-se de alguma forma à visão ou à disposição de correr riscos? Afinal, no passado ela era encarada como uma espécie de loucura divina.

"EPILÉPTICOS" FAMOSOS

É impressionante o número de figuras históricas carismáticas supostamente epilépticas, ou, especificamente, vítimas de ELT. Pitágoras, Aristóteles, Alexandre, o Grande, Aníbal Cartaginês, Júlio César, Dante, Napoleão Bonaparte, Jonathan Swift, George Frederic Handel, Jean-Jacques Rousseau, Ludwig van Beethoven, Sir Walter Scott, Fiodor Dostoievski, Vincent van Gogh, Lorde Byron, Percy Byshee Shelley, Edgar Alan Poe, Alfred Lorde Tennyson, Charles Dickens, Lewis Carroll, Peter Tchaikovsky e Truman Capote, para citar apenas alguns. Haveria alguma ligação entre epilepsia e visão, ou criatividade em geral? A literatura de pacientes muitas vezes cita várias figuras his-

Será que o módulo de Deus sequer existe?

tóricas tidas como epilépticas, sem dúvida para aumentar a autoestima dos pacientes recém-diagnosticados.

A cultura popular também aceita a mística da epilepsia — numa medida que provoca preocupação. Sallie Baxendale, da British National Society for Epilepsy, queixou-se de que, quando se mostra a epilepsia no cinema,[26] "o potencial dramático dos ataques é demasiado para os autores e diretores com imaginações férteis". Os homens com epilepsia são "loucos, maus e muitas vezes perigosos", e as mulheres, "exóticas, intrigantes e vulneráveis".

O epileptólogo Hughes fez detalhados estudos dos famosos citados anteriormente e concluiu que, com base nas provas existentes de sintomas e histórico familiar, só Júlio César, Napoleão e Dostoievski provavelmente tinham epilepsia.[27] Por que se achava que os outros também tinham, quando o contrário é mais provável? Durante séculos, o termo "epilepsia" foi tão abrangente que incluía todos os estados de transe. Em contraste, a crise epiléptica — como se entende hoje — é uma súbita e temporária mudança na atividade do cérebro[28] que faz os neurônios dispararem repetidas vezes, muito mais rápido que o normal, até que resulta em comportamento anormal e automático, ou em inconsciência.

As crises convulsivas resultam de várias causas além da epilepsia. Podem ser causados, por exemplo, por uma súbita queda na pressão arterial, baixo nível de açúcar no sangue, séria tensão emocional, ou a interrupção do uso de drogas ou álcool.[29] Esses ataques epilépticos podem resultar em inconsciência, mas *não* são diretamente causados pelo disparo ocasional de neurônios originado dentro do cérebro.

Hughes apresenta vários motivos[30] para os diagnósticos modernos errados de indivíduos famosos, incluindo:

Simples erro, muitas vezes repetido. Os registros históricos não oferecem prova de que o matemático Pitágoras (582-500 A.E.C.), o filósofo Aristóteles (348-322 A. E. C.) ou o comandante militar Aníbal (247-183 A. E.C.) sofriam de algum tipo de distúrbio que provocasse convulsões.

Perda de consciência não ocasionada por ataques. Michelangelo (1475-1564), por exemplo, era aparentemente acometido por uma

94 O CÉREBRO ESPIRITUAL

onda de calor (síncope de calor) enquanto pintava, e não por epilepsia.

Comportamento social aberrante que não inclui perda ou alteração de consciência. Em situações desagradáveis, Leonardo da Vinci (1452-1519) sofria de "espasmos" que pareciam mais ataques de pânico que de epilepsia.

Crises por interrupção do uso de drogas/álcool. Algumas figuras artísticas e literárias sofriam ataques por interromperem o consumo de drogas (Lewis Carroll, 1837-98) ou álcool (Algernon Charles Swinburne, 1837-1909; Vincent van Gogh, 1853-90; Truman Capote, 1924-84; Richard Burton, 1925-84).

Crises psicogênicas. Esses ataques, às vezes chamados de "pseudocrises", são provocados mais por tensão psicológica específica do que por descargas elétricas espontâneas no cérebro.[31] Lord Byron (1788-1824) e Gustave Flaubert (1821-80), que sofreram forte tensão emocional, são candidatos sugeridos.

A crença popular logo diagnostica a epilepsia em visionários famosos, pessoas criativas ou carismáticas que têm algum tipo de ataque[32] ou súbita perda ou alteração de consciência,[33] porque a epilepsia é estereotipicamente associada a (supõe-se) visionários loucos ou pessoas exóticas. Levando-se em conta que em geral a crença popular sobre figuras históricas geralmente é errada, o que dizer das crenças sobre as figuras religiosas? Não podem elas sofrer de epilepsia de uma forma desproporcional?

FIGURAS RELIGIOSAS E EPILEPSIA DO LOBO TEMPORAL

O que dizer das figuras religiosas específicas? Não é provável que a maioria das visões religiosas resultasse de epilepsia do lobo temporal? Na atual literatura, pesquisadores acreditam que muitas figuras religiosas famosas sofriam de ELT. Saver e Rabin, por exemplo, sugeriram que o apóstolo Paulo, Joana d'Arc, Teresa d'Ávila e Thérèse de Lisieux[34] talvez tivessem ELT. O que as provas sugerem?

O apóstolo Paulo (?-65 d.C.). Além do Novo Testamento, quase não há dados históricos sobre a vida de Paulo (também chamado de Saulo),[35] que fundou algumas das primeiras igrejas cristãs. Judeu e cidadão romano, Paulo estudou com o grande rabino Gamaliel (Atos 22,3). Mas, ao contrário do mestre, tendeu para o fanatismo e perseguiu ativamente a seita dos primeiros cristãos. Estava nessa missão quando teve a visão da "estrada de Damasco":

> Enquanto isso, Saulo ainda murmurava ameaças mortais contra os discípulos do Senhor. Procurou o sumo sacerdote e pediu-lhe cartas às sinagogas de Damasco, para que, caso encontrasse lá qualquer um que pertencesse ao Caminho, homens ou mulheres, os levaria como prisioneiros a Jerusalém. Mas, ao seguir viagem e aproximar-se de Damasco, subitamente um resplendor de luz do céu o cercou; e, caindo por terra, ouviu uma voz que lhe dizia: Saulo, Saulo, por que me persegues?
> — Quem sois vós, Senhor? — perguntou Saulo.
> — Eu sou Jesus, a quem persegues — respondeu a voz. — Mas levanta-te e entra na cidade, e lá te será dito o que te cumpre fazer.
> Os homens que viajavam com ele permaneceram emudecidos, ouvindo, na verdade, a voz, sem ver ninguém.[36]

Paulo passou o resto da vida fundando e administrando igrejas. Ofereceram-se várias explicações materialistas para sua visão.[37] Uma sugestão óbvia é que a prostração pelo calor, agravada pelo sentimento de culpa pela extensa (e em essência voluntária) missão de perseguição, o tornou bastante sugestionável.

Mas a afirmação específica de que Paulo tinha epilepsia vem da menção feita por ele a um misterioso "espinho na carne" (2 Cor. 12,7-9),[38] além do fato de que ele, sem dúvida, tinha uma tendência mística.[39] Saver e Rabin sugerem que tal espinho pode ter sido ELT.[40] Mas a epilepsia fica entre as explicações menos prováveis, em vista da palavra que ele usou (*skolops*, "espinho"). Em geral, o "espinho", na linguagem da época, significava mais um motivo de irritação que um problema sério como uma doença.[41] Apresentaram-se mais de duzentas interpretações[42] para o espinho, incluindo homossexualidade, visão ruim, febre do pântano e pobres dons de oratória. Não há prova independente de que Paulo algum dia teve qualquer tipo de epilepsia.

96   O CÉREBRO ESPIRITUAL

Joana d'Arc (1412-31). Joana nasceu perto do fim da Guerra dos Cem Anos entre a França e a Inglaterra, que devastou a França. Jovem camponesa religiosa, quando tinha 13 anos começou a ouvir vozes, que identificava com as de santos e anjos. Aconselharam-na a levantar o sítio de Orleans pela Inglaterra e levar o delfim (príncipe herdeiro) ao tradicional local de coroação, em Reims, para ser coroado como rei da França. Tal medida uniria o povo francês em torno de um governo funcional. De forma notável, na época em que tinha 17 anos, Joana atingiu essas metas. Contudo, depois foi capturada e vendida aos ingleses, que mandaram julgá-la e queimá-la na fogueira como herege. Como Paulo, Joana foi postumamente submetida a muitos diagnósticos para explicar as visões, incluindo esquizofrenia, distúrbio bipolar, tuberculose e, claro, ELP. A simples variedade de diagnósticos já devia levantar suspeitas.

Há muito mais documentação sobre a vida de Joana que a de Paulo, principalmente porque seus captores estavam ansiosos para apresentar provas no julgamento meticulosamente registrado, visando desacreditar sua causa aos olhos do povo francês. Descobriu-se que as visões complexas e lúcidas muitas vezes duravam horas — o que elimina a epilepsia. Hughes observa:

> Pensou-se na possibilidade de as vozes e visões de Joana d'Arc haverem sido fenômenos epilépticos, mas as visões auditivas e alucinações visuais nítidas são muito incomuns na epilepsia. Os fenômenos epilépticos quase sempre são breves e primitivos, como clarões de flash; as visões bem formadas descritas por ela duravam horas, e não apenas cerca de um minuto. Assim, é mais provável que Joana d'Arc, moça de grande piedade e religiosidade, recebesse mensagens religiosas do que experimentasse fenômenos epilépticos.[43]

Graves crises diárias, em geral, pioram com o tempo,[44] mas Joana não mostrava sinais de deterioração mental durante a exigente vida militar, vivida quase inteiramente sob olhos vigilantes (e muitas vezes hostis). Também os conselhos militares e políticos que ela atribuía às vozes, em geral, eram sensatos, o que mina a explicação limitada a distúrbio ou doença.

Podem-se interpretar as vozes de Joana de uma forma materialista. Ou seja, ela pode ter sido um gênio militar numa cultura que recusava

Será que o módulo de Deus sequer existe? 97

reconhecer como tal uma jovem camponesa. Essa cultura, porém, oferece o papel modelo da virgem santa, que tem visões e anuncia profecias. Nesse caso, ela tendia a experimentar a ideia como visões e proferi-las como profecias. Os cristãos católicos, compreensivelmente, desacreditariam uma explicação desse tipo. Mas pelo menos evita o problema das explicações mais materialistas: a tendência a atribuir a sua estonteante carreira a uma doença, quando o conteúdo das mensagens não era de modo algum ilusório. Contudo, a neurociência não pode determinar questões desse tipo e sem dúvida isso também não era possível no passado. Nós *podemos* dizer, porém, que a prova não sugere um distúrbio cerebral.

Teresa d'Ávila (1515-82) e *Thérèse de Lisieux* (1873-97). A vida de Teresa d'Ávila e de Thérèse de Lisieux está muito bem documentada por elas próprias, em textos autobiográficos, e também por outros. Ambas sofriam de várias doenças, e Thérèse morreu jovem de tuberculose, mas não há indício de que qualquer das duas sofresse de epilepsia do lobo temporal.

Em geral, a literatura que afirma a existência de uma ligação entre ELT e EMERs não é muito convincente, por vários motivos:

As auras intelectuais[45] *ou extáticas*[46] *bem documentadas são extremamente raras*. Na verdade, por motivos neurológicos, as auras epilépticas são quase sempre desagradáveis,[47] sendo o medo o sentimento mais comum.[48]

Pode-se exagerar na interpretação das descobertas. O interesse dos pesquisadores pode ser estimulado por experiências comunicadas de irrealidades no ego ou no ambiente externo,[49] mas não se pode interpretar essas descobertas como sujeitas às EMERs. O neurologista Orrin Devinsky admite que as respostas a questionários dos epilépticos entre ataques "produziram resultados muito confusos",[50] na certa pelo menos em parte por esse motivo.

Pode-se confiar muito na literatura antiga. O psiquiatra Kenneth Dewhurst e o físico A. W. Beard (1970) observam que "as experiências de conversão... são incomuns na literatura recente".[51] Citam

98 O CÉREBRO ESPIRITUAL

em seguida[52] dois pacientes cujas datas de nascimento ficam entre 1900 e 1921, que passaram por conversões religiosas (ou, em certo caso, apostasia) após um ataque epiléptico, numa amostragem de 69.[53] Nessas circunstâncias, é difícil saber qual papel a epilepsia desempenha nesses casos especificamente. Qualquer sério revés de saúde pode resultar em maior atenção do paciente à religião, em especial onde ela faz parte da cultura e há conselheiros religiosos disponíveis, muitas vezes patrocinados como capelães pelas instituições médicas.

O número de casos citados muitas vezes é pequeno. Por exemplo, Saver e Rabin apontam o estudo de uma família, feito em 1994, que exibia tendência genética à demência frontal, em que três dos 12 membros mostravam "comportamento hiper-religioso".[54] Não é incomum num grande grupo familiar a minoria ser bastante religiosa (muitas vezes se influenciaram uns aos outros nesse sentido).

As EMERs são relativamente comuns na população e não exigem explicação médica. Como observam os próprios Saver e Rabin, as experiências religioso-numinosas são comuns em crianças e adultos em diferentes eras históricas e em todas as culturas. Nas pesquisas nacionais feitas nos Estados Unidos, Grã-Bretanha e Austrália, 20 a 49 por cento dos indivíduos revelam ter tido EMERs, e esse número sobe para mais de 60 por cento quando se fazem entrevistas detalhadas com indivíduos escolhidos ao acaso.[55] Nessas circunstâncias, não há motivo claro para envolver uma síndrome rara ou contestada para explicar ou lançar luz sobre tais experiências.

Na verdade, é seguro dizer que (1) a maioria das pessoas que tiveram EMERs não é epiléptica; e (2) muito poucos epilépticos comunicam EMERs durante os ataques. Se a epilepsia produz mesmo EMERs, todos ou a maioria dos epilépticos os teriam. É claro que a epilepsia não desempenha o papel sugerido por Saver e Rabin.

Como observou Devinsky: "A gênese das experiências religiosas intensas associadas a distúrbios neurológicos continua mal definida."[56] O motivo mais provável é que os distúrbios neurológicos não seriam, em particular, uma avenida frutífera para entender as experiências religiosas intensas.

Será que o módulo de Deus sequer existe? 99

Mas e se a prova neurocientífica pode *claramente* ligar certos estados cerebrais epilépticos e convicções religiosas? Terá o neurocientista Vilanayur Ramachandran descoberto tal prova?

Os epilépticos e a "chave de Deus"

Se podemos realçar seletivamente os sentimentos religiosos, isso parece sugerir que há um circuito neural cuja atividade conduz à crença religiosa. Não se trata de não termos um módulo de Deus no cérebro, mas podemos ter circuitos especializados para a crença.
Acho irônico que esse senso de iluminação, essa convicção absoluta de que a verdade é por fim revelada, derive mais de estruturas límbicas envolvidas nas emoções que do pensamento, partes racionais do cérebro que tanto se orgulham da capacidade de discernir verdade e falsidade.[57]
— V. S. Ramachandran, neurocientista

Como já vimos, a hipótese de uma ligação geral entre a epilepsia (como a entendemos hoje) e as EMERs é, no melhor dos casos, fraca. Contudo, não podemos simplesmente eliminar a possibilidade de que alguns epilépticos ativem por acidente um "circuito de Deus" durante uma crise.

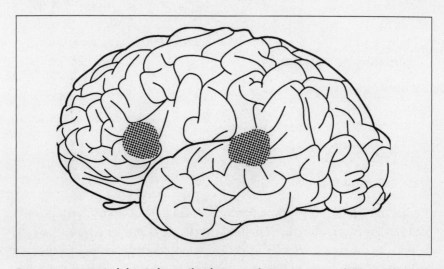

Representação sagital do cérebro exibindo a área de Broca e a área de Wernicke, duas estruturas essenciais no uso da linguagem.

100 O CÉREBRO ESPIRITUAL

Na base dessa ideia, há um modelo específico de neurociência. Cirurgiões e neurocientistas pioneiros como Paul Pierre Broca (1824-80) e Carl Wernicke (1848-1905) aprenderam primeiro qual área do cérebro se correlaciona em geral com uma capacidade específica pelo estudo de pacientes que perderam o uso dessa área por lesão cerebral. Por exemplo, a incapacidade de falar relacionada a "área de Broca" do cérebro e a de entender a fala relacionada a "área de Wernicke". Na metade do século passado, alguns epilépticos tiveram o cérebro cirurgicamente dividido ou removido para contra-atacar crises incontroláveis.[58] Eles, juntamente aos amputados que continuam a sentir dor em membros desaparecidos, lançaram muita luz sobre a organização (ou reorganização) do cérebro humano, apresentando-se como voluntários para pesquisa.

Seguindo esse modelo — entendemos a saúde pela observação da patologia —, V. S. Ramachandran tentou localizar um circuito de Deus examinando epilépticos do lobo temporal que eram considerados obsessivamente religiosos.

Pelos déficits, podemos conhecer os talentos; pelas exceções, podemos discernir as regras; pelo estudo da patologia, podemos construir um modelo de saúde.[59]

— Laurence Miller, neuropsicólogo

Pelo estudo das síndromes em grande parte ignoradas como curiosidades ou meras anomalias, podemos às vezes adquirir novas intuições sobre as funções do cérebro normal — como funciona o cérebro normal.[60]

— V. S. Ramachandran, neurocientista

UMA EXPERIÊNCIA DECIDE ALGUMA COISA?

Ramachandran, diretor do Center of Brain and Cognition, da University of California, em San Diego, sugeriu em 1997 que podia de fato haver descoberto um circuito de Deus no cérebro humano capaz de apontar o instinto evolucionário para acreditar na religião. Seguiu-se a imediata aclamação da imprensa. Sua equipe fez expansivas afirma-

Será que o módulo de Deus sequer existe? 101

ções na reunião da Sociedade de Neurociências em 1997 em Nova Orleans, incluindo a seguinte:

> Talvez haja uma delicada maquinaria neural nos lobos temporais envolvida com religião.
> Isso talvez tenha evoluído para impor ordem e estabilidade à sociedade.
> Os resultados indicam que, se uma pessoa acredita na religião ou mesmo em Deus, depende de até onde é realçada essa parte do circuito elétrico do cérebro.[61]

Mais cauteloso que alguns dos admiradores, Ramachandran admitiu estar "esquiando em gelo fino" com algumas de suas ideias.[62]

Uma das hipóteses que ele a princípio considerou foi que os hipotéticos circuitos religiosos seriam aleatoriamente fortalecidos por um ataque epilético, por isso

> todo e qualquer detalhe adquire um significado profundo e, quando isso acontece, começa parecendo uma experiência religiosa. E o fato de podermos realçar seletivamente os sentimentos religiosos parece sugerir que há um circuito neural cuja atividade conduz à crença religiosa.[63]

Em outras palavras, o excesso de descargas casuais de neurônios durante a crise faz a pessoa atribuir significado místico a tudo.[64]

Por outro lado, Ramachandran sugeriu outra hipótese a considerar: "Pode acontecer de seres humanos terem de fato desenvolvido um circuito neural com o único fim de mediar a experiência religiosa?"[65] Ele achava que a tendência ao disparo excessivo aleatório talvez tenha evoluído porque as experiências religiosas ajudavam a sobrevivência humana.

Ele também pensou numa maneira de decidir entre essas duas hipóteses:

> Entrei em contato com dois de meus colegas especializados no diagnóstico e no tratamento da epilepsia... Em vista da controvertidíssima natureza de todo o conceito de "personalidade lobo-temporal" (nem todos concordam em que esses traços de personalidade são vistos com mais frequência na epilepsia), eles ficaram muito intrigados com minhas

102 O CÉREBRO ESPIRITUAL

ideias. Poucos dias depois, recrutaram dois pacientes que manifestavam óbvios "sintomas" dessa síndrome — hipergrafia, tendências espirituais e necessidade obsessiva de falar de seus sentimentos e de questões religiosas e metafísicas.[66]

Ele elaborou então uma experiência que envolvia os dois pacientes de ELT e um grupo de voluntários, dos quais se sabia que alguns eram muitíssimo religiosos, e outros tinham um tipo ou uma força de crença desconhecidos. Sua equipe mostrou a todos os participantes uma amostra aleatória de cerca de quarenta palavras e imagens. Algumas dessas palavras ou imagens eram comuns, enquanto outras haviam sido escolhidas para provocar alguma reação. Entre elas,

palavras para objetos inanimados comuns (sapato, vaso, mesa e coisas assim), rostos conhecidos (pais, irmãos), rostos desconhecidos, imagens que despertavam instintos sexuais (fotos de mulheres atraentes em revistas eróticas, palavrões que envolviam sexo, extrema violência e horror (um jacaré comendo uma pessoa viva, um homem ateando fogo a si mesmo) e palavras e ícones religiosos (como a palavra "Deus").[67]

Como Ramachandran sabia de que modo os pacientes reagiriam às palavras mostradas? Eletrodos ligados às mãos deles mediam a reação eletrodérmica (em inglês, electrodermal response — EDR). Na maioria das pessoas, as áreas da mão são bastante sensíveis às emoções. Há uma relação entre a atividade do sistema nervoso simpático (maior atividade simpática) e a excitação emocional, mas isso não quer dizer que é possível identificar a emoção específica. (O sistema nervoso simpático é ativado quando se percebe a tensão ou o perigo; o sistema nervoso autônomo controla atividades automáticas como as batidas cardíacas e a respiração.) Medo, raiva, reações de susto e de orientação e sentimentos sexuais podem produzir EDRs semelhantes.

Medidas nas palmas ou nas pontas dos dedos, as mudanças na condutividade de uma pequena corrente elétrica podem ser avaliadas entre eletrodos. A alteração reflete a atividade da glândula sudorípara e as mudanças do sistema nervoso simpático, além das variáveis de medição — no estudo de Ramachandran, a variável era a intensidade da reação emocional do paciente a certas palavras. Há maior condu-

Será que o módulo de Deus sequer existe? 103

tividade quando a atividade das glândulas sudoríparas aumenta em resposta ao estímulo do sistema nervoso simpático.

No estudo de Ramachandran, duas pessoas religiosas que sofrem de epilepsia do lobo temporal reagiram mais vigorosamente às palavras religiosas do que àquelas relacionadas a sexo e violência. Ele, então, concluiu que a primeira das duas hipóteses — a de que uma pessoa atribui significado místico a qualquer coisa devido à descargas casuais e aleatórios de neurônios — está descartada. Essa hipótese não pode ser correta porque os dois pacientes ELT acharam que apenas as palavras religiosas possuem significado. Se isso fosse correto, eles encontrariam sentido em todas as palavras que inspiram fortes sentimentos.

Ramachandran admite que, com apenas dois pacientes de ELT, é impossível tirar conclusões. Na verdade, ele adverte:

> Nem todo paciente que sofre de epilepsia do lobo temporal se torna religioso. Há muitas ligações neurais paralelas entre o córtex temporal e as amígdalas. Dependendo de quais ligações estão envolvidas, alguns pacientes podem ter a personalidade distorcida em outras direções, tornando-se obcecados por escrita, desenho, discussão de filosofia ou, mais raramente, sexo.[68]

O estudo de Ramachandran até agora não foi publicado por um jornal especializado; apesar da publicidade recebida, jamais passou de um resumo para uma sessão na reunião da Sociedade de Neurociência em 1997.[69] Mas ele afirma que estudos futuros podem apoiar suas descobertas de que temos circuitos neurais especializados para a crença.[70]

Além da falta de confirmação, a visão de Ramachandran apresenta vários problemas. A experiência de união com Deus não está associada apenas ao lobo temporal; é multidimensional. As regiões do cérebro envolvidas relacionam-se com a consciência do eu, com aspectos fisiológicos e experimentais das emoções e alteração da noção de espaço do eu, além da imagística visual da mente.[71]

Um problema mais sério é que Ramachandran estudou as EDRs, mas não mediu a *atividade do cérebro* quando foram expostos os dois grupos de pacientes às várias categorias de palavras. Em consequência, não sabemos se o lobo temporal foi ativado quando os pacientes epilépticos viam as palavras religiosas. Além disso, a visão passiva de palavras não

104   O CÉREBRO ESPIRITUAL

induzia estados místicos nos pacientes do ELT. Com base apenas nesse estudo, não podemos concluir que o lobo temporal media as EMERs.

No todo, duas limitações-chave emperram qualquer estudo das EMERs que se concentra na patologia — como os de Saver e Rabin, e Ramachandran. Primeiro, talvez seja difícil, como vimos, descobrir um número suficiente de exemplos bons e claros de determinada patologia. Algumas patologias propostas, como a "personalidade lobo temporal" ou a "síndrome de Geschwind", são supostas e polêmicas. E as conclusões extraídas de estudos que dependem de dois indivíduos com uma patologia contestada são arriscadas, para dizer o mínimo.

Segundo — e talvez mais importante —, o motivo original do modelo de patologia foi a necessidade, não a excelência! Era a única forma de os neurocientistas poderem começar a mapear o enorme espaço interior do cérebro. Hoje, os neurocientistas podem observar detalhadamente o funcionamento real do cérebro saudável. O modelo de patologia talvez ainda proporcione informação especial para determinados fins, mas não deve continuar a ser o modelo preferido quando podemos imaginar o cérebro dos pacientes de EMERs neurológica e psicologicamente *normais*, como meu aluno de doutorado Vincent Paquette e eu fizemos na Université de Montréal (ver Capítulo 9).

Para concluir, embora os lobos temporais pareçam estar envolvidos na percepção do contato com uma realidade espiritual, como em muitos outros tipos de percepção, não são um "ponto de Deus" ou "módulo de Deus".

O módulo de Deus

O ferimento na orelha dela fechara-se, mas o coração se escancarava.
O médico tinha razão — a vida após a epilepsia parecia chata.[72]
— Mark Salzman, *Lying Awake*

No romance de Salzman, *Lying awake*, A Irmã João decide mandar tirar o tumor que causa a ELT, porque os ataques contínuos seriam um fardo para as outras irmãs na comunidade religiosa. As visões logo desaparecem, e com elas sua carreira literária.

Como vimos, o romance, belissimamente escrito, apresenta um falso dilema.[73] Eric K. St Louis, médico que trata de epilepsia, observa

Será que o módulo de Deus sequer existe? 105

na resenha do livro que a personalidade lobo-temporal é "vista com pouca frequência (se o é algum dia) na prática clínica", e "poucos pacientes reais são tão enamorados do mesmo jeito pela escrita, pelo fanatismo religioso ou, aliás, pelos próprios ataques" — a maioria, quando tem oportunidade, se despede de boa vontade deles quando possível".[74] É, quando possível. É triste, mas, no mundo da ficção, as doenças não vêm com intuições espirituais prontas que se transformam em futuros best sellers dramaticamente sacrificados devido à saúde do autor.[75]

Mas e se o neurocientista por acaso tropeçou numa engenhoca — um capacete, talvez — que na verdade faz os usuários terem EMERs? Chegamos agora, no Capítulo 4, às espantosas revelações de Michael Persinger e o capacete de Deus.

QUATRO

O estranho caso
do capacete de Deus

Com a invenção de um adereço para a cabeça com fiação que induz experiências "religiosas" nas pessoas que o usam, o neuroteólogo Michael Persinger, de Sudbury, abalou as fundações da fé e da ciência.[1]

— Robert Hercz, *Saturday Night*

Quem ainda duvida da capacidade do cérebro para gerar experiências religiosas só precisa visitar o neurocientista Michael Persinger na Laurentian University, na sombria cidade de mineração de níquel, Sudbury, Ontário. Ele afirma que praticamente qualquer um pode encontrar Deus, basta usar seu capacete especial.[2]

— Bob Holmes, *New Scientist*

Seria do interesse do Sr. Dawkins sentir a religião pela primeira vez sob o capacete do Sr. Persinger. Afinal, isso provaria que as visões místicas finalmente poderiam ser controladas e não ficar mais à mercê apenas de uma entidade sobrenatural.[3]

— Raj Persaud, *London Daily Telegraph*

Poderia o sumo sacerdote do ateísmo da Grã-Bretanha, Richard Dawkins, encontrar Deus apenas experimentando um capacete do lobo temporal criado num laboratório de neurociência canadense? Ele é

108   O CÉREBRO ESPIRITUAL

famoso por ter chamado a religião de "vírus da mente" e "regressão infantil".[4] Em 2003, no que o programa *Horizon*, da BBC, divulgou como teste final, o arquiateu tentou encontrar Deus usando o celebrado "capacete de Deus" de Michael Persinger.

"Será que Dr. Persinger terá êxito onde o papa, o arcebispo de Cantuária e o Dalai Lama fracassaram?", indagavam as chamadas. O programa gravou a sessão de 40 minutos de Dawkins no capacete de Deus, com os lobos temporais estimulados por fracos campos magnéticos. Diz-se que as probabilidades a favor de um EMERs são boas. Segundo Persinger, 80 por cento das pessoas que usam seu capacete têm alguma espécie de EMERs. A transcrição de "Deus no Cérebro" diz:

PROF. RICHARD DAWKINS (University of Oxford): Se eu me tornasse um religioso e crente devoto, minha esposa ameaçaria me deixar. Sempre tive curiosidade de saber como seria ter uma experiência mística. Estou ansioso por tentar esta tarde.

...

DAWKINS: Eu me sinto meio tonto.

NARRADOR: Inicialmente, o Dr. Persinger aplicou um campo ao lado direito da cabeça de Richard Dawkins.

DAWKINS: Muito estranho.

NARRADOR: Depois, para aumentar as chances da sensação de uma presença sentida, o Dr. Dawkins começou a aplicar o campo magnético nos dois lados da cabeça.

DAWKINS: É uma espécie de torção em minha respiração. Não sei o que é. Sinto a perna esquerda se mexendo e a direita, se contraindo.

...

NARRADOR: Assim, após 40 minutos, Richard Dawkins havia chegado mais perto de Deus?[5]

Ao que parece, não. Ele nada sentiu de incomum, e descreveu-se como "bastante decepcionado". Na realidade, quisera sentir o que os religiosos dizem sentir. Persinger deu uma explicação para a insensibilidade de Dawkins ao capacete de Deus. Estava "muito abaixo da média" em sensibilidade lobo-temporal a campos magnéticos:

Criamos há alguns anos um questionário chamado sensibilidade ao lobo temporal, e o que descobrimos foi um contínuo de sensibilidade que vai de pessoas não sensíveis ao lobo temporal às muito sensíveis, e o fim da experiência é o epiléptico lobo-temporal. No caso do Dr. Dawkin, a sensibilidade lobo-temporal é muitíssimo mais baixa que a maioria das pessoas com que tentamos, a pessoa média, muito, mas muito mais baixa.[6]

E o narrador do programa *Horizon*, impávido diante da intransigência do ateu, explicou à guisa de ajuda: "Apesar do revés com o professor Dawkins, a pesquisa do Dr. Persinger com mais de mil cobaias humanas progrediu mais que qualquer outra no estabelecimento de uma ligação clara entre experiência espiritual ou religiosa e os lobos temporais do cérebro humano."

Então, as EMERs dependem da sensibilidade do lobo temporal ao magnetismo? A ausência de EMERs depende da insensibilidade? A questão é importante porque, se as EMERs são causadas por magnetismo, não têm relevância alguma para qualquer realidade espiritual objetiva fora de si mesma. Acontecerão ao acaso a indivíduos susceptíveis em campos magnéticos de direção e força certas. Segundo Persinger, esses campos magnéticos explicam não apenas nossas EMERs, mas também as experiências extracorpóreas (EEC) e informações sobre abduções por OVNIs.

Muitos jornalistas científicos viram a tese de Persinger, ou outras semelhantes, não só como corretas, mas também inevitáveis. A CNN, BBC, o Discovery Channel, a imprensa escrita da ciência popular — todos fizeram a excursão do capacete de Deus. Muito se tem falado de uma nova disciplina, a "neuroteologia",[7] que estabelece a ponte entre a ciência e a religião, mas sobretudo — parece — pela demonstração de que não há muita coisa na religião.

Essa, sem dúvida, é a opinião do próprio Persinger. Ecoando Dawkins, ele chamou a religião de "artefato do cérebro"[8] e "vírus cognitivo".[9] Ao dar uma explicação simples para as EMERs, disse à revista *Time*: "A previsão de nossa morte é o preço que pagamos por termos um lobo frontal altamente desenvolvido... Em muitos aspectos, [a experiência com Deus é] uma adaptação brilhante. Uma paz embutida."[10]

Ele também acredita que sua descoberta sobre a verdadeira origem da religião e da espiritualidade pode promover a paz mundial. Como

110   O CÉREBRO ESPIRITUAL

explicou em um estudo de 2002: "As crenças religiosas, reforçadas em grande parte por experiências pessoais de presenças sentidas, são uma variável persistente e poderosa nas matanças em larga escala de grupos que endossam a fé em um tipo de deus por outros grupos que se definem pela crença em um deus diferente."[11]

> O método experimental é o instrumento mais poderoso que temos, é como descobrimos a verdade e a não verdade.[12]
> — Michael Persinger, neurocientista

Aqui, como antes, a pergunta-chave que devemos fazer não é se o capacete de Deus ameaça ou ofende as pessoas religiosas, mas se é capaz de se sustentar como *ciência*.

A notável descoberta do Dr. Persinger

> Os motivos para a tenacidade religiosa tornaram-se muito mais fáceis de identificar nos últimos cinco anos, graças a avanços em vários campos modernos de estudo, incluindo o novo ramo da ciência conhecido como neuroteologia. Parece que nossa estrutura cerebral nos predispõe à crença espiritual.[13]
> — Patchen Barss, *Saturday Night*

> Poucos cientistas têm a coragem de buscar a essência da existência humana.[14]
> — Michael Persinger, neurocientista

> Coisas espantosas aconteceram nesta câmara. Uma mulher acreditou que sua mãe morta se materializara ao lado dela. Outra sentiu uma presença tão forte e benigna que chorou quando ela desapareceu.[15]
> — Robert Hercz, *Saturday Night*

O capacete de Deus começou como uma ideia muito atraente. Afinal, muitos neurocientistas materialistas esperavam explicar as EMERs como rajadas de atividade elétrica excessiva no cérebro. Michael Persinger, neurocientista americano da Laurentian University, na cidade de Sudbury, em Ontário, no meio norte do Canadá, começou na dé-

O estranho caso do capacete de Deus 111

cada de 1970 a pesquisa sobre esse método específico de EMERs, que culminou no começo do projeto do capacete de Deus, desenvolvido a partir do início da década de 1980.[16]

Persinger interessava-se em particular pelo conceito de "presença sentida" — a sensação de que alguém está conosco, talvez um segundo eu — quando é claro que estamos sós.[17] Ele criou a hipótese de que tais experiências ocorrem quando o hemisfério esquerdo do cérebro toma consciência de uma espécie de "eu" no hemisfério direito.[18] Em um trabalho anterior, ele chamou os outros "eus" de "transitórios do lobo temporal",[19] e mais tarde de "consciência parasitária" (2002).

Mas que tipo de experiência evoca essa presença sentida? Persinger afirmou que campos magnéticos de força específica podem evocar essa presença elusiva provocando rajadas de atividade elétrica nos lobos temporais. A presença sentida, por sua vez, pode explicar as experiências místicas e as histórias modernas de abduções por alienígenas. Como ele disse à audiência do programa *Horizon*, da BBC: "Quando olhamos os dados correlacionais, vemos um aumento das crises, e convulsões do lobo temporal, quando há maior atividade geomagnética global em toda a terra."[20]

Na maior parte, o aumento na atividade de campo magnético é produzido por chamas solares, atividade sísmica, transmissões de rádio e micro-ondas, aparelhos elétricos e outras fontes externas. Mas é possível produzi-lo dentro do próprio cérebro, que, como vimos, tem componentes elétricos. Persinger propôs que esses microataques dentro dos lobos temporais geram uma gama de estados alterados, que resultam em visões religiosas e místicas, experiências extracorpóreas e até mesmo lembranças de abduções alienígenas.

Ele esperava que seu "Capacete de Deus",[21] ao estimular os lobos temporais com ondas eletromagnéticas, fizesse a maioria dos pacientes sentir uma presença. E foi precisamente o que ele e seus colegas descobriram numa série de estudos realizados nas últimas duas décadas.

As descobertas de Persinger

Em um estudo publicado no *Journal of Nervous and Mental Disorders* (2002), Persinger e Faye Healey informaram que, em condições

112   O CÉREBRO ESPIRITUAL

duplo-cego, haviam exposto 48 universitários (24 homens e 24 mulheres) a campos magnéticos de pulso fraco (10 nT a 1 uT). Os campos escolhidos não eram muito mais fortes que os gerados por um monitor de computador ou um celular. Esses campos foram aplicados em uma de três formas: ou sobre a região têmporo-parietal direita (a parte do cérebro localizada na interseção dos córtex temporal e parietal), ou sobre a região têmporo-parietal esquerda, ou do mesmo modo na região temporoparietal dos dois hemisférios do cérebro (um tratamento para cada grupo). A aplicação durou vinte minutos com os pacientes usando óculos opacos numa sala muito silenciosa. Expôs-se um quarto grupo a uma falsa condição de campo — quer dizer, não expostos a um campo magnético, embora se dissesse aos pacientes que poderiam ser.[22] De antemão, ministrou-se o Perfil de Indução à Hipnose (Spiegel e Spiegel, 1978) aos pacientes, para testar sua sugestionabilidade.

Dois terços dos pacientes comunicaram uma presença sentida sob a influência dos campos magnéticos, e 33 do grupo de controle (campo falso) também.[23] Em outras palavras, Persinger descobriu que duas vezes mais pacientes comunicaram uma presença sentida sob a influência do campo magnético que aqueles que a comunicaram sem o campo magnético.[24]

Persinger tirou duas conclusões: a experiência da presença sentida pode ser manipulada por experimentação, e tal experiência "pode ser a origem fundamental de fenômenos atribuídos às visitas de deuses, espíritos e outros fenômenos efêmeros".[25] A primeira conclusão é um resultado da pesquisa que deveria poder ser reproduzido, se válido. O segundo, claro, é uma opinião.

Assim, essa foi de fato a descoberta de Persinger, publicada no estudo de 2002 no *Journal of Nervous and Mental Disorders*. A maneira como a imprensa científica popular tratou essa descoberta já é outra história. A imprensa em nossa cultura aceitou, como vimos, o papel de promotora de ideias materialistas sobre a religião. Será que ela estaria tão preparada para ser apropriadamente crítica às ideias que escolhe promover?

Talvez pareça sacrilégio e presunção reduzir Deus a algumas sinapses vulgares, mas a neurociência moderna não se inibe em definir nossas mais sagradas ideias — amor, alegria, altruísmo, piedade — como nada mais que estática de nosso cérebro impressionante e grandioso.

O estranho caso do capacete de Deus 113

Persinger vai um passo além. Sua obra quase constitui uma Grande
Teoria Unificada do Outro Mundo: ele acredita que o emperramento
de nosso cérebro é responsável por qualquer coisa que se pode
descrever como paranormal — alienígenas, aparições celestiais,
sensações de vidas passadas, experiências de quase morte, consciência
da alma, é só especificar.[26]

— Jack Hitt, *Wired*

A CIÊNCIA POPULAR PERCORRE O CÉU E O INFERNO

Relata-se que mais de mil pessoas experimentaram o capacete de
Deus.[27] Isso inclui vários jornalistas especializados em ciência e autores que demonstraram compromisso com a disciplina fazendo a peregrinação a Sudbury para ter sua vez sob o capacete. Alguns tiveram
revelações surpreendentes.

O jornalista britânico Ian Cotton, que visitara o laboratório de
Persinger em busca de explicações para o crescimento do cristianismo pentecostal nas últimas décadas, admitiu: "A verdade é que fiquei
com medo... Só Deus sabe o que eu poderia ter no fundo da *minha*
mente."[28] Na primeira sessão, Cotton lembrou-se apenas da casa em
que passou a infância. Na segunda, porém:

Acrescentaram-se um leve barulho no fundo e uns sons de sinos vagamente New Age e orientais. Muito sugestionável, minha mente iniciou
toda uma nova excursão, dessa vez com um visível toque oriental, tibetano. Isso foi aos poucos aumentando de intensidade e convicção, até
que, de repente, com uma espécie de foguete à propulsão de realismo,
vi-me de fato *em* um templo, *numa* fila de solenes monges tibetanos.

Cotton teve a certeza de que também era um monge tibetano.[29]

O jornalista canadense Robert Hercz, em reportagem para o *Sa-*
turday Night, não ficou nem alegre nem triste com uma dessas revelações; na verdade, ficou decepcionado: "É uma sensação breve de
distorção, mas agradável — no entanto, não é o Sentido da Vida." O
Dr. Persinger explicou-lhe que ele não era um bom paciente para a
experiência, porque viera com expectativas.[30]

114   O CÉREBRO ESPIRITUAL

O repórter canadense Jay Ingram teve um pouco mais de sorte. Em busca de uma matéria sobre crenças em abduções extraterrestres, esperava "ver" alienígenas. Ele lembra:

Se eu vi alienígenas? Infelizmente, não. Não tive nem a estranha sensação de que havia alguém ali na câmara comigo. Meu cérebro talvez não tenda a imagens tão vívidas. Vi, no entanto, uma série de minúsculos rostos que flutuavam à minha frente. Parecem carinhas brancas de louça chinesa, todas fêmeas, sobre um fundo escuro, às vezes mudando de uma para outra enquanto eu olhava. Eram encantadoras, embora meio fugazes.[31]

O jornalista americano Jack Hitt também viu moças. Mas não tão espectrais:

Não sei o que diz a meu respeito o fato de que a sensação neural destinada a estimular visões divinas desencadeou meus antigos sentimentos sobre as garotas. Mas, também, não sou a única pessoa a fundir Deus com pensamentos sexuais de fim de noite.[32]

Alguns usuários do capacete, porém, tiveram experiências de fato admiráveis. A psicóloga e pesquisadora britânica Susan Blackmore, ao escrever para o *New Scientist*, contou, entre outras coisas:

Alguma coisa pareceu apoderar-se de minha perna e puxá-la, torcê-la e arrastá-la parede acima. Senti-me como se me esticassem até a metade da altura do teto.

Depois vieram as emoções. De modo inesperado, mas intensa e vividamente, senti-me de repente furiosa — não apenas uma fúria branda, mas daquele tipo de raiva lúcida, com base na qual a gente age —, só que não havia nada nem ninguém sobre o que agir. Após uns dez segundos, talvez, a sensação desapareceu, mas depois foi substituída por um igual ataque de medo. Fiquei subitamente aterrorizada — com nada em particular. Jamais em minha vida tivera sensações tão fortes combinadas com a total falta de qualquer coisa pela qual pudesse culpá-los. Eu quase olhava a sala em volta para descobrir quem fazia aquilo.[33]

O *estranho caso do capacete de Deus* 115

Susan atribuiu suas experiências a mudanças no campo magnético.

ONDA DO FUTURO?

Em geral, a imprensa tratou o capacete de onda eletromagnética de Persinger como uma descoberta sensacional e revolucionária, como mostram os comentários dos jornalistas. Na verdade, o capacete foi uma perfeita oposição ciência *versus* religião; julgou-se que contestava profundamente as pessoas religiosas, mas oferece apenas um pequeno ou nenhum desconforto aos materialistas. Por exemplo, Jack Hitt escreve na *Wired*:

Àqueles que preferem um pouco de mistério na vida, tudo isso parece uma decepção. E quando me preparo para a viagem mental, começo a ficar apreensivo. Sou um episcopal relapso que se agarra apenas a um tênue senso do divino, mas não me agrada em especial a ideia de que qualquer vestígio de fé que eu tenha na existência do Todo-Poderoso seja clinicamente lobotomizada pela demonstração de Persinger. Será que desejo realmente que Deus se torne tão explicável e previsível como uma precipitação de endorfina após uma corrida de 5km?[34]

E do *Saturday Night* canadense:

As descobertas da nova disciplina [neuroteologia] são absolutamente compatíveis, afinal, com o que a ciência vem fazendo à religião há quinhentos anos. Ninguém deve ficar chocado. Excitado talvez, mas não chocado.[35]

Uma terceira opção — da escala entre excitação e choque — é a cautela. Mas, nas matérias sobre o capacete de Deus, raras vezes tremularam, se é que tremularam, bandeiras de cautela como as seguintes:

Poucos se admiraram com o motivo pelo qual a descoberta não chamou mais atenção dos neurocientistas. A capacidade de contornar processos mentais e agir diretamente sobre os circuitos neurais do cérebro para plantar tipos específicos de ideias ou provocar certas experiências devia ser uma notícia sensacional na imprensa especializada em ciência. Mas isso não aconteceu. Por que não?

116   O CÉREBRO ESPIRITUAL

Descartou-se ou ignorou-se o risco de que o sugestionamento psicológico (maior probabilidade de experimentarmos um efeito se nosso ambiente nos encoraja a prevê-lo) *fosse a explicação mais provável*, com surpreendentemente pouca consideração do `cenário real[36] das experiências de Persinger. Sudbury é uma cidade de cerca de 160 mil habitantes, numa região de escassa população em Ontario — a segunda maior província do país. Persinger atraiu considerável atenção internacional para a Laurentian, a universidade local. Até que ponto é provável que os alunos de seu próprio departamento de psicologia, do qual ele recrutou ajuda para a publicação da experiência (2002), sabiam de fato o que esperar do "capacete de Deus" em sua câmara de "Céu e Inferno"[37]? Alguns jornalistas, como Jack Hitt, do *Wired*, pareceram sentir a possibilidade, mas ela jamais foi seguida:

> Talvez toda a conversa preliminar sobre visões apenas tenha posto meu racional hemisfério esquerdo em altíssima marcha de ceticismo. Preparar-me desse jeito — com a certeza de sentir a presença de Deus — talvez tenha sido um erro. Quando falei do assunto com Persinger, ele me disse que os efeitos da máquina diferem entre pessoas, dependendo do "risco" que representam — seu jargão para sensibilidade ou vulnerabilidade. E, de qualquer modo, o arremate é: "Também, você estava num laboratório. Sabia que nada podia lhe acontecer. E se uma intensa experiência lhe ocorresse às 3 da manhã e você estivesse sozinho no quarto?"[38]

A falta de consistência das informações sobre as experiências com o capacete de Deus não causaram ceticismo. Por exemplo, o *New Scientist* explicou:

> O que as pessoas deduzem dessa presença depende das próprias tendências e crenças. Se um ente querido morreu há pouco, eles podem sentir que essa pessoa voltou para vê-los. Os tipos religiosos muitas vezes identificam a presença de Deus.[39]

Mas é exatamente isso o que se espera de uma experiência causada por sugestionamento psicológico. As informações da imprensa sobre a experiência são explicadas por expectativas, sentimentos,

O estranho caso do capacete de Deus

lembranças e outros recursos mentais do indivíduo.[40] Mas *se* o capacete de Deus induz por meios magnéticos um efeito neurológico (em oposição a um efeito psicológico), essas experiências não deveriam ocorrer em todo o planeta? Afinal, o cérebro é um órgão. Os efeitos físicos autênticos devem resultar em padrões de diagnóstico, como as alucinações (auras) simples, previsíveis e breves que precedem uma crise do lobo temporal.

A *Natural Sciences and Engineering Research Council of Canada (NSERC) rotineiramente rejeitou bolsas de pesquisa a Persinger*.[41] Sabe-se que ele próprio financiou a maioria das pesquisas nessa área, com seu trabalho como psicólogo clínico. Em princípio, isso não invalida o trabalho dele, mas levanta uma questão. Em um país altamente secular como o Canadá, o fato de a pesquisa de Persinger poder desconcertar os religiosos não constitui um motivo provável para a falta de interesse do NSERC. É justo perguntar se seus colegas canadenses basearam as decisões negativas em receios que a imprensa preferiu ignorar.

> *A pesquisa sobre a consciência está na infância, portanto o que de fato invoca a presença sensível depende do palpite de qualquer um.*[42]
> — Robert Hercz, *Saturday Night*

Neurocientistas, que podiam oferecer informações cautelosas, poucas vezes foram consultados para matérias na imprensa. A atividade lobo-temporal foi registrada durante EMERs (junto a muitas outras atividades cerebrais, como veremos no Capítulo 9). Mas, tendo em vista que a afirmação específica de Persinger é que se pode contar com que tais experiências sejam *disparadas* por ondas eletromagnéticas, essa afirmação deve ser sustentada em si com detalhes. Uma vez que Dawkins não sentiu nada que identificasse em si como importante, Persinger simplesmente o classificou e lhe deu notas baixas em atividade do lobo temporal. O problema de tal explicação é que o próprio Persinger criou o conceito de sensibilidade lobo-temporal, que não tem validação independente.[43]

Mas o maior problema individual é o seguinte: *Persinger não apresenta dados de imagem*[44] *para sustentar suas afirmações sobre o que se passa no cérebro do paciente*; em vez disso, apoia-se em inferências dos comunicados subjetivos dos pacientes. Por conseguinte, não se

118 O CÉREBRO ESPIRITUAL

pode determinar com certeza que essas localizações cerebrais miradas estejam de fato disparando (ou deixando de disparar) as experiências nos pacientes, ou se o estímulo magnético tem o efeito pretendido — ou qualquer outro. Como as técnicas de neuroimagem estão muitíssimo desenvolvidas hoje, é interessante o fato de que poucos dos que escreveram sobre a obra de Persinger observassem a ausência delas.

O trabalho do Dr. Persinger sugere que diferentes formas de campo, aplicadas no lobo temporal esquerdo ou no direito, fazem alguma diferença sobre se o paciente sente Deus ou não.[45]

— "Deus no Cérebro", da BBC

No conjunto, as informações da imprensa mostraram certa tendência à atitude defensiva quando surgia alguma dúvida. Por exemplo, Jay Ingram, que viu os minúsculos rostos brancos, escreveu:

Plantar ideias

É possível plantar ideias ou lembranças por meio de técnicas neurocientíficas? Muitos governos considerariam utilíssima a sugestão das técnicas de controlar ideias e plantar lembranças ao lidar com facções políticas dissidentes. Teriam prazer em financiar a pesquisa nessa área — se considerada produtiva. Na verdade, na década de 1960, parece que o Pentágono financiou experiências neurocientíficas desse tipo.[48]

Contudo, em 1978, E. Halgren e seus colegas publicaram uma análise retrospectiva dos efeitos mentais de 3.495 estímulos elétricos aplicados bilateralmente em pontos do lobo temporal medial (LTM) em 36 pacientes. Descobriram que a maioria dos estímulos LTM (92 por cento) não provocou qualquer reação mental, como sensações, imagens, respostas emocionais, e assim por diante. Os pesquisadores também comunicaram que as alterações mentais provocadas por estímulo elétrico do LTM eram muito variáveis, diversas e idiossincráticas. Essas descobertas sustentam a opinião de que não se pode induzir sistematicamente uma experiência específica (por exemplo, EMERs) pelo estímulo elétrico ou magnético dos lobos-temporais.[49]

Talvez seja impossível criar uma tecnologia para plantar experiências mentais específicas. Um dos motivos é que, como observou o jornalista científico

O *estranho caso do capacete de Deus*

Michael Persinger está certo de que os eventos elétricos nos lobos temporais são responsáveis pela onda de reportagens sobre abduções por alienígenas? Não que se possa demonstrar pela minha experiência. Mas a hipótese dele me parece verdadeira, embora se deva admitir que há nela buracos a serem preenchidos... É plausível, não provado.[46]

Mas, uma vez que Ingram pesquisava uma matéria sobre abdução por alienígenas, a explicação *mais* plausível para sua visão não seria sugestiva?

Do mesmo modo, Robert Hercz, do *Saturday Night*, disse sobre Persinger: "Se ele estiver certo, os paradigmas mudarão, e ele será aclamado. Mas, se estiver enganado, isso continua sendo ciência."[47] Raras vezes se pensou na possibilidade de que a obra de Persinger pudesse ser ciência, mas não *boa* ciência ou ciência *atualizada*. Uma história tão boa (para o materialismo) simplesmente *tinha* de ser verdade.

John Horgan, em recente artigo da *Discover*, todos programam o próprio cérebro de uma forma diferente. Até os ratos de laboratório diferem de um labirinto para outro. O pesquisador de neurociência da University of Arizona, Bruce McNaughton, especialista na área, duvida que algum dia surja um dicionário para decodificar as lembranças humanas, "sem dúvida, mais complexas, variáveis e sensíveis ao contexto que as dos ratos". Como Horgan explica:

> Na melhor das hipóteses, sugere McNaughton, pode-se compilar um dicionário para uma única pessoa, monitorando a produção dos neurônios durante anos e registrando todo o comportamento e os pensamentos que descreve. Mesmo assim, o dicionário seria, na melhor das hipóteses, imperfeito e teria de ser sempre revisado para explicar as experiências em andamento do indivíduo.[50]

Além disso, acrescenta: "Esse dicionário não funcionaria para todos os outros." Assim, filmes como *Total Recall*, *Matrix* e *Brilho eterno de uma mente sem lembranças*, em que simplesmente se plantam as lembranças na mente das pessoas, são premissas excitantes para a ficção científica, mas implausíveis na realidade.

120 O CÉREBRO ESPIRITUAL

O capacete de Deus e a ciência popular

Jim mora na Califórnia e dedica-se a esportes radicais. Mas não está testando seus limites em relação à gravidade e à exaustão. O equipamento que usa consiste de uma sala escura, uma venda nos olhos, fortes tampões para ouvidos e oito bobinas magnéticas, ligadas a um PC e a sua cabeça com uma faixa de velcro.
Na próxima semana o inventor do aparelho de cabeça Shakti, Todd Murphy, será um dos oradores no festival Religião, Arte e Cérebro em Winchester, junto a dançarinos sufitas, a música de John Taverner, psicólogos, neurocientistas e farmacologistas. O foco das palestras será: "A evolução, a experiência e a expressão do impulso religioso — o que faz o cérebro produzi-lo e por quê."
Rita Carter, consultora científica do festival e autora de um livro popular sobre neurociência, intitulado O livro de ouro da mente, descreveu a ocasião em que se tornou "uma só" com a chama de gás, depois com todo o quarto e, por fim, com o universo.[48]
— Jerome Burnes, The Times of London

A cultura da ciência popular caracteriza-se pelo ceticismo unidirecional — ou seja, o ceticismo só corre numa direção. Mostra-se cética diante de qualquer ideia de que a espiritualidade corresponda a algo fora de nós mesmos, mas, de um modo surpreendente, crédula em relação a qualquer explicação reducionista. Não admira, portanto, que, antes de qualquer tentativa de reprodução das descobertas de Persinger, o capacete de Deus tenha adquirido vida própria. Jornalistas especializados em ciência de diversos países fizeram a peregrinação a Sudbury para experimentá-lo. Para alguns indivíduos, a história do capacete parecia não apenas inevitável e verdadeira, mas também pronta para incorporação na cultura e comercialização populares.

Persinger já previra isso. Perguntou ao jornalista Robert Hercz: "Podemos usá-lo para reduzir a ansiedade num mundo cada vez mais secular?"[52] E continuou:

O estranho caso do capacete de Deus

Morrem de câncer pessoas que não acreditam em Deus — podemos usar essa simulação para dar a sensação de inteireza e desenvolvimento pessoal. No futuro, talvez encontremos um espaço no lar médio, como na tradição oriental, que é em essência nosso centro de Deus, onde nos sentamos, nos "expomos" — talvez não seja em um capacete então —, onde poderemos buscar o desenvolvimento pessoal. Teremos nós uma tecnologia que nos permita buscar o grande mistério, nossa própria introspecção?[53]

Seu colega Todd Murphy começou a pôr no mercado uma versão portátil, para consumidor, do capacete, como uma engenhoca New Age para criar espiritualidade instantânea. A meta desse neuromercado, apressou-se a dizer, era "promover a espiritualidade, não substituí-la".[54] Na verdade, começou a surgir toda uma neuromitologia em torno do capacete de Deus. Murphy, por exemplo, está explorando meios de casar a teoria evolucionista de Darwin com a doutrina de reencarnação budista.[55]

A primeira coisa que temos de fazer é aceitar a teoria de seleção natural darwinista. Se o fizermos, resta-nos a conclusão de que o renascimento é uma adaptação que contribuiu para a nossa sobrevivência. Se assim é, o mecanismo específico pelo qual opera o renascimento deve ser o mesmo para todos, porque todos partilhamos uma ancestralidade evolucionária comum.[56]

— Todd Murphy, colaborador de Michael Persinger

Murphy hoje trabalha de forma independente de Persinger, e não está claro se é possível classificar corretamente seu trabalho como pesquisa acadêmica a essa altura. "Não temos qualquer estudo formal em andamento", ele disse há pouco a Brent Raynes, da revista *Alternate Perceptions*. "Em vez disso, as pessoas comunicam suas experiências, e quando são interessantes, eu me apresso a passá-las ao Dr. Persinger."[57]

A maioria das instituições exige fé irrestrita; mas a da ciência faz do ceticismo uma virtude.

— Robert K. Merton, "Science and the Social Order"

122 O CÉREBRO ESPIRITUAL

CETICISMO UNILATERAL

Por que o ceticismo só corre em um sentido? Muitos que experimentaram o capacete de Deus se orgulham de seu pensamento crítico. Na verdade, alguns pertencem a sociedades de céticos oficiais, e são homenageados por elas.[58] Susan Blackmore, por exemplo, é membro do Committee for the Scientific Investigation of Claims of the Paranormal (CSICOP), e a entidade concedeu-lhe o Prêmio de Ceticismo de 1991. Ela é considerada um dos mais conhecidos céticos da imprensa britânica. Mas seria justo perguntar que tipo de "cético" deixaria de reconhecer que a bem estabelecida psicologia da sugestão explica o efeito capacete de Deus, sem necessidade de invocar o eletromagnetismo?

Três fatores podem ajudar a oferecer uma explicação. Primeiro, o jornalismo científico tem origem numa cultura em que o ceticismo apontava em uma única direção. O sociólogo Richard Flory observa que, a partir do final do século XIX, os jornalistas passaram a ver a si mesmos como sucessores dos líderes religiosos ou espirituais tradicionais. Ele escreve: "O jornalismo era o sucessor ideal da religião porque só ele podia oferecer a orientação adequada aos indivíduos e à sociedade."[59] Supondo que o materialismo veio para ficar, muitos jornalistas acreditaram que seu papel era promover o materialismo à custa das ideias tradicionais, voltadas para a espiritualidade da natureza humana. O jornalismo devia, portanto, modelar-se com base na ciência, tendo a "objetividade" como novo padrão. Só proporcionaria, em geral, críticas cortantes à perspectiva religiosa que substituiu. Como observa Flory:

> Na medida em que era apresentada como tendo algum papel positivo, a religião era apenas funcional, no sentido de que seus preceitos morais podiam ser uma fonte de força para alguns indivíduos, mas não tinha autoridade na sociedade moderna.[60]

O segundo fator é que uma óbvia tensão na nova ordem do jornalismo se tornou visível há muito tempo. Objetividade, no sentido do cientista, não é uma meta para o jornalista. O jornalismo responsável (correto, corajoso, empático, equilibrado e livre de conflito de interesse) é com certeza possível. Mas o jornalista é um indivíduo que escreve sobre as atividades de indivíduos para uma plateia de indivíduos. Não existe posicionamento ao cobrir uma matéria que elimine a subjetividade. Então, na nova ordem, qual seria o destino da objetividade?

Objetividade passou a significar, entre outras coisas, hostilidade à visão não materialista das EMERs. Assim, a tradição dos jornalistas científicos era cética a tudo, *exceto* ao materialismo. Contra ele, não

---

A natureza das experiências místicas

Os místicos tradicionais *não* buscam a iluminação que os ajuda na vida diária ou lhes proporciona uma experiência incomum. Eles tentam compreender a realidade de uma forma que transcende o ganho pessoal, a curiosidade, a individualidade ou mesmo a alegria da outra vida.[61]

Normalmente, a experiência mística é única e rara, de modo que não é fácil descrevê-la com palavras e imagens. A capacidade de contar com exatidão e detalhes o que vimos ou experimentamos, como a maioria dos usuários do capacete de Deus parece poder fazer, geralmente indica uma experiência não mística.[62]

O místico é motivado pelo amor, não pela curiosidade. "Por amor, Ele pode ser adquirido e mantido, mas, por pensamento e compreensão, nunca."[63] O místico aprende a ter empatia pelos outros, sejam humanos ou animais, e simpatia pelos sofrimentos deles. Deve-se desconfiar de outros resultados.

Ao contrário do receio de Persinger de que as experiências místicas produzam uma tendência à violência religiosa, não é provável que o místico se aliste nessa causa. O misticismo, como observa Evelyn Underhill,

não se interessa de modo algum por aumentar, explorar, rearrumar ou aperfeiçoar nada no universo visível. O místico afasta esse universo, mesmo nas manifestações paranormais. Embora não esqueça, como declaram os inimigos, o dever para com os muitos, tem sempre o coração no Imutável.[64]

Os Capítulos 7 e 9 tratam do misticismo com muito mais detalhes, mas por ora basta dizer que a maioria dos usuários do capacete de Deus não se encontrava numa busca mística nesse sentido tradicional.

124   O CÉREBRO ESPIRITUAL

se permite qualquer ceticismo. Atuando como sucessores da perspectiva espiritual tradicional que consideram *já* desacreditada (sem se perguntar como ou por que), muitos jornalistas esperavam plenamente que um gene, uma droga, um circuito neural ou o capacete de Deus fosse de fato a explicação para as EMERs. Só falta entrar com os detalhes, ao que parece.

Por último, poucos jornalistas científicos sabem muita coisa sobre as EMERs. Há um século, Evelyn Underhill, anglicana britânica, escreveu *Mysticism*, um valioso guia das ideias e práticas dos místicos ocidentais. A compreensão básica da espiritualidade ocidental, como era possível adquirir pela leitura de tais obras, talvez impedisse muitos equívocos, erros e falsas pistas. Mas, o que é sinistro, muitos jornalistas não veem necessidade alguma de saber dessas coisas, mesmo quando do pesquisam uma matéria sobre as EMERs.

A ciência prospera com a pesquisa reproduzida, e um grupo de neurociência sueco acabou por tentar reproduzir as descobertas de Persinger, com equipamento emprestado de seu próprio laboratório.

O capacete de Deus e o duplo-cego

Até onde Persinger sabe, nem um único pesquisador ficou intrigado o suficiente com seu estímulo magnético para começar a experimentá-lo... Na ciência, não há crédito quando não existem réplicas.[65]
— Robert Hercz, *Saturday Night*

Um grupo de pesquisadores suecos já repetiu o trabalho, mas diz que seu estudo envolve uma diferença crucial.[66]
— Roxanne Khamsi, *Nature News*

Uma nota discreta em *Nature News* de dezembro de 2004 atualizou essa história. Uma equipe de pesquisa da Uppsala University, na Suécia, chefiada por Pehr Granqvist, reproduziu a experiência de Persinger testando 89 universitários, alguns dos quais foram expostos ao campo magnético, e outros, não. Usando o equipamento de Persinger, os pesquisadores não conseguiram obter os mesmos resultados. Atribuíram suas descobertas ao fato de que eles "garantiram que nem os

O *estranho caso do capacete de Deus*

participantes nem os monitores que interagiam com eles tinham qualquer ideia de quem era exposto aos campos magnéticos, um protocolo de "duplo-cego".[67]

Numa experiência "duplo-cego", nem o pesquisador nem o paciente influenciam os resultados ao saber (1) do que se trata o estudo, ou (2) se o paciente é membro do grupo experimental (em que devem ocorrer coisas importantes) ou do grupo de controle (uma situação aparentemente idêntica em que nada de importante deve acontecer). É difícil conseguir um estudo duplo-cego na experimentação psicológica em seres humanos, porque eles são hábeis em detectar pistas, muitas vezes inconscientemente. Quando realizado, o duplo-cego é muitíssimo valorizado como um "padrão ouro" na pesquisa.

Os pesquisadores de Granqvist asseguraram que a experiência seria duplo-cego usando dois condutores de experiência para cada teste. O primeiro condutor, não informado acerca do objetivo do estudo, interagiu com os pacientes. O segundo ligava e desligava os campos magnéticos sem avisar ao primeiro nem ao paciente. Se este já não havia sido avisado de que era provável uma experiência no laboratório de Granqvist, os condutores do estudo não se achavam em posição de dar essa pista. A equipe consultou o colaborador de Granqvist, Stanley Koren, para assegurar que as condições de reprodução fossem ideais.

Os participantes do estudo incluíam alunos de teologia,[68] assim como de psicologia. Não se pediu a nenhum dos grupos informação prévia sobre experiências espirituais ou paranormais, nem lhes foi dito que havia uma condição de falso campo (controle). Em vez disso, disseram-lhes apenas que o estudo investigava "a influência de campos magnéticos complexos e fracos sobre experiências e estados de sentimentos". As características de personalidade que podiam predispor a pessoa a comunicar uma experiência incomum foram usadas como prognósticos de quais pacientes comunicariam. Essas características incluíam absorção (capacidade de absorver-se completamente numa experiência), sinais de atividade lobo-temporal anormal e orientação sobre estilo de vida "New Age".

Durante a avaliação dos resultados, a equipe de Granqvist não conseguiu detectar que o magnetismo teve qualquer efeito perceptível.[69] Não foram encontradas evidências de um efeito de "presença sentida" de campos magnéticos fracos. A característica que determinou signi-

126   O CÉREBRO ESPIRITUAL

ficativamente os resultados foi a personalidade. Dos três indivíduos que relataram intensas experiências espirituais, dois eram membros do grupo de controle. Os que foram classificados como altamente suscetíveis, com base em um questionário preenchido depois de o estudo ter sido concluído, relataram a ocorrência de experiências paranormais enquanto usavam o capacete, independentemente de o campo magnético estar ligado ou não. Granqvist e seus colegas também notaram que haviam encontrado dificuldade para avaliar a confiabilidade das descobertas de Persinger, "porque nenhuma informação sobre a aleatoriedade experimental ou a cegueira foi fornecida", o que deixou seus resultados abertos para a possibilidade de que o sugestionamento psicológico foi a melhor explicação oferecida.[70]

Granqvist fizera em público a acusação de que as experiências da equipe de Persinger não eram de modo algum de duplo-cego. E explicou à *Nature News*:

> Os indivíduos que realizaram os testes, muitas vezes universitários, sabiam que tipo de resultados esperar, com o risco de esse conhecimento ser transmitido a pacientes experimentais por pistas inconscientes. Pior, ele diz que muitas vezes insinuava-se aos participantes o que acontecia, pedindo-se que preenchessem um questionário destinado a testar sua sugestionabilidade a experiências paranormais antes dos testes.[71]

Os pacientes da equipe de Persinger haviam preenchido "Inventários Pessoais de Filosofia", criados por ele e Makarec (1993). Esses questionários, distribuídos em classe três meses antes da experiência, perguntavam sobre "crenças em ideias religiosas conservadoras (o segundo advento de Cristo, por exemplo) ou em ideias exóticas (como os alienígenas serem responsáveis pelas comunicações de OVNIs)".[72] Embora a equipe não soubesse como os pacientes individuais haviam respondido às perguntas quando fizeram os testes com o capacete, os próprios pacientes devem ter sabido que esses conceitos interessavam à equipe.[73]

Após passarem algum tempo sob o capacete, os pacientes de Persinger também concluíram uma escala chamada EXIT, igualmente projetada por ele. Granqvist comenta que é difícil avaliar os resultados dessas escalas criadas de forma independente. Em sua opinião, a escala de misticismo Hood e a escala de absorção de Tellegen (medição

O *estranho caso do capacete de Deus* 127

da capacidade de absorver-se em uma experiência, que sua própria equipe utilizou) seriam mais apropriadas, porque vários pesquisadores descobriram que essas medições de experiências subjetivas fornecem resultados consistentes com o passar do tempo.[74]

A equipe de Granqvist concluiu sem rodeios: "Qualquer futura reprodução, ou descobertas existentes citadas em oposição aos atuais resultados, também precisarão basear-se num processo duplo-cego aleatório e controlado para ter crédito."[75] Não apresentava um grande esquema para explicar as EMERs.

Persinger, como se esperaria, contestou as descobertas suecas. Insistiu que alguns de seus estudos são realizados em condições duplo-cego, embora os condutores possam saber a área geral de interesse, e que a sugestionabilidade não é problema. Também afirmou que Granqvist e seus colegas não geraram um "sinal biologicamente efetivo", porque não usaram o equipamento corretamente nem por tempo suficiente.[76] Granqvist descartou as objeções, dizendo: "Persinger sabia antes das experiências que haveria dois tempos de 15 minutos de exposições. Ele concordou com esse tempo. Suas explicações agora são uma decepção."[77]

É evidente que há uma maneira de resolver isso: fazer as duas equipes cooperarem para realizar um novo conjunto de experiências.[78]

— Jay Ingram, *Toronto Star*

Quando fui ao laboratório de Persinger e me submeti a seus procedimentos, vivi as mais extraordinárias experiências pelas quais já passei. Ficarei surpresa se acabarem revelando um efeito placebo.[79]

— Susan Blackmore, psicóloga

Na medida em que os compradores desse equipamento têm grande sugestionabilidade, a colocação do elmo na cabeça no contexto de privação sensória poderia ter os efeitos previstos, com a tomada ligada ou não.[80]

— Pehr Granqvist, neurocientista, sobre os capacetes de Deus disponíveis no mercado consumidor

128   O CÉREBRO ESPIRITUAL

A reação da imprensa científica popular, que controla grande parte das informações que o público tem sobre neurociência, foi interessantíssima. Um palpável senso de decepção pairou sobre a cobertura das descobertas de Granqvist — acompanhada de uma sutil insinuação de que os suecos talvez houvessem cometido erros. O *Economist*, por exemplo, sugeriu uma terceira série de experimentos.[81]

Jay Ingram, que também pediu uma terceira série, tornou evidentes os planos da ciência popular comentando: "Até então, os céticos ficarão deprimidos, e os que acreditam em presenças misteriosas em nosso meio estão comemorando."[82] Em suma, ele vê nossas escolhas como restritas ao materialismo radical ou à crença sem substância em "presenças misteriosas". Ele ignora a possibilidade de que a sugestionabilidade normal humana explique o efeito do capacete de Deus, embora esta seja, de longe, a explicação mais provável, como sugere Granqvist. Talvez nem sempre nos agrade o fato de que é mais provável sentirmos uma emoção ou um efeito apenas porque somos levados a acreditar que sentimos — mas este é um fato bem estabelecido da psicologia humana. Certamente não queremos reconhecer que somos mais sugestionáveis que os outros, sobretudo quando nos orgulhamos de nosso ceticismo. Mas, se esse ceticismo sempre fluiu apenas em uma direção, é bem provável que sejamos muitíssimo sugestionáveis nessa direção.

Também é possível que pelo menos alguns indivíduos que experimentaram o capacete de Deus jamais "tenham dado permissão", por assim dizer, para experimentar uma realidade espiritual até então. Para um ateu confesso, o capacete pareceria seguro, porque haveria uma explicação materialista pronta. De qualquer forma, o ceticismo entrou em tempos difíceis, afinal, precisa excluir funcionamentos normais da natureza humana como a sugestionabilidade para explicar o efeito do capacete de Deus.

Uma saída do deserto

As descobertas — ou falta de descobertas — dos suecos suscitam o espectro da má ciência, em que a incapacidade de reproduzir uma experiência põe em questão a metodologia da neuroteologia.[83]

— Julia C. Keller, *Science and Theology News*

O espectro de Brocken "olhava para todo homem como seu primeiro amor".[84]

— C. S. Lewis (1898-1963), intelectual e
autor

O capacete de Deus — será que chegou a isso? Um jornalista especializado em ciência lamentou recentemente: "Se a teoria tradicional está errada, só restará aos cientistas explicar como se geram tais ideias e sensações."[85] Na verdade, a hipótese eletromagnética de Persinger não era bem uma "teoria tradicional"; apenas uma história quente, que ficou na "moda" durante quase uma década. De qualquer modo, a sugestionabilidade explica com facilidade as ideias e sensações geradas em seu laboratório, portanto os cientistas não precisarão lutar por muito tempo.

Contudo, o jornalista defende uma teoria, ainda que não expressa com clareza: a neurociência materialista se mostra muito medíocre na explicação das EMERs. Como vimos, a busca de pontos, módulos, circuitos e capacetes de Deus foi um completo desperdício de tempo. A esperança de que a neurociência identificasse rapidamente uma simples explicação materialista para a natureza espiritual do ser humano fracassou,[86] e continuará fracassando.

É importante ser muito claro sobre as implicações desse fracasso. O materialismo não é filosofia monística. Se estiver certo e só existir a matéria, a melhor teoria materialista sobre as EMERs deve ser verdadeira, mesmo que suas crenças sobre a natureza humana saltem aos olhos do observador, mesmo que a dissonância cognitiva seja a única forma de tratar de suas suposições, e mesmo que seja defendida pelo argumento, que traz consigo a própria derrota de que o cérebro não evoluiu de forma a entender a verdade do materialismo. Em outras palavras, os materialistas são obrigados a continuar indefinidamente buscando genes, capacetes, pontos e módulos de Deus.

O plural de anedota não é dados.[87]

— Pesquisador Frank Kotsonis

Você não vê o mundo como ele é. Você o vê como você é.

— Talmude

130   O CÉREBRO ESPIRITUAL

Mas há outro caminho. Não precisamos ser materialistas. A neurociência precisa de um caminho para entender as EMERs, mas deve começar por levá-lo a sério, em vez de tentar embaralhá-lo e, assim, eliminá-lo. Que tal a possibilidade, por exemplo, de que o cérebro humano tenha evoluído de modo a possibilitar as EMERs *porque eles oferecem alguma intuição sobre a verdadeira natureza do universo?*

A fé dogmática no materialismo exige que rejeitemos de imediato tal proposta. Mas o materialismo não dá respostas úteis, portanto devemos tornar a olhar as provas. Questões-chave devem ser tratadas nos Capítulos 5 e 6. Primeiro, a teoria materialista da mente é ao menos sustentável? Se não, deve ser rejeitada, mesmo que não tenhamos outra. E segundo, qual é a base científica para uma teoria não materialista da mente?

CINCO

Mente e cérebro
são idênticos?

Estudar o cérebro é estudar a nós mesmos, mas de uma forma que nos torna sujeito e objeto ao mesmo tempo. É como se tentássemos olhar para dentro e para fora da janela simultaneamente.[1]

— Greg Peterson, professor de religião

Se fôssemos estudar apenas o cérebro, ignorando totalmente o comportamento humano e os estados conscientes subjetivos, jamais ficaríamos sabendo de nada sobre a consciência ou quaisquer outros fenômenos mentais.[2]

— B. Alan Wallace, filósofo da mente

Em 17 de julho de 1990, o presidente George H. W. Bush e o Congresso dos Estados Unidos proclamaram, em conjunto, que a década de 1990 seria a Década do Cérebro. Citaram-se sólidos motivos políticos para o financiamento público da pesquisa sobre o cérebro. Porém, com a proclamação, ficou claro que tanto Bush quanto o público queriam muito saber mais sobre o cérebro por motivos pessoais. É verdade que um conhecimento mais preciso nos ajuda a combater as doenças e dependências, mas o conhecimento é precioso por si mesmo. Como disse o presidente na época:

132   O CÉREBRO ESPIRITUAL

O cérebro humano, uma massa de 1,360kg de células nervosas entrelaçadas que controla nossa atividade, é uma das mais magníficas — e misteriosas — maravilhas da criação. Sede da inteligência humana, intérprete dos sentidos e controlador do movimento, esse órgão incrível continua a intrigar igualmente cientistas e leigos.[3]

O momento na década era bom. Após mais de um século de pesquisas sistemáticas do cérebro, com uma variedade de métodos, novas técnicas como a tomografia por emissão de pósitrons (PET) e imagens por ressonância magnética (IRM) ofereciam aos neurocientistas uma visão saudável e em funcionamento do cérebro humano. Não precisavam mais depender de estudos com animais nem esperar o raro caso de dano cerebral específico ou uma cirurgia incomum.

Em essência, os estudos de como ratos com o cérebro danificado recebem bolotas de comida não nos ajuda a entender a consciência humana. Mesmo os estudos com seres humanos que sofreram danos cerebrais não proporcionam um quadro claro da aparência de um sistema com funcionamento correto — ou que se corrigiu por si mesmo, ou compensou um problema. Mas tudo isso estava mudando rapidamente. A neurociência era o quente. O apresentador de tevê Larry King chamou os anos 1990 de a década do cérebro. Em 1998, William J. Bennett, que fora o czar das drogas de George H. W. Bush, perguntava: "Os neurocientistas são os novos Senhores do Universo?"[4]

A neurociência atual

O cérebro humano contém 100 bilhões de células — quase tão numerosas quanto as estrelas na galáxia da Via Láctea. E cada célula é ligada por sinapses a até 100 mil outras. As sinapses entre as células estão mergulhadas em hormônios e neurotransmissores que modulam a transmissão de sinais, elas se formam e se dissolvem constantemente, e se enfraquecem e se fortalecem em resposta a novas experiências.[5]
— John Horgan, *Discover*

Bem, havia também desafios. Como observa o intelectual religioso Greg Peterson:

Mente e cérebro são idênticos?   133

Solicitados a citar o que há de mais exótico no universo, a maioria de nós falaria de coisas muito grandes (buracos negros e supernovas) ou muito pequenas (todas aquelas minúsculas partículas espectrais). Porém, a mais incrível estrutura em todo o universo talvez seja o que temos por trás dos globos oculares. Dentro de nossa cabeça está a engenhoca mais complexa e sofisticada da criação.[6]

Sim, de fato. Muito se aprendeu, muito se revisou, e algumas doutrinas fundamentais foram discretamente esquecidas. Percorrida mais da metade de outra década, podemos relembrar descobertas surpreendentes que nos ajudam a nos concentrar nas questões fundamentais que nos interessam.

Um dogma central da neurociência inicial era que os neurônios do cérebro adulto não mudam. Contudo, hoje, a neurociência moderna reconhece que o cérebro pode reorganizar-se (chama-se essa reorganização de "neoplasticidade") durante toda a vida, não apenas na infância. Nosso cérebro refaz a fiação para criar novas ligações, para abrir novos caminhos e assumir novos papéis.[7]

Um dos resultados da descoberta da neuroplasticidade foi uma explicação razoável da intrigante síndrome do "membro-fantasma". De meados do século XIX em diante, os médicos vêm escrevendo — com muito cuidado, claro — sobre o fato de que os amputados às vezes sentem dor em um membro que já não existe mais. A suspeita convencional era que o médico interpretara mal os sintomas do paciente ou este queria chamar a atenção. Contudo, o neurocientista V. S. Ramachandran mostrou que os neurônios que antes recebiam comunicação de uma mão desaparecida podem refazer a fiação e informar comunicados do rosto. Se o cérebro do amputado não mudou o mapa mental do corpo após a amputação, ele terá essas sensações como se viessem da mão desaparecida.[8]

De todos os órgãos do corpo, o sistema nervoso é incomum por ter o número total de células fixado no nascimento. Quaisquer neurônios destruídos jamais serão substituídos... A possibilidade de restaurar a função é bastante alta nos jovens, mas declina aos poucos com a idade.[9]

— Jean-Pierre Changeux, neurocientista

Uma das descobertas fundamentais da última década é a maleabilidade das sinapses — a capacidade de alterar sua força em resposta à experiência e ao contexto de uma situação. Quando isso acontece, as sinapses mudam realmente de forma — engordam, emagrecem, tornam-se côncavas ou convexas, assumindo formas de cogumelos. Sabíamos que isso acontecia no cérebro em desenvolvimento, mas não que, quando os cérebros adultos pensam e aprendem, isso também ocorre de uma forma dinâmica.[10]

— Michael Friedlander, neurocientista

Em geral, as poucas simplicidades tradicionais na neurociência estão desaparecendo. O cérebro revela-se mais parecido com um oceano do que com o mecanismo de um relógio. Por exemplo, a consagrada suposição de que o cérebro usa duas áreas específicas para a linguagem (a de Broca para a fala e a de Wernicke para a compreensão da fala) deu lugar ao reconhecimento de uma série de áreas interligadas que supervisionam a complexa variedade de tarefas. Os neurocientistas Antonio e Hanna Damasio, que descobriram muitas dessas ligações, afirmam que as conexões semelhantes podem criar o senso do eu.[11] Mas, neste caso, será o senso do eu apenas um zumbido criado pelas atividades dos neurônios? Ou será que, em essência, a neurociência empacou, incapaz de avançar mais na compreensão da consciência humana, devido às frustrações do credo dominante?

Em absoluta oposição ao bom senso... e às provas reunidas de nossa própria introspecção, a consciência talvez não passe de um evanescente subproduto de processos físicos mais mundanos, e inteiramente físicos.[12]

— Michael D. Lemonick, *Time*

É revelador que a Década do Cérebro... tivesse esse nome, e não de Década da Mente. Afinal, foi mais no cérebro que na mente que os cientistas e leigos buscaram respostas, sondando as dobras e fendas de nossa matéria cinzenta à procura da personalidade e do temperamento, de doença mental e estado de espírito, identidade sexual e até mesmo a predileção pela boa comida.[13]

— Jeffrey M. Schwartz e Sharon Begley,
The Mind and the Brain

Mente e cérebro são idênticos? 135

Apesar das afirmações trombeteadas na mídia popular, as novas descobertas *não* explicaram conceitos básicos como a consciência, a mente, o eu e o livre-arbítrio.[14] As hipóteses que reduzem a mente[15] às funções do cérebro ou negam que ela exista continuaram sendo apenas isso — hipóteses. Baseiam-se não em demonstrações de provas convincentes, mas no materialismo promissório sobre o qual advertiu o filósofo da ciência Karl Popper.

A NATUREZA DAS COISAS: *"QUALIA"*

Há bons motivos para pensar que a prova em favor do materialismo nunca virá. Por exemplo, há o problema dos *qualia. Qualia* (singular, *quale*) é a aparência que os objetos têm para nós individualmente — os aspectos experimentais de nossa vida mental que podem ser acessados pela introspecção. Toda pessoa é única, por isso não é provável a completa compreensão da consciência de outra, em princípio, como vimos no Capítulo 4. Ao contrário, quando nos comunicamos, dependemos de um acordo geral sobre uma gama sobreposta de significados. Por exemplo, a historiadora Amy Butler Greenfield escreveu um livro de trezentas páginas sobre uma cor básica, *A Perfect Red* [Um perfeito vermelho].[16] Como a "cor do desejo", o vermelho é um *quale*, se é que um dia houve algum. A redatora Diane Ackerman escreveu:

> Enfurecem-nos, e nós vemos rubro. A mulher infiel é marcada a ferro com uma letra escarlate. Nos bairros de prostituição [*red light districts*, em inglês], as pessoas compram prazeres. Gostamos de comemorar os dias vermelhos na folhinha, e tentamos evitar a burocracia [*red tape*], evitar coisas que desviem nossa atenção [*red herring*] e não entrar no vermelho.[17]

Na verdade, as lojas da moda ascendem e caem com base nas sutilezas dos tons de vermelho. Contudo, por mais que o "vermelho" nos afete como indivíduos, concordamos como comunidade em usar a palavra numa gama de significados e conotações, não apenas numa gama do espectro de cores.

136 O CÉREBRO ESPIRITUAL

A neurociência materialista tem dificuldade com os *qualia*, por não poder reduzi-los com facilidade a uma explicação simples, não consciente. Em *The Astonishing Hypothesis*, Francis Crick resmunga:

Sem dúvida é possível haver aspectos da consciência, como os *qualia*, que a ciência não saberá explicar. Aprendemos a viver com tais limitações no passado (as limitações da mecânica quântica, por exemplo), e talvez tenhamos de viver com elas de novo.[18]

Ramachandran tenta fugir do problema dos *qualia* no encerramento de suas Conferências Reith (2003):

A questão é saber como o fluxo de íons nos pedacinhos de gelatina em meu cérebro dão origem à vermelhidão do vermelho, ou o sabor de marmite [pasta feita com vegetais e fermento para passar no pão], ou *mattar paneer* [prato indiano feito com paneer (queijo) e ervilhas, em um molho vermelho doce e picante]. Matéria e mente parecem ter diferença absoluta entre si. Bem, uma saída para esse dilema é pensar nelas como duas formas diferentes de descrever o mundo, cada uma completa em si.[19]

Ele compara os *qualia* ao fato de a luz ser descrita tanto como partículas quanto como ondas, a depender do contexto. Pode ser uma visão útil, desde que estejamos preparados para ver a mente como uma categoria de existência objetiva "absolutamente diferente" da matéria, mas os comentários posteriores de Ramachandran não oferecem novo terreno para confiança em que ele próprio esteja assim preparado.

Daniel Dennett, filósofo da mente, com base em terrenos puramente dogmáticos, insiste em que "não há, em absoluto, *quale* algum".[20] O que Dennett quer dizer é que o materialismo eliminativo que ele defende não pode explicar os *qualia* de um modo fácil.

Por que a atividade de uma massa de neurônios se pareceria com qualquer coisa? Por que espetadelas nos dedos causam dor? Por que uma rosa vermelha parece vermelha? Apelidou-se isso de "difícil problema" de consciência.[21]

— Helen Phillips, *New Scientist*

Mente e cérebro são idênticos?

O problema mente-cérebro

Nenhuma explicação satisfatória atual da mente é aceita pela maioria. Eis algumas das muitas teorias oferecidas pelos filósofos e cientistas:

Epifenomenalismo

A mente não move a matéria.[22]

— C. J. Herrick, neurologista

A mente existe, como um arco-íris reverberando acima da cachoeira. Sim, ela está ali, mas não afeta nada. Você sabe que a mente está ali porque algumas experiências lhe são únicas, por exemplo, qualquer coisa que você pessoalmente associe com manteiga de amendoim. Apenas um produto de processos cérebro-corpo, a mente às vezes facilita para si mesma a ilusão de que afeta esses processos, em grande parte como se o arco-íris julgasse que afeta de alguma forma a cachoeira.

Materialismo eliminativo

Agora entendemos que a mente não está, como supunha confusamente Descartes, *em comunicação com o* cérebro de alguma forma milagrosa; *é* o cérebro, ou com mais exatidão, um sistema ou organização dentro do cérebro, que evoluiu em grande parte como nosso sistema imunológico... evoluiu.[23]

— Daniel Dennett, filósofo materialista

Resolve-se o problema mente-matéria pela negação de que os processos mentais existem por direito próprio. "Consciência" e "mente" (intenções, desejos, crenças etc.) são conceitos pré-científicos que pertencem a ideias sofisticadas de como funciona o cérebro, às vezes chamados de "psicologia popular". Pode-se reduzi-los a qualquer coisa que os neurônios por acaso façam (eventos neurais). "Consciência" e "mente", como conceitos, serão eliminados pelo progresso da ciência, junto de ideias como "livre-arbítrio" e "eu". Entre os principais expoentes dessa opinião, estão os filósofos Paul e Patricia Churchland e Daniel Dennett.

Teoria da identidade psicofísica

Os processos e estados da mente são iguais a processos e estados do cérebro.[24]

— *Stanford Plato Encyclopedia of Philosophy*

138   O CÉREBRO ESPIRITUAL

Compreendemos nossa consciência e nossos processos mentais na primeira pessoa, ou seja, de uma forma subjetiva e experimental. Os eventos no cérebro, porém, são medidos na terceira pessoa, ou seja, de fora e de forma objetiva. Os eventos no cérebro e na mente são completamente paralelos, como os dois lados da mesma medalha. Essa opinião é defendida pelo filósofo Jean-Pierre Changeux. A suposição latente é que os estados do cérebro criam estados da mente, não o contrário.

Mentalismo

Todo o mundo de experiência interior (o mundo das humanidades) há muito rejeitado pelo materialismo científico do século XX... torna-se reconhecido e incluído no domínio da ciência.[25]
— Roger Sperry, neurocientista

Os processos mentais e a consciência surgem da atividade (emergente) do cérebro, mas na verdade existem e fazem diferença (dinâmica). Os eventos mentais (pensamentos e sentimentos) podem fazer com que aconteçam coisas no cérebro. Portanto, não são nem idênticas nem redutíveis a eventos neurais. Mas a experiência consciente não existe separada do cérebro físico. O ganhador do Prêmio Nobel Roger Sperry é o principal proponente dessa opinião.

Dualismo da substância

Penso, logo existo.
— René Descartes (1596-1650), filósofo

Às vezes chamada de dualismo cartesiano, alusão ao filósofo e matemático francês Descartes, essa posição afirma que há dois tipos fundamentais de substâncias inteiramente separadas: mente e matéria.

Interacionismo dualista

Como as soluções materialistas não explicam a unicidade que sentimos, somos obrigados a atribuir a unicidade da psique ou da alma à criação espiritual sobrenatural.[26]
— John Eccles, neurocientista

> A consciência e outros aspectos da mente, que influenciam os eventos neurais, podem ocorrer de forma independente do cérebro, em geral por aspectos da mecânica quântica. Essa opinião é atribuída aos neurocientistas John Eccles e Wilder Penfield, além do filósofo Karl Popper.

A natureza da consciência

O enigma apresentado pelos *qualia* à neurociência materialista é de fato um aspecto do enigma da consciência. Quanto sua consciência — a consciência de si mesmo como um ser unificado — pesa? Quantos metros alcançariam seus pensamentos se estendidos de ponta a ponta? No século XVII, o matemático e filósofo francês René Descartes procurou proteger a existência da mente e da consciência humanas contra ataques da filosofia materialista que surgiam à sua volta. Essa filosofia buscou reduzir o universo a bolinhas duras que podem ser pesadas e medidas. Ele respondeu declarando que a mente é absolutamente diferente da matéria (*dualismo da substância*).

A visão de Descartes agradou a muitos, mas criou um problema prático. Como a mente pode comunicar-se com a matéria se as duas substâncias são absolutamente diferentes? Como a mente *guia* o cérebro ou governa o corpo? Com o passar dos anos, o dualismo da substância de Descartes passou a ser desacreditado, porque não se encontrou qualquer mecanismo material. Após o aparente triunfo dos pedacinhos duros, ignorou-se, materializou-se ou mesmo negou-se a mente. Afinal, o que importava era a matéria! Mas os filósofos da matéria, por mais que tentassem, não explicaram os enigmas e paradoxos fundamentais da consciência.

O maior mistério da ciência é a natureza da consciência. Não se trata de possuirmos teorias ruins ou imperfeitas acerca da consciência humana; simplesmente não temos essas teorias. Mais ou menos tudo que sabemos sobre consciência é que ela tem algo a ver com a cabeça, e não com o pé.[27]

— Nick Herbert, físico

140 O CÉREBRO ESPIRITUAL

Em nenhuma parte das leis da física ou das ciências derivativas, a química e a biologia, há qualquer referência à consciência ou à mente... Isso não significa afirmar que a consciência não surja no processo evolucionário, mas apenas declarar que esse surgimento não é conciliável com as leis naturais como as entendemos hoje.[28]

— John Eccles, neurocientista

Penso que a grande pergunta sem resposta é como o cérebro gera consciência. É a questão que eu mais gostaria de solucionar e que atacaria se estivesse começando de novo.[29]

— Susan Greenfield, farmacologista

Seres conscientes são os observadores e os observados.[30] O fato de que é impossível ter objetividade em tal situação cria uma dificuldade, claro. Mas é só a primeira de muitas. Nenhuma área individual do cérebro está ativa quando estamos conscientes, nem ociosa, quando não estamos. Tampouco existe uma química nos neurônios que sempre indique consciência. Como observa o filósofo da mente B. Alan Wallace:

Apesar de séculos de moderna pesquisa filosófica e científica sobre a natureza da mente, hoje não há uma tecnologia que detecte a presença ou ausência de qualquer tipo de consciência, pois os cientistas não sabem nem o que medir exatamente. Em termos estritos, *não há hoje prova científica sequer para a existência da consciência.* Toda prova direta que temos consiste de versões não científicas e na primeira pessoa de quem se diz consciente.[31]

O problema, observa Wallace a seguir, é que a mente e a consciência não são um *mecanismo* do cérebro, da mesma forma que, por exemplo, a divisão celular é um mecanismo das células e a fotossíntese é o mecanismo das plantas. Embora cérebros, mentes e consciência obviamente se inter-relacionem, nenhum mecanismo material responde por esse relacionamento. Wallace continua:

Uma propriedade emergente genuína das células cerebrais é a consistência semissólida do próprio cérebro, uma coisa que a ciência física objetiva bem pode compreender... mas não compreende como o cérebro produz

Mente e cérebro são idênticos? 141

qualquer estado de consciência. *Em outras palavras, se os fenômenos mentais na verdade não passam de propriedades e funções emergentes do cérebro, sua relação com ele é fundamentalmente distinta de todas as outras propriedades e funções emergentes encontradas na natureza.*[32]

Durante grande parte do século XX, o problema da consciência foi simplesmente evitado. A partir da Primeira Guerra Mundial, o movimento reinante na psicologia foi o behaviorismo, que eliminou a discussão dos eventos mentais. Devia-se explicar todo comportamento em função de estímulo e resposta, ignorando a questão da consciência. B. F. Skinner foi o mais conhecido comportamentalista de meados do século.

É da natureza da análise experimental do ser humano o fato de que simplesmente retira as funções antes atribuídas ao homem autônomo e as transfere uma a uma ao controle do ambiente.[33]
— B. F. Skinner, *Para além da liberdade e da dignidade*

Após a criação da psicologia cognitiva na década de 1950, o computador era o modelo preferido do pensamento humano. Mas o entusiasmo dos primeiros proponentes da Inteligência Artificial acabou arrefecido pelo fato de que consciência é exatamente o que os programas de computador *não* têm. Por exemplo, se um especialista em software cria um programa que vence um grande mestre de xadrez que joga sem programa, o próprio programa não pode saber da vitória nem se importar com ela; só os participantes humanos é que podem. Essa é outra pequena parte do "difícil problema" de consciência.

As máquinas nos convencerão de que são conscientes, de que têm os próprios desejos, dignos de nosso respeito. Passaremos a acreditar que elas são conscientes, assim como acreditamos que nós também somos. Mais ainda que com nossos amigos animais, sentiremos empatia com seus sentimentos e com suas lutas professadas, porque a mente deles se baseará no projeto do pensamento humano. Eles vão corporificar as qualidades humanas e se dirão humanos. E nós acreditaremos.[34]
— Ray Kurzweil, *A era das máquinas espirituais*

142   O CÉREBRO ESPIRITUAL

Em um recente livro sobre a consciência, Gerald Edelman e Giulio Tononi fornecem, esperançosos, uma lista — não exaustiva, porém enfática — das teorias que explicam a relação entre mente e cérebro, incluindo a teoria do duplo aspecto de Spinoza, o ocasionalismo de Malebranche, o paralelismo e a doutrina da harmonia preestabelecida de Leibniz, a do estado central, o monismo, o behaviorismo lógico, o fisicalismo simbólico, o fisicalismo de tipo, o epifenomenalismo simbólico, o monismo anômalo, o materialismo emergente, o materialismo eliminativo e o funcionalismo (vários tipos).[35] É claro que não emergiu consenso algum.

O estudo da consciência nos apresenta um curioso dilema: a introspecção, por si só, não é satisfatória em termos científicos, e, embora as informações das pessoas sobre suas próprias consciências sejam úteis, não revelam o funcionamento do cérebro. Contudo, nem os estudos do cérebro em si conseguem transmitir o que é ser consciente. Essas restrições sugerem que é preciso adotar métodos especiais para levar a consciência à casa da ciência.[36]
— Gerald M. Edelman e Giulio Tononi,
A Universe of Consciousness

Como vimos, a maioria das teorias sobre mente e consciência se baseia num materialismo enraizado na física clássica, que trata a consciência como uma anomalia a ser explicada. O materialista pode ser um tanto apressado a esse respeito. Por exemplo, o jornalista científico Michael Lemonick explica com muito jeito a obra de Francis Crick e Christof Koch sobre a consciência na revista *Time*: "A consciência é de algum modo um subproduto do disparo simultâneo e em alta frequência de neurônios em diferentes partes do cérebro. É o entrelaçamento dessas frequências que gera a consciência... assim como os tons de instrumentos individuais produzem o som rico, complexo e inconsútil de uma orquestra sinfônica."[37] Boa colocação, na verdade, mas o próprio Crick admitiu que seu conceito era altamente especulativo e de modo algum resultado garantido da neurociência moderna.

Uma fuga frequente foi o anúncio de que a evolução darwiniana não equipou nosso cérebro para entender a consciência; outra é que a mente, a consciência e o eu não passam de ilusões.

Mente e cérebro são idênticos?

Nossos desenvolvidíssimos cérebros, afinal, não evoluíram sob pressão para descobrir verdades científicas, mas apenas para nos possibilitar inteligência suficiente para sobreviver e deixar descendentes.[38]

— Francis Crick, *The Astonishing Hypothesis*

E quanto ao eu?

"Como uma massa gelatinosa de quase 1,5kg, que chamamos de cérebro, produz nossas identidades?", pergunta Greg Peterson em *Christian Century*.[39] Como, de fato? Vejam os números. O neurônio médio, consistindo de cerca de 100 mil moléculas, é cerca de 80 por cento água. O cérebro abriga cerca de 100 bilhões dessas células, e, portanto, 10^{15} moléculas. Cada neurônio recebe mais ou menos 10 mil ligações de outras células no cérebro.

Em cada neurônio, as moléculas são substituídas mais ou menos 10 mil vezes numa vida média. Mas os seres humanos têm um senso contínuo do eu estável com o passar do tempo.

Como observa o pesquisador da consciência Dean Radin: "Todo o material usado para exprimir esse padrão desapareceu, mas, apesar disso, o padrão ainda existe. O que o segura, se não a matéria? Não se responde facilmente a esta pergunta com as suposições de uma ciência mecanicista e apenas materialista."[40]

O que é ou onde está o centro unificado de percepção que caminha para dentro e ao mesmo tempo para fora da existência, que se modifica a todo instante mas conserva a mesma existência e tem um valor moral superior?[41]

— Steven Pinker, cientista cognitivo

Há duas atitudes materialistas de generalizada aceitação. Uma é negar que o eu, ou a consciência, tenha qualquer influência sobre eventos no cérebro; trata-se apenas de um *epifenômeno*. Ou seja, na ausência de um mecanismo material com o qual a mente controle o cérebro, o eu existe como um — talvez acidental — holograma de eventos no cérebro. Essa abordagem não é nova; foi defendida no século XIX por Thomas Huxley (1825-95), colega de Charles Darwin. É famosa a

O cérebro como um complexo computador

A teoria computacional da mente entrincheirou-se discretamente na neurociência... Nenhum canto do campo é tocado pela ideia de que o processamento de informação é a atividade fundamental do cérebro.[42]

— Steve Pinker, *Como a mente funciona*

Os computadores são executores gerais de algoritmos para todos os fins, e sua aparente atividade inteligente não passa de uma ilusão que sofrem os que não apreendem bem a forma como os algoritmos colhem e preservam não a própria inteligência, mas os frutos da inteligência.[43]

— Mark Halpern, pioneiro do software

Devemos ter cuidado com a metáfora o "executivo central", que parece ver toda a nossa humanidade concentrada nos lobos frontais do cérebro. Não apenas não somos lobos frontais ambulantes, como também não somos cérebros num barril. O reducionismo extremo — chamamos de *antropomorfização do cérebro*, ou o famoso homem neuronal — apenas nos desencaminha. Encara lugares-comuns de traços do comportamento humano como autorregulação emocional e o efeito placebo como problema (ver Capítulo 6), quando na verdade não existe problema algum.

Devemos ter em mente que toda o ser humano, não apenas uma parte do cérebro, pensa, sente ou acredita. Na verdade, não se pode reduzir o indivíduo a processos e eventos cerebrais, e é difícil entender o ser humano por completo sem entender o contexto sociocultural em que ele vive. Intuitivamente, o psicólogo Albert Bandura observou que o mapeamento das atividades dos circuitos neurais por baixo do discurso "Eu tenho um sonho", de Martin Luther King, pouco revela sobre como ele chegou a ser criado e nada de sua força social.[44]

O cirurgião conhece todas as partes do cérebro, mas não os sonhos do paciente.[45]

— Richard Selzer, *Lições mortais*

A metáfora do executivo central vem de uma tendência da neurociência e da psicologia cognitiva conhecida como computacionalismo, que tenta entender o cérebro/mente humano como se fosse um computador. Supõe-se que o comportamento humano seja determinado pela atividade de processadores executivos pessoais inconscientes (módulos) e suas contrapartes neurais. Julga-se que esses módulos de algum modo funcionam como arquivos executáveis num programa de computador.

Mas até que ponto esse modelo é útil? Num artigo em que resenhava o último meio século nesse campo, o pioneiro do software Mark Halpern observa que o famoso Teste de Turing para inteligência de máquina (você sabe dizer se está conversando com um ser humano ou uma máquina?) não foi equiparado. Em grande parte, os pesquisadores tentam defender a inteligência do computador mudando o teste ou lançando dúvida sobre a ideia de inteligência humana.

Ele observa que, quando contestados, eles são "fortes na indignação e fracos na citação de realizações específicas". Outra observação que ele faz é que

> os defensores da Inteligência Artificial, na luta desesperada por resgatar a ideia de que os computadores podem pensar ou pensam, na verdade se veem sob o domínio de uma ideologia: estão, como veem o caso, defendendo a própria racionalidade. Ao negar que os computadores podem, mesmo em tese, pensar, o que se está de fato dizendo é que os seres humanos têm uma propriedade especial que a ciência jamais entenderá — uma "alma", ou uma entidade mística semelhante.[46]

O defeito fundamental dessa visão do "Teste de Turing" é que o comportamento humano na verdade não se assemelha de modo algum a um programa de computador. A consciência é precisamente o que os seres humanos têm, e os computadores, meros artefatos da inteligência humana, não. Lendo-se a literatura dos primeiros entusiastas dos computadores, tem-se a impressão de que, para eles, o simples poder de computação de algum modo mágico produziria mente e consciência, mas parece que eles não compreenderam tão bem a natureza da consciência a ponto de não entenderem por que isso não aconteceria.

Para ter qualquer compreensão do comportamento humano, devemos opor mente e consciência, o que significa uma oposição de crenças, metas, aspirações, desejos, expectativas e intenções, e nada disso importa para o funcionamento dos computadores. A autoconsciência (consciência de si mesmo como objeto imediato de experiência), a autoagência (sentir-se como causa de uma ação) e as capacidades autorreguladoras são características da consciência humana irrelevantes para o funcionamento dos computadores.

Como seres conscientes, não apenas passamos por experiências; nós as criamos. Um verme, incomodado pela luz sobre seus pontos fotossensíveis, busca logo a escuridão. Um ser humano, diante de uma experiência semelhante indesejada, pode perguntar: "Mas eu tenho de fugir? E se não fugir? Posso aprender com isso?" Nenhuma história útil da natureza humana ignora a importância do fato de que nós, humanos, fazemos tais perguntas.

146   O CÉREBRO ESPIRITUAL

frase em que ele diz ser a consciência "tão completamente desprovida de qualquer poder para modificar esse funcionamento (do cérebro) quanto o apito a vapor que acompanha o funcionamento da máquina de uma locomotiva para influenciar a maquinaria".[47]

> "Você", suas alegrias e seus pesares, suas lembranças e sua ambição, seu senso de identidade e livre-arbítrio pessoais, na verdade, não passam do comportamento de um vasto conjunto de células nervosas e moléculas associadas. Como poderia ter dito a Alice, de Lewis Carroll: "Você não passa de um feixe de neurônios."[48]
> — Francis Crick, *The Astonishing Hypothesis*

> Se tudo isso parece desumanizador, você ainda não viu nada.[49]
> — V. S. Ramachandran, neurocientista

> O homem não mais precisa de "Espírito": basta-lhe ser o Homem Neuronal.[50]
> —Jean-Pierre Changeux, *Neuronal Man*

A outra atitude é negar que a consciência do eu até mesmo exista. Como diz Lemonick:

> Apesar de todo nosso instinto em contrário, uma coisa a consciência não é: uma entidade no fundo do cérebro que corresponde ao "eu", um núcleo de consciência que dirige o espetáculo, como o "homem por trás da cortina" manipulava a ilusão de um poderoso mágico em *O Mágico de Oz*. Após mais de um século buscando-o, os pesquisadores do cérebro há muito concluíram que não há lugar concebível para tal eu localizar-se no cérebro físico, e que ele simplesmente não existe.[51]

Segundo essa visão — defendida com veemência pelos materialistas eliminativos —, as crianças são doutrinadas por culturas pré-científicas para uma "psicologia popular" que age sobre elas de modo que percebam uma consciência ou um eu inexistentes.[52]

Essa explicação talvez pareça bizarra, mas é importante reconhecer o que está por trás dela: o materialismo não pode explicar mente, consciência ou o eu. Como o materialista promissório "sabe" que o materialismo deve ser verdade, a consciência, ou o simples eu, não pode existir. O materialismo nega a consciência humana com maior grau de certeza do que o fundamentalista americano nega que a evolução ocorra, porque o materialista acredita honestamente ter o apoio da ciência atual — que ele entende como materialismo aplicado.

Uma terceira opção, claro, é contornar o problema com palavras. Sobre o conceito do eu, afirma Ramachandran:

> Nosso cérebro, em essência, era uma máquina de modelar. Não precisamos construir simulações úteis e virtuais do mundo e agir com base nelas. Dentro da simulação, precisamos também construir modelos da mente de outras pessoas, porque somos criaturas intensamente sociais, nós, primatas. Somos, afinal, o primata maquiavélico.[53]

Evidentemente, a dificuldade óbvia da sugestão de Ramachandran é que o processo, na verdade, se dá ao contrário. Estamos certos de que temos um cérebro e, portanto, inferimos que os outros humanos também têm. Sem um eu próprio, não podemos fazer essa inferência sobre os outros. Na mesma linha, o psicólogo evolucionário David Livingstone Smith afirma que esse autoengano surgiu da necessidade de enganar os outros, porque a maneira mais convincente de fazer isso é enganar a nós mesmos.[54] Assim, os que enganaram a si mesmos foram supostamente selecionados pela psicologia evolucionária para a sobrevivência darwiniana. Como já vimos, esses tipos de hipótese mostram sobretudo como é realmente difícil explicar o eu dentro de um esquema materialista.

E quanto ao livre-arbítrio?

Por um motivo enraizado na física, a neurociência materialista não pode aceitar o livre-arbítrio. Na física clássica, só pode existir um estado de cada vez. Pense, por exemplo, numa mulher que às vezes compra o jornal no caminho do trabalho para casa. Segundo a física clássica, ela deve passar de um estado a outro, governada por leis imutáveis. Assim, se compra o jornal em determinado dia, é porque ela *deve*. Qualquer ideia de que ela "decidiu" comprar o jornal é uma

148   O CÉREBRO ESPIRITUAL

ilusão de usuário — só que não há um verdadeiro usuário neste caso. O dilema sobre a existência do livre-arbítrio é o mais importante dos que se preocupam com a consciência.[55]

Nós descendemos de robôs, e somos compostos de robôs, e toda a intencionalidade que desfrutamos deriva da mais fundamental intencionalidade desses sistemas intencionais brutos.[56]
— Daniel C. Dennett, *Tipos de mentes*

A liberdade contracausal sobrenatural realmente *não é* necessária para qualquer coisa que consideremos próxima e querida, seja a hombridade, a moral, a dignidade, a criatividade, a individualidade ou um robusto senso de agência humana.[57]
—Tom Clark, diretor do Center for Naturalism

Ou dispensamos toda moral como superstição não científica ou encontramos uma forma de conciliar a causação (genética ou outra) com a responsabilidade e o livre-arbítrio.[58]
— Steven Pinker, *Como a mente funciona*

Se não existe livre-arbítrio, o que dizer sobre a ética? Podemos esperar que as pessoas se comportem de outra forma? O materialismo às vezes teleporta o dilema ético para um vago campo de conceitos não científicos imunes a provas em contrário. Por exemplo, o cientista cognitivo Steven Pinker escreve:

Como muitos filósofos, creio que a ciência e a ética são dois sistemas contidos em si mesmos jogados entre as mesmas entidades do mundo, como o pôquer e o bridge são diferentes jogos disputados com o mesmo tipo de maço de 52 cartas. O jogo da ciência trata as pessoas como objetos materiais, e as regras são os processos físicos que causam o comportamento na seleção natural e na neurofisiologia. O jogo da ética trata as pessoas como agentes equivalentes, sensíveis, racionais e com livre-arbítrio, e as regras são o cálculo que atribui valor moral ao comportamento pela natureza inerente do comportamento ou suas consequências.[59]

Mente e cérebro são idênticos? 149

O problema da visão de Pinker é que, embora ele saiba que a ética é necessária para todos os esforços humanos, incluindo a ciência, não pode fundamentá-la numa explicação da natureza humana que una ciência e ética. A questão não é se é possível criar um "jogo ético" cujas regras tratem as pessoas como "agentes equivalentes, sensíveis, racionais e com livre-arbítrio", mas se tal explicação se baseia na realidade.

A questão do livre-arbítrio dificilmente é um arranca-rabo entre os filósofos da ciência. Como observa o filósofo George Grant, a teoria política e social no mundo ocidental no século XX tendeu muito na direção da liberdade: "Para a teoria política moderna, a essência do homem é sua liberdade."[60] Quer aceitemos ou não essa explicação da sociedade, uma suposta falta de livre-arbítrio altera, e muito, o caráter de qualquer liberdade afirmada.

Na visão materialista, liberdade significa que as forças deterministas que impulsionam os circuitos neurais por dentro (genes, circuito cerebral, neurotransmissores) não são opostos pelas forças deterministas que os impulsionam por fora (isolamento social, condenação religiosa, leis). Nenhuma dessas forças está sujeita à racionalidade, porque a racionalidade não tem validade independente; é apenas uma das ilusões organizadoras impostas por algumas redes neurais a outras.

Numa carta aberta sem a intenção de ser irônica à "comunidade ateia", Tom Clark, diretor do Massachusetts-based Center for Naturalism, aconselha que a negação do livre-arbítrio "aumenta nossos poderes de autocontrole e encoraja políticas baseadas nas ciências efetiva e progressista em áreas como justiça criminal, desigualdade social, saúde comportamental e meio ambiente".[61] Autocontrole? Clark não parece reconhecer que, numa explicação materialista do ser humano, não há eu controlador nem eu para controlar. Em consequência, suas propostas "políticas efetivas e progressistas baseadas na ciência" não são oferecidas por um eu a outros eus, mas impulsionadas por um objeto a outros.

Um exemplo desse problema é oferecido sem querer pelo biólogo evolucionista britânico Richard Dawkins. Atacando o princípio da punição no sistema legal, ele escreve:

Como cientistas, acreditamos que o cérebro humano, embora talvez não funcione da mesma forma que os computadores feitos pelo ho-

150   O CÉREBRO ESPIRITUAL

mem, são, com certeza, governados pelas leis da física. Quando um computador pifa, nós não o punimos. Identificamos o problema e consertamos, em geral pela substituição de uma peça danificada, de software ou hardware.[62]

Agora, pode-se fazer uma boa defesa de que a punição é um princípio de justiça inadequado, mas notem que os consertadores científicos da visão de Dawkins são "nós", mas a peça consertada é "a coisa".

Segue-se uma consequência-chave. Os que dizem que o materialismo (naturalismo) resulta em políticas maléficas não entendem a questão. É verdade que os mais terríveis regimes do século XX, como o nazismo, stalinismo e o Khmer Vermelho, eram materialistas. Mas, se a vontade é ilusão, evacua-se a própria ideia do mal. Na ausência de bem e mal, o que é que preenche o vácuo? Desejos e antipatias? Estes dirigem os circuitos neurais, sem supervisão.

Como advertiu C. S. Lewis: "Quando se desbanca quem diz 'É bom', permanece o que diz 'Eu quero'."[63] Em outras palavras, o governo dos materialistas deve significar governo por entidades que — por seu próprio testemunho — duvidam da responsabilidade moral.[64] Mal deve surpreender-nos se tal governo desumanizasse os cidadãos, afinal, esse governo deve tratar seus cidadãos como um fazendeiro trata seu gado — humanamente na melhor das hipóteses, e sem supor que eles têm entendimento moral, livre-arbítrio ou um propósito superior que aquele determinado pelo fazendeiro. Assim, embora a solução de Pinker (tratar a ciência e a ética como "jogos" separados) não vá dar certo, sua preocupação com as consequências da negação do livre-arbítrio é bastante legítima.

A linguagem da mente, consciência e do eu

Após deixar de explicar a mente, alguns materialistas se voltaram para uma estratégia interina: banir a terminologia que a ela se refere. Como explica Karl Popper:

Falaremos cada vez menos de experiências, percepções, pensamentos, crenças, propósitos e metas; e cada vez mais de cérebro, processos,

Mente e cérebro são idênticos? 151

sobre disposição a comportar-se e sobre comportamento aberto. Dessa forma, a linguagem mentalista sairá de moda e será usada apenas em informações históricas, ou como metáforas, ou ironia. Quando se chegar a esse estágio, o mentalismo estará morto e enterrado, e o problema da mente em relação ao corpo se haverá resolvido.[65]

Recentemente, o arqueólogo Peter Watson queixou-se no *New Scientist* de que isso não está acontecendo com rapidez suficiente:

> As ciências sociais, psicológicas e cognitivas permanecem entaladas em palavras e conceitos pré-científicos. Para muitos de nós, a palavra "alma" é tão obsoleta quanto "flogístico", mas os cientistas ainda usam palavras imprecisas como "consciência", "personalidade" e "ego", para não falar em mente.
> Talvez seja hora de, pelo menos na ciência, remodelar "imaginação" e "introspecção", ou, de preferência, retirá-las. Os artistas ainda podem divertir-se com esses conceitos, mas os assuntos mundiais sérios já seguiram em frente.[66]

Watson não apresenta prova de que palavras como "consciência", "eu" e "imaginação" criam um problema para qualquer um além do materialista promissório. A linguagem é um produto de grupo, afinal, e as palavras que de fato perderam o sentido tornam-se obsoletas por consenso, não por banimento.

O biofísico Harold J. Morowitz chamou a atenção para um exemplo prático da tentativa do materialista promissório de redefinir a linguagem. O glossário de *Os dragões do Éden*, de Carl Sagan, não traz as palavras *mente, consciência, percepção* ou *pensamento*, mas traz outras entradas da neurociência, como *sinapse, lobotomia, proteínas e eletrodos*.[67] Os leitores que julguem se essa visão promove maior compreensão.

> Os antigos hábitos de pensamento são duros de matar. O homem, em termos religiosos, pode ser descrente, mas em termos psicológicos pode continuar a pensar em si mesmo mais ou menos como o crente, pelo menos nos assuntos do dia a dia.[68]
>
> — Francis Crick, *The Astonishing Hypothesis*

152 O CÉREBRO ESPIRITUAL

A explicação materialista

Na verdade, não surpreende que a explicação materialista da mente, do eu e da consciência tenha empacado. O materialismo promissório é impotente para tratar de pelo menos seis pontos fracos fundamentais.

1. *A atual explicação materialista visa a preservar mais o materialismo que a explicação da evidência.* O materialismo não tem um modelo de ciência funcional para a consciência, nem ideia de como adquiri-lo. Rotular a consciência como "psicologia popular" é apenas uma artimanha, como os esforços para livrar a linguagem de palavras que anunciam o problema também o são.

> Enquanto nos recusarmos a admitir no debate a permanente consciência *privada* que cada um tem de si mesmo — suas ideias e seus sentimentos, julgamentos e sua racionalidade — e insistirmos em sinais públicos e puramente comportamentais, o materialismo radical pode permanecer no debate.[69]
>
> — John Eccles e Daniel N. Robinson,
> *The Wonder of Being Human*

> Esse aspecto emergente do homem tem sido discutido, de uma forma ou de outra, por numerosos antropólogos, psicólogos e biólogos. Faz parte dos dados empíricos que não podemos engavetar apenas para preservar a pureza reducionista. A descontinuidade precisa ser inteiramente estudada e avaliada, mas primeiro tem de ser reconhecida. Os primatas são muito diferentes dos outros animais, e os seres humanos, dos outros primatas.[70]
>
> — Harold J. Morowitz, biofísico

> A crença atual em que todos os processos mentais são inconscientes é tão obviamente contrária à experiência que se pode encará-la apenas como um sintoma do miasma materialista induzido pela exposição demasiada ao materialismo científico.[71]
>
> — B. Alan Wallace, *The Taboo of the Subjectivity*

2. *O materialismo leva a grandes desligamentos no pensamento.* Um excelente exemplo de desligamento materialista é oferecido por Edel-

Mente e cérebro são idênticos? 153

man e Tononi em *A Universe of Consciousness*. Ao explicar por que se recusam a pensar em visões não materialistas da consciência, escrevem:

> Seja qual for a especialidade do cérebro humano, não há necessidade de envolver forças espirituais para explicar como ele funciona. Os princípios darwinianos de variação na população e seleção natural são suficientes, e os elementos invocados pelo espiritualismo, desnecessários para nossa consciência humana. Ser humano na mente e no cérebro claramente parece ser o resultado de um processo evolucionário. A prova antropológica que surge da origem evolucionária da consciência nos seres humanos consubstancia mais ainda a ideia de que a teoria de Darwin é a mais ideologicamente importante das grandes teorias científicas.[72]

Observemos cada uma das afirmações neste interessantíssimo parágrafo numerado:

(1) A afirmação de que os "princípios darwinianos" solucionarão o problema é apenas uma declaração de fé — neste caso, uma fé em conflito com a experiência histórica.

(2) Edelman e Tononi não explicam o que querem dizer com "espiritualismo", um termo raramente usado, se é que realmente o é, por neurocientistas não materialistas no contexto de sua obra. Assim, isolam-se convenientemente e não argumentam contra uma hipótese não materialista rigorosa.[73]

(3) O fato de que "ser humano na mente e no cérebro claramente parece ser o resultado de um processo evolucionário" não nos diz nada. A questão não é se ocorre a evolução, mas o que a impulsiona e o que de fato ela produziu até hoje.

(4) Por fim, para finalizar a discussão, não importa se "a teoria de Darwin é a mais importante de todas as grandes teorias científicas". A teoria de Darwin não prevê nem descreve a consciência.

3. *O materialismo leva a hipóteses que jamais poderão ser testadas.* Em *The Creative Loop: How the Brain Makes a Mind*, Eric Harth sus-

154 O CÉREBRO ESPIRITUAL

cita um dos grandes problemas que assediam a esperança materialista de determinar estados exatos do cérebro:

> Gostaríamos de saber em todo milésimo de segundo (o tempo que um neurônio leva para disparar) qual dos mais ou menos 100 bilhões de neurônios estão ou não ativos. Se denotarmos atividade por "1" e inatividade por "0", isso exigiria uma série de 100 bilhões de zeros e uns a cada milésimo de segundo, ou 100 milhões a cada segundo. Para dar uma explicação do verdadeiro estado neural, eu teria de produzir a cada segundo algo como 110 milhões de livros, cada um contendo 1 milhão de símbolos. Deve-se comparar esse apavorante recorde com meu estado mental enquanto isso ocorre.[74]

Isso já é bastante ruim, mas piora. Como reconhece Harth, cada mente e cérebro humanos passam a vida de forma diferente, mudando no caminho, de modo que a informação obtida para um cérebro não se aplicaria a mais ninguém — nem mesmo a esse próprio cérebro em um momento posterior. Os leitores lembrarão que levantamos essa questão no Capítulo 4, mas ela merece ser repetida, por ser contrária às esperanças materialistas muitas vezes ignoradas nas discussões públicas. Um dos resultados, por exemplo, é a visão de Changeux, de que os estados mentais e cerebrais são completamente idênticos e não têm valor de previsão.

4. *O materialismo promissório leva à promoção de projetos não práticos no futuro indefinido, para evitar enfrentar as questões atuais.* Lutando com o problema dos *qualia*, Edelman e Tononi afirmam que um dia criaremos "artefatos conscientes":

> Embora esteja distante o dia em que poderemos criar artefatos conscientes, talvez tenhamos de fazê-los — ou seja, usar meios sintéticos — antes de conhecermos a fundo os processos do próprio pensamento. Por mais distante que esteja a data dessa construção, esses artefatos serão feitos.[75]

Eles admitem, contudo, que, "mesmo assim, não conheceremos de forma direta a verdadeira experiência fenomenal desse indivíduo que faz artefatos; os *qualia* que sentimos, cada um de nós, artefato ou pessoa, repousam em nossa própria encarnação, nosso próprio

Mente e cérebro são idênticos? 155

fenótipo"[76] — o que equivale a admitir que os artefatos não ajudariam muito na compreensão dos *qualia*.

5. *Levado a sério, o materialismo solapa nossa capacidade de um dia compreender a mente e o cérebro humanos*. Steven Pinker, por exemplo, pensa: "Nosso cérebro foi formado para ser apto, não para buscar a verdade. Às vezes, a verdade é adaptiva, mas outras vezes, não."[77] De que modo, então, cientistas como Pinker, Crick e Dennett sabem que suas ideias escaparam da necessidade de evolução — e, portanto, têm validade independente —, mas que as ideias dos oponentes não materialistas não fizeram o mesmo? Os dois conjuntos de ideias encontram-se na população humana, e as não materialistas predominam amplamente. Apenas afirmar que o materialismo se baseia em evidências não serve; as ideias não materialistas também se baseiam nelas. Mas as doutrinas materialistas solapam nossa confiança na capacidade de avaliar provas, portanto é inútil os materialistas afirmarem que têm melhores provas que os não materialistas.

6. *O materialismo está em descompasso com a física moderna.* A física clássica concebe o universo como pedaços independentes de matéria que interagem segundo mecanismos. O motivo pelo qual a consciência é um problema para a neurociência materialista é que parece não ter mecanismo. A física quântica moderna concebe o universo como estados superpostos. Esses estados não existem separados uns dos outros, portanto a interação deles não é governada por um mecanismo. Como escreve B. Alan Wallace:

Assim que começarmos a compreender os fenômenos objetivos e subjetivos, mentais e físicos como *relacionais* ao invés de *substantivos*, a interação causal entre mente e matéria não será mais problemática que tais interações entre fenômenos mentais e físicos. Mas a ideia de um mecanismo causal *concreto* não pode mais ser útil em qualquer desses domínios.[78]

Como resultado, ele observa, "a exigência de uma explicação mecanicista da causalidade foi há muito rejeitada em vários campos da física, incluindo o eletromagnetismo e a mecânica quântica".[79]

O conflito entre a biologia materialista e a física contemporânea torna-se mais óbvia o tempo todo. Como observou Harold J. Morowitz, os biólogos têm-se movido para o materialismo radical que caracterizou a física do século XIX, assim como os fisicistas foram obrigados pelo peso da prova a *afastar-se* dos modelos estritamente mecânicos do universo para a visão de que a mente desempenha papel essencial em todos os eventos físicos. Ele comenta: "É como se as duas disciplinas viajassem em trens rápidos, em direções contrárias e sem notar o que se passa do outro lado dos trilhos."[80] Isso suscita a seguinte questão: se a física não apoia a biologia, qual das duas disciplinas repensará sua posição? Num tom prático, é razoável esperarmos muito progresso na neurociência, em vista dos problemas, se não começarmos a reavaliar o materialismo que caracterizou nossas hipóteses durante décadas?

Há uma sólida base teórica para a visão não materialista da neurociência, e — talvez mais premente para muitos leitores — valiosas aplicações práticas também. Olharemos essas áreas no Capítulo 6.

SEIS

Para uma ciência não materialista da mente

Minha premissa fundamental sobre o cérebro é que suas atividades — o que às vezes chamamos de "mente" — são consequência de sua anatomia e fisiologia, e nada mais.[1]

— Carl Sagan, astrônomo e escritor

Encaramos o materialismo promissório como superstição sem fundamento racional. Quanto mais descobrimos sobre o cérebro, com mais clareza distinguimos os eventos cerebrais e os fenômenos mentais, e mais maravilhosos se tornam os eventos cerebrais e os fenômenos mentais. O materialismo promissório não passa de uma crença religiosa defendida por materialistas dogmáticos... que muitas vezes confundem religião com ciência.[2]

— John Eccles e Daniel N. Robinson, *The Wonder of Being Human*

Pode uma ciência da mente não materialista explicar melhor que uma materialista os fatos observados? A esta altura, é possível esboçar algumas características de uma visão da mente não materialista. Embora nenhuma opinião atual responda a todas as perguntas, uma visão não materialista pode ao menos explicar aspectos conhecidos da experiência humana que, como já vimos, as materialistas não explicam e quase sempre negam.

Por exemplo, a visão não materialista explica estudos de neuroimagem que mostram indivíduos executando o ato de autorregular as emoções a partir da concentração. Isso pode explicar o efeito placebo (a pílula de açúcar que cura, desde que o paciente esteja convencido de que se trata de um remédio potente). A visão não materialista também oferece explicações baseadas na ciência de fenômenos no momento arquivadas em estantes pelas visões materialistas. Uma dessas é a *psi*, a visível capacidade de alguns seres humanos marcarem constantemente mais pontos do que as probabilidades indicam em estudos controlados de influências sobre eventos. Outra é a afirmação encontrada com frequência surpreendente entre pacientes que sofreram trauma ou passaram por grandes cirurgias de que, enquanto estavam inconscientes, eles sentiram uma consciência mística com consequências e mudanças por toda a vida.

Se a visão não materialista estiver correta, pode ser útil num campo prático como a medicina. Examinemos algumas provas indicadoras de sua utilidade.

Neurociência não materialista na medicina

O cérebro sempre fará o que foi provocado a fazer por distúrbios mecânicos locais.[3]

— Daniel Dennett, filósofo materialista

Chegou a hora de a ciência enfrentar as sérias implicações do fato de que, dirigida, a atividade mental determinada pela vontade pode alterar a função cerebral de forma clara e sistemática.[4]

— Jeffrey M. Schwartz, psiquiatra

A visão da mente não materialista não é defensável apenas em termos filosóficos, mas crucial para aliviar algumas doenças psiquiátricas. Distúrbio obsessivo-compulsivo e fobias, por exemplo, em alguns casos são aliviados com mais eficácia se a mente reconhece e reorganiza os padrões cerebrais. Não se pretende depreciar o papel das drogas, da terapia nem de outras intervenções úteis, mas a mente acaba sendo o mais eficaz agente de mudança para o cérebro.

Para uma ciência não materialista da mente 159

Tratando o transtorno obsessivo-compulsivo

Se, ao dirigir, Dottie entrevia uma placa contendo 5 ou 6, sentia-se obrigada a parar imediatamente e ficar no acostamento, até passar um próximo carro com o número "da sorte"... Se ela desse o menor passo em falso, o filho ficaria cego.[5]

— Descrição de uma mulher sob o domínio
de um distúrbio obsessivo-compulsivo (TOC)

O transtorno obsessivo-compulsivo (TOC) é uma doença neuropsiquiátrica caracterizada por pensamentos angustiantes, intrusos e indesejáveis (obsessão), que dispara o ímpeto de se terem comportamentos rituais (compulsões). Não se deve confundir esse distúrbio com mania ou cacoete de especialistas em determinado campo. O TOC, além de não proporcionar alegria alguma, também não agrega valor.

Pior, os que sofrem de TOC sabem que suas crenças são equivocadas e suas atividades, inúteis. Nem as sentem como parte de si mesmos, nem sabem como pará-las. E não conseguem paz alguma do botão de pânico que grita no cérebro, a não ser que as realizem. Mas ceder a elas faz com que eles piorem com o tempo; quanto mais cedem, mais persistentes se tornam as crenças e os comportamentos. É como se seu cérebro tivesse sido sequestrado. Cerca de um em cinquenta americanos adultos sofre de algum grau de TOC; casos graves põem em risco relacionamentos e o empregos. A obsessão às vezes circula na família, mas sem qualquer provável gene responsável.

Durante quase todo o século XX, considerou-se o TOC intratável.[6] A teoria freudiana sugeria que o distúrbio tinha origem em um trauma sexual no inconsciente infantil, mas a teoria não podia ser testada e se mostrava infrutífera. Experimentaram-se drogas, mas elas provocaram desagradáveis efeitos colaterais. Alguns profissionais de saúde tentaram o recondicionamento behaviorista. Por exemplo, os compulsivos lavadores de mãos eram obrigados a tocar nos tampos de privada nos banheiros públicos e depois proibidos de lavarem as mãos. Não admira que muitos obsessivo-compulsivos preferissem sofrer em segredo a buscar tratamento. Mesmo hoje, muitos se sentem envergonhados demais por suas compulsões para procurar ajuda.

160   O CÉREBRO ESPIRITUAL

Meu amigo e colega Jeffrey Schwartz, neuropsiquiatra não materialista da UCLA, começou a trabalhar com pacientes de TOC na década de 1980, porque sentia que esse distúrbio era um caso claro de mente intacta, perturbada por um cérebro funcionando mal. Schwartz começou a usar a tomografia por emissão de pósitron (PET, o uso de emissões de isótopos radiativos de decaimento curto para gerar imagens da atividade cerebral) para demarcar o lugar exato em que existe uma disfunção no cérebro afligido por TOC. Ele identificou um circuito neural defeituoso que liga o córtex orbifrontal, o giro cingulado e os gânglios basais, nos quais se geram pânico e compulsões. Quando esse "circuito de preocupação" funciona corretamente, as pessoas se preocupam com riscos genuínos e sentem-se impelidas a reduzi-los. Mas, descobriu Schwartz,

> quando a modulação é defeituosa, como ocorre quando o TOC se comporta de modo estranho, o detector de erro centrado no córtex orbifrontal e no cingulado anterior são superativados, e assim ficam trancados num padrão de bombardeamento repetitivo. Isso dispara a opressora sensação de que alguma coisa está errada, acompanhada de tentativas compulsivas para corrigi-las de algum modo.[7]

Essa linha de pesquisa revelou-se frutífera na explicação do distúrbio, mas como seria possível usá-la para tratá-lo? Schwartz observou que as partes pré-frontais mais recentes (e, portanto, mais sofisticadas) do cérebro humano, em termos evolucionários, praticamente não são afetadas pelo TOC. Por isso os pacientes percebem as compulsões como forasteiras. E elas são de fato forasteiras para quase todas as partes caracteristicamente humanas do cérebro.[8] Como a maior parte do poder de raciocínio e do senso de identidade dos pacientes permanece intacta, eles podem cooperar de forma ativa com a terapia.

Como praticante de meditação budista de plena atenção, Schwartz opunha-se aos tratamentos behavioristas que manipulam ou forçam o paciente, preferindo usar na clínica tratamentos behaviorista-cognitivos, em que se pede ao paciente que corrija voluntariamente as visões distorcidas. Ele percebeu, contudo, que seu método habitual não ajudava os que sofriam de TOC; eles *já sabem* que suas obsessões e compulsões são distorcidas. Como explicou: "O paciente sabe, em essência, que se deixar de contar as latas na despensa hoje não vai de fato causar uma morte horrível à sua mãe de noite. O problema é que ele não sente assim."[9] Schwartz precisou criar um

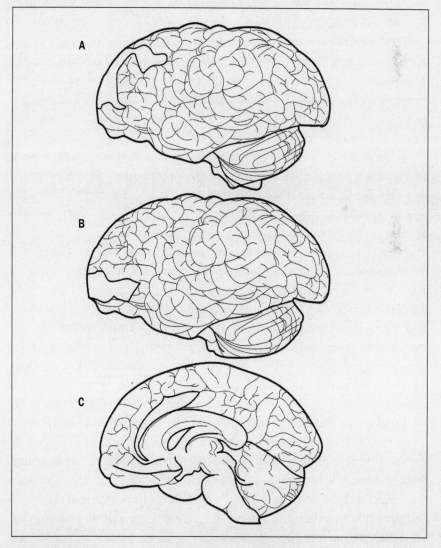

Três subdivisões básicas do córtex pré-frontal: A. córtex pré-frontal dorsolateral (CPFDL); B. parte lateral do córtex orbitofrontal (COB); córtex cingulado anterior (CCA)

162 O CÉREBRO ESPIRITUAL

tratamento que dá à mente do paciente uma estratégia para controlar e remapear o cérebro.

O problema-chave do TOC é que, com mais frequência, o paciente se envolve de fato num comportamento compulsivo, e quanto mais neurônios são mobilizados nele, mais fortes se tornam os sinais para o comportamento. Por isso, embora os sinais pareçam prometer "faça isso só mais uma vez que você terá um pouco de paz", essa promessa é falsa pela própria natureza. O que antes era uma trilha neural transforma-se aos poucos numa via expressa de 12 pistas, cujo tráfego ameaçador se apodera da vizinhança neural. O desafio é devolver-lhe mais uma vez o status de trilha no cérebro. A neuroplasticidade (capacidade que os neurônios têm de transferir suas conexões e responsabilidades) torna isso possível.

Schwartz elaborou um programa de quatro passos em que se pede ao paciente para Renomear, Reatribuir, Replanejar e Reavaliar as atividades TOC. Por exemplo, Dottie, a mulher que temia os números 5 e 6, aprendeu a dizer: "Não sou eu: é meu TOC!" Schwartz observa: "Reatribuir é muito eficaz para desviar a atenção do paciente das tentativas desmoralizantes e estressantes de esmagar a incômoda sensação de TOC causada pelo envolvimento em comportamentos obsessivos."[10] Ele queria que os pacientes substituíssem um circuito neural inútil por um útil,[11] por exemplo, substituir "lave a mão mais sete vezes" por "vá trabalhar no jardim", até o tráfego neuronal das várias atividades associadas à jardinagem começar a exceder o tráfego de lavar as mãos. Com o tempo, a esperança era que a supervia expressa se transformasse de novo numa série de pistas densa, mas funcional.

O grupo de Schwartz na UCLA realizou mapeamentos PET em 18 pacientes TOC com sintomas de moderados a graves antes e depois de eles se submeterem a sessões de quatro etapas individuais e em grupo. Não se tratou nenhum desses pacientes com droga alguma. Doze melhoraram muito. As imagens PET mostraram importante diminuição da atividade metabólica após o tratamento no caudal direito e no esquerdo, com uma redução do lado direito particularmente espantosa. Também houve uma significativa diminuição nas correlações patológicas muito elevadas entre as atividades do núcleo caudado, o córtex orbitofrontal e o tálamo no hemisfério direito. Em outras palavras,

Para uma ciência não materialista da mente 163

esses pacientes haviam de fato mudado seu cérebro.[12] Como salienta Schwartz:

> Trata-se do primeiro estudo a mostrar que a terapia comportamento-cognitiva — ou, na verdade, qualquer tratamento psiquiátrico que não recorre a drogas — tem o poder de alterar a química cerebral defeituosa num circuito cerebral bem identificado... Demonstramos essas mudanças em pacientes que haviam claramente mudado a forma como pensavam sobre seus pensamentos.[13]

Em geral, diz Schwartz, o sucesso do método em quatro etapas depende de o paciente fazer duas coisas: reconhecer que as mensagens cerebrais defeituosas causam comportamento obsessivo-compulsivo e entender que essas mensagens não fazem parte do eu. Nessa terapia, o paciente tem total controle. A existência e o papel da mente como independentes do cérebro são aceitos; na verdade, essa é a base do sucesso da terapia.

É POSSÍVEL FAZER ESCOLHAS RESPONSÁVEIS

> Há uma vítima de estupro a cada minuto em algum lugar no mundo. Por quê? Não há quem culpar além dela mesma. Ela exibia a beleza ao mundo todo.[14]
>
> — Clérigo australiano expressando-se de
> maneira pública sobre a quem se deve atribuir
> a culpa em casos de abusos sexuais

> Não existe núcleo de ação moral independente... Não somos, como diz o filósofo Daniel Dennett, "levitadores morais" que se elevam acima das circunstâncias em nossas escolhas, inclusive as de roubar, estuprar ou matar.[15]
>
> — Tom W. Clark, Diretor do Center of
> Naturalism

A tradição que sugere que os homens sexualmente excitados não conseguem ter autocontrole está contida no âmago de muitos códigos legais, que atribuem a culpa à mulher quando ocorre um assédio sexual.

164   O CÉREBRO ESPIRITUAL

Os códigos legais modernos, defendendo os princípios femininistas, supõem que os homens na verdade podem controlar-se. Embora essa posição seja em princípio, e em termos morais, digna de louvor, defendê-la é mais fácil caso se possa demonstrá-la como de fato correta. Alguns anos atrás, com minha então aluna de doutorado Johanne Lévesque, decidi pesquisar a questão usando imagens de ressonância magnética funcional (IRMf).[16]

Uma unidade de imagens de ressonância magnética é um imenso ímã que circunda o voluntário ou paciente de pesquisa e cria um forte campo magnético. Dentro da unidade, ondas de rádio afetadas pelo campo formam imagens das pequenas e rápidas mudanças observadas no cérebro enquanto a pessoa de fato pensa, sente, fala ou faz alguma coisa (daí ser chamada "funcional"). Fora o óbvio valor para a pesquisa em neurociência, a IRMf é preferida por neurocirurgiões ao se preparar para uma operação. Os cérebros individuais diferenciam-se; em particular, um tumor ou um derrame às vezes provocam a transferência de funções normais para áreas mais seguras do cérebro. Os cirurgiões podem minimizar o dano pós-operatório localizando o lugar exato e evitando uma área que no momento abriga uma função cerebral normal.

Pedimos a dez homens saudáveis, de idades entre 20 a 42 anos (mas com predominância na faixa de 20 e poucos) que assistissem a quatro trechos de filmes emocionalmente neutros (como entrevistas, carpintaria etc.) e depois quatro de filmes eróticos. Cada trecho durava 39 segundos, com 15 segundos entre si para descansar. O número e sexo das pessoas mostradas nos dois tipos de vídeos eram o mesmo em cada caso. Os homens foram mapeados em duas condições diferentes, uma em que lhes pediam para apenas sentir as reações enquanto assistiam aos filmes com óculos de proteção, e outra em que lhes pediam para observar de forma objetiva, ou de maneira imparcial, não avaliativa e sem juízo de valor, as reações aos filmes eróticos. Nessa segunda condição, eram solicitados a preencher um "questionário de estratégia" em que descreviam as estratégias empregadas quando se forçavam a refrear a excitação sexual.

Todos os homens ficaram sexualmente excitados com os filmes eróticos, mas exibiram outra emoção, segundo a escala de relato pessoal.

Para uma ciência não materialista da mente 165

A visão da neurociência

A excitação sexual sentida na experiência da pesquisa em reação aos trechos de filme erótico foi associada com a ativação das estruturas "límbica" e paralímbica, como a amígdala direita, o polo temporal anterior direito e o hipotálamo. Essas descobertas confirmam a opinião que a amígdala desempenha uma função-chave na avaliação do significado emocional do estímulo, que o hipotálamo é uma estrutura cerebral envolvida na expressão endócrina e autônoma da emoção, e que o polo temporal anterior se envolve na transmissão de cor emocional à experiência subjetiva.[17] Além disso, a supressão da excitação sexual gerada pela visão dos estímulos eróticos foi associada à ativação do córtex pré-frontal lateral direito (CPFL; área de Brodman — AB 10) e o córtex cingulado anterior (CCA; AB 32).

O CPFL envolveu-se na seleção e no controle de estratégias e ação comportamentais, sobretudo na tendência a inibir reações inerentes. Esses resultados concordam com a opinião de que a subdivisão rostroventral do CCA desempenha um papel essencial na regulação do aspecto autônomo das reações emocionais, em virtude das ligações anatômicas com as regiões cerebrais envolvidas na modulação das funções endócrinas e autônomas, como a amígdala e o hipotálamo.

De modo significativo, conseguiram refrear a excitação quando solicitados a fazê-lo. Associou-se a excitação sexual à amígdala direita e ao hipotálamo, entre outras áreas, e a supressão, ao córtex pré-frontal lateral direito e ao córtex cingulado anterior.

Esses resultados correspondem às descobertas que indicam que o CPFL desempenha uma função nos processos de cima para baixo (metacognitivo/executivo), isto é, os que podem monitorar e controlar o processamento da informação necessária à produção de ação voluntária.[18]

Em suma, a crença de que os homens não podem de fato optar por reduzir a excitação, seja baseada em antigas tradições ou no materialismo moderno, é simplesmente equivocada. Os códigos penais que consideram os homens responsáveis por ataque sexual baseiam-se na realidade neural, não em idealismo tacanho.[19]

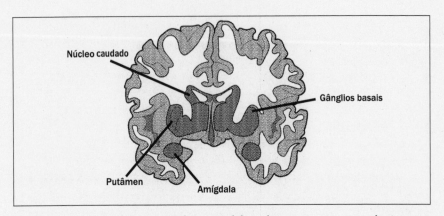

Corte coronal do cérebro mostrando a amígdala e algumas estruturas cerebrais que fazem parte dos gânglios basais (núcleo caudado e putâmen).

DEPRESSÃO: ASSUMINDO O CONTROLE

> Céus azuis e brancos por fora, pílulas azuis e brancas por dentro. O sol brilha lá fora, então por que me sinto tão escura por dentro?[20]
> — Pessoa lutando contra a depressão

> As pessoas deprimidas acham que se conhecem, mas talvez só conheçam a depressão.[21]
> — Mark Epstein, psiquiatra

Como vivemos e trabalhamos com eficácia, lidando ao mesmo tempo com decepções, perdas e privações da duração normal de uma vida? Algumas pessoas parecem capazes de controlar a tristeza de modo a não interferir em relacionamentos ou no trabalho, mas outras caem em uma espiral na depressão e na ansiedade. Cerca de 10 por cento da população americana, por exemplo, sofre a certa altura de depressão clínica.

A depressão é um estado grave e perigoso. Dos pacientes depressivos tratados num cenário não hospitalar, 2 por cento morrem posteriormente por suicídio e 4 por cento morrem num cenário hospitalar. Ao todo, segundo os estudos do National Institute of Mental Health (NIMH), 6 por cento morrem por suicídio se hospitalizados após uma tentativa ou sérias ideias de suicídio.[22]

Para uma ciência não materialista da mente 167

Pode a neurociência aliviar ou evitar o sofrimento e a perda mapeando o que acontece quando as pessoas conseguem com êxito refrear pensamentos tristes sem recorrer a medicamentos? A resposta é importante, porque a atual geração de antidepressivos muitas vezes age quase como placebos, como veremos. Em outras palavras, se um paciente consegue com eficácia autocurar-se aprendendo, por meio de terapia dirigida, a recrutar recursos internos, podem-se direcionar os antidepressivos para as necessidades específicas, orientadas.

Com alguns colegas na Université de Montréal,[23] Johanne Lévesque e eu investigamos as regiões do cérebro que atuam como mediadoras na observação objetiva de sentimentos tristes em vinte moças de Montreal psicologicamente saudáveis.[24] Essas mulheres foram mapeadas enquanto assistiam a trechos de filmes tristes e de conteúdo emocional neutro. Ficaram sozinhas dentro do scanner enquanto assistiam aos filmes através de óculos de proteção, para não serem influenciadas por qualquer sentimento de grupo relacionado aos trechos dos filmes tristes.

A princípio, as mulheres assistiram a blocos de 48 segundos de trechos de filmes emocionalmente neutros e depois a quatro blocos de trechos de filmes tristes, com um intervalo de 15 segundos entre cada um. Usaram-se os filmes emocionalmente neutros, que exibiam várias atividades humanas (como entrevistas, carpintaria etc.), para avaliar o estado cerebral da pessoa examinada na ausência de uma reação emocional. Os filmes tristes, contudo, exibiam a morte de um ente amado. Os trechos foram combinados com todo cuidado quanto ao número e ao sexo das pessoas retratadas.

No início, enquanto assistiam aos trechos de filmes tristes, pedia-se às voluntárias que se deixassem sentir a tristeza de maneira normal. Na segunda vez, elas assistiram a quatro blocos de trechos neutros seguidos por quatro trechos tristes. Mas, dessa vez, solicitou-se que neutralizassem a tristeza tornando-se observadoras objetivas dos trechos de filmes tristes e da reação triste induzida por esses estímulos. Seus cérebros foram mapeados durante os dois estados para ver como elas se saíam. Todas as voluntárias relataram indiferença aos filmes neutros, mas todas descobriram que podiam distanciar-se dos filmes tristes quando tentavam.[25]

Parece que, em tese, os seres humanos normais não são robôs sensíveis, mas pessoas muito capazes de ajustar as reações emocionais. Isso se aplica até às crianças, como descobriram Johanne Lévesque e seus

168   O CÉREBRO ESPIRITUAL

colegas quando pediram a 14 meninas[26] de 8 a 10 anos que assistissem aos mesmos filmes neutros e tristes dentro do scanner. As crianças relataram que conseguiram conter as emoções durante a segunda série, exatamente como as adultas.

A visão da neurociência

Em termos neurobiológicos, associou-se a tristeza temporária a locais exatos de ativação no polo temporal anterior e no mesencéfalo (o cérebro intermediário), bilateralmente, assim como na amígdala e na ínsula esquerdas, e no córtex pré-frontal ventrolateral direito (CPFVL; AB 47). O mesencéfalo está envolvido na intermediação de reações autonômicas, como as respostas de condução da pele e mudanças de temperatura do corpo. Afirmamos, portanto, que as atividades do mesencéfalo notadas durante os estados de tristeza provavelmente refletiam as reações autonômicas que acompanham os sentimentos tristes dos voluntários. Também postulamos que a ativação insular medida na condição triste foi um correlato neural das mudanças autônomas associadas à experiência subjetiva de tristeza, determinando a rica interligação da ínsula com as regiões envolvidas na regulação autonômica. Quanto ao CPFVL, o aumento de sua atividade já foi associado a pensamentos tristes ou tristeza em indivíduos com importante distúrbio depressivo. Parece, portanto, que essa região cerebral está associada ao processamento dos aspectos normais e patológicos da tristeza.[27]

O interessante é que, na condição de supressão, notam-se importantes locais específicos de ativação no córtex pré-frontal lateral (CPFL; AB 9) e no córtex orbifrontal direito (COF; AB 11). A ativação do COF durante a tarefa autorreguladora emocional é compatível com estudos neuropsicológicos, indicando que essa região pré-frontal exerce um controle inibitório para proteger o comportamento almejado de interferências. O dano ao COF leva a uma síndrome do lobo frontal ou síndrome pseudopsicopática, caracterizada por tendência à distração, impulsividade, explosões emocionais, superficialidade, polêmica, agressividade verbal e física, hipersexualidade, hiperfagia, falta de preocupação com as consequências de comportamento, desrespeito às normas sociais e morais, e comportamento de tomada de decisão arriscada. Os indivíduos com lesões do COF tendem a ser imprevisíveis, além de terem o humor instável, muitas vezes o expressam de maneira inadequada e infantil. Esses indivíduos mostram reações autonômicas anormais a indutores emocionais, dificuldade de sentir emoção relacionada a situações que normalmente evocariam emoção e compreensão deficiente das consequências adversas de comportamentos sociais prejudiciais.[28]

A diferença entre as partes do cérebro usadas pelas crianças e pelos adultos sugere que a supressão voluntária de uma emoção básica, como a tristeza, exige mais trabalho pré-frontal nas crianças que nos adultos. Parece provável que a imparcialidade na experiência consciente e voluntária da emoção seja mais desafiadora (cognitiva e afetivamente) nas crianças que nos adultos, porque o amadurecimento das ligações que conectam o córtex pré-frontal e as estruturas límbicas ainda não está completo.

APRENDER A VIVER SEM MEDO

Aracnofobia: medo anormal e persistente de aranhas. Os que sofrem de aracnofobia sentem exagerada ansiedade, embora compreendam que o risco de encontrar uma aranha e ser picado é pequeno ou inexistente. Às vezes evitam andar descalços e ficam muito atentos ao tomarem banho de chuveiro ou entrarem e saírem da cama.

— Dicionário médico do MedicineNet

Junto uma aranha chegou
    E ao seu lado se sentou
        E de susto a Srta. Muffet se afastou

— Versinhos infantis tradicionais

O medo nunca é bom conselheiro, e a vitória sobre o medo é o primeiro dever do homem.

— Nicolas Berdyaev (1874-1948), filósofo

A visão da neurociência

Nas crianças, encontraram-se importantes locais de ativação do córtex pré-frontal lateral (CPFL; AB 9-10), córtex orbifrontal (COF; AB 11), córtex orbifrontal medial (COF; AB 10) e córtex cingulado anterior rostral (CCA; AB 24).

170 O CÉREBRO ESPIRITUAL

Mais de 11 por cento dos americanos sofrem de medos irracionais (fobias). A fobia de aranha aproxima-se da primeira na lista. A maioria é de mulheres, mas 10 por cento dos fóbicos de aranha britânicos, por exemplo, é de homens. Essa fobia pode dominar uma vida, resultando em comportamento estranho, prejuízo na carreira e relacionamentos desfeitos. Questões sobre onde e como morar, trabalhar, passar férias ou exercitar-se são dominadas pela suposta necessidade de evitar aranhas. Por exemplo, é sabido que os fóbicos despejam água sanitária entre os aparelhos elétricos ou a gás na cozinha toda noite, põem fita adesiva em buraquinhos que temem poder ser usados por aranhas e inspecionam cada centímetro do quarto toda noite. Muitos passam a acreditar que as aranhas trabalham em equipes para vigiá-los e segui-los. "Um dia saí correndo de casa nua em pelo", disse uma mulher ao *Daily Telegraph*. "Ia tomar uma chuveirada e vi duas aranhas imensas na parede. Por sorte, fazia sol, e assim me escondi no jardim até meu marido voltar para casa."[29]

Na Grã-Bretanha, acredita-se que cerca de 1 milhão de pessoas sofrem de aracnofobia; na verdade, é a segunda fobia britânica mais comum, depois de falar em público, o que tornaria a fobia de aranha o medo *irracional* mais comum na Grã-Bretanha. Falar em público, afinal, envolve pelo menos alguns autênticos riscos sociais e profissionais, mas as aranhas britânicas em geral são inofensivas.

Não se sabe ao certo por que a fobia de aranha é tão comum. O comportamento natural desse inseto talvez aja como um gatilho involuntário. Elas às vezes perdem a firmeza ao andar de cabeça para baixo em tetos, caindo bruscamente na cabeça ou nos ombros das pessoas. Também têm o desconcertante hábito de descer por um fio de seda e pairar em pleno ar, ou tecer uma teia de um lado a outro de um caminho e ficar imóveis no meio, talvez acidentalmente, dando a impressão de que estão à espreita de um ser humano. Tal incidente pode desencadear o início de uma fobia numa criança suscetível. Como o TOC, a fobia é reforçada pelo próprio comportamento fóbico, até dominar a vida do fóbico. Em filmes como *Aracnofobia* (1990), uma aranha assassina, armada com "oito pernas, duas presas e atitude", se muda para a casa de uma família, desencadeando medos existentes.[30]

Em geral, a fobia de aranha é curável. A terapia de comportamento cognitivo (TCC) é particularmente eficaz. TCC consiste de duas partes.

Para uma ciência não materialista da mente 171

Fóbicos (1) aos poucos se dessensibilizam à presença de aranhas e (2) aprendem fatos naturais sobre aranhas que acabam com os medos. (Por exemplo, aranhas não trabalham em equipe, e nunca perseguem seres humanos.) Mas reorganizar a mente e o cérebro em torno da natureza de aranhas suscita a questão de saber o que acontece na verdade. É o cérebro do fóbico apenas reprogramado por forças externas, ou é a mente que faz escolhas controlando e reorganizando o cérebro?

Há alguns anos (2003), Johanne Lévesque e Vincent Paquette, outro aluno de doutorado que estudava no laboratório da Université de Montréal, ajudaram 12 mulheres, a maioria no final da adolescência ou na faixa dos 20 anos, a superar a fobia de aranha empregando TCC, ao mesmo tempo mapeando o cérebro com IRMf para ver o que acontecia em termos fisiológicos.[31] Começaram a pôr um anúncio num jornal em Montreal solicitando mulheres que admitissem sentir pavor de aranhas. Após excluírem do estudo todas que tinham algum distúrbio neurológico ou psiquiátrico além da fobia, aplicaram questionários-padrão sobre fobias em geral e fobias de aranha em particular, para assegurar-se de que as voluntárias realmente temiam aranhas. Também simularam parte da experiência verdadeira, exibindo trechos de filmes de aranhas às fóbicas dentro de um scanner de IRMf falso, para ter certeza de que elas tinham tolerância suficiente a aranhas e scanners para concluir o estudo.

Enquanto isso, mapearam-se 13 mulheres psicologicamente saudáveis, com idades semelhantes, que afirmavam não temer aranhas, enquanto exibiam os mesmos trechos do filme. Essas mulheres (controles) foram usadas para comparação com o grupo de estudo (fóbicas de aranha), porque as imagens mapeadas mostraram que elas não sentiram medo ao assistir aos filmes.

Durante a experiência, as fóbicas foram mapeadas assistindo a trechos de filme com aranhas e borboletas vivas. As borboletas são em geral consideradas inofensivas, e por isso pode-se comparar o estado do cérebro da fóbica ao ver borboletas com o estado da mesma pessoa vendo aranhas (não medo *versus* medo).

A terapia consistiu de exposição gradual a aranhas, usando perícia e educação orientadas com a finalidade de corrigir crenças equivocadas sobre as aranhas. Escolheu-se esse método porque dados comprovados mostram que as sessões de intensa exposição funcionam melhor

172 O CÉREBRO ESPIRITUAL

com fobias específicas.[32] As fóbicas se reuniram para quatro sessões de grupo intensivas de três horas semanais (dois grupos de seis membros). Na primeira semana, solicitou-se que olhassem um livro de exercícios contendo cinquenta imagens coloridas de aranhas. Na segunda, elas foram aos poucos expostas a trechos de filme com aranhas vivas. Também pediram que continuassem a olhar as imagens impressas e assistissem ao videoteipe em casa entre as sessões. Na terceira semana, as mulheres foram solicitadas a ficar numa sala que também continha aranhas vivas. Por fim, durante a quarta e última sessão, pediram-lhes que tocassem uma tarântula enorme e viva. E todas o fizeram.

Essas descobertas sugerem que, sem drogas, artifícios, recompensa ou ameaças, as voluntárias haviam reinstalado aos poucos a fiação do próprio cérebro durante as quatro semanas, para não mais sentir o medo que lhes limitava a vida. E confirmaram as conclusões de estudos PET anteriores mostrando que a psicoterapia pode levar a mudanças metabólicas cerebrais regionais adaptativas em pacientes que sofriam de depressão[33] e TOC.[34] Também indicam que as mudanças feitas no nível mental, por meio da psicoterapia, podem "reinstalar a fiação [*rewired*]" do cérebro. Em outras palavras, "mude a mente, que o cérebro mudará".[35]

> Só o que vemos é uma peça de maquinaria, um computador químico análogo, que processa informação do ambiente... Você pode olhar, olhar, e não vai encontrar nenhum eu espectral dentro, nem qualquer mente, nem qualquer alma... A alma, este último refúgio dos valores, morreu, porque as pessoas cultas não mais acreditam que ela existe.[36]
> — Tom Wolfe, *"Sorry, but your soul just died"*.

É interessante rever o ensaio do cronista social Tom Wolfe sobre neurociência, "Sorry, but your soul just died" [Lamento, mas sua alma acabou de morrer], escrito em meados da Década do Cérebro, após termos visto provas de que a mente humana pode influenciar significativamente a vida do cérebro. O anúncio de morte por Wolfe talvez tenha sido um pouco prematuro, e o reducionismo angustiado talvez um pouco voraz. Afinal, a mente, a consciência e o eu não estão inativos. Na verdade, como veremos com o efeito placebo, desempenham uma função-chave na maneira, na possibilidade e na rapidez com que nos recuperamos de uma doença.

Para uma ciência não materialista da mente 173

A visão da neurociência

Antes da TCC, a exposição aos trechos de filmes com aranhas provocou importante ativação do córtex pré-frontal lateral direito (CPFL; AB 10), do córtex para-hipocampo direito e das áreas corticais associativas e visuais (bilateralmente) nas voluntárias fóbicas. Criou-se a hipótese de que a ativação do CPFL refletia o uso de estratégias metacognitivas (que pertencem ao pensar em pensar) destinadas a observar com imparcialidade o medo disparado pelos trechos de filme de aranhas, enquanto a ativação para-hipocampal se relacionava com uma reativação automática da memória do medo contextual que levou ao desenvolvimento de comportamento de fuga e à manutenção da fobia de aranha. Na conclusão do tratamento, todas as 12 fóbicas de aranha mostraram acentuada redução do medo e não se viu qualquer ativação importante no CPFL e no córtex para-hipocampal. Em outras palavras, o padrão de ativação nessas voluntárias mostrou que elas se haviam tornado muito mais semelhantes ao grupo de controle que não temia aranhas.[37]

Acreditar *pode* fazer acontecer

As clássicas suposições científicas simplesmente não explicam como funcionam as interações mente-corpo, o biofeedback e o efeito placebo.[38]

— Dean Radin, *The Conscious Universe*

A saúde é considerada um fenômeno biológico. É mais complicado lidar com os elementos mais psicossomáticos.[39]

— Robert Hahn, epidemiologista, Center of Disease Control and Prevention

É uma pena que se dê tanto crédito imerecido à droga, e não aos próprios esforços.[40]

— Thomas J. Moore, *Boston Globe*

Em grande parte, a história da medicina é a história do efeito placebo.[41]

— Herbert Benson e Mark Stark, *Timeless Medicine*

174 O CÉREBRO ESPIRITUAL

Na década de 1990, os psiquiatras eram exímios em tratar depressão com poderosos antidepressivos. Na verdade, eles saudaram essas pílulas como a arma final. A sabedoria convencional desencorajava a perda de tempo na interpretação mítica da mente angustiada; tal lixo servia apenas para os freudianos, que logo seriam extintos. A medicina científica devia concentrar-se na correção do *cérebro* defeituoso! Como observou Tom Wolfe: "Pode-se resumir o falecimento do freudianismo em uma única palavra: lítio." Ou Prozac, ou Zoloft, ou qualquer um dos muitos nomes conjurados.

Janis Schonfeld foi uma paciente-propaganda dessa nova geração de antidepressivos. A designer de interiores de 46 anos, casada e com uma filha, pensava em suicídio quando encontrou esperança suficiente para se inscrever em um estudo sobre drogas na UCLA. Suportou o besuntado gel por meio do qual o EEG registrava suas atividades cerebrais durante 45 minutos. Mas não aguentava mais esperar começar a ser tratada por essas novas pílulas promissoras. E elas funcionaram às mil maravilhas. É, a náusea era um efeito colateral desgastante, mas a competente e atenciosa enfermeira a advertira disso. E o principal, a vida de Janis retomou o rumo. Como descreveu a revista *Mother Jones*: ela parecia "outra pessoa que devia a recuperação quase miraculosa à nova geração de antidepressivos".[42]

Na última visita de Janis, um dos médicos a levou com a enfermeira para um canto e contou-lhes a verdade: Janis fizera parte do grupo de controle. Ela tomava uma pílula de açúcar — no jargão da pesquisa, um placebo. Sua recuperação, apressou-se a assegurar-lhe o médico, fora inteiramente genuína. Mas a única droga que recebeu foi uma substância imaterial e imortal — esperança. O principal desafio de Janis, em vista de ela viver em um ambiente materialista, era aceitar a prova da própria experiência — de que uma recuperação baseada nos próprios recursos é mais real —, no sentido das urgentes mensagens culturais de que apenas um cérebro curvado à droga poderia realmente ajudá-la.

Não se deve confundir o efeito placebo — o importante efeito curativo criado pela crença e a expectativa de uma pessoa doente em que se aplicou um poderoso remédio, quando a melhora não foi resultado físico da medicação — com os processos de cura naturais. O funcionamento de determinado remédio depende especificamente da crença

Para uma ciência não materialista da mente   175

e da expectativa *mental* do paciente. Durante milênios, médicos aplicaram placebos, sabendo que muitas vezes ajudam quando tudo mais falha. Desde a década de 1970, a eficácia de uma nova droga apresentada é por rotina testada em estudos controlados contra placebos, *não* porque sejam inúteis, mas precisamente por serem tão úteis. Em geral, os placebos ajudam uma porcentagem de pacientes inscritos no grupo de controle de estudo, talvez de 35 a 45 por cento.[43] Assim, nas últimas décadas, se o efeito de uma droga é importante em termos estatísticos, significando no mínimo 5 por cento melhor que um placebo, pode-se autorizar seu uso.

Em 2005, a *New Scientist*, pouco conhecida pelo apoio à teoria neural não materialista, relacionou "Treze coisas que não fazem sentido", e o efeito placebo foi o número um da lista.[44] Claro, o efeito placebo "não faz sentido" se você supõe que a mente ou não existe ou é impotente.

A NEUROCIÊNCIA DO EFEITO PLACEBO

O absoluto poder do efeito placebo na depressão foi uma notável descoberta, mas o resultado também funciona em condições muito menos "subjetivas". A *New Scientist*, ao examinar o problema, citou um único estudo em que se acalmaram os tremores da doença de Parkinson[45] com um placebo (solução salina). A atividade neural associada aos tremores reduziu quando também diminuíram os sintomas, portanto os pacientes não poderiam ter simplesmente confabulado que se sentiam melhor. A crença em que haviam recebido um poderoso medicamento disparara a liberação de dopamina no cérebro enfermo.

Outros estudos de Parkinson mostram resultados semelhantes. Raül de la Fuente-Fernández e colegas relataram em 2001: "Nossos resultados sugerem que, em alguns pacientes, a maior parte do benefício que se supõe obtido de uma droga ativa poderia derivar de um efeito placebo." Os pesquisadores observaram em imagens PET que o efeito placebo nos pacientes da doença de Parkinson foi mediado por meio do danificado sistema de dopamina nigrostriatal.[46]

Pesquisadores da University of Michigan demonstraram há pouco o efeito placebo em rapazes saudáveis. Injetaram água salgada nas mandíbulas dos voluntários e mediram o impacto da pressão dolorosa resultante com imagens PET. Os voluntários ficaram sabendo que estavam tomando analgésico. Eles relataram que se sentiam melhor. O tratamento placebo reduziu as reações cerebrais em várias regiões cujo envolvimento na experiência de dor subjetiva se conhece. Não se usou nenhuma droga analgésica no estudo. Os pesquisadores comentaram (2004): "Essas descobertas forneceram forte refutação à conjetura de que as reações placebo refletem apenas um comunicado tendencioso."[47]

De modo semelhante, Petrovic e colegas mostraram por um estudo de IRMf que o tratamento placebo pode mudar a atividade neural em regiões cerebrais que atuam como mediadoras da percepção das emoções, como faz em outras que auxiliam na percepção da dor. Pediram a um grupo de indivíduos que examinasse três blocos de imagens, deitados dentro de um scanner de IRMf e usando óculos protetores. Algumas das imagens eram neutras, e outras, desagradáveis. Após a apresentação de cada bloco, solicitou-se aos indivíduos que classificassem as imagens. O primeiro bloco foi apresentado no primeiro dia, sem droga alguma. O segundo foi com uma leve dose de benzodiazepina (injeção intravenosa), e eles não consideraram as imagens desagradáveis tão desagradáveis. No terceiro bloco, deu-se aos voluntários uma droga que agia como o oposto da benzodiazepina (agonista do receptor de benzodiazepina), e eles viram as imagens desagradáveis como desagradáveis. Também foram informados de que todo o tratamento seria repetido no segundo dia, para que soubessem o que esperar.

A visão da neurociência

Experiências recentes de imagens de ressonância magnética funcionais (IRMf) constataram que a analgesia do placebo se relaciona à diminuição da atividade cerebral em regiões do cérebro sensíveis à dor, conhecidas como tálamo, ínsula e córtex cingulado anterior. Também se associou o alívio da dor ao aumento da atividade no córtex pré-frontal (onde ocorre o pensamento) durante a previsão da dor, sugerindo que os placebos agem nas áreas do cérebro sensíveis à dor e alteram a experiência dolorosa.[48]

— W. Grant Thompson, *The placebo effect and health*

Para uma ciência não materialista da mente 177

No dia seguinte, disseram-lhes que seriam tratados com as mesmas drogas antes de ver as imagens desagradáveis e as neutras. Disseram-lhes até, pela tela do computador, quais tomavam. Mais uma vez, eles viram as imagens desagradáveis muito menos desagradáveis após receberem a benzodiazepina, e novamente classificaram como desagradáveis aquelas vistas após receberem o agonista. No entanto, eles não haviam recebido. Nos dois casos, os voluntários receberam água salgada. Portanto, as visões das imagens foram orientadas pelo que achavam que as drogas lhes faziam.[49]

Cirurgia simulada

Por mais incrível que pareça, a cirurgia simulada também funciona. Sylvester Colligan de Beaumont, Texas, mal conseguia andar antes da operação do joelho, em 1994. Tornou a locomover-se e deixou de sentir dor seis anos depois. Porém, como soube mais tarde, fazia parte do grupo de controle. Sim, recebeu três incisões no joelho, suturadas logo depois; não se fizera a tradicional artroscopia.[50] Ele jamais saberia disso pelas reações do próprio corpo. De modo semelhante, um estudo em 2004 comparou trinta pacientes que se submeteram a polêmicos implantes de célula-tronco para tratar a doença de Parkinson com pacientes que se submeteram a apenas uma cirurgia simulada. Os que acharam que haviam recebido as células-tronco relataram melhor qualidade de vida um ano depois dos que julgaram que se haviam submetido à cirurgia simulada, independente da cirurgia à qual haviam de fato se submetido. E as avaliações da equipe médica tenderam a concordar com as opiniões dos próprios pacientes.[51]

Em *Timeless Medicine*, Herbert Benson e Marg Stark relacionaram vários estados de saúde afetados pelas crenças dos pacientes. A maioria das formas de dor consta da lista, claro, mas também constam herpes, úlceras duodenais, tonteira e reação dérmica a plantas venenosas.[52]

Limitações

Os placebos, contudo, não curam tudo. Não podem ajudar em todas as condições. Robert J. Temple descobriu (2003) que os placebos raramente fazem regredir os tumores cancerosos, embora de fato melhorem

178 O CÉREBRO ESPIRITUAL

o controle da dor e o apetite dos pacientes.[53] O efeito placebo também às vezes malogra quando o paciente sofre de um distúrbio cognitivo. Fabrizio Benedetti, por exemplo, descobriu que a doença de Alzheimer pode roubar do paciente a capacidade cognitiva de esperar que um analgésico comprovado funcione, e neste caso se torna menos eficaz.[54]

COMO FUNCIONA O EFEITO PLACEBO

Estudos de neuroimagem hoje demonstraram que o efeito placebo é real. Não se trata de folclore ou apenas de um artefato de manutenção de registro médico. Mas, quando tentamos entender como funciona, precisamos examinar não apenas o cérebro, mas também a mente. A Clínica Mayo divulgou há pouco um comunicado à imprensa que confirmava a importância do efeito e apresentava as seguintes explicações:

> Alguns pacientes reagem bem à frequente e intensiva atenção médica, seja uma droga ativa ou placebo ou um tratamento potente.
>
> Alguns pacientes podem exercitar-se para reagir positivamente ao tratamento, real ou não.
>
> O paciente que acredita no êxito de um tratamento tem mais chance de sentir o efeito placebo que aquele que duvida dele.
>
> O paciente cujo médico é atencioso e positivo talvez se beneficie mais de qualquer tratamento, seja ativo ou placebo.
>
> Os pacientes às vezes se sentem melhor apenas porque desejam agradar! Querem provar que são bons pacientes, e valorizam o tempo e a atenção que a equipe médica lhes proporcionou com delicadeza.[55]

Sem dúvida, essas explicações sensatas cobrem a maioria dos casos. Também se poderia pensar no "efeito Hawthorne". Batizado com o nome de um estudo de desempenho operário em uma usina elétrica em Chicago, em fins da década de 1920 e de 1930, essa explicação

Para uma ciência não materialista da mente 179

sugere que as pessoas reagem favoravelmente porque foram inscritas em um estudo, à parte a utilidade das intervenções.[56]

Mas nenhuma dessas explicações combina com a visão materialista, que afirma que a mente não existe ou não exerce influência alguma. Cada uma supõe que a mente muda o cérebro e o corpo. Quanto a isso, se invertermos qualquer das duas, podemos explicar o gêmeo mau do efeito placebo, o efeito *nocebo*.

O EFEITO NOCEBO

Os cirurgiões sabem de pessoas convencidas de que vão morrer. Há exemplos de estudos realizados em pessoas submetidas a cirurgias que quase querem morrer para reencontrar um ente querido. Quase 100 por cento de pessoas nessas circunstâncias morrem.[57]

—Herbert Benson, Harvard Medical School

Placebo significa "vou fazer o bem"[58] e *nocebo*, "vou causar dano ou mal". O efeito nocebo é o efeito nocivo criado pela crença e a expectativa de uma pessoa doente de que entrou em contato ou recorreu a uma fonte prejudicial. Em essência, os pacientes convencidos de que uma medicação é ruim ou inútil muitas vezes exibem sintomas correspondentes a essa visão. Pense no seguinte:

Os voluntários de estudos médicos advertidos sobre os efeitos colaterais da medicação muitas vezes criam esses efeitos, embora estejam no grupo de controle da pílula de açúcar.

Pílulas de tamanho ou cor que comunicam a "mensagem" errada podem funcionar de acordo com a expectativa, não com a farmacologia. Vermelho e laranja às vezes estimulam, enquanto azul e verde deprimem, contradizendo o efeito esperado em termos químicos.[59] Em contraposição, o nome de uma marca confiável impresso com destaque em geral ajuda, mesmo que a pílula seja apenas de açúcar.

As pessoas convencidas de que vão contrair uma doença têm muito mais chance de apresentá-la.[60] Por exemplo, as mulheres no enorme estudo Framingham, iniciado em 1948, que acreditavam ter

180   O CÉREBRO ESPIRITUAL

maior probabilidade de doença cardíaca tiveram de fato o dobro da probabilidade, mesmo quando não se envolviam em comportamentos que promoviam doenças cardíacas.[61]

Claro, deve-se notar que as pessoas convencidas de que vão contrair uma doença talvez tenham um bom motivo para pensar assim. O histórico familiar é um poderoso prognóstico de muitas doenças, e às vezes está por trás de maior suscetibilidade. Mas, se as descobertas das pesquisas comentadas estiverem em geral corretas, essa explicação em si talvez com o tempo funcione como um efeito nocebo.

Um polêmico exemplo apresentado do efeito nocebo foi a "morte vodu" — insuficiência cardíaca geralmente causada após alguém ser amaldiçoado por um feiticeiro vodu.[62] Alguns afirmaram que antropólogos ocidentais condescendentes apresentaram com exagero esses incidentes. Contudo, vale notar que o código criminal do Canadá, após negar que as mortes supostamente causadas "só pela influência da mente" são homicídio culposo, acrescentam a seguinte cláusula: "Esta seção não se aplica quando a pessoa causa a morte de uma criança ou de uma pessoa doente ao desejar assustá-la propositalmente" (sec. 228), o que parece reconhecer o efeito nocebo do medo num paciente doente.

O efeito nocebo recebeu crescente atenção nos últimos anos. Acima de tudo, reconstituiu-se grande parte da origem da falta de aquiescência ao tratamento do efeito nocebo. O paciente que duvida do valor do tratamento pode experimentar efeitos colaterais que não seriam observados se ele acreditasse no valor do tratamento. Algumas origens dos efeitos nocebos[63] incluem:

Badalação da mídia na divulgação de um novo tratamento — seguida do receio de um possível aspecto negativo do mesmo.

Instalações médicas frias, impessoais, administradas como se fossem fábricas ou lojas. Embora há muito se reconheçam essas condições como um problema, elas começam a ser analisadas seriamente como um verdadeiro efeito nocebo.

O conflito entre medicina científica e tratamentos tradicionais ou alternativos, de modo a obrigar o paciente a escolher. O conflito ou a decepção posterior com o profissional de saúde pode provocar um efeito nocebo.

Um problema mais ardiloso é o possível efeito nocebo de informações médicas fornecidas especificamente para evitar processos legais de negligência médica. Em princípio, é certo e correto dar ao paciente todas as informações importantes. Mas pode-se, sem querer, causar um efeito nocebo se o paciente interpreta uma longa lista de possíveis complicações de um tratamento como prova de que há chance de dar errado.[64]

O que demonstra em essência o efeito nocebo no sentido contrário é a influência da mente sobre o corpo.

Conceitos errôneos sobre o efeito placebo

O efeito placebo não é influenciado pela inteligência nem por qualquer teste de suscetibilidade.[65]

— W. Grant Thompson, *The placebo effect and health*

O médico que não consegue obter um efeito placebo nos pacientes deve tornar-se patologista.[66]

— J. N. Blau, médico

Alguns afirmam que o efeito placebo é mítico, que só se aplica a crédulos, ou até que usá-lo é antiético. Que tal isso? Os mitos populares sobre placebos incluem as ideias de que funcionam apenas durante três meses, ou que só determinado tipo de personalidade reage a eles. Não há tempo limite específico algum para a maioria dos efeitos placebos, nem de "paciente que reage a placebo".[67]

Mas, acima de tudo, o efeito placebo tem sido uma dificuldade e um problema para estudos sobre droga, assim como as tentativas de desacreditá-lo.[68] Os pesquisadores dinamarqueses Asbjørn Hróbjartsson e Peter C. Götzsche fizeram recentemente uma metanálise de 114 estudos que usavam placebos e descobriram erros de pesquisa na avaliação dos efeitos placebos, como, por exemplo, os autores recorrerem de forma maciça à citação um do outro. Portanto, eles concluíram que havia

182   O CÉREBRO ESPIRITUAL

pouca comprovação em geral de que os placebos tinham poderosos efeitos clínicos... [e]... comparados com nenhum tratamento, não tinham qualquer efeito significativo nos resultados binários, independentemente de esses resultados serem subjetivos ou objetivos. Para as experiências com resultados contínuos, o placebo teve um efeito benéfico, mas que diminuía com o aumento do tamanho da amostra, indicando uma possível distorção relacionada aos efeitos de pequenas experiências.[69]

Embora, sem dúvida, uma ou outra metodologia de pesquisa seja defeituosa, o efeito placebo é um dos fatos mais conhecidos da medicina clínica cotidiana, crucial para a avaliação da utilidade da droga. Como a consciência, não se pode simplesmente defini-lo como inexistente. De qualquer modo, o fato de os dados de neuroimagem demonstrarem o efeito placebo elimina as dúvidas sobre sua existência.

O jornalista científico Alun Anderson sugere: "Confiança e crença são muitas vezes vistas como negativas na ciência, e descarta-se o efeito placebo como uma espécie de 'fraude', porque depende da crença do paciente. Mas a verdadeira maravilha é que a fé pode funcionar."[70] Anderson identificou uma questão-chave. Um materialista talvez ache que o efeito placebo é uma espécie de fraude exatamente porque indica que a mente pode mudar o cérebro.

Em consequência, as explicações materialistas do efeito placebo muitas vezes são incoerentes. Por exemplo, quando descrito como a maneira pela qual "o cérebro manipula a si mesmo".[71] Como vimos, o efeito placebo é de fato disparado pelo estado mental do paciente. Em outras palavras, depende inteiramente do estado de crença dele. Um processo inconsciente iniciado pelo cérebro para manipular a si mesmo (ou qualquer outra parte do corpo) é um processo de cura natural, *não* o efeito placebo. Por exemplo, houvesse o cérebro dos pacientes que sofrem de doença de Parkinson conseguido manipular a si mesmo e assim curar-se, não se exigiria tratamento algum, placebo, farmacêutico, cirurgia simulada ou real.

Em um estudo britânico, 63 por cento de duzentos médicos admitiram receitar placebos.[72] Alguns estudiosos da ética criticaram a prática como antiética porque o médico, na opinião deles, engana os

Para uma ciência não materialista da mente 183

pacientes. Mas a acusação faz-se de desentendida. Ensina-se de forma sistemática aos médicos agir de maneira que evoca o efeito placebo (linguagem fidedigna e tranquilizadora, diplomas médicos emoldurados, o uso do jaleco branco, que já se tornou marca registrada, e do estetoscópio e, finalmente, um plano de tratamento definido). Na verdade, o jornalista canadense Martin O'Malley descreveu, em *Doctors*, um retrato minucioso dos médicos em ação:

> Há ocasiões em que os médicos têm de ser arrogantes sabichões e até blefistas, pois seria aflitivo se encolhessem os ombros com um "Não sei" às perguntas sobre as quais não têm absoluta certeza. Em todas as melhores escolas médicas, incentiva-se esse "manto de competência", pois se sabe que só a suprema confiança muitas vezes realiza curas miraculosas.[73]

Se os médicos não agissem de modo a gerar confiança, logo evocariam o efeito nocebo. E o nocebo ("vou causar dano ou mal") contradiz de maneira direta o Juramento de Hipócrates ("Primeiro, não vou causar dano ou mal"). Os médicos sabem, afinal, que os placebos funcionam regularmente; se não estão supervisionando um estudo controlado, podem receitar um e deixar que as expectativas dos pacientes façam seu trabalho.[74]

O EFEITO PLACEBO E O FUTURO DA MEDICINA

> Nem o efeito placebo nem o nocebo têm sido muito estudados — fora o mal-estar médico com fenômenos imprecisos desse tipo, não geram lucros.[75]
>
> — Susan McCarthy, *Salon*

Desde que começaram os estudos controlados do placebo, uma questão econômica fundamental confundiu o estudo do verdadeiro papel de seu efeito na manutenção da saúde. Não se pode patentear a marca esperança. Se um dado remédio "não age melhor que o placebo", é uma má notícia para os fabricantes desse medicamento, *mesmo que* 85 por cento do grupo de controle e 85 por cento do grupo experimental melhorem.

184 O CÉREBRO ESPIRITUAL

A opinião atual de que os estados mentais são impotentes, mas as drogas são poderosas, obstruiu o estudo correto do efeito placebo.

Grande parte da medicina pré-científica dependia do efeito placebo. O fato de esse efeito tantas vezes funcionar ajuda a entender por que muitas pessoas mais tradicionais relutam em abandonar a medicina pré-científica apesar de suas doutrinas questionáveis e, muitas vezes, perigosas.[76] Lamentavelmente, os clínicos pré-científicos com frequência atribuem seu poder às *doutrinas* que abraçaram, quando, na verdade, deveriam atribuí-lo aos *efeitos* que aprenderam por experiência e erro. A pesquisa médica científica começa a ajudar a resolver o dilema aceitando a natureza mental do efeito placebo. Pode-se estudá-lo como um efeito autêntico e, com o poder direcionado, talvez até aumentado, o que é muito mais produtivo do que se continuássemos a tratá-lo apenas como uma chateação.

O perfeito entendimento do efeito placebo também pode evitar algumas óbvias polêmicas atuais. Por exemplo, talvez fosse mais fácil resolver as questões éticas que cercam o uso de células-tronco embrionárias no tratamento da doença de Parkinson se os efeitos placebos explicassem a maior parte de seu valor atribuído. De modo semelhante, tratamentos polêmicos em algumas partes do mundo envolvem as partes do corpo de espécies em risco de extinção. Esses tratamentos devem quase todo seu efeito à crença do paciente na eficácia do tratamento exótico. Uma clara demonstração desse fato pode ajudar nos esforços de conservação.

Como vimos, muitas aplicações clínicas fluem de uma visão não materialista da neurociência. Quando tratamos a mente como capaz de mudar o cérebro, podemos tratar doenças cujo tratamento antes era difícil ou impossível. Mas também precisamos de um modelo de como a mente age no cérebro.

A interação da mente com o cérebro

Se é para a mente que pesquisamos o cérebro, então supomos que este seja muito mais que uma central telefônica. Supomos que seja uma permuta de central telefônica e os assinantes também.[77]

— Charles Sherrington (1857-1952),
neurocientista vencedor do Prêmio Nobel

Para uma ciência não materialista da mente 185

Como vimos, várias linhas de comprovação demonstram que os fenômenos mentais alteram significativamente a atividade cerebral. Essas linhas incluem nossos estudos de IRMf sobre observação emocional objetiva e o impacto da terapia comportamental cognitiva na fobia de aranha, além dos estudos de neuroimagens funcionais do efeito placebo. Os resultados dessa última série de estudos deixam bem claro que a atividade cerebral pode ser motivada pela crença e pela expectativa mental do paciente em relação a um tratamento médico proposto.

Para interpretar os resultados desses estudos, precisamos de uma hipótese que explique a relação entre atividade mental e atividade cerebral. A *hipótese da tradução psiconeural* é uma delas. Postula que a mente (o mundo psicológico, a perspectiva da primeira pessoa) e o cérebro (que faz parte do chamado mundo "material", a perspectiva da terceira pessoa) representam dois domínios diferentes em termos epistemológicos que podem interagir porque são aspectos complementares da mesma realidade transcendental.

A hipótese da tradução psiconeural reconhece que os processos mentais (tais como vontades, metas, emoções, desejos e crenças) são neuralmente demonstrados por exemplos no cérebro, mas afirma que não são idênticos nem podem ser reduzidos a processos neuroelétricos e neuroquímicos. Na verdade, os processos mentais — que não são passíveis de localização no cérebro — não podem ser eliminados.

O motivo de não ser possível localizar os processos mentais dentro do cérebro é o fato de não haver nenhuma maneira de apreender os pensamentos apenas pelo estudo da atividade dos neurônios. O problema é semelhante ao de tentar determinar o sentido de mensagens em uma língua desconhecida (pensamentos) apenas pelo exame de seu sistema de escrita (neurônios). Seria necessária uma Pedra de Roseta para compará-las com o sistema de escrita de uma língua conhecida. Mas não existe tal pedra e, portanto, é impossível qualquer comparação.

Em consequência, a terminologia mentalista que descreve esses processos permanece absolutamente essencial para uma explicação satisfatória da relação entre a dinâmica cerebral e o comportamento humano. Ninguém jamais viu um pensamento ou um sentimento, mas eles exercem tremendo impacto em nossa vida. Além disso, segundo a hipótese da tradução psiconeural, os processos conscientes e inconscientes são automaticamente traduzidos em processos neurais

186   O CÉREBRO ESPIRITUAL

nos vários níveis da organização cerebral (redes biofísicas, moleculares, químicas). Por sua vez, os processos neurais resultantes são depcis traduzidos para processos e eventos em outros sistemas fisiológicos, como o sistema imunológico ou endócrino.

A psiconeuroimunologia (PNI) é a disciplina científica que pesquisa as relações entre mente, cérebro e sistema imunológico. A neurocientista Candace Pert chama de *rede psicossomática* a comunicação entre mente, cérebro e outros sistemas fisiológicos. O correto entendimento da mecânica de tradução psiconeural pode esclarecer a forma como os processos mentais afetam o cérebro e o corpo — para o saudável ou o enfermo.

Em termos metafóricos, podemos dizer que o *mentalês* (a língua da mente) é traduzido para o *neuronês* (a língua do cérebro). Por exemplo, pensamentos aflitivos aumentam a secreção de adrenalina, mas os felizes aumentam a secreção de endorfinas. Esse mecanismo de transdução informacional representa destacada realização da evolução que permite que os processos mentais influenciem causalmente o funcionamento e a plasticidade do cérebro. De certo modo, é como escrever nossas palavras faladas num sistema de símbolos que pode ser lido por outros a distância.

Uma ilustração da tradução mente/cérebro é o estudo de neuroimagem feito por nosso grupo,[78] em que medimos a serotonina (5-HT) durante estados autoinduzidos de tristeza e felicidade em atores profissionais. Quando se solicitam às pessoas que lembrem e revivam um fato autobiográfico carregado de emoção, elas tendem a ativar as mesmas áreas cerebrais que ativariam durante o fato real.[79] Um resultado valioso é que os neurocientistas podem estudar intensas emoções por meio de lembranças.

Uma evolução biológica teleologicamente orientada (isto é, intencional, em vez de aleatória) permitiu aos seres humanos moldar, de maneira consciente e voluntária, o funcionamento de nosso cérebro. Em consequência dessa poderosa capacidade, não somos robôs biológicos governados por genes e neurônios "egoístas". Um dos resultados é podermos, de forma intencional, criar novos ambientes sociais e culturais. Por meio de nós, a evolução se torna consciente, isto é, é impulsionada não apenas por instintos de sobrevivência e reprodução, mas também por complexos conjuntos de percepções, metas, desejos e crenças.

Para uma ciência não materialista da mente   187

Em minha opinião, as realizações éticas resultam do contato com uma realidade transcendental por trás do universo, e não apenas da multiplicação de neurônios no córtex pré-frontal do cérebro humano. Não se sabe com clareza se, por si mesmos, os neurônios desenvolveriam algum sistema ético.

Graças ao mecanismo de tradução psiconeural, os valores morais associados a determinada visão do mundo espiritual podem ajudar-nos a governar nossos impulsos emocionais e a agir de maneira genuinamente altruística.[80] Nesses casos, a consciência moral substitui a programação inata como reguladora de comportamentos. Por sua vez, a capacidade de comportamentos racionais e éticos liberta-nos dos primitivos mandatos do cérebro da classe dos mamíferos. Tal liberdade é responsável pelo fato de que, embora o genoma seja o mesmo em todas as sociedades humanas, algumas culturas valorizam e fomentam a violência e a agressão, enquanto outras as julgam negativas e jamais as empregam. Por sorte, muitas culturas também começaram a incentivar as pessoas a se mover além do senso de obrigação com os familiares ou grupo social para uma apreciação e compaixão por toda vida, sobretudo por outros seres humanos, porque podemos com muita facilidade identificar-nos com eles.

A visão da neurociência

Medimos a capacidade de síntese da serotonina (5-HT) usando o rastreador radioativo alfa-metil-triptofano (11C-aMtrf) combinado com PET. O motivo de usarmos triptofano é que ele cruza a barreira hemato-encefálica, mas a serotonina não. Os voluntários recordaram lembranças autobiográficas para induzir tristeza, felicidade e um estado emocional neutro em três mapeamentos separados. Os resultados mostraram que o nível de tristeza foi negativamente correlacionado a aumentos de retenção de 11C-aMtrf nos córtex orbitofrontal esquerdo (COF; AB 11) e o córtex cingulado anterior esquerdo (CCA; AB 25). Em contraposição, correlacionou-se o nível registrado de felicidade a aumentos de retenção de 11C-aMtrf no (CCA; AB 32) direito. Em vista da hipótese da tradução psiconeural, essas descobertas sugerem que um estado emocional específico autoinduzido de forma voluntária pode ser rapidamente traduzido para uma modificação seletiva da capacidade de síntese de 5-HT regional do cérebro.

188   O CÉREBRO ESPIRITUAL

Mas uma questão é importante quando examinamos separadamente a mente do cérebro, aquela que — como vimos — era examinada pelo homem neandertal e por nossos mais antigos ancestrais. O que exatamente acontece na morte? O cérebro morre. Mas a mente morre com ele? Talvez não. Vejamos a seguir.

EXPERIÊNCIAS DE QUASE-MORTE: A LUZ NO FIM DO TÚNEL

O pensamento dominante na neurociência... insiste em que a consciência individual desaparece com a morte do corpo. Contudo, em vista da ignorância sobre as origens e a natureza da consciência e da incapacidade de detectar a presença ou ausência da consciência em qualquer organismo, vivo ou morto, a neurociência não parece estar em posição de sustentar essa convicção com provas científicas empíricas.[81]

— B. Alan Wallace, *The Taboo of the Subjectivity*

As experiências de quase-morte (EQMs) ocorrem com crescente frequência em decorrência de melhores índices de sobrevivência resultantes de modernas técnicas de ressuscitação. O conteúdo da EQM e os efeitos em pacientes parecem semelhantes em âmbito mundial, em todas as culturas e tempos.[82]

— Pim van Lommel, cardiologista

Em 1991, a cantora e compositora Pam Reynolds, de 35 anos, residente em Atlanta, começou a sofrer de tonteira, perda da fala e dificuldade de locomoção. A notícia de sua tomografia axial computadorizada (TAC) não podia ter sido pior. Ela tinha um gigantesco aneurisma da artéria basilar (um vaso sanguíneo volumosamente inchado no tronco cerebral). Se o vaso fosse rompido, seria fatal. Mas tentar drená-lo e repará-lo também poderia matá-la. O médico não lhe ofereceu chance alguma de sobrevivência com os métodos convencionais. Como ela lembra:

Jamais esquecerei a terrível tristeza que impregnava o ar quando meu marido me levou de carro ao escritório de nosso advogado para o

Para uma ciência não materialista da mente 189

preenchimento de minhas decisões e testamento. De algum modo, teríamos de contar logo aos nossos três filhos pequenos que mamãe ia fazer a viagem para o céu, deixando-os com as breves lembranças que lhes permitiam seus tenros anos.[83]

Mas a mãe de Pam falou-lhe de uma última e desesperada medida que talvez oferecesse esperança. O neurocirurgião Robert Spetzler, do Neurological Institute, em Phoenix, Arizona, era especialista e pioneiro de uma técnica rara e perigosa, mas às vezes necessária, chamada parada cardíaca hipotérmica ou "Operação Parada". Ele diminuiria a temperatura de seu corpo para um grau tão baixo que a deixaria em essência morta, mas depois a traria de volta à temperatura normal antes que se instalasse algum dano irreversível. À baixa temperatura, os vasos sanguíneos que se rompem nas temperaturas altas necessárias ao sustento da vida humana ficam moles. Então podem ser operados com menos risco. Além disso, o cérebro esfriado pode sobreviver mais tempo sem oxigênio, embora seja óbvio que não funciona nesse estado.

Então, para todos os efeitos, Pam ficaria na verdade morta durante a cirurgia. Mas, se não concordasse com isso, estaria morta de qualquer modo em breve, sem possibilidade de retorno. Assim, ela consentiu. Quando começaram a cirurgia, pararam o coração e as ondas cerebrais do EEG se nivelaram em total silêncio. Durante uma parada cardíaca, a atividade elétrica desaparece após 10 a 20 segundos. O tronco e os hemisférios cerebrais tornaram-se insensíveis, e a temperatura caiu para 15,5°C (ao contrário dos 37°C habituais).

Quando todos os sinais vitais de Pam foram interrompidos, o cirurgião começou a abrir-lhe o cérebro com uma serra cirúrgica. Nesse momento, ela relatou que se sentiu "pular" para fora do corpo e pairar acima da mesa operatória. Da posição fora do corpo físico, ela via os médicos trabalhando em seu corpo sem vida. E observou: "Achei a forma como rasparam meu crânio muito estranha. Esperava que tirassem todo o cabelo, mas não o fizeram."[84] Ela descreveu, com muita exatidão para uma pessoa que nada sabia de prática cirúrgica, a serra de osso Midas Rex, usada para abrir cérebros. Também ouviu e depois relatou tudo o que acontecia durante a operação, inclusive a conversa das enfermeiras. A certa altura, tornou-se consciente de que saía flutuando da sala cirúrgica e atravessava um túnel com luz. Parentes e

190   O CÉREBRO ESPIRITUAL

amigos falecidos esperavam no fim do túnel, entre eles sua avó morta há muito tempo. Ela então entrou na presença de uma luz brilhante, maravilhosamente quente e amorosa, e sentiu que sua alma fazia parte de Deus, e que tudo existente era criado pela luz (a respiração de Deus). Essa extraordinária experiência terminou quando seu falecido tio a levou de volta ao corpo. Pam comparou a reentrada no corpo a "um mergulho numa piscina de gelo" (talvez nada surpreendente, pois seu corpo se esfriara bem abaixo da temperatura normal).

Relatam-se muitas experiências de quase-morte (EQMs) e de vários graus de credibilidade. A de Pam Reynolds é única por dois motivos. Primeiro, ela teve a experiência em um momento em que se achava plenamente instrumentada sob observação médica e declarada morta em termos clínicos. A morte clínica é o estado em que cessaram os sinais vitais: o coração fica em fibrilação ventricular, em que é total a falta da atividade no córtex do cérebro (EEG horizontal) e abolida a atividade do tronco cerebral (perda do reflexo da córnea, pupilas dilatadas e fixas e perda do reflexo faríngeo). Segundo, ela conseguiu lembrar fatos verificáveis da cirurgia que não poderia ter sabido se não estivesse de algum modo consciente enquanto eles ocorriam.

Qual a importância dessa história, além do fato de ser a narração de um feito médico heroico? O caso de Pam Reynolds sugere fortemente que: (1) a mente, a consciência e o eu podem continuar ativos mesmo quando o cérebro deixa de ser funcional e se chega aos critérios de morte; (2) as EMERs podem ocorrer sem o funcionamento do cérebro. Em outras palavras, esse caso contesta seriamente a visão materialista de que a mente, a consciência e o eu são apenas subprodutos de processos cerebrais eletromecânicos, e as EMERs, meros delírios criados por um cérebro defeituoso. Tal visão se baseia numa crença metafórica, não em fatos cientificamente demonstrados.

Se o caso de Pam Reynolds fosse único, seria sensato evitar qualquer opinião. Mas de modo algum ela é a única pessoa que contesta as visões materialistas da mente e da consciência. O cardiologista holandês Pim van Lommel relata um caso em que uma enfermeira de unidade coronariana removeu os dentes postiços de uma vítima de ataque cardíaco de 44 anos, cianótica e comatosa, e guardou-os na gaveta do carrinho equipado com instrumentos e drogas de emergência médica cardiológica. Restaurou-se a vida do paciente com ressuscitação

Para uma ciência não materialista da mente 191

cardiopulmonar (RCP), e uma semana depois a enfermeira tornou a vê-lo na enfermaria cardiológica. Ela conta:

> Assim que ele me viu, disse: "Ó, aquela enfermeira sabe onde está minha dentadura." Eu fiquei muito surpresa, então ele esclareceu: "Você estava lá quando fui trazido para o hospital, tirou meus dentes da boca e guardou-os naquele carrinho que tinha todos aqueles frascos em cima e a gaveta deslizando embaixo, e foi lá que você os guardou." Fiquei muito surpresa, porque lembro que isso aconteceu quando o homem se encontrava em coma profundo e no processo de RCP.[85]

Ela relatou por escrito que o paciente lembrou os detalhes corretos da ressuscitação.[86]

ESTUDO SISTEMÁTICO DAS EQMs

A vida é cheia de anomalias,[87] e dois casos incomuns não ameaçam um paradigma de aceitação tão generalizado quanto o materialismo. Thomas Kuhn fez a célebre observação: "Para uma teoria ser aceita como paradigma, é necessário que pareça melhor que as concorrentes, mas, por outro lado, ela não precisa, e na verdade nunca o faz, explicar os fatos com que se pode confrontá-la."[88] Neste caso, contudo, a questão não é tão simples. O materialismo é uma doutrina monística completa e, portanto, casos como esses não devem ser apenas muito raros; devem ser impossíveis.

Mas as EQMs sequer são raras.[89] Quando van Lommel era residente em 1969, um paciente descreveu uma delas. Na época, van Lommel não correu atrás da informação, mas em fins da década de 1980, após ler um relato escrito por outro médico de sua própria EQM, ele começou a entrevistar sobreviventes de ataques cardíacos. Em dois anos, cinquenta pacientes relataram suas EQMs a ele.

Infelizmente, contudo, quando van Lommel consultou a literatura profissional, toda a pesquisa que conseguiu encontrar era retrospectiva. Ou seja, relatava fatos de talvez cinco a 35 anos atrás. Fora o risco inevitável de que os sobreviventes possam florear ou fantasiar os relatos, muitas vezes não há como determinar que a experiência tenha ocorrido durante a morte clínica. E morte clínica é o elemento

192 O CÉREBRO ESPIRITUAL

crucial. Pam Reynolds estava clinicamente morta quando visivelmente observou cenas e eventos da sala de operação.

Em 1988, van Lommel começou um estudo[90] no qual entrevistou 344 sobreviventes de ataques cardíacos consecutivos no prazo de uma semana da ressuscitação. Os sobreviventes recentes de ataque cardíaco são o grupo de estudo preferido para EQMs, porque os registros médicos existentes podem confirmar que, após a parada cardíaca, eles estavam clinicamente mortos. Inconscientes, com o cérebro anóxico, eles podem morrer por dano cerebral irreversível se não forem ressuscitados em cinco a dez minutos. Apenas nas últimas décadas surgiu um número significativo de pessoas que chegaram a voltar do estado de morte clínica. Na verdade, até o termo *morte clínica* é moderno. Antes, era apenas morte.

É óbvio que a pessoa em um estado de morte clínica não deve perceber nada. Mas 62 (ou 18 por cento) dos pacientes entrevistados por van Lommel relataram alguma lembrança do momento em que estavam clinicamente mortos. A profundidade das experiências variava, mas um grupo central de 7 por cento relatou uma experiência muito profunda. Em estudos americanos e britânicos semelhantes, os índices foram 10 por cento (Greyson, 2003) e 6,3 por cento (Parnia et al., 2001), respectivamente.

Os pacientes de EQM de van Lommel não se diferenciavam de seu grupo de controle não EQM no que tange a medo da morte, conhecimento prévio de EQM, religião, educação, condição médica ou tratamento. Os pacientes que haviam perdido a memória em consequência de uma RCP prolongada relataram significativamente menos EQMs, mas nessas circunstâncias não é possível determinar se de fato tiveram menos.

Tipos de EQMs

Toda a minha vida até o presente pareceu posta diante de mim numa espécie de inspeção panorâmica, tridimensional, e cada evento me pareceu acompanhado de uma consciência do bem ou mal ou de uma visão interna de causa e efeito. Eu não apenas percebia tudo de meu próprio ponto de vista, como também conhecia os pensamentos de todos os envolvidos, como se tivesse comigo os pensamentos deles.

Para uma ciência não materialista da mente   193

O que significava que percebia não apenas o que eu tinha feito ou pensado, mas até de que maneira isso havia influenciado os outros.[91]

> — Relato de um sobrevivente de ataque
> cardíaco da EQM

Van Lommel classificou as experiências comunicadas pelos pacientes por tipos:[92]

Experiência extracorpórea (EEC). Trata-se de flutuar fora do corpo físico, retendo ao mesmo tempo a identidade e uma consciência muito clara. A maioria dos pacientes relata que olhava para baixo, do alto. Como vimos, em alguns casos, os pacientes comunicaram informação verificada mais tarde.

Revisão halográfica da vida. Pode ser resumida por uma frase bem clichê: "Senti toda minha vida passando diante de mim." Mas van Lommel a descreve da seguinte maneira:

Tudo que se fez e pensou parece importante e armazenado. Obtémse a percepção se o amor foi dado ou, ao contrário, negado. Como nos ligamos às lembranças, emoções e à consciência de outra pessoa, sentimos as consequências de nossos próprios pensamentos, palavras e ações com essa outra pessoa no exato momento em que ocorreram no passado.[93]

Encontro com amigos ou parentes mortos. As pessoas mortas são reconhecidas pela aparência lembrada, mas a comunicação parece ocorrer por meio de uma transferência direta de pensamentos.[94]

Retorno ao corpo. Alguns pacientes entendem, por comunicação sem palavras com um Ser de Luz ou com um parente falecido, que devem retornar à vida, sobretudo se têm uma tarefa a cumprir. Essa opção, conselho ou ordem, contudo, é muitas vezes realizada com relutância.

Desaparecimento do medo da morte. Quase todos os que passaram por EQMs perdem o medo da morte. Isso em parte se deve ao fato de que esperam sobreviver, mas também por sentirem mais amor e aceitação que condenação e incerteza. A revisão da vida não é uma expressão externa de ira divina, mas uma exigência de que sintam os verdadeiros desfechos de suas escolhas. Em geral, as EQMs têm diferentes formações religiosas, mas vivem experiências muito semelhantes.

Um fenômeno curioso que as pessoas cegas às vezes comunicam é que conseguem enxergar durante uma EQM. Vicki Umipeg, 45 anos, nasceu cega, pois seu nervo óptico fora totalmente destruído no parto quando lhe deram oxigênio demais na incubadora. Mas, independentemente do fato de ela não conseguir distinguir cor, a EQM de Vicki revelou-se como a de uma pessoa que conseguia.[95] Embora isso pareça surpreendente, vale notar que os cegos de nascença muitas vezes apreendem o mundo de forma precisa por meio do tato, sem precisar da visão. Não são capazes de detectar cores (como Vicki não o fez), ambiente ou mudança na posição de objetos, mas, dentro dessas limitações, seu conhecimento é preciso.[96]

Assim como van Lommel, o cardiologista Michael Sabom começou a estudar EQMs entre seus pacientes em 1994. O status de best-seller de livros como *A vida depois da vida*, de Raymond Moody, que popularizou o termo "experiência de quase-morte", chamou sua atenção, mas ele não achou obras que se baseassem na ciência. Sabom decidiu, então, pôr o estudo numa condição profissional. Evitou, por exemplo, entrevistar sobreviventes que haviam contado sua história a um grande público ou que tivessem servido de objeto de estudo em outra pesquisa.

Em dois anos, Sabom entrevistou e pesquisou 160 pacientes, a maioria de sua prática clínica. Descobriu que 47 haviam tido EQMs segundo classificação da escala Greyson,[97] associadas a uma crise quase fatal e à inconsciência.[98] Vinte e oito dos pacientes que tiveram EQMs eram mulheres, e 19 eram homens; as idades variavam de 33 a 82 anos, e suas trajetórias de vida também variavam. Menos da metade era cristã tradicional, mas todos professavam alguma crença em Deus. Os pacientes não EQM ofereceram uma linha de base comparativa.[99] Em geral, os pacientes de Sabom residentes em Atlanta comunicaram experiências de quase-morte semelhantes às dos pacientes holandeses de van Lommel.

EQMs NEGATIVAS

> Pensei comigo mesmo que eu poderia ter sido tudo que quisesse. Havia simplesmente destruído isso.[100]
>
> — Sobrevivente de tentativa de suicídio
> relatando uma EQM angustiante.

Apenas uma minoria de EQMs é angustiante. Os pesquisadores Bruce Greyson e Nancy Bush levaram dez anos para encontrar cinquenta casos assim.[101] Sabom acabou localizando dois casos angustiantes em seu estudo em Atlanta. Um deles era uma pessoa que tentou suicídio e vomitou a dose fatal durante a EQM. Uma descoberta-chave é que, quando as EQMs se seguem a uma tentativa de suicídio, o paciente geralmente abandona as ideias suicidas. Essa é uma descoberta importante, pois muitos dos que têm EQMs não querem ser ressuscitados. Apesar disso, perder o medo da morte parece significar perder também o medo da vida.[102]

Algumas EQMs parecem duvidosas. Por exemplo, o ateísta A. J. Ayer (1910-89) descreve uma EQM que teve em 1988:

> Deparei com uma luz vermelha, excessivamente brilhante, e também muito dolorosa, mesmo quando me afastei dela. Tive consciência de que essa luz era responsável por governar o universo. Entre seus ministros, viam-se duas criaturas que eram responsáveis por aquele espaço. Esses ministros, de vez em quando, inspecionavam o espaço, e haviam, inclusive, recém-realizado tal inspeção. No entanto, não fizeram o trabalho direito, consequentemente o espaço ficou meio desconjuntado, como um quebra-cabeça de peças recortadas... Senti que cabia a mim endireitar as coisas.[103]

Ayer acabou escapando da dolorosa luz vermelha. Aparentemente, ele continuou ateu até sua morte, no ano seguinte, mas se tornou, nas palavras da esposa, muito mais gentil e interessado pelas outras pessoas.

O dramaturgo William Cash, que montou uma peça baseada nesse relato, no Festival de Edimburgo, recebeu de Jeremy George, médico de Ayer naquela época, uma explicação um tanto diferente sobre sua reação à EQM. George lembra o que Ayer lhe disse: "Eu vi um Ser Divino. Receio que terei de rever todos os meus vários livros e minhas opiniões."[104]

196   O CÉREBRO ESPIRITUAL

Não o fez, contudo, embora, próximo ao fim, reconhecesse o filósofo jesuíta Frederick Copleston — ex-parceiro de debate — como seu melhor amigo. Apesar de a experiência de Ayer ter sido duvidosa, ele demonstrou maior compaixão, uma característica inconfundível da EQM.

Os efeitos das EQMs

Em fins do século XX, tínhamos grande necessidade de ser únicos, especiais, diferentes. Vocês sabem o que unifica tantas dessas pessoas — são muito narcisistas. Dizem: "Olhe para mim. Eu vi Deus. Vi Jesus. Sou diferente."[105]

— Professor Sherwin B. Nuland,
Yale University Medical School

O objetivo da vida, concorda a maioria dos que passaram por uma EQM, é o conhecimento divino e o amor. Estudos do efeito transformador da EQM mostram que valores culturais, riqueza, status e bens materiais se tornam muito menos importantes, e os perenes valores religiosos, amor, atenção aos outros e aquisição de conhecimento sobre o divino, ascendem à maior importância.[106]

— Neal Grossman, filósofo

Van Lommel e Sabom descobriram que aqueles que passam por EQMs como Ayer em geral se tornam mais misericordiosos. Mas é razoável perguntar: poderia a maioria dos sobreviventes por um triz da morte pôr mais ênfase nos relacionamentos, com ou sem EQM? Os que a tiveram obtêm mais atenção pública, claro, sobretudo se contam sua história a uma audiência mais ampla em redes de difusão religiosa.

Em busca de informações mais precisas, van Lommel acompanhou os pacientes de EQM durante dois anos, e oito anos depois os comparou com um grupo que não comunicou EQMs. Descobriu

uma diferença importante entre os pacientes com e sem EQM. O processo de transformação levou vários anos para se consolidar. Pacientes com EQM não mostraram qualquer medo da morte, acreditavam com forte convicção na vida após a morte, e sua visão do que era importante na vida mudara: amor e compaixão por si mesmos, pelos outros

Para uma ciência não materialista da mente 197

e pela natureza... Além disso, os efeitos transformadores de longa duração de uma experiência que dura apenas alguns minutos foi uma descoberta surpreendente e inesperada.[107]

Sabom também descobriu que os pacientes de EQM tendiam a pôr mais ênfase nos relacionamentos. No Questionário de Mudanças de Vida,[108] os que passaram por EQM mostraram um típico aumento de fé, senso de sentido na vida, capacidade de amar e envolvimento com a família que excediam de forma significativa os elementos de pacientes pós-operatórios de não EQM.[109]

A CIÊNCIA MATERIALISTA SOBRE AS EQMs

Se o seu conceito de "alma" remete a algo imaterial e imortal, que existe de maneira independente do cérebro, então almas não existem mesmo. Trata-se de um velho chapéu para a maioria dos psicólogos e filósofos, o material de palestras introdutórias.[110]

— Paul Bloom, psicólogo e autor de
Descartes' baby

Em geral, a ciência materialista não explica de forma convincente as EQMs. Alguns proponentes sugerem que as EQMs são na verdade conscientes no sentido habitual. E se fragmentos da consciência de algum modo se prolongam no cérebro ou momentos de consciência lúcida se perdem, depois se recuperam, durante a Ressuscitação cardiopulmonar (RCP)?

Essas hipóteses de fato não explicam as EQMs, porque os estados de consciência fragmentários, enfraquecidos ou em recuperação, produzem lembranças confusas, e as típicas EQMs são lúcidas. Alguns afirmam que as mudanças resultam apenas de anoxia cerebral (perda de oxigênio no cérebro). Mas todos os 344 pacientes de van Lommel estavam clinicamente mortos. Portanto, se essa é a explicação atual, todos ou a maioria devem ter comunicado EQMs, mas apenas 18 por cento o fizeram.

Alguns procuram explicações de experiências fragmentárias, fugazes, induzidas por drogas, hipogravidade ou estímulo elétrico[111] em pacientes não inconscientes nem próximos da morte. Mas, como observa van Lommel, as lembranças não EQM consistem de memórias fragmentadas e aleatórias, diferentes da revisão de vida panorâmica que pode ocorrer na EQM. Além disso, raras vezes se comunicam processos transformadores após as experiências induzidas.[112]

Não se discute o fato de ser possível ocorrer um estado mental incomum em consequência de drogas, estímulo ou hipogravidade. Contudo, as EQMs ocorrem quando os pacientes se encontram em estado de morte clínica e, em geral, resultam em importante mudança de vida. Isso é que necessita de explicação.

Alguns afirmam que os pacientes de EQMs apenas enfeitam com o tempo as lembranças de crises médicas. Mas os de van Lommel foram entrevistados a poucos dias da RCP, ou seja, cedo demais para lembranças douradas. Ainda assim, o jornalista científico Jay Ingram observa que a opinião de van Lommel é "repelente para muitos", e dispara: "Quem vai dizer que algumas [EQMs] não foram falsamente lembradas nos dias e nas semanas que se seguiram à hospitalização dos pacientes?"[113]

Quem, de fato? Sim, os pacientes poderiam confabular para chamar atenção ou agradar aos médicos — com exceção de uma coisa. Os que passaram por EQMs mostraram altos índices de mudança de atitude-chave anos depois (por exemplo, perda do medo da morte) em relação aos pacientes não EQMs. Uma conclusão mais racional é que os primeiros experimentaram um estado lúcido que provocou mudanças reais, e que esse estado merece mais estudo.

A psicóloga Susan Blackmore também trata das mudanças de vida em consequência de EQMs, explicando:

As poucas comprovações existentes sugerem que essa mudança ocorre em função do simples fato de enfrentar a morte, não de ter uma experiência de quase-morte, mas, quando os pacientes de EQMs se comportam de forma altruística, isso ajuda a propagar seus memes EQM — "Sou uma pessoa boa, não sou tão egoísta agora, acredite em mim. Fui mesmo ao céu." A vontade de concordar com essa pessoa francamente boa ajuda a propagar os memes. E se o sobrevivente de EQM o ajuda de fato, você talvez queira continuar os memes EQM como uma maneira de retribuir a bondade. Assim, os memes EQM se

Para uma ciência não materialista da mente 199

espalham e, entre eles, está a ideia de que as pessoas que tiveram EQMs agem de forma mais altruística.[114]

A explicação de Susan não explica nada. Primeiro, o fato de apenas enfrentar a morte não causa mudanças de vida. Se assim fosse, quase todos os sobreviventes de ataques cardíacos mudariam de vida, e a pesquisa mostra que não. Quanto ao restante, ela simplesmente afirma que a mente humana é governada por "memes" — hipotéticas unidades de pensamento que se repetem (ver Capítulo 7), equivalentes intelectuais dos "genes egoístas" de Dawkins. Trata-se de um conceito supérfluo e inverificável. Em contraste, a morte clínica, os relatos verificáveis e a mudança de comportamento após as EQMs são todas testáveis.

A abordagem do neurologista Jeffrey Saver e do médico John Rabin para essa questão ilustra bem as dificuldades da posição materialista.[115] Citando as EQMs de alpinistas acidentados, eles identificam corretamente os fatores em comum: "Embora algumas experiências de quase-morte sejam angustiantes ou infernais, a maioria é serena e agradável e às vezes gera mudanças duradouras de crenças e valores." Afirmam que a EQM talvez seja um mecanismo de sobrevivência, "a atividade do sistema límbico induzido por endorfina ou um bloqueio de NDMA [N-metil-D-aspartato, um neurotransmissor excitatório no sistema nervoso mamífero], receptores de glutamato por moléculas neuroprotetoras, que talvez amorteçam a excitoxicidade do glutamato nos grupos hipóxico-isquêmicos".

Mas essas sugestões não explicam o que mais necessita ser explicado: que os pacientes comunicam informações depois verificadas e relatam experiências com consequências por toda a vida dos períodos em que foram declarados clinicamente mortos. Talvez sentindo que não haviam lidado com o problema principal, Saver e Rabin continuam e invocam um modelo explanatório a essa altura conhecido: a psicologia evolucionária (nós nos comportamos dessa forma porque foi assim que sobreviveram nossos ancestrais):

Para a presa colhida por um predador, a imobilização passiva e o fingir-se de morto às vezes promovem a sobrevivência. De modo mais generalizado, a clareza da percepção e a visão interna associadas à dissociação poderiam permitir aos indivíduos a identificação e a realização de estratégias antes desconhecidas para escapar das circunstâncias desesperadas que podem causar a morte.[116]

Fingir-se de morto? Os gambás assustados de fato mergulham em profunda inconsciência, e os predadores que desdenham carniça às vezes os descartam. Também é verdade que alguns seres humanos sobreviveram a massacres fingindo-se de mortos. Mas os estados de quase-morte não podem ter sido uma estratégia de sobrevivência no passado remoto, porque só as intervenções de alta tecnologia nas últimas décadas permitiram a um significativo número de pessoas retornar deles e falar de suas experiências. A EQM, em contraposição, ocorre num estado *não fingido* de morte clínica verificável, portanto dificilmente em posição de inventar estratégias inteligentes de sobrevivência. Longe de terem uma estratégia de sobrevivência, os que passam por EQMs muitas vezes se decepcionam quando se veem de volta à vida.

A EQM indica alguma coisa além da mera sobrevivência, que Saver e Rabin erroneamente supõem ser a meta de toda existência. Suas sugestões mostram em essência que são tão fracas as explicações das EQMs segundo o materialismo que os materialistas sequer conseguem tratar da substância básica da experiência de EQM, e assim começam a falar sobre outro assunto — por exemplo, um mamífero que se torna inconsciente de pavor é rejeitado como carniça. Trata-se de uma característica frequente das explicações materialistas de EQMs.

RELIGIÃO E EQMs

Precisamos lembrar que Satanás tem a habilidade de aparecer como "anjo de luz" e como "servo dos justos"... Sua meta, obviamente, é levar as pessoas para o mau caminho. Alegra-o imitar um ser de luz se o resultado final permitir-lhe afastar as pessoas do verdadeiro Cristo das Escrituras.[117]

— Ron Rhodes, presidente do Reasoning
from the Scriptures Ministries (Ministério de
Fundamentação das Escrituras), sobre o
perigo das EQMs

Os materialistas não estão sozinhos no mal-estar com as EQMs. Como observou Neal Grossman, testemunhos corroborados de EQMs talvez não apoiem as doutrinas de alguns grupos religiosos. Pior, talvez apoie as doutrinas de um grupo concorrente. Por exemplo, se a identidade e o senso de missão de um grupo religioso se dedicam a pregar um Deus vingativo ou inescrutável, o grupo não comemora a seguinte descoberta geral:

> Há um julgamento, de fato, mas os relatórios parecem concordar em que todo julgamento vem de dentro do indivíduo, não do Ser de Luz. Parece, na verdade, que Deus só é capaz de dar-nos amor incondicional.[118]

Por outro lado, o que alguns pacientes de EQMs sentem mesmo é angústia. Isso talvez contradiga a afirmação de outro grupo de que o tormento com as escolhas passadas é impossível, mesmo quando autoinfligido. Assim, os dois grupos podem evitar ou negar as EQMs e continuar a debater a doutrina, afastados da ameaça de provas. Seus receios na certa são infundados por vários motivos.

As pessoas interpretam as EQMs usando linguagem e conceitos existentes. Como observa van Lommel: "A natureza subjetiva e a ausência de uma estrutura de referência para essa experiência levam a fatores individuais, culturais e religiosos que determinam o vocabulário usado para descrever e interpretar a experiência."[119] Quantas línguas conhecidas têm vocabulário para a EQM? Criam-se línguas para interpretar experiências habituais, não incomuns, e talvez errem em certos pontos. Nem todas as bases de conhecimento são igualmente corretas ou úteis para interpretar uma experiência, e nem todo mundo tira conclusões razoáveis. Mas os que passam por EQMs não estão sozinhos nessa dificuldade. Os místicos queixam-se com frequência de que a linguagem não é adequada à descrição de experiências místicas, como veremos no Capítulo 7.

As mudanças básicas dos pacientes de EQMs são estáveis com o passar do tempo, comparadas com um grupo de controle. Essas mudanças precisam ser levadas em conta. As pessoas não mudam de vida para uma orientação mais espiritual em torno de ilusões fugazes ou trivialidades.

Os pacientes de EQMs em geral confirmam os valores básicos das religiões do mundo. Como nota Grossman, os pacientes de EQMs tendem a internalizar os valores de sua religião, pois começam a vê-los

202 O CÉREBRO ESPIRITUAL

não como especulação ou dogma, mas como fatos verificados. Ele comenta: "Uma consequência da revisão de vida é que parece uma grande desvantagem para si mesmo prejudicar outra pessoa, em termos físicos ou psicológicos, pois qualquer dor que se causa ao outro é sentida como sua própria na revisão da vida."[120]

Pesquisa de EQMs e Medicina

> Quando me trouxeram de volta, senti muita culpa por não haver desejado voltar, pois me sentia muito bem. Trabalhei com o meu médico e depois com o meu pastor, porque me aborrecia muito mesmo o fato de que eu não queria voltar... Na época, meu filho tinha 2 anos e minha filha, 5.[121]
>
> — Paciente descrevendo sentimentos contraditórios após uma EQM

As EQMs ocorrem com mais frequência do que a equipe médica percebe. A maioria das mudanças de atitude e personalidade é positiva, mas às vezes, algumas representam um desafio. Por exemplo, muitos pacientes de EQM comunicam sentimentos contraditórios sobre a ressuscitação. Não sabemos quantos deles — infelizes com a perspectiva de sobrevivência — se esforçam e sucumbem no início do período pós-operatório. Van Lommel, por exemplo, descobriu que um número muito maior de pacientes que passaram uma EQM morria dentro de trinta dias após a RCP do que os pacientes que não a experienciaram.[122] Os profissionais de saúde que percebem que o paciente passou pela morte e achou-a atraente podem reorientá-lo melhor para a vida cotidiana. Podem, inclusive, apoiar o paciente da pós-EQM sem necessariamente abraçar a posição dele sobre a natureza da EQM.

As EQMs dentro de uma estrutura materialista

O filósofo Grossman descobriu que discutir sobre EQMs com materialistas convictos é, em geral, uma perda de tempo. Reproduzindo o trecho de um diálogo frustrante, lembra:

> Exasperado, perguntei: "O que seria necessário, exceto ter uma experiência de quase-morte, para convencê-lo de que é real?"

De modo muito desinteressado, num piscar de olhos, a resposta foi: "Mesmo que eu fosse ter uma experiência de quase-morte, concluiria que estava alucinando, ao contrário de acreditar que minha mente pode existir independentemente do meu cérebro."[123]

Grossman refletiu depois: "Foi uma experiência importante para mim, pois ali estava um homem educado e inteligente me dizendo que não abandonaria o materialismo, acontecesse o que acontecesse. Nem a prova da própria experiência o faria abandonar o materialismo."[124]

Os materialistas parecem achar que EQMs não podem se encaixar em uma estrutura materialista e devem outorgar-se a condição de melhores juízes. No entanto, parece haver um bom motivo para acreditar que a mente, a consciência e o eu podem continuar quando o cérebro deixa de funcionar, e que, por isso, as EQMs ocorrem quando o cérebro está morto em termos clínicos. Mas isso também indica outra situação — que a mente pode agir de modo independente. Se assim for, poderia ela agir sobre outras mentes ou objetos?

Psi: o efeito que não quis ser desacreditado

Esses fenômenos perturbadores parecem negar todas as nossas ideias científicas habituais. Como gostaríamos de desacreditá-las! Infelizmente, as provas estatísticas, pelo menos para telepatia, são esmagadoras. É muito difícil reorganizar as próprias ideias de modo a encaixar esses novos fatos.[125]

> — A. M. Turing, pioneiro da
> inteligência artificial

Turing sentiu um "frio conforto" com a ideia de que talvez fosse possível reconciliar de algum modo fenômenos paranormais com teorias científicas bem estabelecidas. Discordamos dele. Desconfiamos que, se fenômenos como telepatia, previsões e telecinesia acabarem revelando que existem (e se propriedades admiráveis atribuídas a eles se comprovarem), as leis da física não seriam apenas *receptivas* para acomodá-las; só uma importante revolução em nossa visão do mundo científico poderia fazer-lhe justiça.[126]

> — Douglas R. Hofstadter e Daniel C. Dennett,
> *The Mind's I*

204 O CÉREBRO ESPIRITUAL

Em meio à proclamação de todos os disparates e excessiva tolice em nome dos fenômenos psíquicos, o uso mal informado do termo "parapsicologia", os autointitulados "pesquisadores parapsicológicos", o eterno alvo de riso de mágicos e conjuradores... É pra valer? A resposta é: Sim.[127]

— Dean Radin, *The Conscious Universe*

Em 2004, o *New Scientist* publicou uma matéria de capa: "Poder do Paranormal: por que não se renderá à ciência."[128] Os leitores que esperavam ler sobre médiuns fraudulentos virando altos tecnólogos se decepcionariam. Verifica-se que o obstinado problema é um pequeno efeito estatístico de estudos de laboratório controlados, o *efeito psi*, termo geral para fenômenos telepáticos e psicocinéticos. Os seres humanos, acaba-se sabendo, comunicam-se com os outros sem entrar em contato com eles (*telepatia*) e movem a matéria sem tocá-la (*telecinesia*), como influenciar o padrão de difração de um raio de luz — consistentemente acima da chance estatística.

Como comenta John McCrone, do *New Scientist*: "Talvez se desenterre algum artefato estatístico que explique isso."[129] Talvez sim, mas esse padrão vem persistindo há décadas. McCrone prossegue em sua queixa: "Em muitos aspectos, é a comunidade cética que anda para trás, sem conseguir refutar os resultados em termos de engano, artefato ou feliz acaso. Eles recuam para fazer ruídos suspeitos sobre o motivo de os crentes obterem resultados."[130]

Como vimos, o termo "cético" adquiriu um sentido bem limitado. Seu significado não é mais "aplicar rigoroso julgamento crítico" ou "materialismo defensivo". Os céticos, nesse sentido, raras vezes são céticos sobre argumentos em favor do materialismo, mesmo quando evidenciam a prova. Mas qual *é* a prova que deixa McCrone e outros tão nervosos? A *New Scientist* estava apenas reconhecendo uma mudança importante no tratamento do efeito psi nos últimos anos.

Como observa o pesquisador da consciência não materialista Dean Radin: "Há divergências sobre a interpretação das provas, mas a verdade é que quase todos os cientistas que as estudaram, *incluindo os céticos teimosos*, agora concordam que vem acontecendo alguma coisa interessante que merece atenção científica legítima."[131] Curiosamente, o filósofo Sam Harris, figura não muito simpática, admite isso em *The end of faith: religion, terror, and the future of reason* (2004), em que reconhece "um corpo de dados que atestam a realidade de fenômenos, muitos dos quais ignorados pela ciência dominante."[132] E admite:

> A máxima segundo a qual "afirmações extraordinárias exigem provas extraordinárias" permanece um guia razoável nessas áreas, mas isso não significa que o universo não seja muito mais estranho do que supõem muitos de nós. É importante compreender que um saudável ceticismo científico é compatível com uma abertura fundamental de mente.[133]

Harris pouco tem a temer, por dois motivos. Um saudável ceticismo científico é, *por definição*, compatível com uma fundamental abertura da mente. De qualquer modo, reconhece-se cada vez mais a parapsicologia, o estudo de efeitos psi, como uma legítima disciplina científica.

A Associação Parapsicológica, uma sociedade científica internacional, foi eleita afiliada da Associação Americana para o Avanço da Ciência (AAAC), a Associação Americana de Psicologia e a Associação Estatística Americana. Instituições como a ONU, Harvard e Laboratórios Bell têm convidado palestrantes sobre o estado da pesquisa psi. Também foram preparados relatórios pelo Congressional Research Senice, Army Research Institute, National Research Council, Office of Technology Assessment e American Institutes for Research (o último encomendado pela CIA). Todas as cinco críticas concluíram com base em provas experimentais que certas manifestações de fenômenos psíquicos mereciam sério estudo científico.

Talvez, porém, a mudança mais importante em termos culturais tenha sido a nova atitude com os efeitos psi em manuais universitários, que em geral ensinam posições ortodoxas e dominantes. Em *Introdução à psicologia*, Richard C. Atkinson e três coautores comentam no prefácio de 1990:

> Os leitores devem notar uma nova seção no Capítulo 6 intitulado "Fenômenos Psi". Discutimos parapsicologia em edições anteriores, mas fomos muito críticos à pesquisa e céticos em relação às afirmações feitas no campo. Embora ainda tenhamos fortes reservas sobre grande parte da pesquisa em parapsicologia, consideramos o recente trabalho sobre telepatia digno de cuidadosa consideração.[134]

206 O CÉREBRO ESPIRITUAL

Apesar das ressalvas, os comentários citados assinalam um desvio de opinião em que se tratavam os efeitos psi, sobretudo como um exemplo da tendência de alguns indivíduos a acreditar em coisas que não são verdadeiras em relação a uma visão que indaga o que racionalmente sugerem as provas.

FRAUDES DE CELEBRIDADES "PARANORMAIS"

"Tenho aqui ao meu lado um senhor idoso" é uma questão, uma sugestão e uma adivinhação feitas pelo "leitor", que espera alguma reação do voluntário, e, em geral, a obtém. A reação pode ser apenas um aceno da cabeça, o nome verdadeiro de uma pessoa, ou uma identificação (irmão, marido, avô), embora seja fornecida PELO VOLUNTÁRIO, não pelo leitor.[135]

— Mágico Randi, explicando um truque padrão

Psi é um efeito estável, de *nível baixo*, mas geralmente um pouco alto demais para ser obra do acaso. Assim, um motorista de ônibus escolar que marca constantemente mais pontos que o provável em telecinesia — por mais interessante que ele possa ser para os pesquisadores — não ganhará IBOPE na tevê. A celebridade paranormal precisa de efeitos teatrais para continuar no show business e às vezes até recorrer à psicologia de massa ou truques para criar a impressão de espantosas façanhas. O mágico James Randi e outros se tornaram adeptos na identificação dessas técnicas manipulativas. Mas as técnicas pelas quais uma celebridade paranormal atrai e mantém a audiência nada demonstra sobre o efeito psi no laboratório. Para a ciência, são os estudos controlados que têm importância.

Na verdade, a maioria dos mágicos não desdenha os fenômenos psíquicos apenas por conta do circo da mídia em torno de celebridades paranormais. A maioria dos mágicos pesquisados em dois estudos separados indicou que eles acreditam que o efeito psi é real.[136] O que eles não fazem é afirmar que psi é a base de sua carreira no show business.

Outro equívoco difundido é que psi devia conferir virtualmente poderes mágicos ou certificar excelente caráter. Em recente comunicado à imprensa sobre o uso de paranormais em investigações criminais, um grupo humanista secular questionou os recentes casos de crianças desaparecidas:

Onde estavam [os paranormais] enquanto os pais e a polícia se desesperavam em busca de informações exatas? Se eles podem fazer o que afirmam, por que esses detetives paranormais não estão aí fora salvando a vida das pessoas, em vez de aparecer em programas de entrevistas e promover seus livros?[137]

Psi *não* é uma forma de magia. É um efeito de nível baixo demonstrado em muitos estudos de laboratório. Se celebridades paranormais ajudam a polícia ou se autopromovem de maneira irresponsável já é outra questão.

Estudos controlados sobre efeito psi

Dificilmente é possível que se possam verificar algumas dessas afirmações paranormais por sólidos dados científicos. Mas seria tolice aceitar qualquer uma delas sem adequada comprovação.[138]
— Carl Sagan, *O mundo assombrado pelos demônios*

Tomar aspirina reduz a probabilidade de um ataque cardíaco a meros 0,8 por cento comparado a não tomar aspirina (são 8/10 de um ponto percentual). Esse efeito é dez vezes menor que o efeito ganzfeld de psi observado na metaanálise de 1985.[139]
— Dean Radin, *The Conscious Universe*

A existência de um efeito psi é bem verificada. Para a telepatia, de 1974 até fins de 1997, relataram-se os resultados de cerca de 2.550 sessões ganzfeld (privação sensorial) em pelo menos quarenta publicações por pesquisadores em âmbito mundial, incluindo estudos que usaram imagens geradas por computador (autoganzfeld) para evitar contaminação por intervenções humanas (o efeito "dedo gorduroso"). Em geral, os estudos revelam que as pessoas às vezes recebem pequenas quantidades de informação específica de certa distância que não depende dos sentidos comuns.[140] Uma metanálise (i.e., uma técnica de sintetizar resultados de pesquisa usando vários métodos estatísticos para coleta, seleção e combinação de resultados de estudos anteriores separados mas relacionados) de todos os estudos ganzfeld de telepatia até 1997 revelou a probabilidade de 1 trilhão para 1 contra o acaso.[141]

208 O CÉREBRO ESPIRITUAL

Para a psicocinesia, a pesquisa atual usa um gerador de número aleatório (GNA), um circuito eletrônico que gira aleatoriamente uma "moeda" em movimentos interrompidos, enquanto os resultados são gravados. Em uma típica experiência moderna, picos aleatórios de ruído ou decadência radioativa que ocorrem milhares de vezes por segundo interrompem um relógio controlado por cristal que está contando a uma taxa de 10 milhões de ciclos por segundo. O estado do relógio, quando interrompido, produzirá 1 ou 0. Pede-se ao indivíduo experimental que influencie o resultado dó GNA "desejando" o 1 ou o 0. Revelou-se durante sessenta anos de jogada de dados e GNAs um pequeno, mas estável, efeito, que é confiável independentemente do indivíduo ou de quem realiza a experiência e se mantém quando investigadores independentes ou céticos participam.[142] Uma metanálise que examinou 832 estudos GNA realizados nas últimas décadas mostrou probabilidades contra o acaso de 1 trilhão para uma.[143]

Também há o caso curioso de correlações de pessoas separadas. Em um estudo publicado em *Neuroscience Letters* (2003), Jiří Wackermann e colegas descobriram que dois seres humanos podem coordenar seus estados elétricos comuns quando separados um do outro.[144] O interessante é que não tem importância se os indivíduos eram emocionalmente próximos, e em nenhum lugar no cérebro o efeito foi de forma rotineira mais pronunciado. Escrevem os autores: "Deparamos com um fenômeno que não é facilmente descartado como uma falha metódica ou um artefato técnico, nem facilmente entendido quanto à sua natureza. Não se conhece no presente qualquer mecanismo biofísico que poderia ser responsável pelas correlações entre EEGs de dois indivíduos estudados separadamente."

Ao todo, quanto mais sofisticadas se tornam as experiências, mais evidente parece ser o pequeno, embora estável, efeito, e elucidá-lo torna-se cada vez mais difícil.

Explicação materialista para psi

Apesar de infindáveis pronunciamentos e historinhas na imprensa popular, e do constante filete de pesquisa séria sobre essas questões, não há qualquer prova importante ou digna de confiança de que esses fenômenos sequer existam. Uma grande lacuna entre a convicção

Para uma ciência não materialista da mente

popular sobre esse assunto e a atual prova é algo que por si só exige pesquisa. Pois não há um único efeito parapsicológico que possa ser repetido ou confiavelmente produzido em qualquer laboratório bem equipado para realizar e controlar a experiência. Nem um único.[145]

— Paul Churchland, filósofo materialista

A ciência na verdade não pode falar de coisas como telepatia, crença, *et cetera*, de maneira alguma... Tudo que sabemos sobre leis físicas considerariam completa e irrefutavelmente que isso não acontece, que não é a forma como as coisas funcionam.[146]

— Ursula Goodenough, bióloga e
naturalista religiosa

Aos poucos, na década de 1990 [o ceticismo] foi se deslocando de controvérsias sobre a existência de efeito psi para como explicá-lo... Os céticos que continuam a repetir as mesmas afirmações de que a parapsicologia é uma pseudociência, ou que não existem experiências reproduzíveis, são mal informados não apenas sobre o estado da parapsicologia, mas também sobre o atual estado do ceticismo![147]

— Dean Radin, *The Conscious Universe*

Em geral, os materialistas reagem ao psi de quatro maneiras: negação categórica, afirmações de que a ciência não pode tratar psi, alegações de que se trata de um efeito trivial e proposição de hipóteses alternativas que permanecem não testadas. Paul Churchland, citado anteriormente, talvez duvide de que qualquer laboratório que produza prova de psi seja "bem equipado". Ursula Goodenough, também citada anteriormente, não explica como sabe, fora as provas, que a telepatia não faz parte de "como as coisas funcionam". Uma discussão útil deve ir além desse tipo de coisa.

O filósofo lógico positivista A. J. Ayer antecipou a afirmação de "efeito trivial" quando observou em 1965 (época em que o padrão de efeitos psi era claro):

A única coisa admirável sobre o indivíduo a quem se credita percepção extrassensorial é que ele é consistentemente muito melhor na adivinhação de cartas do que se revelou ser a maioria das pessoas comuns. O fato de ele também sair-se "melhor que a probabilidade" não prova nada em si mesmo.[148]

210 O CÉREBRO ESPIRITUAL

Trata-se de uma evasão. O que "melhor a probabilidade" demonstra é a existência de um efeito psi, exatamente o que os pesquisadores psi tentavam determinar. Embora pequeno, o efeito é importante porque mostra que a atual explicação materialista do universo não é correta.

Para a ciência, não se podem ignorar efeitos pequenos e persistentes. Às vezes eles forçam uma revisão de importantes paradigmas. Por exemplo, Lorde Kelvin observou em 1900 que existiam apenas "duas nuvenzinhas escuras" no horizonte da física clássica newtoniana da época, ou seja, as medidas da velocidade da luz e o fenômeno da radiação de corpos negros, de Michelson e Morley. Kelvin tinha certeza de que essas problemáticas nuvenzinhas se dissolveriam em breve,[149] apesar de toda a física moderna — relatividade e mecânica quântica — derivar dessas duas nuvenzinhas escuras.

A quarta opção, propondo hipóteses alternativas que permanecem não testadas é tratada por Dean Radin. O resultado é que isso desencoraja cientistas sérios, mas encoraja "crentes" cujos compromissos emocionais justificam suspeita:

> Se cientistas sérios são impedidos de investigar afirmações de psi por temer pela sua reputação, resta quem para realizar essas investigações? Céticos extremos? Não, porque o fato é que a maioria dos extremistas não faz pesquisa; eles se especializam em crítica. Crentes extremistas? Não, porque em geral eles não se interessam por realizar rigorosos estudos científicos.[150]

Claro, não precisamos supor que todos estão insatisfeitos com essa situação. Isso retarda o avanço da psicologia para a vanguarda de provas contra o materialismo.

Psi dentro de um contexto científico

A parapsicologia não é uma procura equivocada de mistérios bizarros, nem uma procura tenuemente velada da alma. Psi, em vez disso, é o estudo de uma questão antiga e inteiramente não resolvida: é a mente

Para uma ciência não materialista da mente 211

causal, ou é causada? Somos zumbis com "nada" dentro, ou somos criaturas automotivadas livres para exercer nossa vontade?[151]

— Dean Radin, *The Conscious Universe*

Psi precisa encontrar seu lugar dentro de um paradigma baseado em provas de física, psicologia e neurociência. Contudo, a elaboração e a verificação de uma hipótese para psi enfrentam alguns obstáculos em um ambiente materialista.

Pensem no destino do efeito placebo, por exemplo. Embora o efeito seja algo estabelecido na medicina, é tratado como um mistério ou uma chatice confusa. O motivo é claro: na ciência materialista, uma hipótese válida do efeito placebo deve explicar ou sua existência ou sua eficácia. O mesmo se aplica a psi. Uma hipótese aceitável examina as provas a fim de eliminar psi como um efeito real. O estudo de psi deve assemelhar-se à exobiologia (estudo de formas de vida extraterrestres), estudo sem objeto sob exame — com exceção de que um dia a exobiologia pode admitir ter um objeto sob exame, mas psi jamais.

Radin sugeriu uma relação entre psi e emaranhamento quântico que talvez gere hipóteses testáveis, embora com algumas qualificações importantes. Uma teoria adequada de psi, segundo ele, sem dúvida não será a teoria quântica como atualmente entendida.

> Em vez disso, a teoria quântica existente acabará por ser vista como um caso especial de como se comporta a matéria *inanimada* em certas circunstâncias. Os sistemas vivos talvez exijam uma teoria totalmente nova. A teoria quântica nada diz sobre os conceitos de alto nível como *sentido* e *propósito*, mas os fenômenos psi "brutos" parecem ter íntima relação com esses conceitos.[152]

Segundo ele, a ciência "aos poucos perdeu sua mente" em consequência da separação de mente e matéria, iniciada cerca de três séculos atrás. O problema tornou-se sério no início do século XX, com a briga entre psicoterapia e behaviorismo, a primeira, não falseável, e o último, contrário aos fatos.[153] Surgiu então a era da "mente como máquina" na década de 1950. Mas o modelo do computador não conseguiu responder a importantes perguntas, pois são artefatos mentais e não são conscientes. Hoje, obviamente, precisamos optar por duas ideias falsificadas: de que a mente e a consciência não existem ou de que existem, mas não exercem qualquer influência. Novas direções seriam muito bem-vindas.

Radin sugere que a parapsicologia talvez aponte novas direções forjando elos entre a psicologia (que se originou como disciplina baseada na mente) e a neurociência e a ciência cognitiva (que se originaram como disciplinas baseadas na matéria). A parapsicologia supõe que o método científico pode tratar da mente, desde que as hipóteses propostas aceitem a existência da mente e sua eficácia.[154]

Psi e o fim da ciência

Os dados são o árbitro final de hipóteses.[155]
— Harald Wallach e Stefan Schmidt,
Journal of Consciouness Studies

A aceitação de psi levaria ao fim da ciência, como temem alguns? Os efeitos psi em estudos de laboratório não necessariamente apoiam historinhas sensacionais ou crenças tradicionais como descrição fiel da realidade. Psi sugere apenas que a mente é ligada com menos estreiteza a tempo e espaço como se tem suposto, e que seus efeitos não se limitam aos confins do cérebro e do corpo. São compatíveis com efeitos *quantum* bem estabelecidos, mas a ciência atualmente não consegue ir além.[156]

Psi mostra que milagres podem acontecer? As afirmações sobre milagres (as ações diretas de Deus em tempos históricos) estão fora da ciência experimental por definição, porque não se pode dispor de Deus como testemunha, nem obrigá-lo a servir como objeto de exame em pesquisa duplicável. Supondo, como faz a maioria dos americanos, que Deus existe, Seu envolvimento de vez em quando é uma questão de opinião em que a ciência experimental não tem *expertise* especial alguma.

Alguns materialistas, lamentavelmente, trapaceiam afirmando que suas teorias refutam ensinamentos religiosos sobre fatos históricos miraculosos, o que gera um improdutivo conflito com líderes religiosos. Na medida em que se identifica em termos explícitos um evento como intervenção divina, a ciência nada pode dizer de um ou de outro modo

Para uma ciência não materialista da mente 213

sobre sua probabilidade. Por essas e outras, pode-se ignorar o pessimismo materialista em relação aos riscos de aceitar a existência de psi.

Alguns estudos sobre a paranormalidade abordaram a questão da cura pela fé (por meio do poder espiritual). As afirmações em defesa da cura pela fé são tratadas no Capítulo 8, mas de qualquer modo envolvem uma suposição bem diferente e mais complexa do efeito psi. Na cura pela fé, *A* apela para a cura de *B* à fonte de poder *C*. Em outras palavras, o processo previsto é triangular — envolve três partes. *A* nem tenta influenciar *B* diretamente. Se a cura pela fé é verificada, talvez funcione em princípios diferentes dos de psi.

Harald Wallach e Stefan Schmidt oferecem algumas sugestões úteis para o próximo passo na pesquisa científica não materialista em *Repairing Plato's life boat with Ockham's Razor* [Consertando o barco salva-vidas de Platão com a Lâmina de Ockham] (2005). A Lâmina de Ockham é um firme princípio científico de que, entre duas explicações, deve-se preferir a mais simples. Mas as lâminas, como todas as ferramentas de corte, devem ser usadas com cautela. No momento, não temos uma boa teoria de psi nem muitos outros fenômenos não materiais que a ciência possa começar mapear. Wallach e Schmidt oferecem um princípio complementar, o Barco Salva-Vidas de Platão,[157] que nos permite recuperar dados conflitantes válidos para posterior reavaliação. Podemos pôr nesse barco fenômenos para os quais se tenham pelo menos bons indícios, embora ainda não possamos designar-lhes um lugar no quadro global. Sobre psi, sugerem:

> A partir do atual estado de conhecimento, é difícil estabelecer a telepatia ganzfeld como fato. No entanto, há diversos estudos com descobertas positivas para negar o fato de que, pelo menos às vezes, esse tipo de telepatia é possível. Consideramos os dados desafiadores o bastante para pôr a telepatia ganzfeld no Barco de Platão.[158]

Também sugerem a recuperação da eficácia da prece e da cura à distância, a interação direta entre sistemas vivos, a interação entre intencionalidade e geradores de números aleatórios (GNAs, microcinese), pré-cognição, telepatia e macrocinesia (a "força Pauli").[159] Há provas suficientes em cada caso para justificar a recuperação do que sabemos e desenvolver depois.

O valor prático do estudo de psi

Algumas controvérsias duradouras e intratáveis originam-se diretamente do mal-estar materialista com efeitos psi. Por exemplo, a questão de saber se paranormais sempre ajudam à polícia na procura de crianças está muitas vezes sujeita, na prática, a uma pauta destinada a provar que os efeitos psi jamais ocorrem. Os visíveis fracassos de paranormais da polícia então reforçam a afirmação *desvinculada* dos materialistas de que os efeitos psi não ocorrem. Os paranormais famosos talvez se sintam tentados a reagir ao programa materialista inflando seus sucessos. Contudo, se psi for aceito como um efeito estável e de nível baixo — como parecem sugerir as provas de laboratório —, a questão de saber se, onde, ou quando psi deve auxiliar a polícia pode ser resolvida a partir de uma simples análise sobre a melhor forma de usar os recursos.

Uma explicação de psi baseada em provas também poderia ajudar a combater a superstição. Uma pesquisa de opinião do Instituto Gallup divulgada em junho de 2005 apontava que três quartos dos americanos tinham alguma crença paranormal — pouca mudança em relação

---

Psi é um fenômeno sobrenatural?

Dizer que um fenômeno é "sobrenatural" implica dizer que vem de cima ou de fora da natureza. As religiões teístas supõem — como ponto de partida — que Deus está acima da natureza (sobrenatural). Portanto, os eventos causados pela ação direta, não intermediada, de Deus são sobrenaturais por definição.

Contudo, como observou há pouco o cosmólogo Rocky Kolb, da University of Chicago, não entendemos 95 por cento da natureza (energia escura).[160] Nas circunstâncias atuais, é uma interpretação forçada declarar um fenômeno identificado em laboratório como "sobrenatural" apenas porque não se encaixa em um paradigma materialista estabelecido.

Muitos materialistas alegaram que a ação a distância é impossível; portanto, psi tem de ser sobrenatural. Mas, dizem, o sobrenatural não existe, logo psi não existe. Então os resultados de laboratório devem estar errados. Na verdade, a força impulsionadora por trás de muitas tentativas de desacreditar psi parece ser medo do sobrenatural.

Para uma ciência não materialista da mente

aos resultados de 2001. Não há diferenças significativas nas crenças por idade, sexo, educação ou região,[161] embora pareça que as porcentagens aumentaram durante o último quarto de século.[162]

Alguns materialistas apregoam afirmações infundadas de que os efeitos psi foram desacreditados. Pessoas que atribuem experiências incomuns a psi reagem apenas desdenhando a ciência. Em consequência, correm o risco de ser vitimadas por superstições para as quais de fato *não* há boas provas.[163] Os pesquisadores não materialistas levam clara vantagem nisso porque não têm qualquer programa escondido para desacreditar todas as afirmações psi. Podem, assim, ajudar a discriminar entre suposições sobre forças paranormais que são — e *não* são — apoiadas por provas.

NÃO MATERIALISMO SIGNIFICA ANTIMATERIALISMO?

A ontologia materialista não obtém apoio algum da física contemporânea e é de fato contraditada por ela.[164]

— Mario Beauregard

Talvez devamos antes perguntar: qual *é* a natureza da natureza? Ela inclui eventos não sobrenaturais no sentido dado anteriormente, mas que também não são facilmente acomodados pelo materialismo?

Em relação a psi, podemos supor uma de duas coisas: (1) todo caso individual de psi é uma interferência direta na natureza, presumivelmente por uma força divina de fora do universo; *ou* (2) o universo permite mais emaranhamento que o paradigma materialista.

A segunda suposição cria muito menos problemas que a primeira. Não precisamos supor que, toda vez que um motorista de ônibus de meia-idade vence as probabilidades em um experimento psi, o universo foi invadido por fora, muito menos, como muitas vezes insistiram os céticos unidirecionais, que a "ciência" está em perigo ou a "religião está invadindo a ciência", ou "uma nova escuridão da Idade Média" se abate sobre nós.

A pesquisa pode determinar as circunstâncias em que ocorre o emaranhamento acima do nível quântico, resultando em aparente ação a distância.

216 O CÉREBRO ESPIRITUAL

Para as pessoas de inclinação científica que procuram uma base racional para a crença em que é possível uma verdadeira ação ética, o epigrama de James, "O esforço volitivo é o esforço da atenção", precisa substituir o *Cogito ergo sum* como a descrição essencial da forma como sentimos a nós mesmos e nossa vida interior. A mente cria o cérebro. Temos a capacidade de fazer a vontade e, portanto, a atenção originarem-se de uma única possibilidade nascente que luta para nascer no cérebro e, desse modo, transformar essa possibilidade em realidade e ação.[165]

— Jeffrey M. Schwartz e Sharon Begley,
The Mind and the Brain

A pergunta anual de 2006 do principal reservatório de pensamento materialista, o Edge, foi: "Qual é a sua ideia perigosa?" Choveram 117 respostas, quase todas de materialistas importantes. Ficamos pasmos ao ver como as ideias na verdade *não* são nem um pouco perigosas. O saguão da faculdade apenas bocejará diante da ideia de que "não passamos de um bando de neurônios" (Ramachandran, citando Crick), ou "que não existem almas" (Bloom, Horgan, Provine), ou que não existe livre-arbítrio (Dawkins, Metzinger, Shirky), ou que o eu é um zumbi (Clark). Ninguém se animará ao ouvir que "o mundo natural é tudo que existe" (Smith), que Deus na certa é um conto de fadas (Weinberg), ou que "tudo é inútil" (Blackmore). Essas ideias não são perigosas na academia contemporânea, assim como não são surpreendentes ou interessantes — ou, a esta altura, bem fundamentadas em particular.

O irônico é que algumas das principais matérias de noticiário de 2005 foram controvérsias em torno de ideias sobre ciência. Por exemplo, a do design inteligente. O cientista que quisesse dizer algo verdadeiramente perigoso poderia tentar dizer que as formas de vida do universo mostram indícios de design inteligente.[166] E também o presidente de Harvard, Larry Summers, acabou pedindo demissão por causa de comentários de que as diferenças na formação de gênero das faculdades de ciência refletem diferenças genuínas entre homens e mulheres, não apenas tendenciosidade. Nem a defesa do design inteligente nem Summers esperaram muito tempo para serem engolidos pela fúria.

Se quiser dizer algo perigoso, é necessário criar risco onde *você* vive. A percepção dos materialistas acerca de suas próprias ideias como "perigosas" não passa de estigmatização sem substância. O verdadeiro

Para uma ciência não materialista da mente 217

risco é que as ideias deles vêm sendo aos poucos e sistematicamente refutadas. Mas *não* é um perigo que eles demonstrem o mínimo de vontade de cuidar.

Como vimos, pode-se defender com coerência científica uma visão não materialista da mente e da consciência. Mas o não materialismo não é antimaterialismo. Isto é, *a ciência não materialista acomoda todos os fenômenos que podem ser mostrados como de caráter apenas material. Mas isso não* exige *que todos os fenômenos sejam assim mostrados — uma diferença crucial da ciência materialista.*

A ciência não materialista evita muitos projetos improdutivos, como tentar provar que todas as EMERs são rastreáveis a um oscilante circuito neural, gene ou episódio na história evolucionária, que a consciência e o livre-arbítrio não existem, que as EQMs são meras fantasias, ou que os fenômenos psi jamais ocorrem. Se uma visão não materialista for correta, esses becos permanecerão sem saída (apesar de breves clarões de glória na mídia da ciência popular), porque *os pesquisadores estão na trilha errada.* Quando os indícios aumentam, precisam ser tratados, não descartados.

Como vimos, uma visão não materialista tem aplicações práticas, além de interessantes direções de pesquisa, sobretudo na ciência médica. Pode:

pôr distúrbios antes intratáveis no âmbito de tratamento;

controlar o poder do efeito placebo, em vez de tratá-lo como um constrangimento;

permitir aos profissionais de saúde entender melhor os desafios enfrentados pelos pacientes que tiveram EQMs; e

oferecer uma visão dos efeitos psi com base em provas.

De fato, por toda a história, a maioria dos seres humanos tem simplesmente agido como se o não materialismo fosse verdadeiro. Muitos tiveram EMERs: alguns se tornaram místicos muito sérios. Como são os místicos sérios? Quais experiências eles têm relatado? Vejamos isso no Capítulo 7.

SETE

Quem vive experiências místicas e o que as provoca

Estudos místicos trazem consigo, assim como a música ou a poesia — embora em grau muito mais elevado —, uma estranha euforia, como se nos levassem para mais perto de uma poderosa fonte de Ser, como se estivéssemos finalmente na iminência de desvendar o segredo que todos buscamos. Os símbolos apresentados, as exatas palavras empregadas, quando analisados, não bastam para explicar esse efeito. É preferível que essas mensagens do despertar do eu transcendental do outro tragam à tona a partir de seu sono nossos próprios eus mais profundos.[1]

— William James, psicólogo
pioneiro americano

Misticismo é uma das palavras mais mal empregadas na linguagem popular. Há mais de um século, o psicólogo americano William James observava que se tornara um epíteto abusivo, aplicado a "qualquer opinião que tomemos como vaga, exagerada e sentimental, e sem base nos fatos ou na lógica".[2] Pior ainda, segundo a pesquisadora britânica de misticismo Evelyn Underhill, o termo *misticismo* tem sido usado como "desculpa para todo tipo de ocultismo, pois dilui o transcendentalismo, o inane simbolismo, o sentimentalismo religioso ou estético e a má metafísica. Por outro lado, foi também empregado como um termo de desprezo por aqueles que criticam essas questões".[3]

220 O CÉREBRO ESPIRITUAL

Logo, o que de fato significa o misticismo? Felizmente, no século passado, vários intelectuais não místicos decidiram estudá-lo a sério.

O misticismo como meio de conhecimento

Uma das vantagens de trocar a humanidade por uma visão correta do mundo é o prazer resultante da descoberta da natureza mental do Universo. Não temos ideia do que essa natureza mental sugere, mas — o incrível é que — ela é verdadeira.[4]

— Richard Conn Henry, físico

W. T. Stace (1886-1967), intelectual do misticismo de meados do século XX, questionou se o mal-entendido não resultava de uma suposta identificação, em inglês, entre "misty" [nublado] e "misticismo".[5] Este deriva de uma palavra grega (*muo*), que significa "ocultar". A neblina oculta porque limita a visão. Os místicos sérios buscam acesso a níveis de consciência "ocultos" da vida diária. Ou, talvez, não tão ocultos quanto ignorados. Os níveis de consciência que não nos ajudam em nossas carreiras e relacionamentos tendem a cair em desuso. Se o acesso a eles nos transforma, jamais saberemos.

De qualquer modo, para tomarmos de empréstimo uma frase de G. K. Chesterton, uma coisa assim tão inteiramente repudiada, e em termos tão contraditórios, deve ter *algum* mérito. Então, o que é de fato o misticismo? Stace explica:

A característica mais importante e central em que todas as experiências místicas desenvolvidas por inteiro concordam e, em última análise, as define e serve para distingui-las de outros tipos de experiência é que envolvem a apreensão da unidade não sensória fundamental em todas as coisas, uma verdade única ou Una na qual não penetram os sentidos nem a razão. Em outras palavras, transcende completamente nossa consciência sensório-intelectual.[6]

Stace também observou que não se deve confundir experiência mística com telepatia ou telecinesia (que, como vimos, envolve interações mente-matéria específicas), nem, obviamente, com as várias afirmações sobre o "oculto". Podem-se agrupar as experiências místicas em categorias gerais; a maioria enquadra-se em um dos três tipos gerais de misticismo: monístico, panteísta e teísta. O misticismo monístico é a experiência mística da sensação de que o universo é criado em torno de um centro do qual tudo emana. No misticismo panteísta, o místico sente que todo o mundo externo representa o poder supremo, e que o que ele sente faz parte desse poder. No misticismo teísta, sentimos a presença do mais alto poder no universo, ou de um poder que vem de além do universo.

MISTICISMO E CIÊNCIA

Como explica Dean Radin, o místico assemelha-se ao cientista de várias formas surpreendentes:

> A ciência concentra-se em fenômenos externos e objetivos, enquanto o misticismo, nos internos e subjetivos. É interessante que inúmeros cientistas, intelectuais e sábios no correr dos anos tenham revelado profundas semelhanças subjacentes entre as metas, práticas e descobertas da ciência e do misticismo. Alguns dos mais famosos cientistas escreveram em termos quase indistinguíveis dos escritos místicos.[7]

Alguns cientistas descreveram suas próprias experiências místicas. Allan Smith, pesquisador médico de 38 anos residente em Oakland, Califórnia, estava sentado em casa sozinho numa noite em 1976, quando sentiu um estado que descreveu como "Consciência Cósmica":

> Não havia separação entre o eu e o restante do universo. Na verdade, falar que havia um universo, um eu ou qualquer "coisa" seria um equívoco — uma descrição tão incorreta quanto falar que havia "tudo". Dizer que o universo se fundiu com um objeto seria uma descrição tão adequada quanto a da entrada na Consciência Cósmica, mas durante a Consciência Cósmica não haveria "sujeito" nem "objeto". Todas as palavras do pensamento discursivo haviam parado, e não fazia sentido um "observador" comentar ou categorizar o que "acontecia". Na verdade, não existiam eventos discretos para "acontecer" — apenas um estado de ser unitário, atemporal.[8]

Ora, do ponto de vista científico, a proposta é igualmente simples. Ou existem níveis de consciência que nos dão maior intuição sobre nossa relação com a realidade ou não. Se existem, podemos tentar

222 O CÉREBRO ESPIRITUAL

captá-los, ou não. Se os captamos, aprendemos alguma coisa ou não. Os místicos são semelhantes aos cientistas pioneiros, aos mergulhadores submarinos ou astronautas, oferecendo-se como voluntários na busca e aceitando o resultado. Evelyn Underhill exclama: "Repetidas vezes os grandes místicos nos dizem, não como especularam, mas como agiram. Seus símbolos favoritos são os da ação: batalha, busca e peregrinação."[9]

Por que acessar níveis de consciência profundos e incomuns? As explicações dos místicos dependem de seus compromissos espirituais e de outra sorte, mas há um traço comum. Eles acreditam que alguns fatos fundamentais sobre a realidade jamais poderão ser explicados de forma correta separadamente das observações feitas nesse nível. Se a mente é o caráter fundamental do universo, como creem os místicos, a investigação deve envolver pelo menos algumas experiências da mente — e a única mente que podem oferecer é a deles próprios.

Como explica Evelyn Underhill em sua obra divisora de águas, *Mysticism* (1911):

> O misticismo... não é uma opinião: não é uma filosofia. Nada tem em comum com a busca de conhecimento oculto. Por um lado, tampouco é apenas o poder de contemplar a Eternidade: por outro, não se deve identificá-lo com qualquer tipo de esquisitice religiosa. É o nome desse processo orgânico que envolve a perfeita consumação do Amor a Deus: a realização aqui e agora da herança imortal do homem. Ou, se preferirem — pois significa a mesmíssima coisa —, a arte de estabelecer nossa relação consciente com o Absoluto.[10]

Os místicos são motivados tanto pelo amor quanto pelo interesse intelectual. O amor, porém, dificilmente chega a ser um conflito de interesses; é um motivo que os místicos partilham com a maioria dos pioneiros. Poucos arriscam os próprios eus, a menos que amem o que empreendem — e se disponham a aceitar o que descobrirem. Evelyn Underhill adverte:

> Em sentido algum, é possível dizer que o desejo de amor é apenas parte do desejo de perfeito conhecimento: pois essa ambição estritamente intelectual não inclui adoração, desgaste pessoal, sentimentos

Quem vive experiências místicas e o que as provoca

recíprocos entre Conhecedor e Conhecido. O simples conhecimento, tomado por si só, é uma questão de aceitar, não de agir: de olhos, não asas: uma coisa morta-viva, na melhor das hipóteses.[11]

ESTUDO FORMAL DO MISTICISMO

Embora a consciência se situe na terra de ninguém entre a religião e a ciência, reivindicada pelos dois lados, mas não entendida por nenhum deles, pode também conter uma chave para o aparente conflito entre essas duas grandes instituições humanas.[12]

— B. Allan Wallace, *The Taboo of Subjectivity*

A maioria dos textos sobre misticismo destinava-se apenas a orientar os místicos. Contudo, tanto nas tradições orientais quanto nas ocidentais, o estudo formal da consciência contemplativa e mística remete, no mínimo, ao século IV E.C.[13] Recebeu maior atenção no século XIX, com o advento da Psicologia como disciplina acadêmica, na qual três dos pesquisadores-chave foram William James, Evelyn Underhill e W. T. Stace.

William James (1842-1910). James, que estabeleceu o primeiro laboratório de psiquiatria nos Estados Unidos em 1875, influenciou gerações de pensadores em todo o mundo com seus trabalhos para compreender a consciência e outros fenômenos mentais, inclusive a espiritualidade. Em *As variedades da experiência religiosa* (1902), examinou muitas EMERs. James destacou os aspectos patológicos da personalidade de muitos que as experienciam, pois julgava que "os fenômenos são mais bem entendidos quando postos em suas séries, estudados no germe e na decomposição, e comparados com seus semelhantes exagerados e degenerados".[14] Mas, como sempre foi extremamente pragmático, jamais sucumbiu à tentação de supor que os sofrimentos psicológicos daqueles que passavam pelas EMERs explicavam suas experiências. James aceitava os indícios de que os místicos de fato acessam uma consciência além de si mesmos,[15] e com isso deu legitimidade aos estudos da espiritualidade, embora a compreensão que tivesse dos místicos e sua busca possa ter sido um pouco estorvada pelo compromisso com o pragmatismo como escola filosófica.

Não se deve confundir pragmatismo com materialismo. Este afirma que não existe realidade não material. O pragmatismo pergunta qual a utilidade prática (o valor "em dinheiro") de uma ideia. Os místicos afirmam o valor da consciência mística por conta própria, pelos mesmos motivos que os físicos quânticos afirmam o valor da física quântica por conta própria. A física quântica tinha imenso valor em dinheiro, mas dificilmente terá sido esse o motivação dos teóricos originais. O pragmatismo não é a melhor base para compreender qualquer busca cuja utilidade "prática" os pioneiros descartam.

Evelyn Underhill (1875-1941). Evelyn, membro do King's College, foi uma das primeiras mulheres na tradição anglicana britânica a quem se concedeu responsabilidade na direção espiritual. Talvez isso

---

Identificação da experiência mística

Segundo o pioneiro psicólogo William James (1902),[16] as principais características da experiência mística são:

1. *Inefabilidade*: "O sujeito da experiência imediatamente diz que ela desafia expressão."

2. *Qualidade noética*: "Embora muito parecidos com os estados de sentimento, os estados místicos se assemelham àqueles que os sentem e também são estados de conhecimento."

3. *Transigência*: "Não é possível manter os estados místicos por muito tempo... Frequentemente, quando se desfazem, só se pode reproduzir sua qualidade mística, de modo imperfeito, na memória." [Essa afirmação foi contestada.][17]

4. *Passividade*: "Uma vez iniciado o tipo característico de consciência, o místico sente como se o seu livre-arbítrio estivesse distante, e na verdade, às vezes, como se estivesse sendo agarrado e segurado por uma força superior."

Contudo, Evelyn Underhill (1911)[18] apresentou uma lista de certa forma diferente:

1. *O verdadeiro misticismo é ativo e prático*, não é passivo nem teórico; é um processo vital orgânico, algo feito por todo o eu, e não algo sobre qual o intelecto mantém uma opinião.

se devesse ao fato de ela "não ser igualada por qualquer dos professores profissionais da época" em teologia, segundo o obituário feito pelo jornal *Times*, embora ela não tivesse diplomas oficiais. *Mysticism* (1911), estudo sistemático dos textos de importantes místicos da tradição ocidental, permanece um clássico, fonte indispensável sobre o ponto de vista dos místicos do Ocidente.[19]

Walter Terence Stace (1886-1967). Funcionário público na Índia, Stace, que ensinou filosofia em Princeton, escreveu duas obras influentes, o erudito *Mysticism and Philosophy* [Misticismo e filosofia] (1960) e *The Teachings of the Mystics* [As Doutrinas dos místicos] (1960), este último destinado a um público popular. Reproduziu textos de filosofia mística de várias culturas e ajudou a reacender o interesse pela eru-

---

2. *Os objetivos do misticismo são inteiramente transcendentais e espirituais*. O misticismo não se interessa de modo algum por acrescentar, explorar, redistribuir ou melhorar coisa alguma no universo visível.

3. O Uno, para o místico, não é apenas a realidade de tudo que existe, mas também *um Objeto de Amor vivo e pessoal*, jamais um objeto de exploração.

4. *A união viva com esse Uno* é um estado ou forma definitivos de vida realçada.

O filósofo W. T. Stace (1960)[20] fazia distinção entre experiência mística *extrovertida* e *introvertida*.

Extrovertida: a natureza, arte, música ou objetos mundanos facilitam a consciência mística. De repente, são transfigurados pela consciência do Uno.

Introvertida: encontra-se o Uno "no fundo do eu, no fundo da personalidade humana".

Em geral, Stace encarava o misticismo introvertido como muito mais importante em termos históricos, porque escapava à limitação dos sentidos.

Essas listas são úteis, mas para diferentes fins. William James, que admitia não ser místico, descreve o misticismo de uma forma mais distanciada que Evelyn Underhill, pessoalmente mais simpática ao temperamento místico. Stace preocupava-se em primeiro lugar em separar a consciência mística de várias afirmações sobre os estados de consciência incomuns.

dição. R. M. Hood (1975) seguiu os seus passos, criando uma *escala mística*, uma medida que todas as equipes de pesquisadores de determinada questão podem usar, possibilitando com isso uma comparação talvez impossível se todos fizessem perguntas diferentes.[21]

Apesar das contribuições destes e de outros intelectuais, o estudo do misticismo foi em grande parte esquecido no século XX, auge do freudianismo, behaviorismo e psicologia evolucionária. A pergunta não era mais "O que sentem os místicos?", mas "O que há com eles, afinal? Pode-se dar um jeito? Ou será que está tudo bem, pois se trata apenas de disseminar genes?"

Em geral, desde o Iluminismo, a religião e as EMERs talvez tenham sido entendidas como fenômenos primitivos que simplesmente desaparecerão com o avanço da ciência e a secularização. Émile Durkheim (1858-1917), sociólogo pioneiro da religião, dizia que sua função é estabilizar a ordem social. "Em essência, nada mais é que um corpo de crenças e práticas coletivas dotadas de certa autoridade", explicava.[22] O rito e o ritual tornaram-se o foco da pesquisa séria porque se julgava que as crenças surgiam da realização dos rituais que mantinham a sociedade unida.[23] A sociologia da religião, em busca de dados concretos, concentrou-se na religião institucional, fácil de estudar. Tendeu a ignorar os efeitos da espiritualidade como tais, pois os indícios sugeridos eram muito mais importantes.

As análises resultantes explicavam de forma adequada o papel das igrejas estabelecidas, mas dificilmente explicariam o de alguns cristãos norte-americanos brancos e sulistas ajudando a acabar com a segregação no país na década de 1960, os quatro dias de procissão religiosa nas Filipinas que derrubaram Marcos em 1986, ou as manifestações ecumênicas que encerraram o regime de Ceausescu na Romênia em 1989.[24] Ou até mesmo o conflito entre investidores católicos e a Dupont sobre questões ambientais em 2006. Esses fatos resultam do "E" — a espiritualidade nas EMERs. Muitas vezes, a espiritualidade origina-se na experiência mística de alguém, o "M".

Como diz o sociólogo especializado em religião Peter Berger, a teoria da secularização afirma que "a modernização leva necessariamente ao declínio da religião, tanto na sociedade quanto na mente dos indivíduos".[25] Ele admite que sua obra anterior se baseou nessa opinião, mas agora acha que se enganou.

As experiências com a religião secularizada em geral fracassaram; os movimentos religiosos com crenças e práticas repleto de sobrenaturalismo reacionário (do tipo absolutamente proscrito em grupos acadêmicos que se respeitam) tiveram amplo sucesso.[26]

Em geral, a religião se concentrou na espiritualidade, embora não pudesse deixar de se alienar da ciência materialista. Um dos importantes motivos para isso é o predomínio das EMERs. As hipóteses, se um dia aceitas na academia, não oferecem uma explicação adequada para essas experiências. Por exemplo, um trabalho recente da *Medical Hypotheses* (2005) afirma que a experiência mística nas montanhas resulta da escassez de oxigênio e do isolamento social.[27] Imagina-se o que os autores deduzem das experiências místicas nos desertos, à beira de rios, em claustros ou em trens superlotados.

DESCRIÇÃO DAS EMERs

Neste meu êxtase, Deus não tinha forma, cor, odor; nem gosto, ademais, pois a sensação de sua presença não vinha acompanhada de uma determinada localização. Era antes como se minha personalidade fosse transformada pela presença de um *espírito espiritual*. Porém, quanto mais busco palavras para expressar esse íntimo intercurso, mais sinto a impossibilidade de descrevê-lo com qualquer das imagens habituais. No fundo, a expressão mais adequada a descrever o que senti é a seguinte: Deus estava presente no invisível; não se mostrava a qualquer um de meus sentidos, mas minha consciência o percebia.[28]

— Relato de experiência mística dado ao
psicólogo William James (1902)

A causa de tudo não é nem a alma nem o intelecto; tampouco tem imaginação, opinião razão ou inteligência; nem é razão ou inteligência; nem é falada ou pensada... Não é ciência nem verdade. Não é sequer a realeza ou a simpatia; não é uma, nem divindade; nem divindade nem divina; nem mesmo espírito como o conhecemos...[29]

— Dionísio Areopagita, século I, E. C.

228 O CÉREBRO ESPIRITUAL

Os místicos são famosos por não encontrarem palavras para explicar as experiências pelas quais passam. Talvez devêssemos esperar isso. Se você é daltônico, como vamos lhe explicar o vermelho? Sem dúvida, diremos o que vermelho representa — "dramático", "amor", "violento", "pare!", "sexy", "vida animal", "perigoso', "tentador", "morte", e assim por diante. Os ouvintes, claro, protestarão que nossa explicação é vaga e contraditória. Insinuarão que talvez só imaginemos que vemos vermelho. Os psicólogos explicam com facilidade nosso comportamento: permitimo-nos sentimentos que de outro modo não reconhecemos, e menos ainda expressamos, convencendo-nos de que vemos essa cor inexistente.

Naturalmente, logo ficaremos muito frustrados. Se ao menos os únicos ouvintes pudessem *ver* o vermelho, mesmo que por alguns momentos, as aparentes contradições de nossa linguagem se evaporariam! Eles não entenderiam bem como uma parte do espectro de cores pode causar sentimentos contraditórios, permanecendo propriedade específica por direito próprio. Enquanto isso, nenhuma explicação verbal é suficiente.

Todas as fontes concordam em que os místicos enfrentam em alto grau esse problema quando descrevem a consciência mística. Mas, como adverte Evelyn Underhill, muitos deles se expressam bem, e por conseguinte têm todo prazer em *tentar* explicar. Mas, na verdade, suas explicações podem se tornar um problema:[30]

> Todos os tipos de linguagem simbólica dirigem-se naturalmente à mística articulada, que frequentemente se personifica por um artista erudito: tão naturalmente que este, algumas vezes, se esquece de tornar claro que suas pausas são nada mais que simbólicas — uma tentativa desesperada de traduzir a verdade daquele mundo para a beleza deste.

Rudolf Otto, autor de *O sagrado* (1917), que seguiu Evelyn Underhill e William James e analisou as experiências místicas de maneira idônea, sugeriu que as palavras dos místicos muitas vezes resultam literalmente em inútil polêmica teológica.[31]

As tentativas de traduzi-las podem também levar a outras interpretações errôneas. Os freudianos detectaram sexualidade pervertida e os clínicos diagnosticaram insanidade em místicos que tentavam descrever suas experiências. Contudo, dessas descrições, surgiram alguns termos úteis. Três tipos de experiências parecem ser razoavelmente comuns: contemplação, "noite escura da alma" e união mística.

Na contemplação, muitas vezes chamada de meditação, recolhimento ou silêncio interior, a consciência é intencionalmente concentrada em um objeto ou ideia: as distrações são rejeitadas na esperança de se encontrar níveis ocultos de consciência.

O carmelita João da Cruz, do século XVI, cunhou a expressão "noite escura da alma" para descrever o senso de abandono que os místicos às vezes sentem quando a contemplação não produz consciência mística; isso muitas vezes está associado à recusa em desistir de um falso senso do eu. Na união mística (*unio mystica*), o místico funde-se com Deus ou o Absoluto no amor.

Uma questão relacionada, que examinaremos em breve, é se um substrato comum liga as experiências místicas no mundo todo. Ou seriam tais experiências tão determinadas pela linguagem e cultura que não podem ser entendidas separadamente? Por exemplo, cristãos e budistas têm as mesmas experiências, mas as descrevem de forma diferente — ou realmente vivem experiências diferentes?

Alguns místicos tentaram descrever suas experiências pela negação. Essa explicação *apofática* — pela negação — pode, em tese, ser eficaz, como "Nenhum olho viu, nenhum ouvido ouviu, nenhuma mente concebeu o que Deus preparou para aqueles que o amam."[32]

Disso, resultaram muitos mal-entendidos. Os místicos não buscam eliminar a consciência como tal, e sim a consciência cotidiana é que gera altos níveis de ruído mental, algo fatal para a experiência mística. Para acessar um nível enterrado de consciência, os místicos têm de negar ou descartar sistematicamente a distração por meio de padrões.[33] Assim, o problema de linguagem resulta de duas fontes separadas: os místicos negam conceitos de rápido entendimento, mas têm dificuldade para descrever a consciência mística. O cauteloso James adverte: "Pode-se propor que a negação por eles de todo adjetivo que se proponha como aplicável à verdade última — Ele, o Eu, o Atman devem ser descritos apenas por Não! Não!, dizem os Upanishads —, embora na superfície pareça uma não função, é uma negação feita em favor de um mais profundo Sim!"[34]

230   O CÉREBRO ESPIRITUAL

Do mesmo modo, os místicos muitas vezes descrevem sua busca em termos que parecem paradoxais. O zen budismo professa visar, por exemplo, a um estado mental que está além do pensamento e do "não pensamento". Contudo, como diz Jerome Gellman, não se deve tomar isso como um estado médio entre pensar e não pensar, logicamente impossível; ao contrário, "muitas vezes a intenção é indicar um estado mental em que está ausente o esforço, e cessam as atividades de rotulagem mental. A mente do "não esforço" não tenta pensar nem não pensar.[35] Os paradoxos ensinam ao ouvinte que a consciência mística é diferente do fluxo normal do pensamento humano.

O QUE SENTEM OS MÍSTICOS?

Tudo esqueci depois,
Minha face n'Aquele
Que por mim veio,
Cessou tudo, e não
Deixei meus cuidados e vergonha
Entre os lírios, nem os esqueci.[36]
— João da Cruz, *Místico carmelita (1542-91)*

As experiências místicas são raras até mesmo para os místicos. Um dos motivos é que o desejo de tais experiências impõe uma barreira. Como explica a irmã Diane, do convento carmelita de Montreal: "Não se pode buscá-la. Quanto mais se busca, mais se terá de esperar."[37] A maioria dos místicos passa considerável tempo em prece e contemplação; essas práticas reduzem o ruído mental e pavimentam a estrada para a consciência mística, embora não produzam diretamente essa consciência.

Nas tradições místicas em todo o mundo, alguns estados de consciência são conhecidos o suficiente para ser descritos, às vezes de forma sistemática. Dois deles são a união mística e a abolição do eu. Na *união-mística* (em latim, *unio mystica*), normalmente o místico sente unidade com Deus ou com o universo. Quase sempre, na tradição cristã, isso é descrito com imagens como "casamento místico", ou a gota d'água que absorve o gosto e a cor do vinho que nela cai (Suso), ou "fogo dentro de ferro e ferro dentro de fogo" (Ruys-broeck). O cabalista judeu Isaac of Acre falou na absorção em Deus como "um jarro d'água num poço a jorrar". Nas tradições orientais, as imagens mais comuns se referem ao vazio, visto como uma forma de libertar a mente de ilusões.[38]

Não se deve confundir *abolição do eu* com abolição da consciência. Como explica Evelyn Underhill: "Nesse transcendente ato de união, o místico às vezes diz não ter 'consciência de nada'. Mas é claro que se trata de uma expressão figurativa, pois, de outro modo, ele não saberia que houvera um ato de união: se sua individualidade fosse abolida, não poderia ter tido consciência dessa união com Deus." Na verdade, significa abolição "daquela difícil separação, daquele 'Eu, Mim, Meu' que torna o homem uma coisa finita e isolada".[39] O místico, que busca uma consciência mais profunda, põe de lado os "eus" artificialmente construídos que desempenham papéis na vida diária. Ou, como diz o poeta indiano Tagore (1861-1941): "O Nirvana não é o soprar uma vela. É o extinguir da chama porque chegou o dia."

A EXPERIÊNCIA DE "RENASCER"

Muita gente na tradição cristã ocidental sentiu uma forma de EMERs conhecida como conversão ou renascer, em que primeiramente tomam consciência de uma dimensão espiritual em sua vida e escolhas. A experiência, embora muitas vezes mude vidas, em geral não envolve a consciência mística. Como diz Stace, essas experiências têm uma "conhecida semelhança" com a consciência mística, mas não são bem a mesma coisa.[40]

Geralmente, o termo "renascer" refere-se a uma experiência de intensa conversão, do tipo estudado por William James e Alister Hardy. Associam-no hoje com as cruzadas evangelistas e as renovações carismáticas. Segundo uma Pesquisa do Grupo Barna de 1991, cerca de 35 por cento de americanos afirmaram ter tido uma experiência de "renascer". Esse número subiu para 40 por cento em 2005.[41] O instituto de pesquisa Gallup vinha fazendo durante décadas uma pergunta semelhante: você se descreveria como um cristão "convertido" ou como um cristão evangélico? Em 1976, 34 por cento

232   O CÉREBRO ESPIRITUAL

responderam sim, e em 1988 eram 47 por cento. A média fica em cerca de 39 por cento.[42] A ascensão geral das porcentagens talvez se relacione com o aumento das renovações carismáticas nos últimos quarenta anos.

O próprio termo "renascer", em última análise, deriva do Novo Testamento ("Ninguém poderá ver o reino de Deus, a menos que renasça", João 3:3b). Apesar de só ter sido amplamente usado na década de 1960, para descrever uma experiência de conversão, o termo permanece em voga, sobretudo entre os cristãos protestantes. Isso ocorre porque os católicos têm mais propensão de pensar em termos de "tornar-se cristão" (pelo batismo), ou de "renovar a fé batismal". Contudo, as renovações carismáticas entre os católicos demonstram a mesma probabilidade de apresentar e enfatizar experiências intensas, capazes de mudar uma vida. Tanto os tipos protestantes quanto os católicos espalham-se rapidamente pelos países do Terceiro Mundo.

Um dos motivos pelos quais os norte-americanos demoram a abraçar o materialismo filosófico é que muitos passaram, ou conheceram alguém que passou, por uma experiência de renascer, o que os convencem de que os princípios do materialismo não são em absoluto verdadeiros. A maioria dessas pessoas não se torna mística. O místico tem uma busca mais exigente: descobrir o que *é* verdade.

EQUÍVOCOS SOBRE O MISTICISMO

> Não podemos fazer distinção entre o homem que come pouco e vê o paraíso e o que bebe muito e vê serpentes. Cada uma dessas é uma condição física anormal e, portanto, com visões anormais.[43]
>
> — Bertrand Russell, filósofo analítico
> (1872-1970)

Como vimos, as experiências místicas populares às vezes carregam consigo concepções errôneas, por exemplo, de que místicos geralmente ouvem vozes e têm visões e de que a ciência oferece uma explicação materialista para isso. Esclarecer algumas dessas ideias equivocadas nos ajudará a entender melhor as pessoas místicas.

> ## Alguns termos associados a experiências de conversão
>
> **carismático:** estilo de culto expressivo e desinibido, em geral em um contexto católico.
>
> **evangélico:** estilo de crença religiosa que enfatiza, entre outras coisas, a necessidade da experiência de conversão pessoal.
>
> **pentecostal:** estilo de culto expressivo e desinibido que às vezes envolve "falar línguas" (*glossolalia*), ou fenômenos semelhantes.[44]

O misticismo não envolve, em princípio, ouvir vozes ou ter visões. Algumas figuras religiosas famosas, como o apóstolo Paulo, tiveram visões dramáticas, dessas que mudam uma vida. Alguns desses visionários tinham tendências místicas, como ele, ao que parece, mas outros não. Em geral, os místicos sérios não buscam essas manifestações, sejam materiais (visões corporais), sejam no olho mental (visões interiores), porque não são consciências místicas *como tais*. A busca de visões é encarada como uma distração da consciência mística.[45]

A propósito, Freud *não* "descobriu" que os desejos do inconsciente podem enganar as pessoas, levando-as a acreditar que veem ou ouvem coisas. Os orientadores espirituais sabem disso há séculos! Walter Hilton, escrevendo no início do século XV, aconselhava o místico que tinha qualquer tipo de visão a "recusá-la e não consenti-la".[46] João da Cruz depois deu o mesmo conselho, explicando: "O que em geral nos vem de Deus, de forma correta, é uma comunicação puramente espiritual."[47] Stace dá sequência a isso, observando que "a autêntica experiência mística não é sensória. Não tem contorno, forma, cor, odor, som".[48]

Como regra, os místicos não são idealistas pouco racionais. Muitos deles, como Paulo, Francisco de Assis, Catarina de Gênova (que dirigia um asilo) e Teresa d'Ávila, eram administradores. Os místicos passam considerável tempo em prece e contemplação, mas não há relação inversa entre a capacidade de contemplar e a de agir com eficácia.

Os místicos em geral levam vidas ascéticas para evitar distrações, não para se punir. Os místicos sérios, como os atletas sérios, devem abrir mão das coisas boas, assim como das más. Evelyn Underhill explica que, com severa autodisciplina, eles buscam libertar-se dos "resultados do ambiente e da educação mundana, do orgulho e do preconceito, das preferências e ojerizas".[49] Em outras palavras, buscam livrar-se do conteúdo normal da consciência diária. Historicamente, alguns místicos tinham um temperamento autopunitivo — mas também o têm muitas pessoas que não apresentam tendências místicas.

Em um antigo conto budista, o mestre itinerante e seus discípulos se comprometem a possuir apenas o estritamente necessário. Levam somente as cuias de arroz nas mãos quando viajam. Mas alguns dos discípulos insistem em adquirir uma mochila para as cuias. O mestre nada diz, apenas espera que eles vejam. Logo aparece um buraco na mochila, e têm de parar numa aldeia próxima para consertá-la. Depois, um dos discípulos sugere que levem um estojo de consertos também. Segue-se uma discussão sobre a filosofia do estojo. No fim, até o discípulo mais burro percebe que as distrações se multiplicam. Nenhum dos artigos é mau em si, mas todos são distrações.

A ciência não consegue explicar a consciência mística. No século XX, os psicólogos especulavam sobre a consciência mística, muitas vezes atribuindo-a ao "Inconsciente", à sexualidade reprimida, à realização do desejo, à doença física ou à histeria.[50] Alguns chegaram a afirmar que a consciência mística provém do poder social adquirido pelos místicos consumados — ou seja, julga-se que o senso de importância do místico produz a alteração de estado.[51]

Esta última sugestão revela mais sobre a dificuldade do materialismo em explicar qualquer tipo de consciência do que sobre a consciência mística em particular. Poucos místicos sérios buscam distrações fatais tão óbvias quanto o poder social. A hipótese do "poder social" tampouco explica como na verdade se adquire consciência mística. Jerome Gellman comentou de forma justa: "Esses tipos de propostas naturalistas exageram o escopo e a influência dos fatores citados, preferindo às vezes destacar o bizarro e o que chama a atenção à custa de ocorrências mais comuns."[52] Como em todas as disciplinas científicas, as ocorrências comuns são o foco apropriado de pesquisa.

Durante mais de um século, foi moda supor que quaisquer especulações referentes ao misticismo eram científicas se fossem materialistas e reducionistas. Na maioria dos casos, o reducionismo era de fato uma falha fatal. Como diz Evelyn Underhill, distinguindo entre consciência mística e histeria (muitas vezes julgados equivalentes pelos materialistas):

> Misticismo e histeria têm a ver com a dominação da consciência por uma ideia fixa ou intuição intensa, que governa a vida e pode produzir resultados físicos e psíquicos surpreendentes. No paciente histérico, essa ideia muitas vezes é trivial ou mórbida, mas tornou-se — graças à condição mental instável do eu — uma obsessão. No místico, a ideia dominante é grande; tão grande que, quando recebida por completo pela consciência humana, expulsa quase à força tudo mais. É nada menos que a ideia ou percepção da realidade transcendente e a presença de Deus. Daí o monoideísmo do místico ser racional, enquanto o do paciente histérico é invariavelmente irracional.[53]

Além da obra de pioneiros como William James, Evelyn Underhill e W. T. Stace, houve poucas tentativas de estudar os místicos. Considerava-se suficiente a especulação sobre como explicá-los. Em termos científicos, essas especulações não são falsificáveis, ou seja, não há forma simples de saber se determinada afirmação é errada ou falsificada.

Outro problema é que os materialistas muitas vezes se julgam qualificados para comentar a experiência mística apesar da falta de conhecimento básico. Por exemplo, Edelman e Tononi escrevem:

> Constitui um paradoxo o fato de que, como seres humanos, não conseguimos livrar-nos inteiramente de uma consciência superior, o que deixa apenas a onda de consciência básica, impulsionada pelos eventos. Isso talvez seja, na verdade, o estado para o qual os místicos dirigem suas devoções.[54]

A consciência básica à qual Edelman e Tononi se referem — um fluxo contínuo de eventos mentais transitórios e não monitorados — talvez seja sentida pelos cães, mas dificilmente será a meta do místico. Ele busca sentir a mente que está por trás ou envolta do universo. Edelman e Tononi parecem confusos com o fato de os seres humanos terem dificuldade em atingir um nível de consciência superior *ou* inferior que a norma cerebral. Mas as duas direções não se equivalem; opõem-se.

236 O CÉREBRO ESPIRITUAL

O zoólogo Alister Hardy (1896-1985), de Oxford, adotou uma visão completamente diferente e frutífera. Sua fama como cientista veio da criação de um meio de medir os números de formas de vida microscópicas no oceano, mas também recolheu e estudou durante cinquenta anos exemplos de EMERs. Enfrentando a tendência da biologia a reduzir as EMERs a uma função ou disfunção dos genes ou circuitos neurais, abriu uma proveitosa nova área de pesquisa. Quem tem EMERs? São as mesmas pessoas em todas as culturas, quais são suas causas e seus resultados?

A coleta de dados sobre as EMERs

Pode-se explicar a crença mais ou menos da mesma forma que o câncer. Acho que chegou a hora de nos livrarmos do tabu: "Ah, vamos só dar uma passada nesse assunto, não precisamos estudá-lo." As pessoas julgam saber muito sobre religião. Mas não sabem.[55]
— Daniel Dennett, filósofo materialista

Sempre encarei o planejamento de minha pesquisa como um exercício de ecologia humana, pois, para mim, uma das maiores contribuições que a biologia poderia dar à humanidade seria estabelecer uma perspectiva ecológica que levasse em conta não apenas as necessidades econômicas e nutricionais do homem, mas também seu comportamento emocional e espiritual.[56]
— Alister Hardy, zoólogo e pioneiro
da espiritualidade

Apesar de ser um zoólogo de meados do século XX, Alister Hardy não era fã do reducionismo. Insistia em que os animais deviam ser estudados como seres vivos em seu ambiente natural. Eles não podem ser reduzidos de uma forma útil à física e à química. Hardy concordava com os pioneiros neurocientistas Charles Sherrington e John Eccles no sentido de que a mente é distinta do cérebro.

Não pretendia demonstrar a verdade de qualquer doutrina religiosa específica, mas cinquenta anos de pesquisa o haviam levado a concluir que "o homem era religioso por natureza", e que o anseio por uma filosofia espiritual originado na evolução fora frustrado no mundo moderno. Mas ele teve dificuldade para encontrar pesquisa

Quem vive experiências místicas e o que as provoca 237

científica sobre espiritualidade. Em meados do século XX, a ênfase da pesquisa residia na religião como instituição, embora uns poucos pioneiros estudassem o misticismo como Stace. O espiritualismo, separado da consciência mística, parecia condenado.

Falta de informação não era o problema. Os grupos religiosos reuniam grande número de histórias de experiências espirituais, claro, mas sempre em apoio a uma instituição ou doutrina. Esses grupos, embora na maioria honestos, não contavam com incentivo para superar o problema de que logo se tornará "arquivo de gaveta", algo infame na pesquisa científica: solicitavam intencionalmente histórias que apoiavam suas opiniões e evitavam aquelas que as contradiziam. E, numa profunda e irônica reviravolta, durante décadas a visão "científica" vinha fabricando teorias materialistas baseadas em poucos dados, ou nenhum. Assim, as pessoas que tinham os dados não podiam olhá-los de forma objetiva, e as que podiam fazê-lo preferiam a teoria aos dados.

Hardy decidiu que o inevitável primeiro passo era "embrenhar-se na selva", o que não surpreende em um zoólogo, e reunir um grande número de "espécimes" reais e depois descrevê-los e classificá-los. Tudo teve início em 1969, quando ele pôs um anúncio no jornal e distribuiu panfletos pedindo ao público britânico em geral que enviassem histórias de experiências espirituais. Esse método desagradou a alguns psicólogos sociais, para quem ele devia ter começado com um questionário. Hardy manteve-se firme, dizendo: "Os espécimes que caçamos são tímidos e delicados, e queremos mantê-los numa condição tão natural quanto possível; devemos a todo custo evitar prejudicá-los ou distorcê-los tentando encurralá-los numa estrutura artificial."[57] Ele e os colegas estudaram com cuidado as histórias recebidas e deram sequência à pesquisa com um questionário — tão logo tiveram a oportunidade de pensar no que *deviam* perguntar.

Em sua recém-inaugurada Religious Experience Research Unit (RERU), no Manchester College, em Oxford, o grupo de Hardy recebeu mais de 4 mil histórias pessoais de "experiências específicas e transcendentais sentidas a fundo" que deixaram quem as sentiu conscientes de "um poder não físico benévolo parecendo em parte ou no todo além, distante e maior que o eu individual":

238   O CÉREBRO ESPIRITUAL

Eles não o chamam necessariamente de sentimento religioso, nem ocorre apenas aos que pertencem a uma religião institucional ou se entregam a atos formais de devoção. Muitas vezes acontece com crianças, ateus e agnósticos, e em geral induz na pessoa envolvida a convicção de que o mundo cotidiano não é o todo da realidade; que a vida tem outra dimensão.

Algumas pessoas sentem uma relação de devoção com o poder após a experiência: alguns o chamam de Deus, outros não. Alguns o veem como um aspecto de seu eu mais amplo, por meio do qual se deu a experiência, enquanto outros o veem como parte da consciência geral do homem.[58]

Hardy iniciou seu trabalho com a esperança de classificar as histórias das experiências numa taxonomia conveniente. Porém, muito poucas apresentavam apenas um único elemento. Ele e os colegas decidiram agrupá-las em 12 classificações gerais para análise.

EXPERIÊNCIAS IDENTIFICADAS POR HARDY

Percebo que a forma da visão e as palavras que ouvi resultavam de minha educação e origem cultural, mas a voz, apesar de mais próxima que as batidas cardíacas, eram inteiramente separadas de mim.[59]

— Mulher hospitalizada por depressão
lembrando uma EMER reconfortante

Quando olhava as ruínas da Abadia, tive uma grande sensação de paz, como se me visse no fluxo da história e soubesse onde me encaixava nela... como se estivesse de fato em contato com a Vida em toda a sua continuidade e propósito.[60]

— Professor que tentou e não conseguiu
"racionalizar" sua EMER

Voltando de ônibus naquela noite, senti-me uma pessoa inteiramente diferente. Surpreendi-me sorrindo para as pessoas, abrindo espaço para elas, em vez de odiá-las por se sentarem junto a mim.[61]

— Pessoa que passou por uma mudança de
atitude após uma EMER

Quem vive experiências místicas e o que as provoca 239

Hardy e sua equipe identificaram vários "gatilhos", como os chamavam, de uma EMER, tudo, desde lugares sagrados a sexo ou mesmo um anestésico. A decisão de começar a pedir histórias em primeira mão, em vez de fazer uso de questionário, se justificou porque talvez não se identificassem de antemão os gatilhos menos comuns. Isso também indicava a sensatez de não depender apenas dos voluntários ou de informações dadas por grupos religiosos ligados a um método específico.

O gatilho individual mais comum era a depressão ou o desespero. A prece ou meditação vinham em segundo lugar, citadas mais vezes que o culto religioso.[62] Claro, essas categorias não se excluem mutuamente. O indivíduo pode rezar ou contemplar a natureza quando deprimido. Algumas culturas usam estímulo sensório e mental com tambores, cantos e danças em transes xamanistas ou psicodélicos (enteógenos), embora não surpreenda que raras vezes se comunicassem esses estímulos nos relatos enviados por britânicos a Hardy. Ele também notou a acentuada ausência de "superstição, voluntariedade e teorias teológicas contraditórias" nas histórias que recebeu.[63]

Muitos dos que responderam tiveram uma sensação do numinoso, ou presença transcendente. Alguns sentiram horror, culpa ou remorso. Outros perderam o medo da morte em consequência da experiência. De maneira geral, os pesquisadores descobriram:

> As pessoas sentem o poder abstrato numa ampla variedade de formas. Algumas podem descrever os sentimentos em termos de confiança, temor, alegria ou felicidade; excepcionalmente, talvez busquem alcançar as alturas do êxtase. Outras talvez tenham impressões sensórias, vejam luzes, ouçam vozes ou se sintam tocadas.[64]

Como as EMERs muitas vezes traziam uma sensação de propósito ou novo significado à vida, e mudanças positivas de atitude, nós as examinaremos com mais detalhes no Capítulo 8.

240 O CÉREBRO ESPIRITUAL

QUEM TEM EMERs?

Nem o pioneiro grupo de pesquisa de Hardy nem a maioria das descobertas posteriores apoiaram a opinião do *Washington Post*, no sentido de que as EMERs se correlacionam com o fato de alguém ser "pobre, sem educação e fácil de comandar".[65]

As mulheres tinham duas vezes mais probabilidade de comunicar EMERs que os homens no estudo original de 1969, mas isso na certa se dava porque os dados originais vinham de objetos de estudo aos quais se pedia que escrevessem uma carta descritiva. Uma pesquisa posterior de D. Hay e A Morisy (1978) descobriu que as mulheres tinham apenas um pouco mais de probabilidade que os

---

Madre Teresa

Eu sei que Deus não me dará nada de que eu não possa cuidar. Eu só gostaria que Ele não confiasse tanto em mim.
— Madre Teresa, sobre seu trabalho com os pobres

Quando a jovem albanesa Agnes Bojaxhiu (1910-97) entrou na vida religiosa, adotou nome da mística carmelita Thérèse de Lisieux, "a mística do comum". Explicou que não teria a presunção de dar a si o nome da "grande Teresa", a grande mística carmelita chamada Teresa d'Ávila.

Essa nova Teresa serviu feliz numa ordem educativa na Índia em meados do século XX. Mas, após quatro experiências místicas em 1946 e 1947, saiu para as ruas de uma das cidades mais pobres e fundou a própria ordem, as Missionárias da Caridade, com base na Índia, dedicada a servir aos mais pobres dos pobres. Juntaram-se a ela algumas de suas ex-alunas. Um dos primeiros projetos era recolher pessoas miseráveis que haviam sido recusadas em hospitais e levá-las à sua recém-fundada Home for the Dying [Casa dos Agonizantes]. Ela queria que esses infelizes morressem à vista de um rosto amoroso, mesmo que não se pudesse salvá-los.

A própria Madre Teresa jamais teve outra experiência após 1947, o que lhe causava tristeza pessoal. Mas o trabalho da ordem tornou-se valorizado em todo o mundo.[68]

Quem vive experiências místicas e o que as provoca 241

homens de lembrar uma EMER quando interrogadas numa pesquisa de opinião.[66]

Era muito mais provável que os que responderam comunicassem uma EMER, segundo Hay e Morisy, mas, como observou o primeiro, trata-se de um efeito estatístico. As pessoas mais velhas, por exemplo, tiveram mais tempo para essas experiências.

Os das classes sociais mais altas e as pessoas com mais educação tinham mais probabilidade que outros de comunicar EMERs, o que, observa Hardy, solapa a hipótese de que as EMERs são um mecanismo psicológico — para enfrentar a injustiça social.

Os que responderam e comunicaram uma EMER tinham "significativamente mais probabilidade" de obter uma boa nota numa medida de bem-estar psicológico que os que não.

Andrew Greeley comunicou descobertas semelhantes nos Estados Unidos (1975), e outros pesquisadores da Europa em geral reproduziram essas descobertas.[67]

EXPERIÊNCIAS RELIGIOSAS DE CRIANÇAS

Cinquenta por cento dos que responderam a Hardy começavam a explicação com uma referência à infância, embora não se houvesse pedido isso.[69] O sucessor de Hardy na RERU, Edward Robinson, tentou depois estudar a experiência de infância com mais detalhes, pedindo mais informações aos que responderam ao questionário. É óbvio que um dos problemas na avaliação de tais lembranças é que as memórias se alteram com o tempo. Contudo, muitos afirmaram ter nítidas lembranças de experiências numinosas ou espirituais difíceis de descartar. Por exemplo, referindo-se à afirmação de Freud de que as experiências religiosas na infância resultam da idealização dos pais, um deles declarou:

Não creio que minha primeira ideia de Deus derivasse de modo algum do que eu via em meus pais. Deus era, segundo me deram a entender, o grande Criador de todas as coisas, misterioso, maravilhoso, a ser

242 O CÉREBRO ESPIRITUAL

cultuado, obedecido e amado. Sabia tudo sobre tudo. É o mesmo que dizer que podemos ter uma ideia do elefante olhando uma formiga.[70]

O que é interessante é que os que responderam a Hardy em geral viam a escola de instrução religiosa como negativa. Um dos fatores talvez seja que a educação religiosa na escola invariavelmente infunde conceitos racionais, preceitos morais ou catecismo, e raras vezes trata da espiritualidade, o elemento que levou os que responderam a comunicar-se com Hardy.

No fim, Hardy e sua equipe chegaram à mesma conclusão geral de James, de que "o mundo visível faz parte de um universo mais espiritual, do qual extrai seu principal significado, e cuja união é nosso verdadeiro objetivo".[71]

Ao fim de *The Spiritual Nature of Man* (1979), Hardy enfrenta a acusação de que seu compromisso anterior lhe comprometeu o pensamento. Ele observa que chegou a tais conclusões pela mesma razão que o pragmático James — porque os indícios apontam claramente nessa direção. Ele sugere que só um compromisso anterior com o materialismo faria alguém ignorar um volume tão grande de dados. Na verdade, quando ele declara as próprias opiniões sobre a prece e Deus, deixa claro que pode conviver com hipóteses materialistas, nas quais acha que as evidências se sustentam.[72] Mas, com base em suas descobertas acumuladas, conclui: "Acredito que devemos rever a perspectiva aceita por todos e mantidas por tantos intelectuais hoje", e em apoio a esta opinião cita *Ciência e valores humanos*, de Bronowski (1964):

> Hoje não mais se mantém qualquer das teorias científicas defendidas quando, digamos, começou a Revolução Industrial por volta de 1760. Com mais frequência, as teorias de hoje negam as de 1760; muitas contradizem as de 1900. Na cosmologia, na mecânica quântica, na genética, nas ciências sociais, quem hoje mantém as crenças que pareciam firmes há sessenta anos?

Os contornos básicos das descobertas de Hardy e sua equipe 35 anos atrás, na Grã-Bretanha, foram reproduzidos em muitos cenários desde então e gozam de crescente interesse hoje. Por exemplo, numa pesquisa da *Newsweek*/Beliefntet, 57 por cento dos americanos disse-

Quem vive experiências místicas e o que as provoca 243

ram que a espiritualidade era "muito importante" em sua vida diária.[73] Mas, devemos perguntar, e as outras culturas? Que diferença faz a cultura nas EMERs?

A experiência mística em todo o mundo

Quase todo sistema religioso que promove o amor não terreno é potencialmente uma chocadeira de místicos.[74]

— Evelyn Underhill, *Mysticism*

Qualquer parte deste mundo que me legardes, legai-a aos Vossos inimigos, e qualquer parte do próximo que me derdes, dai-a a Vossos amigos. Vós me bastais![75]

— Rabi'a Basra, "Mystic Lover of Allah" (717-801)

Nem um nem dois, Subhuti, nem um nem dois, mas todos os seres — homens, mulheres, animais, pássaros, árvores, pedras. Todos os seres do mundo. Deve-se criar tal determinação de que "Eu conduzirei todos eles ao nirvana".[76]

— Gautama Buda (563-483 E.C.)

As EMERs são um traço da experiência humana em todo o mundo e em toda a história. Não resultam de qualquer cultura ou sistema de crença.[77] Contudo, todas as experiências humanas são interpretadas dentro de um contexto. Na tradição cristã, o Absoluto é em geral sentido como uma Personalidade Transcendente, cheia de amor e misericórdia, com a qual nossa personalidade se fundiu temporariamente[78] e transformou-se numa personalidade semelhante, embora finita. Na tradição budista, o Absoluto é considerado impessoal — no entanto, não se pode senti-lo sem misericórdia por todas as coisas vivas. Por exemplo, o voto do Bodhisattva para os budistas tibetanos que desejavam atingir a iluminação mística é "Que eu alcance a condição de Buda em benefício de todas as coisas sensíveis". Em suma, as histórias dos místicos sobre suas experiências apontam em direções semelhantes, mas as expressões específicas dependem da linguagem e da cultura.

A filosofia perene e o misticismo

Uma escola de pensamento, chamada de *perenialismo* ou filosofia perene, tentou identificar um terreno comum nas experiências místicas. O termo foi cunhado pelo matemático Gottfried Leibniz (1646-1716), coinventor do cálculo. Mas foi popularizado por Aldous Huxley (1894-1963), mais conhecido por seu presciente livro *Admirável mundo novo*, que advertia contra as tentativas de eliminar os valores espirituais da sociedade.

Os perenialistas defendem uma realidade subjacente que os místicos de fato percebem (em oposição à ilusão criada pela alteração dos estados de consciência). Huxley achava que há uma realidade por baixo da matéria e da mente, mas a natureza dessa Realidade única é tal que não pode ser direta ou indiretamente apreendida, a não ser pelos que escolherem preencher certas condições, tornando-se amorosos, puros de coração e pobres de espírito.[79]

Em geral, os perenialistas afirmam:

O mundo da consciência individual e da matéria é apenas uma realidade parcial, que reflete o terreno divino subjacente.

Descobre-se o terreno divino pela intuição direta, na qual se unem o conhecedor e o conhecido. (Supondo-se que uma mente por baixo do universo resolve o aparente paradoxo da afirmação dos místicos no sentido de que perdem os eus na experiência mística, mas permanecem conscientes do que se passa. A consciência unida continua sendo consciência.)

Os seres humanos têm um eu exterior (*fenomenal*) e um eu verdadeiro. Na maior parte do tempo, temos consciência apenas de nosso "eu" exterior, ou seja, as muitas formas como sentimos nosso ambiente ou nossa consciência, muitas vezes desempenhando muitos papéis ao mesmo tempo. A união de todas essas experiências é o verdadeiro eu, que chega ao terreno divino. Em geral, é muito difícil descobrir esse eu por baixo de muitas camadas de eus exteriores.

Quem vive experiências místicas e o que as provoca 245

O principal valor da existência é a identificação com nosso verdadeiro eu. As religiões tradicionais dão a esse estado nomes como vida eterna, salvação ou iluminação.

Os perenialistas acreditam que todos os seres humanos têm a capacidade de discernir a verdade espiritual, embora muitas vezes de maneira subdesenvolvida. É possível contar tanto com as intuições das faculdades espirituais quanto com os outros sentidos.

O pesquisador W. T. Stace era perenialista, e a distinção que fazia entre "misticismo extrovertido e introvertido"[80] visava, em parte, estabelecer uma ponte entre fossos culturais na interpretação das experiências místicas. Ele também acreditava, de forma mais polêmica, que a cultura dos místicos teístas exige deles a interpretação de experiências verdadeiramente monistas ou panteístas de uma forma que não conteste o teísmo. Como observaram outros estudiosos, porém, não é fácil apenas reverter o ônus e dizer que se exige de panteístas e monistas a interpretação de suas experiências de um modo que não conteste a cultura *deles*.[81]

A opinião oposta ao perenialismo é o construtivismo, segundo o qual cultura e suposições moldam em tal medida a experiência mística que místicos budistas e cristãos não encontram de fato a mesma realidade. Alguns construtivistas (duros) negam até mesmo a existência de um substrato de experiência mística. Afirmam que a experiência é no todo moldada pela cultura e as suposições. Essa afirmação é muito mais radical do que dizer que a *linguagem* na qual o místico explica a experiência é moldada pela cultura e pelas suposições.[82]

Para concentrar a discussão entre perenialistas e construtivistas, podemos perguntar que tipo de experiência mística é a consciência. Trata-se de uma experiência específica, como um choque elétrico? Suponhamos que existam duas escolas de pensamento criadas por um choque moderado. Uma afirma que a dor resulta inteiramente da cultura e das suposições, e a outra que resulta de uma verdadeira angústia. A primeira, a "construtivista dura", diz que realmente há por trás das histórias uma verdadeira experiência, mas diferentes culturas e suposições produzem diferentes descrições. Em algumas culturas, ensina-se crianças a ignorarem a dor como sinal de coragem pessoal, mas em outras dizem que a autoexpressão as liga aos outros. Diferentes testemunhos apontam a necessidade de levar em conta a cultura na interpretação das histórias na primeira pessoa, mas não eliminam a possibilidade de haver uma experiência universal por trás delas.

Todos os pensadores sérios nessa área tentam mapear um território cuja exploração mal começou. Este livro adota a posição perenialista.

As EMERs e a psicologia evolucionária

Entre duas nações bárbaras, a mais supersticiosa das duas em geral seria a mais unida e, portanto, a mais poderosa.[83]

— Francis Galton, eugenista, sobre a origem
da religião (1894)

O indivíduo é preparado pelos rituais sagrados para o supremo esforço e o supremo autossacrifício. Esmagado por trapaceiros, costumes especiais, danças e músicas sagradas tão agudamente no tom de seus centros emotivos, ele tem uma "experiência religiosa".[84]

— Edward O. Wilson, sociobiólogo, sobre a
origem da religião

Seriam as EMERs um mero capricho da evolução materialista? Durante mais de um século, os cientistas pensavam a seu respeito em relação à evolução humana. Por infelicidade, sob a influência materialista, o projeto se tornou não tanto a exploração de um caminho, mas uma explicação.

Evelyn Underhill observou na virada do século XIX para o XX que a consciência mística em particular era "uma circunstância intrigante para os filósofos deterministas, que só podem escapar do dilema aqui apresentado chamando essas coisas de ilusões e dignificando suas próprias ilusões mais manejáveis com o título de fatos".[85] Ela esquematizou de forma sucinta o conflito entre o místico e o materialista:

Que há um ponto extremo no qual a natureza do homem toca o Absoluto: que esse terreno, ou substância, é penetrado pela Vida Divina que constitui a realidade subjacente das coisas; esta é a base sobre a qual deve repousar toda a afirmação mística de possível união com Deus.[86]

William James, contemporâneo de Evelyn Underhill, viu que a "evolução se transformava ela própria numa nova religião, rival do cristianismo".[87] Ele não gostou da nova religião, não por duvidar da evolução, mas porque as especulações sobre as sensações do animal ou do primeiro hominídeo pareciam um substituto medíocre para o estudo das profundezas da consciência humana contemporânea. E advertiu: "Um menu com uma verdadeira uva-passa, em vez da palavra 'uva-passa', com um ovo de verdade, em vez da palavra 'ovo', pode ser uma refeição inadequada, mas seria pelo menos um começo de realidade."[88]

Enquanto isso, o surgimento do positivismo lógico na década de 1920 reforçava o cientificismo, a visão de que só os métodos das ciências naturais como a física e a química oferecem verdadeiro conhecimento. A relatividade e a física quântica mal haviam começado a moldar o pensamento naquela época, portanto, em termos práticos, "ciência natural" significava materialismo do século XIX. O cientificismo é a principal origem do atual projeto para explicar as EMERs por meio da nova disciplina da psicologia evolucionária, tentando demonstrar que se pode entendê-las como resultado de uma evolução não orientada.[89]

Como sempre ocorre nessa área, as apostas são altas. As EMERs têm uma explicação materialista óbvia, as afirmações dos místicos não importam. À primeira vista, porém, a psicologia evolucionária não é uma hipótese promissora. A evolução depende de descendentes férteis, ou, no mínimo, de não ver o sucesso mundano como meta de vida. Mas várias hipóteses foram apresentadas nos últimos anos para abordar esse problema: as EMERs eram subprodutos acidentais de estados mentais úteis, uma "estratégia" pela qual os genes são copiados, ou mesmo um programa de cópia neural (um meme) não especificado. Todas essas ideias foram apresentadas em nome da ciência, sob a bandeira da psicologia evolucionária.

A EXPLICAÇÃO DO COMPORTAMENTO HUMANO PELA PSICOLOGIA EVOLUCIONÁRIA

O que devemos então deduzir dos objetivos e metas obviamente escolhidos pelos seres humanos? Na interpretação de Darwin, são processos evoluídos como macetes adaptativos por uma seleção natural sem propósito.[90]

— Edward O. Wilson, sociobiólogo

248   O CÉREBRO ESPIRITUAL

A ciência agora revela que o amor é viciante, a confiança satisfatória e a cooperação, uma sensação boa. A evolução produziu esse sistema de recompensa porque isso aumentava a sobrevivência dos membros de nossa espécie de primatas sociais.[91]

— Michael Shermer, *Scientific American*

A psicologia evolucionária propõe que o cérebro humano compreende adaptações, ou desenvolveu mecanismos psicológicos. Essas adaptações foram desenvolvidas por seleção natural em favor da sobrevivência e da reprodução do organismo. As EMERs são, segundo a psicologia evolucionária, um desses mecanismos.

Ora, essa afirmação envolve várias suposições: (1) de que o cérebro de cada indivíduo contém vários módulos separados, mas semelhantes, herdados, que cuidam de tipos específicos de funções; (2) de que esses módulos são adaptados ao estilo de vida do caçador-coletor do nosso ancestral do Plistoceno; e (3) e de que resulta disso uma natureza humana universal, crédula, em relação às EMERs. Em outras palavras, as pessoas têm as EMERs porque elas nos ajudam a sobreviver e dar à luz rebentos férteis. Não surgem de qualquer realidade mais profunda por trás do universo, nem oferecem quaisquer verdadeiras intuições — ou, se o fazem, é um resultado acidental.

O filósofo científico David J. Buller era um entusiasta da psicologia evolucionária. "Quando comecei a lê-la, tudo me pareceu, por intuição, correto", ele disse à *Scientific American* em 2005.[92] Na verdade, suas experiências foram amplamente partilhadas. Desde a década de 1970, os psicólogos evolucionários dizem explicar não apenas as EMERs, mas o altruísmo, o crime, a economia, as emoções, a lealdade grupal, a infidelidade, o riso, a lei, a literatura, o amor, o marketing, o senso numérico, a obesidade, o patriotismo, a tendência sexual, a violência, o voto conservador, a guerra, e por que os Estados Unidos não vão à guerra com o Canadá, assim como por que as crianças não gostam de legumes — e esta é só uma lista parcial."[93] A psicologia evolucionária é o contexto da *neuroteologia*, que "analisa a base biológica da espiritualidade" e "lida com a base neurológica e evolucionária para as experiências tradicionalmente categorizadas como espirituais".[94]

Quem vive experiências místicas e o que as provoca   249

A imprensa adora a psicologia evolucionária, como observamos no Capítulo 2. Claro que adora! Em um mundo obcecado pelas fofocas sobre celebridades, como pode uma ignorada seção de ciência resistir a uma história do dia dos namorados sobre "genes da infidelidade"? Em consequência, a psicologia evolucionária em geral tem recebido atenção inteiramente desproporcional a seu rigor teórico. Isso é problemático em especial para uma disciplina não experimental baseada na interpretação da pré-história, em que tanta coisa é simplesmente não testável ou inexequível e não falsificável. [95]

Simplesmente não sabemos o que pensavam os primeiros seres humanos sobre muitas das questões importantes, porque deixaram poucos artefatos. Sabemos que alguns enterravam seus mortos em posição fetal, com bens na sepultura, ou em lugares que inspiravam temor, o que sugere que esperavam o renascer deles. As pinturas rupestres em Lascaux[96] (15.000 A.E.C.) e a Vênus de Willendorf[97] (25.000 A.E.C.) indicam a grande antiguidade do xamanismo e dos cultos de fertilidade. Mas, além disso, temos sobretudo especulação — muitas vezes bem informada por ideias originais —, mas, ainda assim, especulação.

Apesar dos constantes esforços de pesquisadores como Dean Hamer, não há uma ligação nítida entre religião e genes específicos. Assim, na falta de provas vindas do genoma, os psicólogos evolucionários em geral escolhem entre um de dois argumentos. Ou nossos ancestrais caçadores-coletores tinham mais probabilidade de sobreviver se tivessem crenças religiosas, ou tinham a capacidade de produzir tais crenças como subprodutos de outras capacidades. Os dois argumentos diferentes levam-nos para lados diferentes.

As EMERs como adaptações para a sobrevivência

> Por que persiste nosso anseio por Deus? Talvez precisemos dele para alguma coisa. Talvez não precisemos, e nos tenha restado de alguma coisa que éramos antes. São muitas as possibilidades biológicas.[98]
> — Daniel Dennett, filósofo materialista.

Encaixar as EMERs na psicologia evolucionária exige tender com muita força para o "R" de EMERs, a parte da religião. É verdade que as religiões em geral organizam a sociedade, e assim ajudam a sobre-

250   O CÉREBRO ESPIRITUAL

vivência. Na verdade, uma religião, como quer que tenha começado, tende a partilhar as características culturais da época. Por exemplo, os caçadores-coletores eram iniciados em clãs de totens. Os budistas tibetanos têm um lama que, para eles, encarna lamas anteriores. As religiões cristãs americanas, originadas em templos de renascimento, ainda assim têm presidentes em vultosas administrações. Os antropólogos sociais fizeram muito trabalho proveitoso ao identificarem vários meios nos quais as instituições religiosas organizam sociedades.

Mas há uma fraqueza nessa forma de explicar as EMERs. Estudar o misticismo ou a espiritualidade como derivados da religião significa inverter o curso natural dos fatos.[99] A religião é um fato posterior, que começa, tipicamente, numa intuição mística ou em outro fato espiritual importante. É certo que a EMER original em geral não tem importância para a sobrevivência, mas a religião que dela brota na certa floresce quando ajuda a sobrevivência e morre quando não o faz. Mas o destino da religião não nos diz muito sobre a origem da EMER.

As explicações que defendem um suposto valor de sobrevivência das EMERs também tendem a confundir misticismo com magia. Os xamãs tradicionais necessariamente praticam ambos, mas as buscas são separadas: o místico busca iluminação; o mágico, o poder.

Após decidir que a religião é mais bem entendida em termos de sua utilidade em nosso passado de caçador-coletor, o psicólogo evolucionista pergunta: é adaptivo ou não adaptivo em tempos históricos (tempos para os quais temos registros escritos)? Diferentes teóricos dão diferentes respostas.

Fiação para a visão de mundo errada

A própria crença religiosa é uma adaptação que evoluiu devido ao fato de termos sido programados para formar religiões tribalistas.[100]
— Edward O. Wilson, sociobiólogo

Edward O. Wilson afirma, em *Sociobiologia* (1980), que a religião é adaptiva, porque promove organização social que, por sua vez, produz sobrevivência.

O problema, como ele explica em *Consilience* (1998), é:

Quem vive experiências místicas e o que as provoca 251

A essência do dilema espiritual humano é que nos desenvolvemos geneticamente para aceitar uma verdade e descobrimos outra. Haverá uma forma de apagar o dilema, solucionar as contradições entre as visões de mundo transcendental e empírica? Não, infelizmente não.[101]

Por que não? "A ideia central da visão de mundo da coincidência, uma ordem intrínseca que governa nosso cosmo, é que todos os fenômenos tangíveis, do nascimento das estrelas aos mecanismos das instituições, se baseiam em processos materiais em última análise redutíveis, por mais longas e tortuosas que sejam as sequências, até as leis da física."[102] Ou, como ele explicou a Steve Paulson de *Salon* em 2006: "O conhecimento do mundo, em última análise, se reduz à química, à biologia, e — acima de tudo — à física; as pessoas são apenas máquinas muitíssimo complicadas.[103] Wilson também sugeriu a Paulson a necessidade do "ateísmo espiritual", mas queixou-se, citando Camille Paglia, de que 3 mil anos de Javé superam uma geração de Foucault.

Ora, os físicos não chegam nem perto de se dispor a endossar o materialismo como os biólogos o fazem. Mas, de qualquer modo, devemos perguntar por que a humanidade evoluiria ou teria uma "fiação" para aceitar qualquer visão de mundo incorreta. Por motivos que já examinamos antes (ver Capítulo 5), não ficou claro como, exatamente, os homens podem ter fiação para aceitar qualquer visão de mundo? Mas, se é assim, por que ter uma que contradiz a realidade? Se Foucault morre numa geração e Javé dura para sempre, será esta a melhor explicação de que o cérebro humano tem a "fiação" errada? Ou devemos procurar outra?

Para ver aonde leva a adaptação, pensem, por exemplo, nas opiniões de Casper Soeling e Eckert Voland. Eles explicam em *Neuroendocrinology Letters* que entendem o misticismo da seguinte maneira:

As ontologias intuitivas formam a base das experiências místicas. Em geral, servem para classificar a realidade em objetos animados e inanimados, animais ou plantas, por exemplo. Por vários motivos psicológicos, as experiências resultam de uma mistura de categorias ontológicas... consideramos justificado atribuir à religiosidade o status evolucionário de uma adaptação.[104]

252 O CÉREBRO ESPIRITUAL

Como se os místicos se preocupassem muito em distinguir entre animais e plantas...

O FACTUAL *VERSUS* O RACIOCÍNIO PRÁTICO

A adaptação é o padrão-ouro pelo qual se deve julgar a racionalidade, junto a todas as outras formas de pensamento.[105]
— David Sloan Wilson, biólogo e antropólogo

David Sloan Wilson, biólogo e antropólogo, apresentou uma opinião ligeiramente diferente. Ele não afirma que os seres humanos têm de alguma forma "fiação" para aceitar uma visão errada da realidade. Usa um argumento mais sofisticado. Em *Darwin's Cathedral*, ele distingue entre dois tipos de razão: factual (baseada na correspondência literal) e prática (baseada na adaptabilidade comportamental).

As crenças religiosas, diz-nos Wilson, não são factualmente racionais. Na verdade, acrescenta: "O historiador ateu que compreendeu a vida real de Jesus, mas cuja própria vida era uma bagunça como resultado de suas crenças, estaria factualmente atraído e praticamente desligado da realidade."[106] Mas a distinção que nos pedem para estabelecer entre realismo factual e prático tem um preço alto: a racionalidade não é tão valiosa quanto pensamos. "A racionalidade", insiste D. S. Wilson, "não é o padrão, o meio pelo qual se deve julgar todas as outras formas de pensamento".[107]

Mas onde isso deixa a ciência? Wilson defende a ciência da seguinte maneira: "A ciência é única apenas em um aspecto: o compromisso com o realismo factual. Quase todos os outros sistemas de unificação humanos são um elemento importante e até essencial, mas o subordinam ao realismo prático quando necessário." Ele duvida que os valores do realismo sejam adequados para apoiar um sistema uniforme, mas acredita que os valores do realismo prático são adequados.[108]

Ora, a história atual da ciência dificilmente apoia a alegação de D. S. Wilson de que na ciência o realismo factual triunfa sobre tudo mais. A verdade acaba por prevalecer na ciência, porém tudo mais parece prevalecer primeiro, às vezes durante décadas ou séculos. Como observa Thomas Kuhn:

O estado da astronomia ptolomaica era um escândalo antes do anúncio de Copérnico. As contribuições de Galileu ao estudo do movimento dependiam das dificuldades descobertas na teoria de Aristóteles por críticos escolásticos. A nova teoria da luz e da cor de Newton originou-se na descoberta de que nenhuma das teorias pré-paradigma explicaria o comprimento do espectro e a teoria da onda que substituiu a de Newton foi anunciada em meio à crescente preocupação com as anomalias na relação dos efeitos de difração e polarização com a teoria de Newton. A termodinâmica nasceu do choque de duas teorias físicas existentes no século XIX, e a mecânica quântica, de várias dificuldades que cercavam a radiação do corpo negro, calores específicos e o efeito fotoelétrico. Além disso, em todos esses casos, com exceção do de Newton... pode-se descrever corretamente os campos afetados por ele como em um estado de crescente crise.[109]

Nesse aspecto, a ciência não difere muito de governos e religiões. Ocorrem mudanças apenas quando sistemas defendidos desabam pela própria falta de funcionalidade. Mas parece que o que D. S. Wilson quer dizer com "ciência" é "materialismo", tratado como simples realismo factual. Desde que assim definiu o termo, não há como discutir o caso com ele.

O principal problema dessa tese, porém, é a descoberta pelos místicos de que as religiões na verdade *buscam* o realismo factual. É esse seu exato propósito. Com base nessas experiências, tendem a descrever a realidade como *sobre*natural, não *sub*-racional. Onde o materialista vê o universo de fundo para cima (lama para mente ou mônada para homem, eles o veem como de topo para baixo (mente para mente/matéria). Não abandonam a razão, mas descobrem que, por mais que desejassem, esse argumento convencional não chega a transmitir consciência mística. Como vimos no Capítulo 6, os materialistas não têm prova conclusiva de que estão certos e os místicos, errados.

Se de fato religião não é mais que religião adaptiva, a explicação mais provável vem a ser a seguinte: os místicos estão certos. O materialismo é falso, *mas a maioria dos sistemas não materialistas contém pelo menos alguns elementos de verdade*. Como seria esperado, alguns contêm muito mais elementos de verdade que outros. Se isto está correto, devemos

254   O CÉREBRO ESPIRITUAL

esperar das pessoas que têm EMERs uma boa adaptação na vida, e — como examinamos no Capítulo 8 — em geral é o que vemos.

Contudo, o principal problema da posição de D. S. Wilson é o que Leon Wieseltier observou quando resenhou *Quebrando o encanto*, de Daniel Dennett (2006). É uma coisa que já traz em si sua derrota: "Você não prova a falsidade de uma crença, a menos que prove seu conteúdo. Se acredita que pode provar a falsidade de qualquer outro modo, descrevendo as origens ou as consequências, você não acredita na razão." E acrescenta:

> Se a razão é produto da seleção natural, que confiança podemos ter diante de um argumento racional em defesa da seleção natural? Deve-se o poder da razão à independência da razão, e a mais nada. (Nesse aspecto, o racionalismo fica mais perto do misticismo que do materialismo.) A biologia evolucionária não pode invocar o poder da razão enquanto a destrói.[110]

As tentativas de evitar esse problema feitas por D. S. Wilson, como vimos anteriormente, declarando que a ciência está de algum modo acima da rixa, apoiam o realismo factual. Mas isso não funciona porque a ciência de fato tem muita dificuldade com o realismo factual quando este nega paradigmas, e nessas circunstâncias a ciência se comporta mais ou mesmo da mesma forma que outras instituições humanas. Na medida em que, com o termo "ciência", D. S. Wilson se refere à filosofia do materialismo, mal colabora com sua posição o anúncio de que a racionalidade não é um padrão ouro.

Mas também devemos levar em conta a segunda visão da psicologia evolucionária. As EMERs não são de modo algum adaptivas. Nesse caso, podem parecer ligadas à boa saúde física e mental, ou a verdadeiras intuições sobre a natureza da realidade, embora não façam sentido num universo puramente material e, na verdade, não contribuam para os benefícios aos quais se associam.

A ESPIRITUALIDADE COMO SUBPRODUTO ACIDENTAL

> Os conceitos religiosos... realizam o milagre de ser exatamente o que as pessoas transmitem apenas porque outras variantes foram criadas, esquecidas ou abandonadas ao longo do caminho. A magia que parece

Quem vive experiências místicas e o que as provoca 255

proteger tais conceitos perfeitos para mentes humanas é um mero efeito de fatos seletivos repetidos.[111]

— Pascal Boyer, *Religion Explained*

O antropólogo Pascal Boyer, que estuda conceitos de ação e o estado de ser que é próprio dos seres humanos, pouco precisa dos habituais tropos e truísmos da psicologia evolucionária. No livro de título ambicioso *Religion Explained* (2001), ele descarta o simplório determinismo genético. "Ter um cérebro humano não sugere ter uma religião. Sugere apenas que se pode vir a adquiri-la, o que é muito diferente."[112]

Afastando as intermináveis histórias da psicologia evolucionária na era do Plistoceno — porque os habitantes das cavernas que adquiriram religião tinham mais probabilidade de sobreviver do que os que não tinham fé, e assim passaram seus genes adiante —, ele apresenta um argumento bem mais detalhado e sofisticado. Afirma que apenas alguns tipos de conceitos religiosos são consistentes com o raciocínio normal, factual ou prático (no sentido de D. S. Wilson). Por exemplo, uma religião que ensina que Deus existe no dia a dia com exceção da terça-feira vai conseguir poucos adeptos.

Assim, afirma, as ideias religiosas são simples parasitas das formas normais que julgamos fatos do dia a dia e as crenças espirituais "um subproduto da arquitetura cognitiva padrão". Alguns sistemas que ele julga relevantes são:

> um conjunto de expectativas ontológicas intuitivas, a propensão a dirigir a atenção para o que é contraintuitivo, uma tendência a chamá-lo de volta se for rico em inferências, um sistema para detectar e superdetectar agência, um conjunto de mente social, sistemas que tornam a ideia de agentes bem informados particularmente importantes, um conjunto de intuições morais que parecem não ter uma clara justificação.[113]

Ora, a tese de Boyer é não apenas uma explicação redutiva das EMERs; serve de programa. Num artigo para o *Skeptical Enquirer*,[114] ele apresenta uma prática tabela de explicações redutivas ou negativas para as crenças religiosas. Sugere, por exemplo, que, em vez de dizer que "a religião diminui a ansiedade" (e que, portanto, é uma falsa

256 O CÉREBRO ESPIRITUAL

esperança), deve-se antes observar que a religião tanto gera quanto afasta a ansiedade (por isso trata-se de um falso medo).

E como sabemos que esperança e medo são falsos? Porque, como ele explica aos leitores nem sempre céticos, agora sabemos, entre outras coisas, que "nossa mente é apenas bilhões de neurônios disparando de forma ordenada". Isso, claro, equivale a dizer que a mente é a mesma coisa que o cérebro. Boyer, na verdade, não defende isso; ele presume que é verdade.

Mas a principal objeção à visão de Boyer é que ela é irrelevante. Ninguém duvida que as EMERs são em geral mediadas pela arquitetura cognitiva padrão (ver Capítulo 9). Mas isso dificilmente as "explica", porque, como vimos, a mente não é a mesma coisa que o cérebro. O trabalho de Boyer depende em grande parte dos estudos das crenças em bruxaria na África equatorial, e de outros caminhos laterais, como as visões de crianças pequenas contemporâneas. Assim, as experiências em geral consideradas religiosas e espirituais — por exemplo, a conversão[115] — não figuram na explicação. Mas é precisamente para esse tipo de experiências que em geral se buscavam explicações.

Então, em que ponto estamos? Os esforços para localizar as EMERs nos genes (adaptabilidade) ou cérebros (subproduto da arquitetura cognitiva) não funcionam. Suponham, porém, que adotemos uma visão mais expansiva do gene. Ao contrário de Dean Hamer, não buscaremos um gene individual, mas apenas atribuiremos algumas características aos genes em geral.

Os "GENES EGOÍSTAS" E A ESPIRITUALIDADE

Fomos construídos para servir aos interesses de nossos genes, não o contrário... O motivo de existirmos é que um dia serviu aos interesses deles criar-nos.[116]

— Keith E. Stanovich, *The Robot's Rebellion*

"O que Jones na verdade quer" é o que seus antecessores foram condicionados a querer nos tempos antigos da savana. O problema é que, evidentemente, Jones não quer isso — nem consciente nem inconscientemente.[117]

— Jerry Fodor, filósofo

Quem vive experiências místicas e o que as provoca   257

Em 1976, Richard Dawkins animou a discussão com o livro *O gene egoísta*. Convencera-se de que ocorre a evolução porque os genes conseguem passar adiante; eles, não nós, são os imortais. Dawkins sempre negou, usando uma linguagem muitas vezes ambígua, que atribuíra motivo ou determinismo aos genes, de forma antropomórfica. E o cientista cognitivo Steven Pinker há pouco defendeu essa ambiguidade dele, em um ensaio em homenagem ao 13º aniversário de *O gene egoísta*. Ridicularizando a filósofa Mary Midgley por protestar que "os genes não podem ser mais egoístas ou desprendidos do que os átomos ciumentos, os elefantes abstratos ou os biscoitos teológicos",[118] ele escreve:

> Se o processamento de informação nos dá uma boa explicação para os estados de saber e querer incorporados na fatia de matéria chamada cérebro humano, não há motivo moral para evitar atribuir saber e querer a outras fatias de matéria.[119]

Portanto, revela-se que o problema não é Dawkins atribuir motivação aos genes, mas, nós, humanos atribuí-la com demasiada facilidade à nossa consciência, que é redutível ao "processamento de informação". Nem Pinker nem Dawkins deixam claro exatamente como podemos basear nossa liberdade em relação ao gene egoísta neste caso; nenhum dos dois parece acreditar em livre-arbítrio.[120]

Deixando esses problemas de lado, o gene egoísta era um conceito de enorme atração. A atribuição de funções aos genes separa função de motivação. Uma explicação do "gene egoísta" precisa apenas propor a forma como um comportamento espalha os genes. Por exemplo, as mulheres que Deus quer que sejam celibatárias talvez não esperem mesmo que os irmãos e as irmãs tenham mais filhos, espalhando assim seus genes partilhados (segundo a teoria-chave neo-darwiniana da aptidão inclusiva). Não há como provar a falsidade de tal afirmação, porque o desinteresse autêntico da celibatária em espalhar seus genes é completamente irrelevante. São os genes, e não ela, os supostos atores na peça. Nesse aspecto, a teoria do gene egoísta foi um grande avanço em relação ao freudianismo. Este, tipicamente, insistia em que o celibatário religioso tinha motivos sexuais inconscientes. Talvez tivesse, mas a maioria dos celibatários religiosos tem fortes motivos religiosos também, e jamais ficou claro porque se deve supor que os

258   O CÉREBRO ESPIRITUAL

motivos religiosos dominam. A completa eliminação do motivo humano simplifica muito a questão para o materialista redutivo.

Mas, evidentemente, muitos julgaram o gene egoísta simplista, não falsificável, e — eis o grande problema — não representativo do que de fato sabemos da natureza humana. Como escreve o filósofo Jerry Fodor:

> Com o passar dos anos, as pessoas continuam a propor teorias que dizem: "O que todos realmente querem é apenas..." (preencha o espaço em branco). As versões da moda em sua época incluíam dinheiro, poder, sexo, morte, liberdade, felicidade, a Mãe, o Bem, prazer, sucesso, status, salvação, imortalidade, autorrealização, reforço, pênis (no caso das mulheres), pênis maiores (no caso dos homens), e por aí vai. O registro dessas teorias não tem sido bom; em retrospecto, muitas vezes parecem tolas, vulgares, ou as duas coisas. Talvez isso se revele diferente, pois "o que todos de fato querem é maximizar sua contribuição relativa ao conjunto genético". Mas não conheço motivo algum para pensar que assim será, e não aconselharia vocês, claro, a apostar suas economias.[121]

Claro, e com toda justiça, Dawkins não está dizendo que todos querem espalhar seus genes, mas que os genes de todos querem ser espalhados. Por outro lado, ele insiste em que os genes, na verdade, não têm propósito. Também admite que os seres humanos talvez tenham propósitos não relacionados com a reprodução. Isso, porém, suscita a questão: qual o uso conceitual do gene egoísta? O que ele prediz, em vez de pós-dizer? Como observa Fodor:

> A visão científica de mundo não quer dizer que escrever *A tempestade* foi uma estratégia reprodutiva; esse é o tipo de bobagem que lhe dá má fama. À primeira vista, parece haver todo tipo de coisas de que gostamos de fazer, sem qualquer motivo particular, não por algum motivo que tenhamos, ou que tenham nossos genes; ou que tenha o Coelhinho da Páscoa, aliás. Talvez sejamos apenas esse tipo de criatura.[122]

De fato, como observou o filósofo australiano David Stove, nós *somos* esse tipo de criatura. Os seres humanos não têm visado espalhar sistematicamente seus genes:

Quem vive experiências místicas e o que as provoca   259

A religião não é de modo algum a única coisa na vida humana com acentuada tendência a reprimir ou extinguir a reprodução, e mesmo a mortificar o próprio impulso sexual. O pensamento intenso e prolongado, nas poucas pessoas capazes disso, têm a mesma tendência. E também a criatividade artística. Na verdade, qualquer das duas coisas, em geral, é muito *mais* forte e uniformemente desfavorável à reprodução que a religião, em geral o é.[123]

Pode-se acrescentar que a simples riqueza, sem ligação com qualquer talento especial, em geral também leva à queda das taxas de natalidade. Mas Dawkins tem outra carta na manga, para o caso de o gene egoísta mostrar-se recessivo. No mesmo livro, ele introduziu o correlato psíquico do gene, o *meme*, que na verdade parecia muito mais promissor como explicação redutiva das EMERs.

As EMERs como "memes"

O valor para a sobrevivência do meme Deus no conjunto de memes resulta de seu grande apelo psicológico. Oferece, superficialmente, uma resposta plausível a questões profundas e perturbadoras sobre a existência. Sugere que as injustiças neste mundo podem ser corrigidas no próximo. Os "braços eternos" seguram uma almofada contra nossas incompetências que, como o placebo do médico, funciona justamente por ser imaginária.[124]

— Richard Dawkins, *O gene egoísta*

Poderíamos pensar que nós humanos projetamos todos esses computadores e essas ligações telefônicas para nosso próprio prazer, mas da perspectiva do meme somos apenas suas máquinas copiadoras, e eles nos usam para projetar um vasto sistema mundial destinado à sua propagação.[125]

— Susan Blackmore, *Suplemento de Educação*
do Times Higher

A ideia geral dos memes tem sido sedutora; as pessoas querem acreditar nela.[126]

— William L. Benzon, filósofo

Poderão as EMERs ser compreendidas como "memes", que involuntariamente se copiam? Não está claro o que, exatamente, são os memes. Como explica Susan Blackmore: "Os memes são histórias, canções, hábitos, habilidades, invenções e maneiras de fazer coisas que copiamos de pessoa para pessoa por imitação. A natureza humana pode ser explicada pela teoria evolucionária, porém somente quando consideramos os memes como os genes em evolução."[127] Ora, esta última frase é uma admissão surpreendente de um psicólogo evolucionista ferrenho. Se o meme não pode ser validado, a psicologia evolucionária não pode explicar a natureza humana.

O meme é melhor definido como uma unidade teórica de informação que se reproduz, parceiro do teórico gene egoísta. Na verdade, como explica Blackmore, "fazemos parte de um vasto processo evolucionário no qual os memes são o replicador em evolução e nós somos as suas máquinas".[128] Os memes atuam como genes — a menos que sejam "memes virais", como as religiões, caso em que atuam como vírus.

Como visão redutiva das EMERs, o meme tem muito mais utilidade que o gene egoísta. Os genes, por mais que queiramos pensar diferente, são fileiras de nucleotídios em células vivas que replicam a informação essencial para processos de vida contínuos em células filhas. A desengonçada dança em torno da questão se os genes, como tais, podem ter objetivos independentes não vem da observação dos genes reais. Deriva de teorias materialistas de evolução e mente. De qualquer modo, como vimos, as EMERs não são sempre úteis na disseminação dos genes. Portanto, o conceito de meme é análogo à ideia de genes e, quando necessário, à *ideia* de vírus,[129] ou até fenótipos,[130] mas não restringidos pela função mundana ou pelas ações de qualquer dessas entidades confirmadas. Como explica Dawkins:

> Tão logo os genes fornecem a suas máquinas de sobrevivência cérebros capazes de rápida imitação, os memes automaticamente assumem. Não temos nem mesmo de adotar uma vantagem genética por imitação, embora isso, sem dúvida, ajudasse. Só é preciso que o cérebro seja capaz de imitação: evoluirão então memes que explorem toda a capacidade.[131]

Bem, o cérebro é capaz de imitar. E, na opinião de Susan Blackmore, isso explica "nossa incurável natureza religiosa, nossas formas incomuns de cooperação e altruísmo, nosso uso da linguagem e nossa capacidade de desafiar nossos genes com o controle da natalidade e engenharia genética.[132] As EMERs, segundo ela, dependem não apenas dos memes, mas de memeplexos.

> Quando olhamos as religiões do mesmo ponto de vista de um meme, entendemos porque eles tiveram tanto sucesso. Esses memes religiosos não começaram com a intenção de vencer. Eram apenas comportamentos, ideias e histórias copiados de uma pessoa para outra na longa história das tentativas humanas de entender o mundo. Tiveram sucesso porque, por acaso, juntavam-se em gangues que se apoiavam umas às outras e incluíam todos os truques certos para manter-se armazenadas em segurança em milhões de cérebros, livros e prédios, e repetidas vezes passadas para outras.[133]

Como todos os demais que partilham suas opiniões, Susan isenta a ciência do rol de gangues de memes enganadoras. Ela tem certeza de que o que faz é ciência. E o que mais gosta na ciência é que seja testável. As teorias religiosas, em contraste, prosperam "apesar de inverídicas, feias ou cruéis".[134] Bem, serão memes ou memeplexos testáveis? Podemos saber se não eram uma explicação correta?

Na medida em que as ideias de Susan Blackmore dependem sobretudo das ideias de Dawkins, a teóloga Alister McGrath defende que não. Em *Dawkins' God — genes, memes, and the meaning of life (2005)*, observa: "Se todas as ideias são memes ou efeitos dos memes, Dawkins fica na posição decididamente desconfortável de ter de aceitar que suas próprias ideias também devem ser reconhecidas como efeitos dos memes." Dawkins tem atacado com todo vigor essa posição, dizendo: "As ideias científicas, como todos os memes, estão sujeitas a uma espécie de seleção natural, e superficialmente podem parecer vírus. Mas as forças seletivas que escrutinam as ideias não são arbitrárias nem caprichosas. São regras exigentes e bem afinadas, e não favorecem o comportamento egoísta inútil."[135]

McGrath, porém, não alivia para Dawkins assim tão facilmente, e acusa:

262   O CÉREBRO ESPIRITUAL

Isso representa um caso especial de súplica, em que Dawkins tenta sem êxito fugir da armadilha de referir-se a si próprio. Qualquer um que conheça a história intelectual logo identifica o padrão. O dogma de todos está errado, menos o meu. Minhas ideias estão isentas do padrão geral que identifico como outras ideias, o que me permite explicá-las, de qualquer modo, deixando as minhas dominarem o campo.[136]

Tudo isso iria por água abaixo se alguém demonstrasse que o meme de fato existe, como se comprovou que os genes realmente existem. A obra de Gregor Mendel, no século XIX, demonstrou que o gene deve existir; essa era a única explicação racional para as previsíveis regularidades nos experimentos controlados da criação de plantas. Mais tarde, pesquisadores como James Watson e Francis Crick mostraram como se organiza o genoma. Em contraste, a simples palavra "meme" assumiu vida própria na cultura popular. A princípio, indicava uma moda, uma tendência de pensamento à qual nos consideramos superiores, mas agora parece estar desaparecendo num sinônimo geral de ideia.[137]

Mas, deixando a linguagem de lado, em que sentido existe um meme? Será uma ideia platônica para consumidor de baixa renda? Não, porque esse é o tipo exato de conceito que Dawkins e Susan rejeitariam. Assim, devemos buscar os memes no cérebro. O neurobiólogo Juan Delius imaginou a conjetura de um meme como "uma constelação de sinapses neurais ativadas". Mas, como observa Alister McGrath, uma imagem não é prova de que os memes existem:

Já vi incontáveis imagens de Deus em muitas visitas a galerias de arte. E isso confirma o conceito? Ou o torna cientificamente plausível? A proposta de Delius, de que um meme terá uma única, localizável e observável estrutura, é pura conjetura, e ainda precisa ser submetida a uma rigorosa investigação empírica. Uma coisa é especular sobre a aparência que teria algo; a verdadeira questão é saber se ela está lá mesmo.[138]

Em termos práticos, uma das sérias dificuldades no fato de o meme ter qualquer estrutura localizável e observável é que o cérebro de cada um recebe e processa informação de forma diferente. Por exemplo, quando Jiří Wackermann e equipe descobriram (2003) que dois seres

Quem vive experiências místicas e o que as provoca   263

humanos distintos podem coordenar seus estados cerebrais, e nenhum lugar nos cérebros recebedores rotineiramente recebia o efeito.[139] Assim, não existe uma área de trânsito visível para os memes.

Será que o meme jamais passou de uma analogia? Se assim é, McGrath adverte: "Há uma enorme lacuna entre analogia e identidade — e, como ilustra de forma bastante dolorosa a história da ciência — a maioria das falsas pistas na ciência é sobre analogias erroneamente tomadas por identidades.[140]

Críticos simpáticos à ideia, assim como os hostis, também começaram a questionar o meme. O Antropólogo biológico Robert Aunger, autor de *The electric meme* (2002), também editou a antologia *Darwinizing the culture*[141], que pergunta se a memética ao menos é uma disciplina. Ele relaciona vários problemas: não há correlação óbvia com estados do cérebro, nem replicação em alta fidelidade, independência ou forma clara de identificar origens, uma vez que várias pessoas podem ter a mesma ideia ao mesmo tempo. E resume: "Mesmo essa breve excursão em tentativas de definir os memes sugere uma desordem num nível fundamental do sujeito."[142]

Susan Blackmore descarta essa crítica, alegando:

> Robert Aunger nos desafiou a apresentar uma prova da existência dos memes, ou previsões sustentadas e únicas da teoria do meme. Sugiro que não se exige prova alguma de existência, porque os memes são definidos como informação copiada de pessoa a pessoa. Logo, como se admite a ocorrência de imitações, elas devem existir.[143]

Nesse caso, os memes não são genes nem vírus mentais de forma alguma, mas o simples fato da imitação. Para os que não estão convencidos de que esta explicação dá legitimidade independente aos memes, ela defende que o extenso cérebro humano foi moldado pela evolução para o benefício tanto dos genes quanto dos memes.[144] Diante das circunstâncias, isso é o mesmo que dizer que a Terra foi projetada para o bem tanto dos humanos quanto dos duendes.

Na verdade, Dawkins recuou um pouco dos memes, fato notado por Daniel Dennett. Este sugere que Dawkins teve de recuar porque a sociobiologia (antecessora da psicologia evolucionária) é hoje impopular,

264 O CÉREBRO ESPIRITUAL

mas McGrath propõe: "Acho que isso repousa mais na crescente compreensão da enorme falta de determinação comprobatória da tese."[145]

MEMES POR MEMES E OUTROS EXÓTICOS VARIADOS

Os vírus da mente, e toda a ciência da memética, representam uma grande mudança de paradigma na ciência da mente.[146]
— Richard Brodie, *Virus of the mind*

A memética é sem dúvida uma ciência muito imatura no presente, se é que chega a ser ciência.[147]
— Robert Aunger, *Darwinizing Culture*

Na verdade, em uma cultura materialista, o meme precisava apenas ser apresentado; não demonstrado. Por exemplo, Robert Aunger brincou com a ideia de uma nova disciplina da "neurimética" em *The electric meme* (2002). Como observou o filósofo William L. Benzon, a literatura neurocientífica não trata dos memes, portanto não interessa ao empreendimento de Aunger. Mas não importa, a ideia era boa demais para não ser aproveitada.[148] Do mesmo modo, *The biology of belief* (2009) nos convenceria da existência de psicogenes,[149] crenças com propriedades de genes. E Howard Bloom, em *The Lucifer principle* (1997), afirma que "os memes são ideias, pedaços de nada que saltam de mente em mente", e de algum modo se transformam numa força que deixa a sociedade com "muita fome" — fome de encrenca, ao que parece.[150]

O criador do Microsoft Word, Richard Brodie, oferece um exemplo clássico do gênero em *Virus of the mind* (1996). O livro, anunciado como a primeira obra popular sobre os memes, é em parte ciência popular e em parte autoajuda. Na confusão geral, gerada pelo próprio Dawkins, sobre se um meme se assemelha a um gene (caso em que não se pode evitar) ou um vírus (caso em que se pode e deve), a "muito esperada teoria científica de Brodie, que une biologia, psicologia e ciência cognitiva", tende para a visão viral.[151] Ele nos assegura que "as pessoas que entendem a memética terão uma crescente vantagem na vida, sobretudo prevenindo-se para não serem manipuladas ou exploradas".[152]

Brodie, claro, sabe o que deduzir das EMERs — são "alguns dos mais poderosos vírus da mente no universo". Não se preocupem, porém:

Você pode programar-se conscientemente com memes que o ajudem no que você desejar da vida. Essa é uma das principais estratégias — os memes nos paradigmas meméticos. É contrário a essa estratégia acreditar em dogmas religiosos sem havê-la escolhido com sensatez como dando poder à sua vida. Também é contrário ao paradigma da memética acreditar que os memes religiosos, ou quaisquer outros, são verdadeiros, e não uma meia verdade usada em determinado contexto.[153]

Os "memes religiosos de Brodie" se dividem com muita facilidade entre os que dão poder e os que não dão. "É isso! E mais nada!", ele exclama. "Nenhuma das religiões é a Verdadeira; são todas variações sobre um tema — ou um meme. Mas vamos analisar o que fazem os memes por uma religião vitoriosa."[154]

Que fariam, nós nos perguntamos, João da Cruz ou Subhuti, discípulo de Buda, com uma "religião vitoriosa"? Já outros podem pensar sobre a repreensão de William James à doentia obsessão norte-americana pelo sucesso. James era pragmático, mas sabia onde o sensato pragmatismo teme pisar.

Contudo, e se a psicologia evolucionária fizesse previsões testáveis? Isso poderia oferecer prova para suas afirmações sobre as EMERs — não necessariamente conclusiva se outros métodos previssem os mesmos resultados com igual sucesso, mas pelo menos seria alguma prova.

A PSICOLOGIA EVOLUCIONÁRIA E A SOCIEDADE MODERNA

Os psicólogos evolucionistas apresentaram algumas intuições testáveis sobre os problemas atuais, por exemplo, a recorrente afirmação de que é mais provável os padrastos abusarem de crianças que os pais naturais. Como explica Sharon Begley em um perfil para o *Wall Street Journal* sobre o filósofo especializado em ciência David Buller:

Um homem da idade da pedra que concentrou cuidado e apoio nos filhos biológicos, e não nas crianças da companheira de uma relação anterior, se sairia melhor no placar da evolução (quantos descendentes deixou) do que aquele que cuidasse dos enteados. Com esse estado de espírito, é mais provável o padrasto abusar dos enteados. Um livro

266   O CÉREBRO ESPIRITUAL

didático afirma que os filhos que moram com um dos pais biológico e outro adotivo têm quarenta vezes mais probabilidade de sofrer maus-tratos do que os que vivem apenas com os pais biológicos.[155]

Dados desse tipo ajudam a estabelecer a psicologia evolucionária como uma disciplina viável — caso se sustentem. Quando Buller examinou a prova, descobriu que os padrastos eram muito mais vezes *acusados* por abusos que os pais biológicos — tanto na vida quanto nos contos de fada —, mas não tinham de fato mais probabilidade de abusar dos filhos.[156]

Outra previsão da psicologia evolucionária, de que os homens preferem moças férteis para disseminar seus genes, também não condiz com a realidade. Na verdade, os homens (como as mulhe-res) preferem companheiros do mesmo grupo etário que eles. As estatísticas são tendenciosas porque a maioria dos homens que ain-da buscam companheiras é jovem.[157] Como disse Buller à *Scientific American*:

> O que julguei necessário levar a um público leitor mais geral eram alguns dos problemas metodológicos envolvidos nessas badaladíssimas descobertas que os psicólogos evolucionistas afirmam ter feito, coisas que conseguem cobertura do *New York Times* mais ou menos toda semana. Eu queria que as pessoas soubessem que há terreno para o ceticismo.[158]

Buller, como vimos, apostou no início, mas começou a questionar as grandes afirmações da psicologia evolucionária e terminou por cha-má-la de a teoria dos "Flintstones" da natureza humana — satisfató-ria, desde que não a levemos a sério.

NÃO TESTÁVEL NO PRETÉRITO-PERFEITO

Em geral, os psicólogos evolucionistas defendem suas teorias sobre as EMERs com base em que qualquer hipótese sustentada na teoria da evolução darwiniana deve ter mais mérito que outra que descarta a sua importância. Mas, como observa David Stove, a evolução darwi-niana demonstrou não ser aplicável aos seres humanos por qualquer período de tempo do qual tenhamos informação específica.[159] O prin-

Quem vive experiências místicas e o que as provoca 267

cipal motivo é que a passagem dos genes, fundamental para a evolução darwiniana, não é um impulso simples e previsível nos seres humanos, como, por exemplo, nos gansos. É verdade, como veremos no Capítulo 8, que as pessoas que passaram por EMERs em geral gozam de boa saúde física e mental, mas a teoria darwiniana, cuja força propulsora é a seleção natural, depende da produção de rebentos viáveis, o que é uma questão diferente da vantagem pessoal.

Para entender a dimensão do problema, suponha que há duas maneiras de criar rebentos entre os gansos. Como as populações de gansos se acasalam de acordo com instintos dignos de confiança, podemos estudar os resultados e determinar qual método produz rebentos mais viáveis. Mas não temos meios semelhantes de saber quantos rebentos sobreviventes nossos ancestrais humanos recentes haveriam tido se não exercessem controle voluntário sobre a procriação. Assim, os estudos de população que poderiam lançar luz sobre a dúvida se as pessoas que têm EMERs apresentam melhor ou pior adaptação — em um sentido puramente darwiniano — não podem jamais ser feitos. Esse é o principal motivo pelo qual é difícil testar as afirmações da psicologia evolucionária.

Além do mais, quase todas as civilizações conhecidas — em geral, agindo sob a orientação de visionários espirituais — baniram de propósito a evolução darwiniana ao eliminarem a "luta pela sobrevivência" na medida do possível. Isso torna ainda mais difícil a comparação da adaptação darwiniana entre populações de ancestrais recentes.

A IMPORTÂNCIA DAS EMERs

> Como o paradigma reinante na psicologia evolucionária produziu resultados questionáveis, o estudo evolucionário da psicologia humana continua precisando de um paradigma orientador.[160]
> — David Buller, *Trends in Cognitive Science*

Será a psicologia evolucionária até mesmo importante para as EMERs? Um dos problemas essenciais dessa psicologia é que a espiritualidade, assim como a matemática pura, não tem utilidade alguma — nem acidentalmente nem de outro modo — no sentido darwiniano. O fato de que a matemática pura pode acabar levando à matemá-

268 O CÉREBRO ESPIRITUAL

tica aplicada, ou que as comunidades religiosas acabariam evoluindo para a vida em lugares mais seguros não importa, porque a evolução darwiniana elimina de forma *explícita* nossa consciência de futuras metas. As EMERs são características novas e genuínas, sem qualquer importância para os algoritmos da seleção natural.

Na verdade, o problema da psicologia evolucionária não é a evolução; é o materialismo. Sim, a evolução ocorre, mas — na visão perenialista — a evolução da consciência humana voltada a uma consciência do universo mais como uma notável ideia que uma notável máquina aconteceu porque o universo, na verdade, se assemelha mais a uma grande ideia do que a uma grande máquina. A prova aponta claramente nessa direção.

É justo perguntar, a esta altura, quantas provas precisamos estar preparados para descartar a fim de proteger o materialismo do século XX. Alguns psicólogos evolucionistas se dispõem a descartar a ideia de que racionalidade e coerência correspondem a uma característica real do universo. O filósofo e teólogo alemão Rudolf Otto teve uma ideia melhor.

UMA FORMA MELHOR DE ENTENDER AS EMERS

Os melhores ateus concordam com os melhores defensores da fé num ponto crucial: que a escolha de acreditar ou desacreditar é existencialmente a mais importante de todas. Molda toda a nossa compreensão da vida e dos objetivos humanos, porque se trata de uma escolha que cada um de nós deve fazer para si mesmo.[161]

— Adam Kirsch, *New York Sun*

A verdade da religião está menos no que revelam suas doutrinas do que no que se oculta em seus mistérios. As religiões não revelam seu significado de forma direta porque não podem fazê-lo; esse significado tem de ser conquistado pelo culto e pela prece, e por uma vida de calada obediência. Ainda assim, as verdades ocultas continuam sendo verdades; e talvez só possamos ser guiados por elas se ficarem escondidas, do mesmo modo como somos guiados pelo sol apenas quando não o olhamos.[162]

— Roger Scruton, *The Spectator*

Rudolf Otto (1869-1937) pensou na evolução e na espiritualidade durante a Segunda Guerra Mundial. Sua principal obra, *O sagrado*,[163] apresenta uma visão útil do estudo das EMERs. Ele cunhou o termo "numinoso", significando o tipo de experiência — mais ou menos equivalente a uma profunda EMER — na base da criação de tradições religiosas e espirituais. Insistiu em que "não há religião em que a EMER não viva como o núcleo mais interior, e sem ela nenhuma religião seria digna desse nome", e que

> todas as explicações ostensivas da origem da religião em termos de animismo, magia ou psicologia estão condenadas desde o início a vagar e não alcançar a verdadeira meta de sua busca, a não ser reconhecendo que esse fato de nossa natureza — básico, único, inderivável de qualquer outra coisa — é o fator e o impulso básico por baixo de todo o processo de evolução religiosa.[164]

Por experiência numinosa, Otto queria dizer o senso de uma presença muito maior que nós mesmos, uma coisa Inteiramente Outra, que inspira respeito. Isso, claro, não é a mesma coisa que medo; não resulta de preocupações práticas. Temer um ataque de urso na floresta e sentir respeito ao ver um Espírito Urso em uma montanha distante são experiências bem diferentes.[165] Todas as tentativas de explicar as EMERs em termos de interesse próprio ou impulsos do "simples homem natural" fracassam, previu Otto, porque o homem natural sequer os entende.

> Ao contrário, *na medida em que os entende*, ele tende a julgá-lo muitíssimo chato e desinteressante, às vezes realmente desagradável e de natureza repugnante, como julgaria, por exemplo, a visão beatífica de Deus em nossa doutrina de salvação, ou a *henōsis* [cura; união] de "Deus em tudo" entre os místicos. "Na medida em que ele entende", vejam bem; mas também ele não entende nada.[166]

Como os seres humanos são fabricantes de mitos por natureza, nós nos agarramos a uma experiência numinosa objetificando-a ou racionalizando-a em mitos, cultos e dogmas. As crenças pré-históricas, na visão de Otto, são um esforço inicial para racionalizar o numinoso.[167] Todas as tentativas, porém, atestam o fato de que a própria experiência numinosa *já* se evaporou.[168] As análises atentas dos efeitos posteriores são interessantes e às vezes instrutivas, mas, como já observamos, não captam o efeito primário.

Otto advertiu, com grande percepção, contra a tendência moderna a racionalizar o núcleo das EMERs como um meio de produzir virtude ou preocupação moral com a justiça social. Trata-se de resultados normais dessas experiências, claro, mas não são nem a origem nem a meta. Ele também se mostrou presciente ao ver que se o numinoso é negado por muito tempo numa determinada tradição, ele pode explodir com estranhos efeitos.[169] A "Bênção do aeroporto de Toronto" (um súbito renascer carismático cristão perto do aeroporto que causou impacto em milhares de pessoas no mundo todo em 1994), que apresentou efeitos polêmicos e esquisitos junto a resultados de "mudança de vida", é um dos exemplos de nosso tempo.[170]

Otto não afirmava que "todas as religiões têm igual validade", nem que "elas ensinam a mesma coisa". O que pretendia dizer é que, ao contrário, todas as religiões se originam de uma experiência numinosa. O que os adeptos pensam, dizem ou fazem depois já é outra história. A visão que ele tinha das EMERs foi ofuscada pela ideia geral que o materialismo trouxe para seu estudo, na última metade do século XX, com o surgimento de uma visão baseada em provas.

Mas retornemos agora do estudo da natureza das EMERs para o estudo de seus efeitos. Se a espiritualidade nos é natural como seres conscientes, olhar além de nós mesmos *é* — sendo tudo mais igual — a melhor maneira de vivermos. Neste caso, podemos razoavelmente esperar que isso coincida com a boa saúde física e mental. No Capítulo 8, examinamos as provas da pesquisa sobre espiritualidade e saúde.

OITO

As experiências religiosas, espirituais ou místicas mudam vidas?

Então, qual é a prova experimental de que Deus é ruim para você? Dawkins presume que é de aceitação pública na comunidade científica o fato de que a religião debilita as pessoas, reduzindo seu potencial de sobrevivência e saúde. Mas uma pesquisa empírica recente aponta uma interação em geral positiva entre religião e saúde. A existência de tipos patológicos de crença e comportamento religiosos é bem conhecida; mas de modo algum invalida a avaliação positiva do impacto da religião na saúde mental, que surge de estudos baseados em evidências.[1]

— Alister McGrath, teólogo

Com grande ostentação, Daniel Dennett, diretor do Centro de estudos cognitivos na Tufts University, publicou *Breaking the Spell: Religion as a Natural Phenomenon* (2006). Sua expressão de psicologia evolucionária e memes foi saudada com as habituais matérias elogiosas[2] e denúncias. Mas houve uma curiosa diferença do que poderia ter acontecido uma década atrás. Claro que ele foi repreendido pela direita. Por exemplo, o editor de livros Adam Kirsch o contestou no *New York Sun*:

No seio da religião organizada, quer a aceitemos ou rejeitemos, está a verdade de que a experiência metafísica faz parte da vida humana. Qualquer explicação adequada de religião precisa começar deste fato fenomenológico. Como o Sr. Dennett o ignora, tratando a religião como, na melhor das hipóteses, um passatempo de débeis mentais, e, na pior, uma cadeia de fanáticos, ele nunca encontra a coisa sobre a qual acha que escreve.[3]

Mas, numa surpreendente mudança dos fatos, o esforço de Dennett também atraiu críticas de uma fonte que devia ser aliada. Ele foi repreendido pela esquerda. Leon Wieseltier, editor literário de *The New Republic*, descartou sua obra como "conversa tola evo-psicotagarelista": "No fim, o repúdio à religião é um repúdio à filosofia... O que esse livro raso e autocongratulatório estabelece com mais conclusão é a necessidade de se quebrarem muitos encantos."[4]

De modo semelhante, em 2006, o campeão britânico do materialismo Richard Dawkins produziu um especial de tevê sobre religião no Channel 4 da Grã-Bretanha, intitulado: *A raiz de todo mal?* Dawkins professou espanto pelo fato de a religião estar ganhando terreno no século XXI, e atribuiu isso ao fato de pais e professores transmitirem às crianças as próprias crenças sobre a realidade.

Mais uma vez, numa reviravolta semelhante, Dawkins foi atacado tanto pela esquerda quanto pela direita. Era de esperar a repreensão de Roger Scruton a Dawkins no *Spectator*, observando que

> o próprio salto de fé — essa colocação de nossa vida a serviço de Deus — é um salto além da razão. Isso não a torna mais irracional, do que é irracional apaixonar-se. Ao contrário, é a submissão do coração a um ideal, e um convite ao amor, à paz e ao perdão que Dawkins também procura, pois ele, como o restante de nós, foi feito exatamente assim.[5]

Mas Madeleine Bunting, do esquerdista *Guardian*, foi muito menos caridosa que Scruton. Desdenhando o trabalho televisivo de Dawkins como uma "polêmica intelectualmente ociosa, indigna de um grande cientista", ela observa:

> Há um receio latente de que o humanismo ateu tenha fracassado. Durante o século XX, os regimes políticos ateus conquistaram um apavorante (e inigualável) recorde de violência. O humanismo ateu não gerou uma cativante narrativa popular e ética do que é ser humano e

As experiências religiosas, espirituais ou místicas mudam vidas? 273

qual é o nosso lugar no cosmo; onde a religião se retirou, preencheu-se a lacuna com o consumismo, o futebol, o Strictly Come Dancing* e uma absorção descuidada de desejos passageiros.[6]

Por que tanto questionamento, desconforto e aversão ao materialismo? Questões há muito contidas começaram, afinal, a vir à tona? Em uma ambivalente resenha em 2003 sobre um livro anterior de Dennett, *Freedom evolves*, o psicólogo David P. Barash escreve:

> Desconfio que todos nós — até o materialista mais cabeça-dura — vivemos com uma hipocrisia implícita: mesmo quando assumimos o determinismo em nossas buscas e vidas profissionais, na verdade, vivemos nossas vidas subjetivas como se o livre arbítrio reinasse supremo. No íntimo do coração, *sabemos* que na maioria dos caminhos que de fato contam (e em muitos que não), temos fartura de livre-arbítrio, assim como sabem os que nos cercam. Incoerentes? Na verdade, sim. Mas, como a negação da morte, essa também é uma incoerência útil, e talvez até essencial.[7]

A esta altura, para citar Wieseltier, os antigos rabinos poderiam perguntar: "Seus ouvidos ouviram o que sua boca falou?" A resolução do dilema de Barash é que o materialismo está equivocado. O que sabemos no íntimo do coração é de fato verdade. O livre-arbítrio — negado ou afirmado — é real.

Na verdade, o problema do projeto materialista, do começo ao fim, é que, embora o materialismo exija ser visto como a única verdade, muitos fatos inegáveis da experiência humana só fazem sentido se assumimos que o materialismo *não* é a verdade. Um deles, que só há pouco começou a receber a atenção que merece, é o fato de as pessoas que desenvolvem a espiritualidade em geral gozarem de melhor saúde física e mental.

A ligação entre espiritualidade e saúde

Recorrendo a obras recentes e especulativas de teóricos evolucionistas, o Sr. Dennett esboça um quadro de como a religião poderia ter surgido

---

* Strictly Come Dancing é um programa da televisão britânica que apresenta celebridades com pares de dança profissionais competindo em danças latinas e de salão. *(N. do E.)*

como uma adaptação naturalmente selecionada ao ambiente humano inicial. Talvez, sugere, o crédulo *homo sapiens* tivesse um índice de sobrevivência mais alto porque era mais suscetível ao efeito placebo, e tinha assim mais probabilidade de ser "curado" de doenças com a ajuda de um xamã.[8]

— Adam Kircsh, *New York Sun*

Acompanhar esse vaivém, como temos feito durante toda a história, foi necessário pouco mais de 150 anos para a humanidade dar uma volta de 360 graus — abandonar e depois redimir as crenças que ajudaram à sobrevivência de homens e mulheres desde o início.[9]

— Herbert Benson e Marg Stark, *Timeless Medicine*

Como vimos, em um ambiente materialista, a ciência oferece duas visões da espiritualidade. Uma a vê como um subproduto do desenvolvimento cerebral humano, e portanto qualquer relação entre espiritualidade e saúde é acidental. Na verdade, muitos cientistas assumiram uma relação inversa sem boas provas — ou até sem prova alguma. A outra vê a espiritualidade como algo bom para os seres humanos, porque promove a adaptação evolucionária. Mas essa visão é problemática, pois, como vimos, a adaptação evolucionária específica[10] não é necessariamente uma meta ou um resultado da espiritualidade. O problema é que faltou ao materialismo uma teoria de base que acomodasse, mas não distorcesse, os indícios da natureza espiritual dos seres humanos e seu resultado na saúde física ou mental.

O Dr. Herbert Benson, que passou a carreira trabalhando nos hospitais-escolas Harvard Medical School, é um dos poucos pesquisadores médicos que estabeleceram o campo científico reconhecido hoje como medicina corpo/mente. Professor associado de medicina da Harvard Medical School, ele fundou o Harvard's Mind/Body Medical Institute [Instituto Médico Corpo/Mente de Harvard] no Deaconers Hospital de Boston. Ao observar como os pacientes melhoravam — ou não —, ele se convenceu de que

o corpo contém uma fiação para beneficiar-se do exercício não apenas dos músculos, mas de nosso rico interior, o núcleo humano — nossas

As experiências religiosas, espirituais ou místicas mudam vidas? 275

crenças, nossos valores, pensamentos e sentimentos. Relutei em examinar esses fatores, porque filósofos e cientistas em todos os tempos os consideram intangíveis e imensuráveis, tornando qualquer estudo deles "não científico". Mas eu quis tentar, pois repetidas vezes os progressos e as recuperações de meus pacientes pareciam depender do espírito e da vontade de viver. E eu não poderia livrar-me da sensação que tinha de que a mente humana — e as crenças que muitas vezes associamos à alma humana — tinha manifestações físicas.[11]

Ele concentrou a atenção no efeito placebo, que examinamos no Capítulo 6. Prefere chamá-lo "saúde lembrada", ou a tendência do corpo a transformar uma crença mental em uma instrução física. Após rever a literatura científica existente na década de 1970, concluiu que esse efeito é muito mais poderoso para muitos estados de saúde do que a estimativa convencional de 30 por cento, proposta originalmente por Henry K. Beecher em um estudo de 1955 e usada hoje como referência. Reviu muitos casos em que o efeito placebo se aproximou de 70 a 90 por cento do efeito de tratamento total.[12]

Uma descoberta que intrigou Benson foi que os tratamentos de males como angina ou asma bronquial muitas vezes funcionavam, *desde que* o paciente e o médico acreditassem neles, embora o próprio tratamento fosse depois descartado, após sistemática pesquisa, como inútil em termos médicos. Na verdade, no caso da angina, os tratamentos declinaram de valor quando os médicos deixaram de acreditar neles. Sem dúvida, a incerteza do médico era transmitida de forma sutil ou direta ao paciente.[13] De fato, em um estudo publicado em *Lancet* (1990), os homens que não tomavam placebos regularmente tinham mais probabilidade de morrer que os que tomavam.[14]

Benson não rejeita a farmácia ou a cirurgia, nem abraça a medicina não científica, cujos sucessos ele atribui em grande parte ao efeito (placebo) "saúde lembrada". Muito pelo contrário, a imagem que ele faz da medicina ideal é um banco de três pernas, que visa à estabilidade, somando à farmácia e à cirurgia uma ferramenta baseada na ciência — o uso intencional e eficaz do efeito placebo. Este é muitas vezes empregado de forma involuntária e ineficaz na prática médica. Às vezes é invertido sem querer, gerando o mortal efeito nocebo, como descobriria o próprio Benson.

No início do século XX, a medicina lançou-se firme contra a ideia de que a mente influenciava o corpo, e tentou atribuir à doença origens individuais e específicas. Na verdade, em fins da década de 1930, o *Index Medicus* não continha uma única referência ao efeito dos estados mentais na fisiologia.[15] Contudo, na década de 1940, introduziu-se a "medicina psicossomática" para incentivar melhor o entendimento e a administração da relação entre mente e corpo na saúde. Mas a tendência a tratar o corpo como uma máquina e a mente como algo irrelevante impediram muito o avanço nessa área. Na revista *Timeless Medicine* (1996), Benson ilustra a profundidade com que essa visão mecanicista afetou a medicina. O caso de uma mulher que sofria de surtos temporários recorrentes de dormência e fraqueza em várias partes do corpo, que foi a princípio descartado como apenas imaginação de sintomas. Um novo médico, porém, realizou extensos exames e diagnosticou esclerose múltipla, doença neurológica incurável que a vinha incapacitando e acabaria por matá-la. A resposta dela? "Nossa, estou muito aliviada, achei que era tudo coisa da minha cabeça."[16]

Na verdade, na década de 1960, o materialismo era tão generalizado na medicina que Benson passou difíceis momentos convencendo os colegas de que o estresse mental podia contribuir para o aumento da pressão arterial. Mentores avisaram que ele estava arriscando a carreira quando começou a estudar a fisiologia da meditação, em um esforço para entender como a mente influencia o corpo.[17] Enquanto isso, médicos diziam aos primeiros pesquisadores que seus colegas tinham três vezes mais probabilidade de empregar esse efeito que eles próprios.

Os médicos não estavam tentando enganar ninguém; é mais provável que não reconhecessem o próprio uso do efeito placebo, embora notassem quando outros médicos o faziam. Como vimos no Capítulo 6, o efeito placebo faz parte da prática normal da medicina clínica. Mas não é uma prática que os médicos consideravam fácil discutir. O sistema médico, afinal, oferecia pouca recompensa ao trabalho eficaz sobre os estados mentais de um paciente. Um médico que relatasse: "O Sr. Y aceitou meu conselho para meditar quando se sente subjugado pelo estresse do trabalho; em consequência, a gravidade de seus ataques de úlcera diminuiu, e ele pode reduzir os medicamentos", poderia ser acusado de praticar medicina "não científica" ou até de "apelar para a religião". O fato de o método do médico ter funcio-

As experiências religiosas, espirituais ou místicas mudam vidas? 277

nado seria irrelevante em um ambiente concentrado em receita de remédios, tratamentos ou cirurgia.

É claro que nas últimas décadas houve um grande progresso no entendimento da verdadeira influência da mente sobre o corpo. Em 2000, os Institutos Nacionais de Saúde realizaram uma conferência sobre o assunto. Embora o estudo científico dos estados mentais ainda crie ansiedade em alguns,[18] as influências mentais na pressão alta, por exemplo, não são mais controversas.[19] Na verdade, um estudo recente descobriu que a solidão[20] aumenta muito a pressão arterial, sobretudo nos idosos. Richard Suzman, diretor do Programa de Pesquisa Comportamental e Social no Instituto do Envelhecimento, expressou surpresa com "a magnitude da relação entre solidão e hipertensão nesse estudo cruzado e bem controlado".[21]

Para entender melhor o desconforto da medicina do século XIX com quaisquer influências mentais, e mais ainda com as EMERs, precisamos reconhecer que a medicina dos séculos XIX e XX triunfou em várias áreas quando apenas ignorava estados mentais. Antissépticos, água tratada, vacinas, antibióticos, incubadoras, soros intravenosos e desfibriladores reduziram de forma significativa o número de mortos sem tratar e sem atribuir qualquer importância a esses estados mentais. Inevitavelmente, muito pesquisadores se uniram, ignorando completamente os estados mentais, com a melhoria dos resultados dos tratamentos. Mas isso foi um erro. Todas as tendências definham, e começou a ficar claro que muitas doenças resistem ao tratamento quando os estados mentais são ignorados. Pensa-se, por exemplo, na recente deflação de afirmações a favor de vários antidepressivos antes proclamados.[22]

Benson incentivou os pacientes a repetir para si mesmos uma frase destinada a ajudá-los a relaxar, e assim evitar a interrupção de processos normais de cura. Intrigou-o o fato de 80 por cento optarem por preces, fossem judeus, cristãos, budistas ou hindus.[23] Mas, quando Robert Orr e George Isaac estudaram 1.066 trabalhos em sete dos principais jornais de clínica médica em 1992, apenas 12 (1,1 por cento) tratavam de EMERs.[24] Do mesmo modo, David Larson descobriu que, de 2.348 estudos empíricos publicados em quatro importantes jornais psiquiátricos, apenas 2,5 por cento continham uma medida relevante.[25] Apesar disso, vinham-se acumulando consideráveis provas de que as EMERs se associavam à melhor saúde física e mental.

278   O CÉREBRO ESPIRITUAL

O EFEITO DA ESPIRITUALIDADE NA SAÚDE

[As EMERs são]... uma regressão, uma fuga, uma projeção no mundo de um estado infantil primitivo.[26]

> — Group for the advancement of Psychiatry
> report on RSMEs [Grupo para o progresso de
> registro psiquiátrico sobre EMERs]

O que talvez mais surpreenda nessas opiniões negativas sobre o efeito da religião na saúde mental é a assustadora ausência de provas empíricas que apoiem essas visões. Na verdade, os mesmo cientistas treinados para aceitar ou rejeitar uma hipótese baseada em dados firmes parecem apoiar-se apenas nas próprias opiniões e preconceitos quando avaliam o efeito da religião na saúde.[27]

> — David Larson, pesquisador de
> espiritualidade e saúde

Os métodos de tratamento desprovidos de sensibilidade espiritual às vezes proporcionam uma estrutura de valores estranha... A maioria da população prefere uma orientação de aconselhamento e psicoterapia simpática, ou pelo menos sensível, a uma perspectiva espiritual.[28]

> — Allen Bergin, psicólogo

Além de efeitos como o placebo — isto é, o poder de estados mentais favoráveis à cura *como tais* —, há muitas provas de que as EMERs se associam em particular à boa saúde física e mental. Edward B. Larson (1947-2002), epidemiologista e psiquiatra, abordou essa questão sob um ângulo um pouco diferente de Benson. Assim como este ficou pasmo com a ausência na literatura médica da total dimensão do efeito placebo, Larson, cristão devoto, espantou-se com a ausência e a hostilidade em relação às EMERs.

Um problema originou-se da maneira pela qual se realizou a pesquisa. Os históricos dos pacientes que pedem uma afiliação religiosa, por exemplo, não podem distinguir fé "intrínseca" de "extrínseca". O pioneiro sociólogo da religião Gordon Allport definiu fé intrínseca como experiência internalizada; a fé extrínseca expressa afiliação de grupo. A distinção é importante quando se trata

As experiências religiosas, espirituais ou místicas mudam vidas? 279

da saúde, porque os benefícios vêm sobretudo da fé intrínseca, o tipo associado às EMERs.[29] Além disso, raras vezes se usaram instrumentos sofisticados para medir atitudes na pesquisa das EMERs, e as amostras de estudos muitas vezes não representavam a população geral.[30]

Mas Larson também descobriu considerável tendenciosidade. O *Diagnostic and Statistical Manual of Mental Disorders* (Manual de diagnóstico e estatística de distúrbios mentais, DSM-III) usou muitos exemplos de casos que caracterizavam pacientes religiosos como "psicóticos, neuróticos, incoerentes, ilógicos e alucinados", sugerindo uma psicopatologia[31] geral que falseia a representação da experiência clínica.[32] Quando essa edição do manual estava em uso, apenas três das 125 escolas médicas nos Estados Unidos forneceram alguma instrução sobre a relação entre saúde e EMER — num país em que menos de um terço da população alega ter experienciado uma EMER. Apesar de sua repentina e prematura morte em 2002, Larson desempenhou papel-chave, ajudando a revisar o DSM-III. E, graças em parte ao seu trabalho com a Templeton Foundation, quase dois terços das escolas médicas oferecem hoje trabalhos relevantes para as EMERs.[33]

Enquanto isso, na década de 1980, junto de Jeff Levin e Harold Koenig, Larson foi pioneiro de um método baseado em provas da relação entre saúde e EMERs. Enquanto muitas resenhas de pesquisa oferecem um panorama geral desses artigos que um crítico deseja destacar, ele criou um método de "resenha sistemática", que evita o preconceito da seleção examinando todo artigo quantitativo publicado durante um determinado número de anos em um único jornal. Esse método oferece uma abrangente análise das descobertas objetivas e duplicáveis.[34] *The faith factor: an annotated bibliography of clinical research on spiritual subjects*, Larson, Dale Matthews e Constance Barry fizeram uma resenha detalhada de 158 estudos médicos sobre os efeitos da religião na saúde, 77 por cento dos quais demonstraram efeito clínico positivo.[35] Portanto, não surpreende que os pacientes de Benson em geral optassem por preces para suas meditações; na certa, sabiam de provas pessoais ou informações bizarras de seu valor.

Do mesmo modo, um estudo prospectivo com quase 4 mil idosos (64-101 anos) não incapacitados, mas que moraram em um asilo de

1986-92, revelou que atividades religiosas privadas como meditação, prece e estudo da Bíblia se associavam a maiores índices de sobrevida. Os pesquisadores concluíram que "os adultos mais velhos que participam de atividade religiosa privada antes do início de deficiência nas AVD [atividades de vida diária] parecem ter uma vantagem de sobrevivência sobre os que não participam".[36]

Mas as crenças dos idosos não são sempre positivas. Algumas não passam de nocebos que os afetam de forma adversa a saúde. Um estudo descobriu que os pacientes idosos doentes tinham mais probabilidade de morrer se houvesse uma relação conflitante com suas crenças religiosas. Os pesquisadores estudaram 595 pacientes de 55 anos ou mais no Duke University Medical Center e no Durham VA Medical Center. Fizeram um acompanhamento completo de 444 pacientes, incluindo 176 que haviam morrido. Os que concordavam com veemência com declarações como "eu perguntava se Deus tinha me abandonado; sentia-me punido por Deus pela minha falta de devoção; perguntava-me o que fiz para Deus me castigar; questionava o amor de Deus por mim; perguntava-me por que minha igreja tinha me abandonado; decidi que o Diabo era o culpado; e questionava o poder de Deus" — tinham muito mais probabilidade de morrer (maior mortalidade em 19-28 por cento durante o período de dois anos após a saída do hospital). Os autores concluíram: "Certas formas de religiosidade podem aumentar o risco de morte. Homens e mulheres idosos doentes que travam uma luta religiosa com as doenças parecem correr maior risco de morte, mesmo após o controle básico de saúde, status de saúde mental e fatores demográficos."[37]

É claro que faz diferença se as crenças criam esperança ou desespero. Mas também faz diferença para qual Deus se reza. Dale Matthews, médico e sócio de Larson, observa: "Enquanto a ciência demonstra que ser devoto proporciona mais benefícios para a saúde do que não ser, não mostramos que ser um devoto cristão torna a pessoa mais saudável que ser um devoto budista."[38] Isso não significa, claro, que a teologia é irrelevante; mas sugere que o *efeito saúde* das EMERs deriva menos de crenças sobre causas que dos estados mentais resultantes.

Os resultados da pesquisa não confirmam, claro, ideias substanciais de que "a mente cura tudo", nem que "a fé com certeza cura", muito menos que as intervenções médicas são supérfluas. Demonstram ape-

As experiências religiosas, espirituais ou místicas mudam vidas? 281

nas que estados mentais e escolhas de atenção mental são importantes para a manutenção e a restauração do bem-estar — papel que começou a receber devida atenção.

De fato, nos últimos anos a discussão se tornou muito mais centrada. Isto é, a pergunta "A espiritualidade faz alguma diferença?" tem dado lugar à outra questão: "*Em que circunstâncias* a espiritualidade faz diferença?" Algumas interessantes pesquisas recentes incluem:

Indícios de que os pacientes muitas vezes querem informar aos médicos sobre suas crenças espirituais e levá-las em conta. Em um estudo de 2004, envolvendo 921 adultos que frequentavam médicos de família, 83 por cento queriam que os médicos perguntassem sobre suas crenças espirituais, "pelo menos em algumas circunstâncias", para aumentar a compreensão médico-paciente. As doenças que ameaçam a vida (77 por cento), situações críticas de saúde (74 por cento) e perda de entes queridos (70 por cento) foram as que tiveram os mais altos índices, como seria esperado. Os pacientes entrevistados esperavam que, como resultado, os médicos pudessem "encorajar esperança realista (67 por cento), dar conselho médico (66 por cento) e mudar o tratamento (62 por cento)."[39] Os pacientes também comunicaram, porém, que raras vezes tais discussões ocorriam. Os médicos informam que evitam o assunto por vários motivos: receio de fazer mal, invasão de privacidade, falta de conhecimento especializado e dificuldade em determinar quais pacientes querem falar. Contudo, essas dificuldades aparecem em qualquer discussão delicada (sobre sexo ou abuso sexual doméstico, por exemplo); talvez a questão-chave deva ser quais os custos potenciais da *não* discussão.

Indícios de que os próprios médicos são mais propensos a ter crenças espirituais que os acadêmicos ou pesquisadores científicos. Em uma pesquisa recente com mais de 1.100 médicos norte-americanos, 55 por cento concordaram com a afirmação: "Minhas crenças religiosos influenciam minha prática médica." Os médicos e pediatras de família eram os mais religiosos, e os psiquiatras, os menos.[40] Essa descoberta suscita uma questão interessante: se mais da metade dos profissionais dizem que suas crenças religiosas in-

282   O CÉREBRO ESPIRITUAL

fluenciam sua prática médica, os pacientes talvez queiram saber no que os médicos acreditam, assim como esperam que os doutores conheçam suas crenças.

Outros indícios de que algumas atitudes/práticas religiosas específicas reduzem a tensão pós-operatória, mas que outras a aumentam. Os pesquisadores entrevistaram 202 pessoas programadas para cirurgia cardíaca, antes e depois da operação, no University of Michigan Medical Center, entre 1999 e 2002. A prece a "um poder superior digno de confiança" foi associada a menos tensão após a cirurgia, mas uma religiosidade subjetiva, acompanhada de dúvida sobre se tal poder seria benevolente, não.[41]

À medida que se torna mais amplamente aceita a influência da mente na saúde, os pesquisadores continuam a aperfeiçoar a questão, porque as respostas às atuais perguntas levam, de forma inevitável, a outras perguntas. Uma daquelas que ainda não tratamos é a prece intercessora (para curar alguém). Qual a eficácia disso? Pelo que importa, podemos ao menos determinar o grau de eficácia?

A prece pelos outros ajuda?

Um estudo de mais de 1.800 pacientes que sofreram cirurgia de ponte de safena não mostrou que as preces especialmente organizadas pela recuperação deles tiveram algum impacto, disseram os pesquisadores nesta quinta-feira. Na verdade, o estudo descobriu que alguns pacientes que sabiam estar sendo objeto de preces se saíram pior que outros, aos quais apenas se disse que poderiam estar — embora os que fizeram o estudo dissessem não saber explicar o motivo.[42]

— Michael Conlon, *Reuters*

Se uma pessoa religiosa se oferece para orar por você na próxima vez que ficar doente, você talvez deva educadamente pedir-lhe para não se preocupar. O maior estudo científico sobre os efeitos da prece na saúde parece sugerir que talvez seja pior.[43]

— Oliver Burkeman, *The Guardian*

As experiências religiosas, espirituais ou místicas mudam vidas? 283

Os pesquisadores de enquetes devem ficar vigilantes ao fazer a pergunta sobre se uma prece de cura bem-intencionada, amorosa e sincera pode sem querer prejudicar ou matar pacientes vulneráveis em certas circunstâncias.[44]

— M. Krucoff et al., *American Heart Journal*

Acho que a prece funciona, sim, e que Deus responde e podemos continuar a orar por nossos entes queridos.[45]

— Harold Koenig, pesquisador da fé e da saúde

No início de 2006, o *American Heart Journal* informou o resultado do Estudo dos Efeitos Terapêuticos da Prece Intercessora (STEP, em inglês), um grande estudo aprofundado dos efeitos da prece pela cura de outros (prece intercessora), financiado em parte pela Templeton Foundation, chefiada por Herbert Benson.[46] Quatro estudos anteriores merecedores de atenção observaram como a prece intercessora afetava resultados, de modo que o desafio era descobrir o efeito real de uma prece.

Alguns estudos já haviam fornecido indícios de que a prece intercessora faz diferença. Por exemplo, William Harris e colegas descobriram que a "prece intercessora complementar, remota e cega, produzia uma melhora mensurável nos resultados médicos de pacientes com doenças incuráveis" (1999).[47] Nesse estudo, os primeiros nomes dos pacientes admitidos na unidade de assistência coronária foram entregues a um grupo de intercessores cristãos de várias origens, que rezaram por eles todos os dias durante quatro semanas. Os pacientes não sabiam que rezavam por eles, e os intercessores jamais os tinham encontrado. Os pacientes para os quais os pesquisadores haviam pedido as preces ficaram tanto tempo quanto os outros na unidade de assistência coronária, mas tiveram menos resultados adversos. Contudo, Dale Matthews e colegas (2000) descobriram um importante efeito da prece intercessora por estranhos em idosas com artrite reumatoide *apenas* se a paciente recebia a prece do intercessor em pessoa no hospital.[48] Nesse caso, seria difícil separar o efeito específico da prece intercessora do efeito placebo ou de uma EMER (a espiritualidade da própria paciente).

No estudo, aclamado como o maior e mais bem planejado até hoje, Benson e os colegas não examinavam Deus, milagres, cura pela fé

284   O CÉREBRO ESPIRITUAL

ou prece por entes queridos. Nada do que descobriram seria prova a favor ou contra qualquer desses conceitos. Queriam estudar uma variável muito mais específica: o conhecimento do paciente de que está recebendo prece afeta o resultado cirúrgico? Assim, eles dividiram em três grupos 1.802 pacientes à espera de cirurgia para enxerto na artéria coronária (CABG em inglês), em seis centros médicos norte-americanos, da seguinte maneira:

Grupo 1. Disseram aos pacientes que eles poderiam ou não receber prece intercessora, mas na verdade receberam.

Grupo 2. Disseram aos pacientes que eles poderiam ou não receber prece intercessora, mas na verdade não receberam.

Grupo 3. Disseram a três pacientes que receberiam prece intercessora, e de fato receberam.

Os grupos escolhidos pelos pesquisadores para fazer a prece levaram a tarefa a sério. Dois eram congregações católicas romanas, e o outro, uma comunidade protestante. Todos rezavam de uma a quatro vezes por dia durante 14 dias, começando pouco antes da operação, para "uma bem-sucedida cirurgia com uma recuperação rápida e saudável, sem complicações".[49] Contudo, os membros desses grupos jamais conheceram qualquer um daqueles pelos quais haviam rezado. Disseram-lhes apenas o primeiro nome e a inicial do sobrenome.

Os resultados? Após trinta dias, todos os três grupos sofreram mortalidade semelhante, e a taxa de complicação, em termos estatísticos, foi insignificante entre os primeiros dois grupos. De longe a mais alta porcentagem de complicações pós-cirúrgicas (59 contra 51 e 52 por cento) registrou-se entre os pacientes que *sabiam* das preces por eles rezadas:

A própria prece intercessora não teve efeito algum na recuperação sem complicação da CABG, mas a certeza de que receberiam tal prece foi associada a uma alta incidência de complicações.[50]

Como resumiu o *American Heart Journal*: "A suposição embutida no plano de análise era que a prece cega seria eficiente e a não cega

As experiências religiosas, espirituais ou místicas mudam vidas? 285

ainda mais, esperando-se taxas de complicação de 50 por cento no grupo grupo de assistência padrão, 40 por cento no grupo de prece cega e 30 por cento no grupo da não cega — exatamente o oposto do que de fato se observou."[51]

Podemos agora simplesmente descartar a prece intercessora? De jeito nenhum, porque a descoberta-chave foi um efeito *negativo* estatisticamente significante entre os pacientes que sabiam das preces em seu favor dos grupos organizados pelos pesquisadores.

Assim, devemos perguntar, com os editores do *Heart Journal*: o que aconteceu aqui? O efeito placebo e o da EMER são aceitos e poderosos, e deviam ter produzido algum sinal, uma vez que dois terços dos pacientes declararam acreditar muito na cura espiritual. E produziram — um sinal negativo, o efeito nocebo. Por quê? Os céticos quanto à prece intercessora (minoria neste estudo) encararam essa prece como sendo tão poderosa quanto perigosa.

Os perplexos pesquisadores sugeriram que o resultado "talvez tenha sido uma descoberta casual", provocando imediata refutação dos editores do *Heart Journal*:

> Culturalmente se atribui o "mal" resultante da prece às preces abertamente "negativas", como as de ódio, vodu, feitiços ou qualquer outra magia negra. Considera-se a prece intercessora de intenção positiva, a priori, capaz apenas de fazer bem, se alguma coisa faz. Mas essa dicotomia cultural, para os médicos, é problemática, e eticamente inaceitável no cenário de um teste clínico que realiza experiências em indivíduos humanos.[52]

Em outras palavras, um remédio de interesse para a ciência deve ser atribuído a forças que têm potencial para fazer tanto mal quanto bem. Um efeito placebo, ao inverso, torna-se um nocebo exatamente por ser poderoso. Como dizem os editores do *Journal*: "Na história da medicina jamais houve um remédio sequer que fosse de fato eficaz sem potenciais efeitos colaterais ou toxicidades."[53]

Os editores sugerem alguns possíveis efeitos nocebo. Também se pediu aos pacientes que tinham certeza das preces em seu favor dos grupos de prece dos pesquisadores que *escondessem* esse fato das equipes à beira de seus leitos. E mais: "Procurar um paciente para participar

286   O CÉREBRO ESPIRITUAL

de um estudo de prece antes de uma operação talvez, sem querer, o assuste. 'Quer dizer que estou tão doente que preciso de prece?'"[54] Isso é sobretudo provável num ambiente em que, como vimos, médicos e pacientes em geral se recusam a discutir espiritualidade.

Não é difícil ver por que os editores criticaram o plano de estudo. Concluíram que uma taxa mais alta de complicações talvez sugira que a culpa foi mais do próprio plano que do acaso. Lembrem-se que, no estudo de Harris (1999), que mostrou o efeito favorável da prece, *não* foi dito aos pacientes que os pesquisadores haviam recrutado intercessores, e por isso era improvável uma maior ansiedade (e, ao que parece, não ocorreu).

Se Benson e os colegas se decepcionaram com o resultado do estudo, puderam ao menos convencer-se de que as questões levantadas agora são levadas a sério, e não simplesmente descartadas — uma mudança positiva importante em relação a décadas anteriores. Mas, em princípio, o estudo da prece intercessora é difícil. A prece por nós mesmos muitas vezes deve funcionar porque o efeito placebo e o da EMER seguem padrões observados, alguns dos quais já examinamos neste livro: para sermos específicos, o foco da atenção nos estados mentais positivos que obedecem à verdadeira natureza do universo pode produzir mudanças no cérebro e no corpo que eliminam as outras, menos positivas.

Em contraste, a prece para a cura de outros exige *no mínimo* uma ação a distância. Essa ação presume que a pessoa *A* tente influir diretamente na pessoa *B* pela prece (supondo-se que, pelo menos, influencie o estado mental de *B*). Há alguns indícios em favor da ação à distância, como vimos, mas trata-se de um efeito de baixo nível, bem menos compreendido e por isso mais polêmico. Contudo, há outra dificuldade. A prece pela cura, na maioria das tradições, na verdade triangulam: *A* apela pela cura de *B* por meio da fonte de poder espiritual *C*. Em qualquer triangulação, o número de possíveis complicações aumenta drasticamente, e sua classificação exige um plano muito sofisticado de pesquisa.

NOVAS PERGUNTAS SUSCITADAS PELA PESQUISA ATUAL

Algumas perguntas suscitadas pelos pesquisadores após uma STEP incluem:

As experiências religiosas, espirituais ou místicas mudam vidas? 287

Basicamente, como definimos a prece? Todas as formas ou tradições de prece têm igual eficácia? Importa saber se as pessoas que rezam são virtuosas, segundo suas tradições religiosas? Importa quando, onde ou por quanto tempo elas rezam? Importa saber se o intercessor conhece ou está ligado à pessoa por quem reza? Importa saber quantas pessoas rezam por um determinado resultado? Como se pode separar a prece intercessora do efeito placebo num estudo eticamente planejado?[55] Uma avaliação científica da prece intercessora talvez precise começar com a criação de meios para responder a essas perguntas.

Como podemos eliminar a prece que talvez interfira no estudo? Cerca de 95 por cento dos pacientes de STEP, incluindo as pessoas para as quais não rezam os grupos recrutados pelos pesquisadores, acreditavam que amigos, parentes e irmãos de crença rezavam por eles. Em um país onde a vasta maioria supõe que há algum tipo de ordem religiosa que fundamenta o universo, qualquer plano de pesquisa da prece intercessora deve tratar dos efeitos dessa prece "desregrada". Também deve supor que muitos pacientes rezam pela saúde de si próprios (43 por cento dos norte-americanos, segundo uma pesquisa de 2004).[56]

Devem-se estabelecer algumas questões mais mundanas primeiro? Harold Koenig, colega e amigo do falecido Edward B. Larson, sugeriu que os pesquisadores comecem de forma mais simples, com perguntas como: "Os pacientes que recebem a visita de um capelão antes da cirurgia se saem melhor?" ou "Se um médico anotar o histórico espiritual do paciente junto ao histórico médico e apoiar sua crença espiritual, isso fará diferença nos resultados médicos?"[57]

Devemos supor que, para os pacientes, a sobrevivência é o melhor resultado em todos os casos? Os editores do *American Heart Journal* que criticaram o plano de estudo da STEP observaram que muitas preces tradicionais pelos doentes pedem uma boa morte, se for o melhor resultado.[58] Os pacientes de cirurgia cardíaca em geral são adultos no meio ou no fim de vida, que podem prever considerável sofrimento se sobreviverem, o que complica a questão

288   O CÉREBRO ESPIRITUAL

dos resultados da prece no campo da cirurgia cardíaca — hoje, o campo mais popular de estudo da prece. Se, por exemplo, o campo escolhido fosse a circuncisão de bebês saudáveis, não é provável que surja essa questão.

Como podem os estudos da prece aceitarem exigências éticas tanto para o consentimento da pessoa quanto para evitar uma indevida ansiedade? Harris e colegas simplesmente não falaram aos pacientes sobre os outros intercessores e obtiveram um bom resultado. Alguns pacientes de STEP foram informados, mas nos mandaram ocultar o fato (presume-se que para impedir qualquer mudança no comportamento ou julgamento dos que os assistiam), mas eles tiveram, em termos estatísticos, pior resultado. Os protocolos para os estudos da prece devem encontrar um meio de recrutar pacientes de forma transparente, sem recorrer ao efeito nocebo.

Deve-se enfatizar que o estudo da STEP *não* mostrou que a prece pelos entes queridos era irrelevante ou prejudicial porque, como vimos, as equipes de preces dos pesquisadores não conheciam os pacientes para os quais rezavam. De qualquer modo, há motivos para acreditar que o próprio plano do estudo introduziu um efeito nocebo que as preces dos entes queridos provavelmente não criariam.

Alguns, claro, afirmam que não se deve estudar as preces de modo algum, porque isso "representa má ciência, medíocre assistência médica, e trivializa a religião",[59] ou equivale a bisbilhotar os assuntos de Deus, ou tentar controlá-lo, ou a ciência não está equipada para examinar essas questões. Contudo, não há maneira fácil de dizer, além da atual pesquisa, o que poderia trivializar a religião, o que pertence exclusivamente a Deus, ou o que a ciência está equipada para examinar.

O campo da ciência chegou muito longe nas últimas duas décadas. Em 1990, Gary P. Posner se sentiu à vontade para iniciar a crítica[60] de um estudo de 1988[61] que mostrava os efeitos positivos da prece intercessora, com o anúncio: "O dia da publicação do número de julho de 1988 do *Southern Medical Journal* deve ter sido um dia dos diabos para as notícias, literalmente." Sua crítica suscita legítimas questões convencionais sobre o planejamento dos estudos. Mas a suposição por baixo disso é que a prece intercessora deve ser ineficaz em princípio,

As experiências religiosas, espirituais ou místicas mudam vidas? 289

portanto, e as questões nesse campo são simples barreiras à pesquisa. Isso está muito longe da posição assumida em 2006 pelos editores do *American Heart Journal*, que não contestaram os efeitos atribuídos à espiritualidade, mas insistiram em que os defensores da prece tratassem dos resultados de seu plano de pesquisa.

Muita gente se beneficiaria por saber se ou como as preces intercessoras afetam situações que muito lhe interessam. Talvez as atuais pesquisas devessem se focar em questões específicas tais quais as sugeridas por Koening anteriormente, em uma tentativa de desenvolver estudos mais precisos e menos invasivos. Porém, a proporcional complexidade da prece intercessora nos traz o grande desafio de desenvolver um plano de estudos suficientemente sofisticado para medir seus efeitos.

As EMERs mudam vidas?

Em 1966, eu estava sozinho em casa quando, muito de repente, tomei consciência de minha atitude para com a vida. Percebi-me envolto em densa autopiedade, que só pensava em mim mesmo e em meus sofrimentos, que não me lembrava dos outros. Pensei em como outros, no mundo, também sofriam. Fiquei meio chocado com minha atitude egoísta e fui tomado por uma grande compaixão pelos outros; então, praticamente sem pensar, eu me ajoelhei na sala e fiz uma promessa a Deus: dali em diante, pelo resto da vida, eu iria amar e servir à humanidade.[62]
— História de experiência espiritual contada
ao biólogo Alister Hardy

A compaixão na verdade tem uma fonte espiritual que é mais que a mista paixão humana de amor e dor. Outro termo para ela é misericórdia, e a verdadeira misericórdia é de fato um atributo divino.[63]
— Editorial não assinado, *Christian Science
Monitor*

As EMERs nos dizem alguma coisa sobre a verdadeira natureza do universo? Em caso positivo, dizem-nos que o universo é essencialmente significante e intencional, e não o contrário. Não somos animais em competição uns com os outros pela sobrevivência, mas antes seres espirituais ligados à fonte de nossa natureza espiritual. As intuições derivadas das EMERs devem resultar da empatia, da capacidade de "sentir com" outros seres espirituais ou sensíveis. Muitos exemplos históricos registram esse aumento de empatia, que leva a grandes mudanças na vida. Em geral, não se muda um tipo de caráter básico; em vez disso, mudam-se as prioridades de quem o sente. Mas essas mudanças seriam verdadeiras apenas para os místicos e outras pessoas espirituais especiais?

A PROVA DA MUDANÇA DE VIDA

> Deve ser de seletiva vantagem para crianças pequenas serem egocêntricas e relativamente avessas a realizar atos altruísticos baseados em princípio pessoal.[64]
>
> — Edward O. Wilson, sociobiólogo

> Umas das primeiras emoções que até os bebês bem pequenos exibem é, de forma bastante admirável, empatia. De fato, o interesse pelos outros talvez esteja numa fiação no cérebro deles. Ponha um recémnascido junto de outro chorando, e as chances são de que os dois bebês logo estarão aos gritos.[65]
>
> — Pat Wingert e Martha Brant, *Newsweek*

Em 2003, Hope Stout, uma menina de 12 anos da Carolina do Norte, lutava contra um câncer ósseo (osteosarcoma). Funcionários da Make-a-Wish Foundation foram solicitar-lhe, em meio a flores, família, cartões, que expressasse um último desejo, para afastar da mente a doença terminal. Não gostaria talvez de assistir a um desfile de moda juvenil? Almoçar com um ídolo do cinema? Visitar um balneário?

Ela perguntou: "Quantas crianças esperam que seus desejos se realizem?" Ao saber que a agência tinha conhecimento de 155 crianças naquela parte do estado, Hope declarou: "Então meu pedido é levantar dinheiro para satisfazer os desejos de todas elas." Ela mesma jamais chegou a concretizar o pedido para levantar o dinheiro, porque morreu poucos dias antes. Mas, em uma entrevista gravada anteriormente de sua morte, explicou: "Eu vi apenas que Deus me dera muita coisa, eu já tinha ido à Disney World e tudo mais. Mas imaginei que muitas das outras crianças não."[66]

As experiências religiosas, espirituais ou místicas mudam vidas?   291

Em geral, a empatia é um acontecimento natural nos seres humanos, e o senso da presença de Deus leva a mais, empatia, mesmo nas crianças. Na verdade, o colunista do *Guardian*' Roy Hattersley, que se descreve como ateu, insiste em que o ateísmo inibe a empatia. Refletindo sobre as consequências do Furacão Katrina, começa: "A fé gera caridade: nós ateus temos de aceitar que, em sua maioria, os crentes são melhores seres humanos." E continua:

> Deu-se ao Exército da Salvação um status especial como principal fornecedor de socorro nos desastres norte-americanos. Mas sua obra é aumentada por vários tipos de grupos. Quase todos têm origem e caráter religiosos. Notáveis pela ausência são as equipes de sociedades racionalistas, clubes de livres-pensadores e associações de ateus.[67]

A pesquisa de Alister Hardy constatou que as principais consequências de uma EMER comunicada pela própria pessoa que a passou eram o senso de meta ou novo sentido da vida e mudanças para uma crença religiosa mais significativa, acompanhada de uma atitude mais misericordiosa para com os outros.[68] O conteúdo específico de uma crença talvez não seja tão importante quanto supõe Hattersley. Em um caso, a pessoa que respondeu parecia haver abandonado a religião (que descreveu como "coisa de igreja"), mas Hardy observa: "Ela passou de uma forma que lhe parecia sem sentido para outra que lhe proporcionava um profundo senso de realidade espiritual."[69] Se lembrarmos a distinção de Allport entre religião extrínseca (filiação a um grupo) e intrínseca (experiência espiritual pessoal), podemos dizer que os que passam por EMERs tendem a se concentrar na última. Se retêm mais do que mudam uma identidade religiosa atual, reinterpretam-na à luz da experiência pessoal.

Em geral, é muito mais provável que as pessoas que se dizem "religiosas" (e por isso podem ter tido uma EMER) doem tempo e dinheiro — independentemente da renda de fato — a causas beneficentes, religiosas e não religiosas.[70] Mas algumas afirmam que as EMERs não contam muito. Ron Sider, ativista evangélico da justiça social, afirma que o materialismo prático conquistou a vida da maioria dos que dizem acreditar que o materialismo não é autêntico. Ele é tudo, menos cético ou cínico. Na verdade, disse ao *Christianity Today*: "As estatísticas simplesmente me partem o coração e me fazem chorar."[71] Ele

292 O CÉREBRO ESPIRITUAL

observa que, embora as pessoas religiosas nos Estados Unidos doem mais que outras, essa doação vem caindo há algumas décadas, embora os rendimentos tenham aumentado.

Em 2005, o paleontólogo Gregory S. Paul[72] apresentou uma pesquisa de dados de 18 países, afirmando que a crença religiosa contribuiu para um alto nível de perturbações sociais, entre elas homicídio, suicídio e doenças sexualmente transmissíveis (DSTs). Recebeu ampla publicidade, como seria de esperar, com manchetes tipo "Sociedades pioram 'Quando têm Deus a seu lado'".[73]

Um dos aspectos do trabalho de Paul que *não* recebeu nem de perto tanta publicidade foi o fato de que ele fez questão de não usar instrumentos sociológicos padronizados como a regressão e análises multivariadas. Isso torna os resultados tendenciosos e não comparáveis com a gama de dados que apontam na direção oposta. O pesquisador George H. Gallup Jr. perguntou, objetivamente:

> Pode ele identificar qualquer outro estudo individual publicado em um grande jornal científico, comparando resultados em vários países, que não empregue análises multivariadas para controlar as diferenças entre nações? Não, porque a análise multivariada é necessária para comparações mundiais desse tipo.[74]

Essencialmente, cientistas sociais utilizam métodos estatísticos aceitos por todos para assegurar que as comparações entre populações captem informações relevantemente relacionadas. Por exemplo, pode-se esperar que um país em que a média de idade é de 18 anos apresente uma taxa muito mais alta de guerras de gangues do que outro em que a média de idade é de 40 anos. As crenças, claro, desempenham um papel-chave, mas quando avaliamos esse papel, devemos perguntar, quem algum dia ficou *tentado* a entrar na gangue de rua local? Segundo Gallup:

> Uma montanha de dados das pesquisas de opinião de Gallup e de outras organizações mostra que, quando se mantêm constantes a origem educacional e outras variáveis, é muito menos provável que as pessoas de "grande empenho espiritual" se dediquem a um comportamento antissocial que outras menos empenhadas. Apresentam menores taxas de crime, de uso excessivo de álcool e vício em drogas que outros grupos.[75]

As experiências religiosas, espirituais ou místicas mudam vidas? 293

Ele observou que, em geral, a pesquisa mostra que, quanto mais empenho espiritual a pessoa tem, gasta mais tempo, energia e dinheiro para ajudar os outros.

Uma das barreiras à compreensão dos efeitos das EMERs têm sido os equívocos. Por exemplo, há uma generalizada crença entre os acadêmicos (pessoas com muito menos probabilidade de ser crentes religiosos que o público em geral) em que os cristãos norte-americanos mais evangélicos — a maioria dos quais afirma ter tido uma EMER — são membros linha-dura da direita cristã. Na verdade, como observa Chip Berlet em *The Public Eye Magazine*, apenas 14 por cento do eleitorado norte-americano se identifica como direita cristã, embora 33 por cento ou mais, a depender da pesquisa, se considerem "renascidos". Quase metade dos que se identificaram como "direita religiosa" nem sequer votou na eleição de 2000. Evangélicos negros que votam escolhem arrasadoramente candidatos liberais.[76] A distinção essencial das pessoas que se descrevem como evangélicas, carismáticas ou renascidas na verdade não importa para a política: é a crença em que uma experiência espiritual pessoal é essencial para uma vida significativa.[77]

Se quisermos a verdade como qualquer outra coisa que não ela mesma, não queremos a verdade. Assim, como advertem Harald Wallach e K. Helmut Reich, uma visão puramente utilitária é de fato impossível:

> Não se pode forçar a espiritualidade a produzir resultados desejados. Como um meio para um melhor conhecimento de nós mesmos, uma incrustação cósmica, uma vida saudável, comunidade e solidariedade, ela exige humildade, paciência, persistência e empenho pessoal para levar a resultados positivos independente do tempo que demore. Isso não quer dizer que não se possa ou não se deva fazer esforços conscientes para desenvolver a própria espiritualidade, apenas que tal empreendimento tem suas próprias "leis", bastante diferentes do, digamos, treinamento para ser perito em computadores.[78]

Assim, é possível razoavelmente prever alguns resultados sociais desejáveis das EMERs, mas isso não é motivo para que ocorram, nem que podem ser produzidas com tais fins.

294   O CÉREBRO ESPIRITUAL

Espiritualidade e retirada da vida

O maior desafio hoje é: como provocar uma revolução do coração, uma revolução que tem de começar com cada um de nós?[79]

— Dorothy Day (1897-1980), ativista social católica

Seja a mudança que deseja ver no mundo.[80]

— Mohandas Gandhi (1869-1948), sábio indiano

Alguns afirmam que as EMERs são um refúgio diante das exigências da vida real. Era moda no século passado contrastar espiritualidade com realismo, ou mesmo com a preocupação pela justiça social. Claro, o registro histórico vai na direção oposta, presente e passado. Muitos ativistas e reformadores sociais, de Gandhi a Dorothy Day, eram motivados por EMERs, o que não surpreende, quando pensamos que as pessoas que trabalham por justiça enfrentam sérios riscos e devem ter fortes motivos para persistir.

Há também o equívoco popular segundo o qual os verdadeiros místicos se segregam do mundo porque perderam o interesse pelos seus problemas. Não é assim; o místico quer parar de pensar, falar e agir a partir da falsa consciência, ou seja, deixar de ser um dos *problemas* do mundo e começar a ser a desejada *mudança*, como disse Gandhi. O místico acredita que nenhum outro método dará realmente certo a longo prazo. Mas, quando tem certeza de que age por um verdadeiro interesse, muitas vezes se torna de fato bastante ativo.

Evelyn Underhill, por exemplo, insiste com os leitores para que pensem no ministério público da mística Catarina de Sena (1347-80), que desempenhou papel-chave na reforma do papado, um feito nada pequeno para uma mulher medieval de origem humilde, que morreu aos 33 anos. E também exorta:

Lembrem o mais humilde, mas não menos bonito e importante feito da genovesa de mesmo nome (Catarina de Gênova):[81] a vida vigorosa de São Francisco de Assis, Santo Inácio, Santa Teresa, por fora atrapalhada com muito serviço, observância de uma infinidade de detalhes cansativos, composição de regras, estabelecimento de fundações, sem

As experiências religiosas, espirituais ou místicas mudam vidas? 295

esquecer qualquer aspecto dos assuntos humanos que pudessem conduzir a sucessos práticos, mas "morando inteiramente em Deus, em repousante fruição". Não são, todos eles, exemplos supremos do estado em que o eu, afinal com plena consciência, conhecendo a Realidade porque ela é toda real, paga sua dívida?[82]

Contudo, é verdade que os místicos tendem à ação social de forma um tanto diferente de muitos outros. Têm cuidado com a ideologia, porque a veem, tipicamente, como falsa consciência. Thomas Merton (1915-68), monge trapista que era ao mesmo tempo místico e ecumênico entre fés, aconselhou um amigo correndo perigo de se queimar em uma luta pela paz:

> É tão fácil se fascinar por ideias, slogans e mitos, que no fim só nos resta ficar segurando um saco vazio, sem sinal de significado lá dentro. E então a tentação é gritar mais alto que nunca, para fazer, por magia, o significado voltar ali para dentro.

Merton aconselhou o amigo a ver sua missão de uma forma diferente:

> Aos poucos, você luta cada vez menos por uma ideia e mais por pessoas específicas. A gama tende a estreitar-se, mas torna-se muito mais real. No fim, é a realidade das relações pessoais que salva tudo.[83]

Claro, se os místicos têm razão sobre a natureza do universo, é exatamente isso que devemos esperar encontrar. O transpessoal não se reduz apenas ao abstrato, nem o pessoal ao material. Não podemos escapar nem desmentir a nós mesmos, por isso devemos viver conosco, aconteça o que acontecer.

> Estará a ausência de Deus passando de uma ponta à outra do campus?[84]
> —David Glenn, *Chronicle of Higher Education*

Em 2005, Elaine Howard Ecklund e Christopher P. Scheitle apresentaram resultados preliminares de um estudo em andamento acerca das crenças religiosas de 1.646 estudiosos no encontro anual da Associação para a Sociologia da Religião. A descoberta-chave talvez lance alguma luz sobre uma pergunta que tanto fazemos: Por que os cientistas se apegam ao materialismo diante dos crescentes indícios em contrário, muitas vezes aceitando explicações questionáveis para fenômenos como a consciência ou psi?

Em 1969, um estudo da Carnegie Commission on Higher Education constatou que os cientistas naturais tinham muito mais probabilidade que os sociais de identificar-se com a religião. Contudo, no correr das décadas, o padrão ao que parece se inverteu. No total, 55,4 por cento dos cientistas naturais (física, química, biologia) pesquisados identificaram-se como ateus ou agnósticos, mas apenas 47,5 por cento dos cientistas sociais (sociologia, economia, ciência política e psicologia) o fizeram. Os biólogos foram os menos religiosos, com 63,4 por cento.[85]

Os economistas, o que é interessante, foram os menos céticos, com 45,1 por cento. Uma tendência relacionada talvez seja o fato de que a economia há pouco começou a levar mais a sério a natureza humana demonstrada. Craig Lambert escreve na *Harvard Magazine*: "O Homem Econômico tem uma falha fatal: não existe. Quando nos voltamos para seres humanos de fato, descobrimos, em vez de uma lógica de robô, todo tipo de comportamento irracional, de sabotagem contra si mesmos e até mesmo o altruísta."[86]

Muitos detratores das EMERs vêm, como vimos, das fileiras da biologia. É interessante refletir que os estudiosos pioneiros das EMERs William James (psicólogo) e Alister Hardy (zoólogo) tinham uma base firme nas ciências naturais e fizeram grandes progressos no estudo das EMERs exatamente por isso. James, por exemplo, compreendeu a importância da identificação de uma gama de exemplos, não apenas os aprovados, clássicos: Hardy insistiu em descobrir exemplos incólumes no ambiente natural. E ambos saíram convencidos de que os que passam por EMERs enfrentam fatos reais sobre o cosmo.

Mas nas últimas décadas, quando as ciências naturais tornaram-se carentes de materialismo radical, as visões naturalistas das EMERs têm correspondido sobretudo não a dados concretos, mas a duvidosos conceitos como as estruturas teóricas cerebrais ou circuitos, duvidosas síndromes como a personalidade lobo-temporal, genes egoístas e gan-

Religião e Violência

Podem as EMERs levar os crentes ao ódio e à autodestruição?

Acontecimentos mundiais recentes, como os bombardeios suicidas e as decapitações, provocam a afirmação de que "a religião conduz à violência". A realidade é mais complexa. Quando pessoas imaturas sentem uma forte paixão — luxúria, ganância, inveja —, podem ser facilmente levadas à violência. O contexto religioso dessas paixões não muda, por si só, essas pessoas. A mudança pessoal só ocorre pelo contato com uma autêntica realidade espiritual. De outro modo, os crentes imaturos podem apenas citar a religião como justificativa.

Recentemente, o cientista Salim Mansur viajou pela área de fronteira da Argélia com a Tunísia, onde há 1.600 anos o grande pensador cristão Agostinho (354-430) atuou como bispo. Mansur, um muçulmano que estuda religiões comparadas, levava um exemplar das *Confissões* de Agostinho (uma autobiografia que se concentra no estado da alma). Ele queria compreender melhor o surgimento da violência inspirada pela religião, no Oriente Médio e no Norte da África. Levava também os textos do historiador e filósofo árabe Ibn Khaldun (1332-1406), nascido um milênio depois na mesma região que Agostinho.

Estudando os dois juntos, Mansur concluiu que seus textos "lançavam maior luz sobre as causas do terrorismo que os de especialistas no assunto". Os dois antigos pensadores concentravam-se no que Agostinho chamou de "disposição interior" — por exemplo, a probabilidade de que uma pessoa frustrada recorra à violência. "O homem despertado para sua realidade interior não pode fazer mal — ser terrorista, por exemplo —, uma vez que, cheio de bondade, não haveria mal nele", afirma Mansur. Falando de alguns correligionários, acrescenta:

> Os terroristas muçulmanos fecharam a "disposição interior". Para eles, a crença se reduz a rituais externos de conformidade, em busca de poder sobre os outros homens, e não de um despertar para o infinito dentro deles, cheio de Deus, em cuja imagem foram feitos. Daí fazerem mal, por não terem bondade suficiente, apesar da insistência em invocar Deus segundo a tradição da fé.[87]

A religião, divorciada do desejo de transformação espiritual pessoal, torna-se o grande palco das paixões, e muito perigosa, aliás.

gues de fanáticos. Uma tarefa-chave da neurociência hoje é usar com eficácia o poder das ciências naturais, contornando ao mesmo tempo essas ideologias improdutivas. Um método promissor é o estudo das EMERs em condições nas quais a neurociência possa captar informação. Voltaremos a isso no Capítulo 9.

NOVE

Os estudos carmelitas: uma nova direção?

A neurociência, mais que as outras, é a ciência na ligação entre a filosofia moderna e a ciência. Não se deve dar a ninguém a oportunidade de usá-la em apoio a visões transcendentais do mundo.[1]

— Zvani Rossetti, neurocientista, em
oposição à palestra de Dalai Lama

Esta pesquisa é o primeiro passo em um novo trópico, e não se pode simplesmente aperfeiçoar a ciência logo de primeira. Ficamos curiosos sobre alguma coisa e bagunçamos. É isso que é a ciência no início, bagunçamos tudo.[2]

— Robert Wyman, neurobiólogo, em apoio
ao Dalai Lama

Minha confiança ao me arriscar na ciência reside na crença básica em que, como na ciência, também no budismo busca-se a compreensão da natureza da realidade por meio da investigação crítica.[3]

— Dalai Lama, *The Universe in a Single Atom*

Em seu boletim da primavera de 2005, a Society for Neuroscience [Sociedade de Neurociência] notificou aos membros sobre uma nova atração no encontro anual seguinte em Washington, D.C.. O Dalai

300 O CÉREBRO ESPIRITUAL

Lama concordara em ser o primeiríssimo orador em uma série anual de palestras, "Diálogos entre a Neurociência e a Sociedade".

O Dalai Lama estimula o estudo científico da consciência, o que não surpreende, em vista de o budismo buscar esse tópico há cerca de dois milênios e meio.[4] O atual lama sempre se interessou pela ciência; desfrutou da amizade de luminares como o filósofo Karl Popper, dos físicos Carl von Weizsäcker e David Bohm. Adotou com avidez os novos instrumentos da pesquisa neurocientífica. Também ajudou a estabelecer o Mind and Life Institute [Instituto Mente e Vida], do qual é presidente honorário do conselho, que patrocina a pesquisa neurocientífica e os diálogos em profundidade entre o budismo e a ciência. Chegou a encorajar seus monges a servirem como objetos de pesquisa. Diante disso, o Lama de 70 anos parecia a escolha ideal para dar o ritmo de uma série de palestras sobre neurociência e sociedade.

O protesto político talvez tenha sido precipitado. O Dalai Lama, que ganhou o Prêmio Nobel da Paz em 1989, não é apenas líder do budismo tibetano, mas uma venerada liderança do movimento tibetano para libertar o país da China. (Ele fugiu das tropas chinesas em 1959 e vive na Índia desde então.) Mas a presidente da sociedade, Carol Barnes, foi atacada por uma campanha de protesto muito além da política.

Alguns neurocientistas insistiram com a sociedade para que cancelasse a palestra, descartando o estudo neurocientífico da meditação budista como "pouco mais que conversa fiada".[5] Organizou-se uma petição, que anunciava:

> É irônico que neurocientistas forneçam fórum a favor, e com isso endosso, a um líder religioso cuja legitimidade se baseia na reencarnação, doutrina contrária à base elementar da neurociência. O atual Dalai Lama explicitamente exige a separação de mente e corpo, essencial para o reconhecimento dele próprio como líder religioso e político.[6]

Ora, foi uma declaração reveladora, para dizer o mínimo. A neurociência não tem mais provas a oferecer sobre a doutrina budista tibetana da reencarnação do que tem sobre a doutrina cristã da encarnação. Uma disciplina científica apresenta provas sobre assuntos que pode de fato pesquisar. Podem-se pesquisar os estados neurais ligados à consciência mística, por exemplo; daí o crescente interesse por essa

Os estudos carmelitas: uma nova direção? 301

área. E a questão do relacionamento entre mente e cérebro ainda não é pacífica, para colocarmos em termos brandos.

De qualquer modo, a polêmica logo chegou à grande imprensa científica. A eminente publicação científica *Nature* pesou em favor do Dalai Lama, observando que ele fora convidado porque "tentara durante muitos anos encorajar a pesquisa empírica com as afirmações que faz em favor do valor da meditação". A publicação sugeriu que os que protestavam fossem pacientes e manifestassem suas preocupações após a palestra no fórum.[7]

Para seu crédito, a Society for Neuroscience não recuou. O Dalai Lama fez a palestra programada. Na verdade, acentuou:

> Estou falando do que chamo de "ética secular", que abarca os princípios éticos chave, como misericórdia, tolerância, atenção, consideração pelos outros e o uso responsável do conhecimento e do poder — princípios que transcendem entre os crentes religiosos e os não crentes, e seguidores desta ou daquela religião.[8]

No fim, resta-nos perguntar o que há de tão assustador na meditação. Por que não as perguntas sobre a meditação podem, com base na ciência, ser respondidas de forma normal, usando instrumentos científicos convencionais? A oferta de colaboração do Dalai Lama é uma excelente oportunidade de pesquisa. *Não* é fácil encontrar e reter uma população de monges ou contemplativos dispostos a permitir que os neurocientistas estudem seus estados meditativos! Diante disso, não surpreendeu que a sociedade desejasse reconhecer o apoio ao Lama.

Os críticos da pesquisa sobre meditação muitas vezes levantam questões legítimas, mas sente-se um claro desconforto subjacente pelo fato de a área estar sendo estudada. Por exemplo, o neurocientista Richard Davidson, que ajudou a acertar a palestra de Dalai Lama, foi há pouco coautor de uma pesquisa pública que sugere que as redes neurais da pessoa que treina meditação têm melhor coordenação que das pessoas não treinadas. Essa descoberta, publicada em um jornal de prestígio, correlaciona-se com os relatos subjetivos de elevação da consciência por pessoas que praticam meditação.[9] Contudo, os opositores disseram que a pesquisa da equipe de Davidson é falha, porque os monges meditativos foram comparados a alunos universitários muito mais jovens:

302　　O CÉREBRO ESPIRITUAL

Os monges estudados eram de 12 a 45 anos mais velhos que os alunos, e a idade poderia explicar algumas das diferenças. Os alunos, como iniciantes, talvez estivessem ansiosos ou apenas não tivessem treinamento suficiente para entrar em estado meditativo no tempo marcado, o que alteraria os padrões de onda cerebral. E não havia como saber se os monges eram capazes de gerar alta atividade de ondas gama antes de sequer começarem a meditar.[10]

Ora, eis uma questão justa — e pesquisável também. A idade ou as variações aleatórias nas ondas gama fazem mais diferença que a habilidade? A prova anedotal hoje sugere que o tempo gasto na meditação ou prece, e não a idade cronológica ou o acaso, é o fator-chave — mas é óbvio que as pessoas mais velhas têm mais tempo para treinar a meditação. Contudo, o neurocientista da University of Florida Jianguo Gu, que assinou a petição contra o Dalai Lama, reagiu às perguntas com a ameaça de cancelar sua apresentação.[11] Outros neurocientistas protestaram e ameaçaram boicotar o encontro.

A preocupação declarada dos opositores era evitar "envolvimento com religião ou política". Mas, ao ignorarem as oportunidades de pesquisa e concentrarem-se, em vez disso, na denúncia explícita ou implícita da doutrina de reencarnação budista tibetana, criaram exatamente o problema de envolvimento com a religião que dizem deplorar.[12] Esse desacordo, em tese, é pelo menos um ponto de acordo entre eles próprios e, por exemplo, o Papa Bento XVI, que nega a ocorrência da reencarnação. Mas eles não têm informação que justifique seu envolvimento, *como neurocientistas*, em tais assuntos.

A reencarnação... faz parte da história da origem humana. É uma prova da capacidade da corrente predominante de reter conhecimento de atividades físicas e mentais. Relaciona-se com a teoria da origem interdependente e da lei de causa e efeito.[13]

— Dalai Lama, prefácio a *The case for reincarnation*

Não há reencarnação após a morte.[14]

— *Catecismo da Igreja Católica* supervisionado pelo papa Bento XVI

Os estudos carmelitas: uma nova direção?   303

Afirmar que as opiniões sobre reencarnação do Dalai Lama vão contra "as próprias fundações da neurociência moderna" simplesmente não é verdade, e mostra uma profunda falta de entendimento de onde estão ou são essas fundações.[15]

— John M. Hannigan, neurobiologista celular

Podemos legitimamente perguntar se está acontecendo alguma coisa aqui. Deviam os instrumentos da neurociência provar que a mente não existe? Neste caso, torna-se visível a origem da ansiedade: o estudo da consciência meditativa ou mística pode ameaçar o conforto que muitos sentem com o materialismo. E se imaginarmos o cérebro, neurônio por neurônio, e *ainda assim* não demonstrarmos que o materialismo é autêntico?

O fato de os opositores serem incapazes de cooptar a neurociência em favor do materialismo talvez indique uma mudança lenta, mas segura. Com protestos ou não, a pesquisa segue em frente. As contemplativas freiras católicas, por exemplo, também se dispuseram a ajudar à neurociência. E isso nos leva às freiras franciscanas, que cooperaram com os estudos feitos por Andrew Newberg, Eugene D'Aquili e outros.

A atividade do cérebro durante a prece

Após anos de pesquisa... nossa compreensão de várias estruturas essenciais do cérebro e o modo como a informação é canalizada por trilhas neurais levou-nos a levantar a hipótese de que o cérebro dispõe de mecanismos neurológicos de autotranscendência.

A mente lembra a experiência mística com o mesmo grau de clareza e senso de realidade que concede às lembranças de fatos do passado "real". Não se pode dizer o mesmo das alucinações, ilusões ou dos sonhos. Acreditamos que esse senso de realidade sugere com muita força que as explicações dos místicos não são indícios de mentes em desordem, mas o resultado neurológico correto e previsível de uma mente estável, coerente e disposta a alcançar um plano espiritual superior.[16]

— Andrew Newberg et al., *Why God won't go away*

304 O CÉREBRO ESPIRITUAL

Há poucos anos, Andrew Newberg, radiologista da University of Pensylvania, empreendeu um programa de pesquisa para esboçar os suportes neurais de vários estados meditativos e contemplativos. Inspirado no fato de um colega ser um sério e meditativo budista, escaneou com sua equipe oito meditadores budistas[17] e três freiras franciscanas[18] usando tomografia computadorizada por emissão de fóton único (SPECT, em inglês), uma técnica de mapeamento do fluxo sanguíneo e do metabolismo após a injeção de substâncias radioativas. O escopo deste livro não permite ampla avaliação de todos os tipos de estados contemplativos, por isso levaremos em conta apenas o estudo das freiras franciscanas.

As freiras foram mapeadas quando faziam uma "prece centralizadora" para se abrir à presença de Deus. Subjetivamente, comunicaram uma "perda do senso habitual de espaço". Os dados neurocientíficos correlacionaram-se com suas declarações.

O estudo piloto mostrou que se pode estudar os estados meditativo e contemplativo com o uso de técnicas de neuroimagem, fato não admitido com facilidade em alguns setores. Como reconheceram Newberg e colegas, a principal dificuldade é que a amostra era muito pequena (só três). Além disso, os pesquisadores não tentaram analisar e quantificar de forma rigorosa e sistemática a experiência subjetiva das freiras durante a "prece centralizadora". Quer dizer, não as entrevistaram usando medidas padrão como a Escala de Misticismo de Hood (1975). Em outras palavras, ele e a equipe não puderam determinar se a concentração da atenção na frase de uma prece num período de tempo levava mesmo as freiras a sentir a presença de Deus. Assim, o trabalho da equipe, embora interessante, tem valor limitado na determinação de se as franciscanas de fato entraram em contato com uma realidade espiritual fora de si mesmas.[19]

Outro problema nesse estudo é a pobre resolução espacial e temporal da técnica de neuroimagem. Na verdade, as imagens borradas produzidas por SPECT podem levar a erros substanciais na medição da atividade regional do cérebro. Em vista disso, é provável que os locais de ativação (ou desativação) não tenham sido detectados em várias regiões. Hoje, a IRMf (de excelente resolução anatômica e muito melhor resolução temporal que o SPECT ou PET) é o instrumento preferido para o estudo de correlatos neurais ou funções perceptivas, cognitivas e afetivas. Por isso decidimos usar essa técnica de neuroi-

Os estudos carmelitas: uma nova direção? 305

magem para identificar as regiões do cérebro envolvidas em estados e experiências místicos.

VISÃO E MATERIALISMO DE NEWBERG

Newberg e seu saudoso colega Eugene D'Aquili separaram-se dos materialistas radicais em favor da hipótese de que talvez houvesse de fato um estado de "Absoluto Ser Unitário" (ASU) ao qual falta a consciência de espaço e tempo, e com o qual os místicos entram em contato. Na verdade, simplesmente descartam o modelo "patológico" de EMERs que examinamos no Capítulo 3:

> Não acreditamos que se possam explicar as verdadeiras experiências místicas em consequência de alucinações epilépticas ou, aliás, como produto de outros estados de alucinação espontâneos causados por drogas, doença, exaustão física, tensão emocional ou privação dos sentidos. As alucinações, não importam as origens, simplesmente não são capazes de proporcionar à mente uma experiência tão convincente quanto a da espiritualidade mística.[20]

Como resultado desses estudos, Newberg e D'Aquili concluíram: "No centro de nossa teoria, há um modelo que nos fornece uma ligação entre as experiências místicas e a função observável do cérebro. Em termos simples, o cérebro parece ter embutida a capacidade de transcender a percepção do ser individual. Teorizamos que nesse talento para a autotranscendência está a raiz do impulso religioso."[21] A visão deles é consistente com a apresentada neste livro, o que nos levou aos estudos das imagens do cérebro das freiras.

O ponto de vista da neurociência

A análise dos dados de SPECT revelaram um importante aumento no fluxo sanguíneo cerebral regional (rCBF) no córtex pré-frontal, lobos parietais inferiores e lobos frontais inferiores. Além disso, houve uma significativa correlação positiva entre a mudança no rCBF no córtex pré-frontal direito e no tálamo direito. A mudança do rCBF no córtex pré-frontal mostrou uma forte correlação inversa com a do lobo parietal no lado oposto.

Os estudos de imagens do cérebro e as freiras contemplativas

A Irmã Diane compara seu amor a Deus à maneira como as pessoas amam umas às outras. Quando se apaixonam, elas sentem uma onda física. Enrubescem. Sentem cócegas. Segundo ela, é esse o tipo de amor que as jovens freiras sentem por Deus, quando têm a *unio mystica*. Mas com o tempo o amor se aprofunda e amadurece. Não é tão excitante, ela diz. Torna-se mais uma relação do dia a dia.[22]

— Irmã Diane sobre a *unio mystica*

Ser místico é simplesmente participar aqui e agora daquela vida real e eterna; no sentido mais pleno e profundo possível... como um agente livre e consciente.[23]

— Evelyn Underhill, pesquisadora de misticismo

Uma questão que tem intrigado os neurocientistas com o passar dos anos é se estados específicos do cérebro estão associados à contemplação mística. Lembre-se de que não podemos determinar o que uma pessoa de fato pensa — os estados cerebrais são demasiadamente complexos para isso. Podemos, contudo, determinar que tipo de atividade é gerada, e onde.

Meu aluno de doutorado Vincent Paquette e eu queríamos estudar em particular a união mística (*unio mystica*), estado no qual nos sentimos em completa união com Deus, meta última do cristão contemplativo. Em geral, as experiências muito intensas só ocorrem uma ou duas vezes em uma vida inteira de contemplação.[24] Também pode incluir vários outros elementos, como o senso de haver tocado o terreno último da realidade: o senso da incomunicabilidade da experiência; e o de união com a humanidade e o universo, assim como sentimentos positivos de paz, afeto, alegria e amor incondicional.[25] Isso resulta em uma profunda transformação da vida, que inclui misericórdia, amor incondicional e mudanças positivas a longo prazo nas atitudes e no comportamento.[26] Que imagens do cérebro podemos captar durante um período desses? Especificamente, queríamos usar a imagem de ressonância magnética funcional (IRMf) e a eletroencefalografia (EEG) para aprender mais sobre a atividade cerebral durante uma experiên-

Os estudos carmelitas: uma nova direção?

cia mística.[27] A IRMf produz imagens de mudanças no cérebro por meio de ondas de rádio dentro de um forte campo magnético (ver Capítulo 6), enquanto a EEG mede os padrões elétricos na superfície do escalpo que refletem padrões de ondas de rádio, que depois podem ser analisados em termos estatísticos e traduzidos em um mapa de cores.

Nós nos encontrávamos em boa posição para empreender esse estudo por dois motivos. Trabalhamos no Centre de Recherche de l'Institut Universitaire de Gériatrie de Montréal (CRIUGM) e no Centre de Recherche en Neuropsychologie e Cognition (CERNEC) da Université de Montréal.[28] Como resultado, tínhamos acesso a poderosas técnicas de neuroimagem, que podíamos complementar com entrevistas pessoais de nossos pacientes. Mais importante ainda, contávamos com a cooperação das freiras carmelitas em Quebec, religiosas que passam muito tempo em contemplação e prece. Este último ponto é traiçoeiro, porque o contemplativo típico não se disporia a servir num projeto psiquiátrico possivelmente polêmico que não é resultado direto de sua vocação.

EM BUSCA DE MÍSTICOS MODERNOS EM MONTREAL

> Deus só vem àqueles que o convidam; e não pode recusar-se a vir aos que lhe imploram por muito tempo, com muita frequência e ardor.[29]
> — Simone Weil, filósofa e mística

As freiras carmelitas têm uma vida de prece silenciosa. Quando não rezam, cozinham, fazem jardinagem, hóstias e costuram, lavam e consertam hábitos. Produzem artesanato para sustentar-se. Falam umas com as outras durante dois períodos de recreação de vinte minutos, após o almoço e o jantar. Se uma carmelita tem alguma coisa urgente a dizer à noite, escreve um bilhete. Em geral, elas tiveram uma frutífera experiência com o misticismo nos mais de nove séculos de sua história. Por exemplo, as 15 freiras de nosso estudo passaram coletivamente cerca de 210 mil horas em prece. Logo, se a prece e a contemplação podem levar à consciência mística, essas mulheres sem dúvida podem demonstrá-lo.

É claro que não foi fácil obter a cooperação das freiras. Tivemos de assegurar-lhes que não estávamos pesquisando essa área simplesmente

308   O CÉREBRO ESPIRITUAL

para "provar" que não ocorre a consciência mística. Pudemos dizer-lhes, falando a verdade, que não éramos materialistas e não estávamos tentando desbancar as experiências místicas que as tinham levado a ser freiras. Não duvidamos, em princípio, que a contemplativa às vezes entra em contato com uma realidade fora dela mesma, ou que esse contato pode mudar a direção de sua vida em um sentido positivo. O que queríamos de fato saber era se as técnicas de neuroimagem poderiam identificar correlatos neurais de tais experiências, e as freiras se incluíam entre as poucas pessoas que talvez pudessem ajudar-nos. Por sorte, o cardeal-arcebispo Jean-Claude Turcotte, de Montreal, concordou em escrever uma carta às freiras, aconselhando-as que não havia objeção religiosa ao trabalho conosco, se assim preferissem.

Ainda assim, enfrentamos algumas dificuldades. Como já vimos, contemplativos como as carmelitas em geral não deixam o convento para envolver-se em pesquisas científicas. Assim, antes de apresentarmos uma carta com um pedido de fundos à John Templeton Foundation, liguei para o convento carmelita e falei com a prioresa, Irmã Diane. Após uma atrapalhada explicação de minha proposta de estudo, tive de suportar um longo silêncio no outro lado da linha. Mas a Irmã Diane não disse não. Apenas disse que ia precisar falar com suas freiras sobre a proposta.

Poucos dias depois, quando liguei novamente, ela disse que algumas das freiras participariam se a John Templeton Foundation concordasse em patrocinar o projeto. A Templeton me avisou em março de 2003 que os fundos estavam à disposição, portanto eu só precisava confirmar se as freiras continuavam interessadas. No fim, 15 carmelitas com idades entre 23 e 64 anos (a idade média ficava em cerca de 50) de conventos em toda Quebec concordaram em fazer parte da experiência. Todas declararam ter experimentado uma intensa união mística pelo menos uma vez.

OBJEÇÕES AO ESTUDO

O Dr. Beauregard na verdade não acredita na existência de um "centro de Deus" neurológico. Em vez disso, seus dados preliminares sugerem uma rede de regiões cerebrais na Unio Mystica, incluindo as associadas ao processamento de emoções e representação espacial do eu. Mas

Os estudos carmelitas: uma nova direção?   309

isso leva a outra crítica, que ele pode achar mais difícil de rebater. É que na verdade não está de modo algum medindo uma experiência — apenas uma imensa experiência emocional. Porque as freiras, por assim dizer, estariam fingindo.[30]

— "União Mística", *The Economist*

Se a experiência delas tem alguma substância, jamais a esquecerão: e se é de um tipo que pode ser esquecido, não há sentido em anotá-lo.[31]

— Teresa d'Ávila, sobre o registro das experiências espirituais

As objeções ao nosso projeto de pesquisa logo vieram à tona. Claro, havia as objeções antecipadas dos materialistas, daquelas que levaram a uma polêmica sobre a palestra do Dalai Lama na convenção de neurociência de 2005. Muitos de nossos colegas acreditam que não se deve estudar por meios científicos a espiritualidade, e não tardaram em tornar conhecidas suas opiniões. Sabe-se que materialistas que tinham poder de decisão recusaram permissão para pesquisar nessa área.[32] Contudo, tivemos sorte ao conseguir fundos para o nosso trabalho.

Às vezes ouvimos objeções do lado religioso também. Por exemplo, o Rev. Raymond Lawrence Jr., do Hospital Presbiteriano de Nova York, queixou-se em *Science and Theology* de que nosso trabalho "nada tem a ver com a verdade da religião", e acrescentou: "No fim do dia, só se tem uma experiência. Isso não prova a existência de Deus." Predisse em seguida que a duplicação da experiência mística "seria uma catástrofe para a religião", distorcendo o significado religioso.[33]

Mas nós nunca pretendemos provar a existência de Deus! Nossos objetivos eram decididamente mais modestos. A única afirmação que os neurocientistas podem realmente determinar é quando a neurociência usual fornece informações úteis sobre estados e experiências místicas. Especificamente, nós queríamos determinar dois pontos: se a atividade cerebral que ocorre durante uma consciência mística localiza-se no lobotemporal, como argumentavam alguns, e se a contemplação mística produzia estados cerebrais não associados à consciência normal.

De qualquer modo, os próprios místicos, longe de justificarem a ideia popular de que desejam fazer mistério da consciência mística, muitas vezes sentem grande prazer em empenhar-se no estudo formal

310   O CÉREBRO ESPIRITUAL

da consciência, desde que isso não interfira com sua vocação. Durante milênios, os místicos têm escrito extensos e detalhados tratados sobre os estados de consciência. A pesquisadora do misticismo Evelyn Underhill cita uma fonte do século XIX, como tendo dito:

> Examinem-nos o quanto quiserem: nossa maquinaria, nossa veracidade, nossos resultados. Não podemos prometer que verão o que vimos, pois aqui cada um deve aventurar-se por si mesmo, mas os desafiamos a estigmatizar nossa experiência como impossível ou inválida.[34]

O acontecimento-chave recente são os novos instrumentos neurocientíficos para investigar os correlatos neurais dos estados percebidos de forma subjetiva.

Uma das acusações que às vezes escutamos do grande público é que a contemplação mística é uma ideia imaginária. As freiras são apenas neuróticas que imaginam coisas, ou mesmo "as falsificam". Um recente artigo em *The Economist* usou essa mesma expressão e anunciou que achava essa acusação "mais difícil de rebater"[35] que outras objeções ao nosso trabalho.

Na verdade, não acharíamos essa acusação em particular nem um pouco difícil de rebater. Em um estudo neurocientífico, a pessoa que "falsifica" geraria muitas ondas betas (típicas de forte atividade consciente) e poucas ondas teta[36] (típicas dos estados de meditação profunda). Revela-se que simplesmente não podemos *falsificar* algumas coisas! De fato, a própria sugestão já mostra como, hoje, pouco se entende de neurociência.

Outra preocupação que às vezes escutamos é que alguém tente comercializar as experiências místicas, por assim dizer, talvez criando uma pílula para isso. Bem, se criassem, dificilmente seria novidade, e não precisaria depender muito da neurociência. Durante toda a história, muitas culturas criaram "tecnologias" (tambores, plantas sagradas, jejum, meditação etc.) que envolvem o treinamento para alterar ou tornar anormais os estados de consciência e interagir com o mundo espiritual. É claro que os seres humanos podem tornar-se mais receptivos às EMERs empreendendo ações específicas.

Mas jamais é uma questão simples. É necessária uma alteração importante das funções eletroquímicas para uma EMER ocorrer e ser sen-

Os estudos carmelitas: uma nova direção? 311

tida com consciência. E, mesmo então, trata-se apenas da metade da história. Para ocorrer uma EMER, o eu espiritual que vive no núcleo de cada indivíduo também deve estar disposto a dançar, por assim dizer.

Claro que nosso problema real, porém, não eram as várias objeções; era como captar a experiência mística. No começo, tivemos a ingenuidade de esperar que as freiras talvez passassem por uma experiência dessas no laboratório, mas a Irmã Diane apenas riu ao ouvir a sugestão. "Deus não pode ser intimado assim à vontade", respondeu. Na verdade, advertiu: "Não se busca isso. Quanto mais se busca, mais tempo se espera." Claro, olhando em retrospecto, começamos a entender o que ela queria dizer: a própria exigência da experiência torna-se ruído mental, que se deve superar.

Contudo, o cérebro humano tende a usar as mesmas regiões e trilhas quando as pessoas lembram e revivem uma experiência, que quando as tiveram pela primeira vez. Assim, quando se pede a elas que lembrem uma experiência importante, talvez descubramos que regiões e trilhas são mais ativas.

Shelley Winters, uma das grandes atrizes mundiais, dissera que o ator deve se dispor a "atuar com suas cicatrizes". Em tradução simples (o que não é fácil, porque ela não é uma pessoa simples), isso quer dizer que, quando chega a hora do ator revelar as experiências mais profundas, dolorosas ou assustadoras escritas pelo autor para a personagem que criou, o intérprete que usa nosso método no trabalho tem de encontrar experiências em sua própria vida, e primeiro dispor-se, depois ser capaz de revivê-las no palco como a "personagem".[37]

— Procedimentos do método de trabalho do
St. Louis Theatre Group

Nosso grupo já estudou esse efeito usando as IRMf em atores profissionais,[38] que aprenderam a usar como técnica os circuitos neurais associados às suas emoções, ensinada por treinadores de atores. Os intérpretes podem lembrar um fato pessoal importante em termos emocionais quando desempenham papéis que lhes exigem mostrar uma emoção semelhante. Não estão sendo insinceros, como às vezes se pensa; estão expressando emoções reais num esquema ficcional.

312 O CÉREBRO ESPIRITUAL

Em nossa pesquisa, comparamos as regiões ativas do cérebro, quando pedimos aos atores que lembrassem e tornassem a sentir episódios tristes ou felizes de suas vidas, com as que estavam ativas quando eles viam trechos de situações emocionais no cinema. Do mesmo modo, decidimos que íamos pedir às freiras que lembrassem e revivessem, de olhos fechados, a mais intensa experiência mística já sentida em suas vidas como membros da ordem carmelita.

ESTUDO 1: ATIVIDADE CEREBRAL DURANTE UMA EXPERIÊNCIA MÍSTICA

Só uma coisa extraordinária poderia levar as freiras carmelitas de Montreal a quebrar o voto de silêncio e aventurar-se fora do claustro. Elas juntaram forças com a ciência em busca de um sinal concreto de Deus — dentro do cérebro humano.[39]

— Ann McIlroy, *The Globe and Mail*

No Estudo 1, mapeamos as freiras com IRMf para determinar que áreas do cérebro entravam em atividade durante uma experiência mística. O objetivo principal desse estudo era testar a hipótese de que há um "módulo de Deus" nos lobos temporais, como propuseram alguns pesquisadores.[40]

As 15 freiras foram mapeadas quando lembravam e reviviam as mais importantes experiências místicas e o mais intenso estado de união com outro ser humano (*controle de condição*) já sentido como membro da ordem carmelita.[41] Também mapeamos as freiras durante uma *condição básica*, um estado de repouso normal, para medir a atividade cerebral durante um estado normal de consciência. Em todas as condições, elas fecharam os olhos.

Por que preocupar-nos com um estado normal, ou seja, um estado não espiritual? O motivo é que a IRMf, relacionada com o nível de oxigenação do sangue no cérebro, não é muito sensível em relação às diferenças qualitativas entre vários tipos de estados e experiências. Na verdade, como vimos, alguns afirmaram que as EMERs não passam de experiências emocionais e nada mais. Seria útil estabelecer a distinção entre dois tipos de estados e experiências. Não, isso não vai dizer-nos se Deus existe, mas talvez nos ajude a determinar se as pessoas que têm experiências místicas entram em um estado de consciência alterada relacionada sobretudo às emoções. Ou será outra coisa?

Os estudos carmelitas: uma nova direção?   313

Assim, pedimos às voluntárias que experimentassem estados diferentes, que envolvem o processamento de emoções, para podermos ter certeza de que estamos identificando um padrão importante. Da mesma forma, quando os neurocientistas estudam visões, talvez peçam aos objetos de estudo que olhem para um ponto, a fim de controlarem um padrão geométrico mais complexo da condição experimental. Em outras palavras, queríamos ter certeza de que distinguíamos um estado mental específico, e não apenas algum estado mental que envolve muita atividade cerebral.

ESTUDO 2: OS CORRELATOS NEUROELÉTRICOS DA UNIÃO MÍSTICA

As mesmas freiras participaram do Estudo 2, e usamos as mesmas três condições experimentais (mística, controle e linha de base). Mas desta vezes registramos as ondas cerebrais com a EEGQ. Pedimos às freiras que se sentassem dentro de uma câmara de isolamento, uma sala pequena e escura à prova de som — em outras palavras, ficaram isoladas por completo tanto em termos acústicos quanto eletromagnéticos (além de uma câmera de infravermelho que nos possibilitou observá-las continuamente). Nesse ambiente, a pessoa pode voltar-se para dentro sem distrações. Durante as três condições, medimos os padrões elétricos EEGQ, que refletem os padrões das ondas cerebrais, na superfície do escalpo. Esses padrões podem ser analisados pela estatística, traduzidos em números e expressos depois como mapas de cores.

Escala de intensidade subjetiva

A escala usada para avaliar a intensidade subjetiva da experiência no fim dos Estudos 1 e 2 foi:

0   Não houve experiência de união com Deus
1   Experiência muito fraca de união com Deus
2   Experiência fraca de união com Deus
3   Experiência de intensidade média de união com Deus
4   Experiência forte de união com Deus
5   A mais intensa experiência de união com Deus que já tive em minha vida

314 O CÉREBRO ESPIRITUAL

A FOTO QUE QUASE ACABOU COM O PROJETO

A pesquisa prosseguiu segundo o plano e com resultados interessantes, mas um incidente relacionado com a imprensa quase afundou nosso projeto. Nossos estudos às vezes atraíram publicidade. Infelizmente, em geral trata-se da convencional história da "ciência *versus* religião", que, de propósito ou não, planta os conceitos básicos do materialismo na mente dos leitores. Por exemplo, o fato de a experiência mística e os estados de consciência poderem ter, na verdade, correlatos neurais (o único aspecto que a ciência pode de fato estudar) foi interpretado, de modo típico, como uma sugestão de que as experiências são de alguma forma uma ilusão. Em si, já é uma ideia confusa, equivalente a supor que se a marcação de um *home run* em um jogo de beisebol tem correlatos identificáveis, o *home run* é uma ilusão. E claro, supõe-se que os resultados do nosso trabalho são outro ponto a favor ou contra Deus.

No todo, não nos importamos. Nós próprios nos interessamos por essa área, por isso é razoável que outros também se interessem. Contudo, em dezembro de 2003, um artigo no jornal de registro canadense *The Globe and Mail* incluiu uma foto da prioresa carmelita Irmã Diane. As irmãs, ainda meio inseguras sobre o trabalho conosco, haviam pedido especificamente que a publicidade fosse a mínima possível, e sem dúvida sem qualquer foto que as identificasse para o público. Os conventos tradicionais não têm sequer fácil acesso a espelhos. Não estamos muito certos de como a foto acabou impressa. Achamos que havíamos perdido tudo; as freiras deixariam de confiar em nós e não concordariam em voltar a trabalhar conosco — e jamais conseguiríamos dados suficientes para completar os estudos.

As freiras têm um bom motivo para evitar estritamente todo tipo de publicidade pessoal. A decisão de se tornar freira ou monge enclausurados significa, entre outras coisas, abrir mão de qualquer intenção de influenciar o mundo, a não ser pelo poder da prece e da contemplação — ou do sofrimento e do martírio, se necessário. A prece e a contemplação são vistas como úteis apenas se a freira não deseja chamar a atenção para si. Assim, elas se sustentam e ajudam os outros, mas restringem o contato com o mundo de fora do convento e protegem a vocação com muita garra.

Os estudos carmelitas: uma nova direção? 315

Por sorte, a admirável diplomacia de Vincent Paquette convenceu as freiras a continuar, apesar desse lapso. Em geral, quando demonstramos as técnicas de nossos estudos à imprensa atualmente, usamos objetos de estudo substitutos, não as freiras reais. Por exemplo, quando o estudo da EEGQ foi apresentado no (*Daily Planet*) *Discovery Channel* na Sexta-feira Santa de 2004, uma modelo ficou no lugar de uma delas.

ESTUDO 1: DESCOBERTAS

Não sei quanto tempo se passara. É como um tesouro, e intimidade. Muito, muito pessoal. Vi no centro de meu ser, porém mais fundo ainda. Uma sensação de plenitude, plenitude, plenitude.[42]
— Freira carmelita descrevendo a *unio mystica*

A sala de scanner sem dúvida não é nenhum centro de SPA; mais parece algo que se encontraria na Nasa. Apesar disso, as freiras conseguiram experienciar um estado místico numa condição mística. Logo depois da experiência, pedimos às freiras que as avaliassem. Nem todos os estudos o fazem, mas nós queríamos comparar as perspectivas objetiva e subjetiva. Em outras palavras, estaria o sujeito consciente de que participava de algo relacionado com os dados da IRMf?

Além de pedirmos às freiras que descrevessem as experiências com suas próprias palavras, usamos a Escala de Misticismo de Hood para possibilitar a comparação com outra pesquisa. Fizemos nosso próprio ajuste: a Escala de Hood não se destinava especificamente ao misticismo cristão, o que significa que talvez nem todas as perguntas sejam aplicáveis. O místico cristão típico se vê em contato com uma entidade transpessoal, e não impessoal, e na maioria das vezes descreve as experiências em termos de sentir-se muitíssimo amado. Por isso usamos as 15 perguntas que pareceram mais compatíveis com a interpretação cristã da experiência mística.

Os principais pontos da Escala de Misticismo de Hood associados às experiências das freiras foram:

Tive uma experiência que sabia ser sagrada.

Tive uma experiência em que algo superior a mim pareceu me absorver.

Tive uma experiência de profunda alegria.

Durante as entrevistas qualitativas feitas no fim da experiência, as freiras disseram que haviam sentido a presença de Deus e seu amor incondicional e infinito, além de plenitude e paz. Mais importante, todas comunicaram que, da perspectiva da primeira pessoa, as experiências vividas durante a condição mística diferiam das usadas para autoinduzir um estado místico. Também comunicaram a presença de uma imagística visual e motora nas condições mística e de controle. Além disso, as freiras tiveram uma sensação de amor incondicional durante a condição de controle. Essas observações não fazem, estritamente falando, parte da escala de Hood, mas nós as comunicamos devido à sua consistência.

Da perspectiva neural, a descoberta-chave do Estudo 1 foi que muitas regiões do cérebro, não apenas os lobos-temporais, se envolvem nas experiências místicas. Incluem o lóbulo parietal inferior, o córtex visual, o núcleo caudado e o tronco cerebral, além de muitas outras áreas.

Nossas descobertas demonstram que não existe um "ponto de Deus" único no cérebro, localizado nos lobos-temporais. Em vez disso, nossos dados objetivos e subjetivos sugerem que as EMERs são complexas, multidimensionais e mediadas por várias regiões do cérebro normalmente implicadas na percepção, cognição, emoção, representação corporal e autoconsciência.

Amostra de pontos da Escala de Misticismo de Hood

Tive uma experiência sagrada.

Tive uma experiência durante a qual algo superior a mim, pareceu me absorver.

Tive uma experiência durante a qual não mais tinha sensação de tempo e espaço.

Tive uma experiência que não pode ser expressada em palavras.

Tive uma experiência durante a qual senti que tudo neste mundo faz parte do mesmo todo.

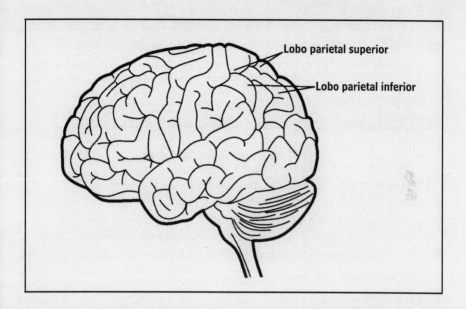

ESTUDO 2: DESCOBERTAS

No Estudo 2, também pedimos às freiras que classificassem a intensidade das experiências subjetivas com a escala de autocomunicação que vai de 0 ("Não houve experiência de união) a 5 ("A mais intensa experiência de união já sentida) e usamos os pontos da Escala de Misticismo de Hood mais bem adaptada ao misticismo cristão tradicional. Os pontos principais da escala associados às experiências das freiras no Estudo 2 foram:

Tive uma experiência que eu sabia sagrada.

Tive uma experiência na qual algo superior a mim pareceu me absorver.

Tive uma experiência de profunda alegria.

Tive uma experiência que não se pode expressar com palavras.

Tive uma experiência que me fez sentir que tudo neste mundo faz parte do mesmo todo.

Tive uma experiência impossível de comunicar.

318   O CÉREBRO ESPIRITUAL

Como no Estudo 1, várias freiras disseram que, na condição mística, sentiram a presença de Deus, seu amor incondicional e infinito, e sua plenitude e paz. Também sentiram uma espécie de entrega a Deus.

A visão da neurociência

Descobrimos importantes locais de ativação na condição mística, relativos a condição da linha de base, no lóbulo parietal inferior (LPI: área de Brodmann — AB — 7, 40) , no córtex visual (AB 18, m 19) e no núcleo caudado. Viram-se outros locais importantes de ativação no córtex orbitofrontal medial (COFM; AB 11), córtex temporal medial direito (CTM; AB 21), lóbulo parietal superior direito (LPS; AB 7), tronco cerebral esquerdo, ínsula esquerda (AB 13) e córtex cingulado anterior esquerdo (CCA; AB 32). Além disso, descobrimos ativação significativamente mais importante, na condição mística comparada com a condição da linha de base, no CFOM direito (AB 11), córtex pré-frontal medial direito (CPRM; AB 10), CTM direito (AB 21), CCA direito (AB 32), LPI esquerdo (AB 40) e LPS esquerdo (AB 7).

Criamos a hipótese de que a ativação do CTM direito se relacionava com a impressão subjetiva de contato com uma realidade espiritual. Também postulamos que os locais de ativação detectados no núcleo caudado, CFOM (AB 11), CPRM (AB 10), CCA esquerdo (AB 32), ínsula esquerda (AB 13) e tronco cerebral esquerdo refletiam mudanças nos vários aspectos (cognitivo, fisiológico, sentimentos) relacionados ao estado emocional dos objetos de estudo.[43] Quanto às ativações no córtex visual, propomos que talvez se relacionem com a imagística visual. Por último, em relação aos locais de ativação observados no córtex parietal, uma vez que o LPS direito também se envolve na percepção visual do eu,[44] sugerimos que a ativação dessa região parietal (AB 7) durante a condição mística talvez reflita uma modificação do esquema do corpo associada à impressão de que uma coisa maior que os objetos de estudo parecia absorvê-los. Além disso, há indícios de que o LPI esquerdo faz parte de um sistema neural envolvido no processamento de representação visual-espacial dos corpos.[45] Portanto, a ativação do LPI esquerdo no estado místico talvez se relacionasse a uma alteração do esquema do corpo. Contudo, o LPI desempenha papel importante na imagística motora.[46] Assim, é possível que as ativações nos LPIs direito (AB 40) e esquerdo (AB 7) se relacionassem à imagística motora experimentada durante a condição mística.

Os estudos carmelitas: uma nova direção? 319

Nossa estratégia experimental funcionara às mil maravilhas. No início da condição mística, as freiras haviam tentado lembrar e reviver uma experiência mística (autoindução). Isso levou à experiência de um estado místico diferente, em termos subjetivos, enquanto medíamos o que acontecia eletricamente em seu cérebro. Por exemplo, a Irmã Nicole comunicou, numa voz já sonhadora e contente, que ouvia o "Cânone" de Pachelbel. Lembrou que conseguira a *unio mystica* quando criança, e sentira o estado místico atingido durante o experimento com a EEG. Essas experiências se tornaram vagas em sua mente. Ao deixar a câmara à prova de som onde se realizava a experiência, ela observou: "Jamais me senti tão amada."

Os resultados da experiência indicam de forma clara que a vida de silenciosa prece e contemplação permitiu às freiras atingir profundos estados místicos apenas lembrando e revivendo com intensidade uma experiência mística anterior — algo que não esperavam acontecer antes de participarem do projeto.

CONCLUSÕES DOS ESTUDOS

Aprendemos duas coisas valiosas com nossos estudos. Os resultados dos dois, tomados juntos (EEG e IRMf), afastam a ideia de que existe um ponto de Deus nos lobos-temporais, o que "explicaria" as EMERs. Os resultados dos estudos de IRMf e EEG sugerem que as primeiras são exemplificadas nos neurônios por diferentes regiões do cérebro envolvidas em várias funções, como autoconsciência, emoções, imagística visual e motora, e percepção espiritual. Essa conclusão se correlaciona bem com as descrições feitas pelos objetos de estudo das EMERs como complexas e multidimensionais.

Como diz o resumo de nosso estudo publicado em *Neuroscience Letters* (2006):

A principal meta desse estudo de imagem por ressonância magnética funcional era identificar os correlatos neurais de uma experiência mística. A atividade cerebral das freiras carmelitas foi medida enquanto elas se achavam, subjetivamente, em um estado de união com Deus. Esse estado associava-se a importantes locais de ativação no córtex orbitofrontal medial direito, no córtex temporal medial médio, nos

320 O CÉREBRO ESPIRITUAL

lóbulos parietais inferior e superior direitos, núcleo caudado direito, córtex pré-frontal medial esquerdo, córtex cingulado anterior esquerdo, lóbulo parietal inferior esquerdo, ínsula esquerda, núcleo caudado esquerdo e tronco cerebral esquerdo. Esses resultados sugerem que as experiências místicas no córtex visual extraestriado são mediados por várias regiões e sistemas cerebrais.[47]

Segundo, quando as freiras tinham lembranças autobiográficas, a atividade do cérebro era diferente da do estado místico. Assim, temos certeza de que o estado místico é uma coisa diferente do estado emocional. A abundância de atividade teta durante a condição mística demonstrou de forma clara uma acentuada alteração de consciência nas freiras. Não vale a pena dizer que os estudos de EEG anteriores mostraram crescente atividade teta no córtex pré-frontal em um tipo de meditação chamado Su-soku.[48] e um estado de felicidade na meditação (Sahaja Yoga).[49]

As freiras contaram-nos em entrevistas feitas ao fim da experiência que os estados místicos experimentados durante o mapeamento IRMf e a gravação EEG eram de um tom diferente de suas lembranças das experiências místicas originais. (Quando foi pedido, no início do experimento, que tentassem autoinduzir um estado místico.) Em outras palavras, conseguíramos medir a atividade cerebral das freiras quando elas passavam para um estado místico real.

Provam nossas experiências que os místicos entram em contato com um poder fora deles mesmos? Não, porque não há como provar nem desmentir isso apenas de um lado. Se você se apresentasse como voluntário em nosso laboratório, os estudos talvez não mostrassem que você lembrava de uma conversa com um guarda de trânsito, da

---

A visão da neurociência

Quanto aos dados do EEG, houve atividade teta (as ondas teta vão de 4 a 7 Hz) mais importante na condição mística, em relação à condição da linha de base, na ínsula (AB 13), no lóbulo parietal inferior direito (LPI; AB 40), no lóbulo parietal superior (LPS; AB 17) e no inferior direito (AB 20) e nos córtex temporais médios. Além disso, houve atividade teta muito mais importante na atividade da linha de base, em comparação com a condição de controle, no córtex cingulado anterior (CCA; AB 24) e córtex pré-frontal medial (CPFM; BA 8, 10).

Os estudos carmelitas: uma nova direção?

palpitação cardíaca quando ginasiano, ou de um parente agonizante, se não nos houvesse dito e não tivéssemos dados sobre como você em geral reage nesses tipos de situação.

O que *podemos* fazer, porém, é determinar os padrões consistentes com alguns tipos de experiência. Assim, podemos eliminar algumas explicações, porque, por exemplo, um padrão complexo não é consistente com uma explicação simples. Na medida em que as experiências espirituais são experiências nas quais entramos em contato com a realidade de nosso universo, devemos esperar que sejam complexas. Sem dúvida, podemos dizer que os padrões dos místicos sérios decididamente são complexos.

Ciência e espiritualidade

Do meu ponto de vista, posso esperar que essa longa e triste história chegue a um fim em algum momento no futuro, e que também acabe essa progressão de ministros, rabinos, ulamas, imãs, bonzos e bodhisattvas, para que eu não os veja mais. Espero que seja uma coisa para a qual a ciência contribua, e se for, acho que talvez seja a mais importante contribuição ao nosso alcance.[50]

— Steven Weinberg, físico ganhador do
Prêmio Nobel

Não sou capaz de explicar consciência moral e, em particular a oposição entre "ser" e "dever", entre desejo e obrigação, em termos de causa puramente natural... Explica-se [isso] apenas com base na suposição de que, além da causa natural, há também uma ordem não natural do universo, a qual é permanente e, às vezes, introduzida ativamente na natural.[51]

— C. E. M. Joad, *The Recovery of Belief*

Meu marido, físico, me disse que os cientistas que estudam a física das partículas têm mais probabilidades de se tornar religiosos. Eles são conhecidos por resistirem a convencer-se de qualquer coisa. Contudo, quando esses céticos cientistas veem a ordem natural perfeita do mundo, decidem que, do nano para cima, este mundo foi planejado. O desígnio maravilhoso antes se torna o milagre que precisam para convencer-se.[52]

— Tamar Sofer, criadora de software

Não é necessário escolher entre ciência e espiritualidade. Mas sem dúvida há a necessidade, como sempre houve, de escolher entre materialismo e espiritualidade.

A ciência não pode provar nem desmentir a existência de Deus, nem adjudicar polêmicas entre religiões ou doutrinas. Mas pode eliminar teorias inadequadas de EMERs fabricadas pelo materialismo.

Os indícios apresentados neste livro mostraram que as EMERs não resultam de determinados genes ou perturbações naturais, nem podem ser criadas apenas pelo uso de uma tecnologia (embora muitas culturas tentem *ajudá-las* empregando os vários métodos ou tecnologias). Também mostram que não se resolve de forma simples o "problema difícil" da consciência em um esquema de referência materialista.

Esse problema difícil, porém, deixa de ser problema tão logo compreendemos o próprio universo como produto da consciência. Podemos esperar que os seres vivos evoluam para a consciência, se ela está por baixo do universo. A consciência é uma qualidade irredutível. Seu estudo no século XXI promete ser um esforço excitante. Mas será frustrado se o único objetivo for reduzir a consciência a algo que ela não é, ou demonstrar que é uma ilusão.

Também vimos que não se pode entender o cérebro humano separado da mente que exemplifica. Na verdade, a correta compreensão do relacionamento nos dá maravilhosos instrumentos neurocientíficos para tratar de perturbações como distúrbio obsessivos compulsivo e fobias, algumas das quais se mostraram intratáveis antes. Do mesmo modo, precisamos de uma melhor compreensão de fenômenos relacionados com a morte, como as EQMs. Por exemplo, a obra de van Lommel mostrou que um número desproporcional dos pacientes de EQM não sobrevive à sala de recuperação. Em outras palavras, ou as EQMs são confiáveis previsoras de alta mortalidade ou a probabilidade de sobrevivência do paciente pela reação hoje ineficaz a elas. Sem dúvida seria útil saber qual a explicação mais provável, como a medicina de alta tecnologia penetra cada vez mais em todo o globo, pode-se trazer de volta da morte clínica maior proporção de pacientes. Por mais que entendamos esses fenômenos, precisamos compreendê-los melhor.

Como vimos, as pessoas que têm EMERs, longe de ficarem fora de contato, são típica, mental e fisicamente saudáveis. As EMERs são experiências normais com certeza associadas à saúde física e mental, por-

Os estudos carmelitas: uma nova direção? 323

que expressam uma função espiritual natural do ser humano. Apesar de não ser possível provar isso por meio de apenas uma perspectiva, os dados são consistentes com uma experiência na qual os participantes entram em contato com uma realidade espiritual que transcende suas próprias mentes.

Embora jamais se possam provar as muitas questões que este livro apresenta, uma das perguntas essenciais é: o que pretendemos dizer com o termo "científico"? Se com isso queremos dizer "só aquelas descobertas que mantêm a visão de mundo materialista", nossa compreensão do ser humano ficará para sempre truncada. Contudo, se com "científico" queremos dizer "usar os métodos e padrões da ciência", os estudos dos correlatos neurais dos estados meditativo e contemplativo são científicos. Sendo mais específico, a neurociência pode contribuir com informação útil para a discussão desses estados. E na medida em que as EMERs são em geral associadas a melhor saúde mental e física, há um benefício público ao patrocínio da ciência para ajudar-nos a entender o mundo em que vivemos ou dar apoio a uma visão específica e tacanha desse mundo? A escolha é nossa.

As carmelitas: do Monte Carmelo aos dias de hoje

> Agora convidai o povo de todo Israel para encontrar-se comigo no Monte Carmelo.[53]
>
> — Profeta Elias

É mais fácil entender a vocação mística carmelita se olharmos por um breve instante como a ordem começou, lutou, reformou-se e sobreviveu, a despeito da considerável oposição. Vocação mística não é uma receita para o tédio, como veremos.

As carmelitas originais

A antiga ordem das carmelitas, originada na Palestina, tem o nome do Monte Carmelo, uma baixa cadeia de montanhas, da qual um promontório perto da cidade de Haifa, em Israel, se ergue abruptamente 185m acima do Mar Mediterrâneo. Carmelo é um sítio religioso há milênios, um lugar onde os profetas (*nabis* hebreus) "sentiram Deus de uma maneira incomum e imediata".[54] Ali, o profeta bíblico Elias enfrentou os profetas do deus da fertilidade Baal, na certa no século IX A. E. C.[55] O sucessor dele, Eliseu, e os outros seguidores, "filhos dos profetas", ali viveram, como os primeiros monges cristãos séculos depois, rezando nas cavernas.

A lenda remonta a ordem carmelita ao próprio Elias, mas a que existe hoje começou a tomar forma por volta de 1150 E. C., quando peregrinos europeus e cruzados, sabendo da história do Monte Carmelo, assentaram-se no local para viver uma solitária vida de prece. Consideravam-se filhos tardios dos profetas; tomaram como modelo da vocação profética as vidas registradas de Elias e da mãe de Jesus, Maria. Os carmelitas a consideravam a figura ideal para tornar a vocação profética, às vezes associada à violência e ao fanatismo, plenamente cristã.

A vida solitária da ordem não significava uma recusa a algum dia participar da sociedade. Ao contrário, os carmelitas deviam sair da contemplação e prece para ensinar, advertir e ajudar, como fariam Elias ou Maria. Esses primeiros profetas sentiram que a moldagem de suas vidas pela contemplação e a prece era essencial para proporcionar verdadeiras intuições aos outros, e que a força dos próprios fatos indicava o momento certo de falar ou agir. Não havia necessidade de sair e buscá-lo.

A ordem carmelita para homens foi confirmada pela Igreja católica em 1226, com uma regra chamada de "regra do misticismo", que visava à prece contínua, ao silêncio, ascetismo e à vida simples. Os carmelitas foram migrando aos poucos da Palestina para a Europa, devido à crescente hostilidade dos muçulmanos, que queriam livrar a área dos europeus durante e após as Cruzadas. Tornaram-se conhecidos na Europa como Frades Brancos, por causa dos mantos de lã brancos. Tiveram certa dificuldade para adaptar-se a uma sociedade mais urbana, e a severa regra da ordem foi mudada em 1247, para permitir a educação superior. Teresa d'Ávila (1515-82), a carmelita mais conhecida, depois advertiu: "Os que trilham o caminho da prece necessitam de cultura e, quanto mais espirituais forem, maior a necessidade." Mas, como observa o historiador Peter-Thomas Rohrbach,

> em geral a obra era individual e inspiradora, mais que organizada e institucional. Notamos um definido padrão para evitar envolvimento com uma escola, hospital ou arranjo paroquial organizados, apesar de uns poucos casos isolados. A tradição profética exigia uma visão mais livre e menos institucional dos problemas humanos — o profeta saía de sua solidão a pregar a mensagem necessária para dar ajuda e conforto onde e quando era preciso.[56]

As Ordens das Irmãs Carmelitas

No período medieval, havia ordens religiosas femininas, mas muitas mulheres, conhecidas como *beguinas*, também tentavam viver uma vida contemporânea de modo informal e independente da igreja, ou sozinhas, ou em grupos. Os pa-

Os estudos carmelitas: uma nova direção?

325

dres carmelitas as encorajavam a adotar a tradição da ordem, que dava espaço à independência dentro de uma vida contemplativa disciplinada.

As ordens das freiras carmelitas (segundas ordens)[57] foram estabelecidas formalmente em meados do século XV, não sem muita luta. Frances d'Amboise, por exemplo, uma jovem viúva nobre, quis entrar em um convento carmelita em 1459, mas a família a proibiu, porque um segundo casamento beneficiaria sua família em termos financeiros. Durante três anos, Frances manteve os pretendentes a distância. Então um dia, na missa, quando o padre distribuía a comunhão, ela se levantou e recitou em voz alta um voto público de perpétua castidade, e nesse ponto as esperanças familiares de encontrar-lhe um marido rico desapareceram. Eles cederam e permitiram-lhe entrar no convento carmelita.

As ordens de leigos (Ordens Terceiras) também foram fundadas em meados do século XV. Uma das marcas registradas dos trajes carmelitas desde meados do século XIII tem sido o escapulário marrom, que simboliza a proteção especial de Maria.[58] Essa tradição de religiosidade tornou-se um meio de apresentar muitos milhões de cristãos católicos à tradição de espiritualidade carmelita.

A perda da visão original

A ordem entrou em tempos ruins nos séculos XIV e XV, como muitas outras. Um dos fatores foi a peste bubônica, que começou por volta de 1349 e matou cerca de um terço da população da Europa. Depois, as ordens religiosas aceitaram muitos meninos pequenos, esperando que eles de algum modo criassem a vocação religiosa. Esses meninos professavam os votos finais na adolescência. Muitos, claro, não serviam para a vida contemplativa, e reagiam relaxando aos poucos a regra da ordem. Em 1435, a regra carmelita foi formalmente relaxada. Após a liberação do voto de pobreza, seguiram-se as divisões de classe, que levaram à luta e à cisão. Para alguns, a ordem carmelita não passava de uma cobertura literal para a ociosidade da moda — usavam roupas comuns por baixo do hábito.

Um dos mais famosos desses órfãos transformados em monges carmelitas foi o famoso pintor Fra Filippo Lippi (1406?-1469). Era conhecido por um pioneiro estilo naturalista de pintura — e um estilo de vida escandaloso. Esse tipo de vida era bastante comum entre os artistas da época, e o escândalo constituía no fato de ele ser um carmelita professo. O poeta inglês Robert Browning (1812-89) escreveu a respeito de Lippi:

Não devíeis aceitar um sujeito de 8 anos
e fazê-lo jurar jamais beijar uma mocinha.[59]

Pelo menos um carmelita, Thomas Connecte (d. 1433), às vezes chamado de "Savonarola carmelita", reagiu ao declínio no sentido oposto. Afastando-se da tradição da antiga posição da ordem, de antigo e profético silêncio, causou um imenso clamor público sobre vício sexual, real e imaginário, que acabou por resultar em sua execução. A infeliz carreira de Connecte sublinha a importância que as tradições contemplativas antigas dão a qualquer tentativa de se reformar para corrigir os problemas dos outros.

As tempestuosas polêmicas sobre a Reforma

Muitas mulheres sem atrativos especiais nem capacidade para ter uma vida contemplativa também tinham vidas ociosas nos conventos. Em 1550, em Ávila, Espanha, era uma questão de orgulho as famílias colocarem uma filha no lotado convento local, como descobriu a reformadora Teresa d'Ávila. De modo semelhante, o famoso Galileu (1564-1642), pôs as duas filhas ilegítimas no convento das Clarissas Pobres, onde professaram bastante adolescentes ainda. A mais velha, Suor Marie-Celeste, adaptou-se bem e logo ajudou o pai no trabalho dele, mas a caçula, Suor Arcangela, teve uma vida infeliz como freira.[60]

Como resultado, Teresa e João da Cruz descobriram que a restauração da tradição original "do profeta Elias" dos carmelitas era difícil e perigosa. A maioria das pessoas que doavam para obras de caridade dos conventos queria que eles abrigassem homens sem terra e mulheres não casáveis. Contemplação e espiritualidade, na melhor das hipóteses, eram baixas prioridades naquele tempo. Em 1573, uma princesa espanhola que ficara viúva recentemente, chegou a um dos conventos reformados de Teresa, acompanhada por um séquito grandioso de cortesãos e criados. Logo insistiu que mudassem as antigas práticas monásticas que interfeririam com sua vida social. Quando a prioresa (freira diretora) observou que a vida social da princesa seria mais conveniente na alta sociedade que num convento, a grande dama partiu arrufada. E passou a perseguir as freiras até Teresa ver-se forçada a transferi-las para outro bairro.

É digno de nota, porém, que Teresa e João conseguiram, pelo exemplo e pela persuasão, restaurar a tradição contemplativa mística à ordem. Desde então, a tradição carmelita espalhou-se pela América do Norte, pelo leste da Ásia, e hoje há milhares de carmelitas em todo o mundo. São uma grande influência na tradição cristã, com membros distintos como Thérèse de Lisieux e Edith Stein na era moderna.

Teresa d'Ávila (1515-82)

Certifique-se de que, quanto mais progresso façais amando o próximo, maior será vosso amor a Deus. Sua Majestade ama-nos tanto que nos paga por amarmos nosso próximo aumentando nosso amor por ele de mil maneiras. Eu não duvido disso.[61]

— Teresa d'Ávila

Teresa, nascida numa próspera família espanhola, desde cedo mostrou interesse pela espiritualidade. Quando tinha 7 anos, convenceu o irmão de 11 a fugir com ela para uma comunidade muçulmana, na esperança de ser morta, por "querer servir a Deus". (As duas crianças foram encontradas por um tio na estrada de Salamanca e levadas para casa).[62] Vivaz e popular, ela gostava de romances e o fato de abrir mão da excitação que o mundo oferecia não lhe agradava. Mas foi inspirada por uma freira de 80 anos na escola do convento e sentiu-se atraída pela vida interior que as freiras desfrutavam. O pai opôs-se a tais desejos, julgando mais apropriado que a atraente e aberta filha de 19 anos se casasse. Assim, ela se apresentou, "em segredo", como candidata no convento local, e a publicidade em seguida obrigou o pai a consentir.

Teresa não achou desafiante a vida conventual não reformada. Passou mais de 18 anos num ambiente de solteironas camponesas, conversando com as pessoas da cidade sobre trivialidades, dando conselhos e preocupando-se com a saúde. Contudo, fora dos muros do convento, a Europa era rasgada pelas polêmicas teológicas e às vezes guerra aberta durante a Reforma protestante (1517-30) e a Contrarreforma católica (1545-63). Ela sentiu que faltava à sua vocação. Aos 38 anos, de repente começou a passar por uma mudança radical, que incluiu várias experiências místicas. Viu-se repetindo o sincero grito de Agostinho, no século IV: "Quando? Amanhã, amanhã? Por que não hoje?" Teresa decidiu fundar conventos baseados na regra carmelita original da vida que encorajava a contemplação.

A alegre Teresa não mais tinha de escolher entre a excitação e o convento. Uma vez comprometida com a reforma[63] da ordem carmelita, extraía religiosidade dos dois. Apesar de a Espanha ser um país católico — na verdade, militante —, Teresa e suas auxiliares tiveram muita dificuldade em fundar conventos reformados. Em 1571, recebeu ordem de uma autoridade eclesiástica para atuar como prioresa de um convento em sua cidade natal, Ávila, e quando chegou:

o provincial tentou levá-la ao coro para instalá-la no cargo, mas encontrou a entrada bloqueada por um grupo furioso e hostil de freiras. Ele marchou para outra entrada e foi enfrentado por outro grupo de formidáveis freiras que lhes gritava para que deixassem o convento. De algum lugar dentro do coro, um pequeno grupo de freiras que aprovava a indicação começou a cantar o *Te Deum* no dia de ação de graças, mas as vozes foram abafadas pelos berros e assobios das outras.[64]

Acabaram por chamar a polícia para manter a ordem. O comportamento das freiras parece intrigante hoje, mas devemos ter em mente que muitas mulheres na época de Teresa entravam nos conventos para resolver problemas econômicos ou sociais de uma forma respeitável. Dificilmente desejariam uma mudança radical num confortável estilo de vida apenas porque mais alguém tivera uma experiência mística.

E no entanto o grupo reformista de Teresa também se mostrou correto ao insistir em que a *raison d'être* carmelita era a vocação profética que olhava em retrospecto milênios do profeta Eliseu. Assim, o conflito era intratável a princípio. Porém o mais sinistro era que Felipe de Espanha vivia às turras com o papa, numa era em que poucos faziam uma clara distinção entre política e religião. Em consequência, as questões religiosas da época tornaram-se muitíssimo politizadas. Teresa era denunciada dos púlpitos como "uma mulher enxerida, desobediente e contumaz", e ameaçada com a Inquisição.

Teresa riu, ignorou e contornou esses problemas. Era uma mulher de grande bom senso, que adorava a risada e a diversão. Conta um historiador carmelita que, quando apresentada a um grupo de religiosos bem-intencionados, ela confidenciou-lhes: "Eram santos em sua opinião, mas, quando vim a conhecê-los melhor, me assustaram mais do que todos os pecadores que eu já encontrara."[65] Foi pioneira na utilização do pequeno grupo de prece, usado em todo o mundo na tradição cristã atual, em que pessoas com diferentes experiências de vida se ajudam na criação de uma espiritualidade. O grupo de Teresa consistia de um homem casado, uma viúva leiga, dois padres e ela própria.

Ela fundou vários conventos e mosteiros carmelitas reformados que existem até hoje. Também dedicou algum tempo a escrever vários clássicos espirituais, entre eles *O castelo interior*. E, como disse o historiador Peter-Thomas Rohrbach", ela tem a distinção de ser a única mulher na história da Igreja a reformar uma ordem de homens"[66].

João da Cruz (1542-91)

Pastores, vós que ides
fundo ao cruzardes os apriscos até os montes,
se por acaso virdes
aquele a quem eu mais amo,
Dizei-lhe que estou doente, sofro e morro.[67]

— João da Cruz,
sobre seu encarceramento em Toledo

João nasceu na pobreza. Seu pai fora deserdado por um imprudente casamento de amor — e morrera jovem. O filho, um homenzinho calado, serviu como auxiliar em um hospital da cidade, e muitas vezes compunha e cantava cantigas para distrair os pacientes que sofriam. Desde cedo sentiu-se atraído pela vida contemplativa, mas teve de se tornar carmelita em segredo, porque os benfeitores esperavam que o talentoso rapaz preferisse uma vocação mais mundana. Ele logo foi atraído para a reforma de Teresa. Como padre e astuto psicólogo, atuou como diretor espiritual para muitos jovens seguros que se sentiam atraídos para a vida meditativa. O psiquiatra Gerald May escreve:

as intuições psicológicas de Teresa se comparam favoravelmente com as de Freud e de seus seguidores no século XX. As brilhantes descrições de ligação feitas por João realçam a moderna teoria do vício. A imagística têm um tom universal que fala aos corações dos que buscam o espírito hoje.[68]

Mas João pagou um preço alto por suas intuições e sua devoção. Em dezembro de 1577, foi sequestrado, algemado e encarcerado em segredo num mosteiro em Toledo. Apesar de tentativas de ameaças e suborno, recusou-se a renunciar a reforma. Em consequência, foi ritualmente espancado três noites por semana durante meses. Teresa tentou o melhor que pôde para resgatá-lo, mas sem sucesso. Ninguém parecia saber o lugar exato onde o mantinham encarcerado.[69] Um dos resultados de sua infelicidade e de seu desespero foi que ele começou a ter profundas experiências místicas, expressas em algumas das mais belas poesias já compostas em espanhol.[70]

Por fim, em agosto de 1578, João aproveitou a oportunidade para fazer uma ousada fuga. Saltando pelo muro, fugiu para um convento de freiras reformadas. Quando seus primeiros captores invadiram o convento das freiras para procurá-lo, a prioresa declarou, com ambiguidade: "Seria um milagre vocês verem algum frei aqui." Não ocorreu tal milagre; ela escondera João com muita inteligência.

Em 1580, os conventos reformados receberam jurisdições diferentes, o que ajudou a resolver o conflito que tanto dificultara a vida de João. Suas obras, como *Cântico espiritual*, *A noite escura da alma* e *Subida ao Monte Carmelo*, continuaram como guias dos que buscam a tradição de espiritualidade cristã durante séculos, embora a maioria de suas cartas de orientação espiritual fossem destruídas pelos destinatários por medo das repercussões.

As mártires carmelitas de Compiègne

O que o futuro nos reserva, que destino nos aguarda, eu não sei. Espero do céu, em sua generosidade, apenas as modestas bênçãos que os ricos e poderosos deste mundo encaram com desprezo e guardam com desdém: boa vontade para com todas as coisas vivas, infindável paciência e terna conciliação.[71]
— Prioresa confortando freiras mais jovens
durante a Era de Terror

Durante a Era de Terror (1792) da Revolução Francesa, muitas religiosas foram perseguidas. Depois da prisão de 14 freiras carmelitas e duas criadas no convento em Compiègne, em 1793, elas não tentaram fugir. Ofereceram suas vidas diárias pela paz da França.

Condenadas por crimes contra o Estado, foram sentenciadas à morte. Como lhe haviam retirado os hábitos de carmelitas, elas logo fizeram outros, improvisados, com roupas salvas. À sombra da guilhotina, em 17 de julho de 1794, no que hoje é a Place de La Nation, ajoelharam-se e cantaram um hino, renovaram em voz alta os votos batismais e religiosos, e seguiram calmas para a morte. A multidão, em geral ruidosa, ficou em completo silêncio.

As mártires carmelitas foram comemoradas em várias obras, entre elas uma ópera, *Diálogos das carmelitas*, de Francis Poulenc e Emmet Lavery.[72] O memorial que mais importaria para elas foi o fim do Reinado de Terror, cerca de dez anos depois.

Os estudos carmelitas: uma nova direção?   331

Edith Stein (1891-1941)

Os que buscam a verdade buscam a Deus, quer o compreendam, quer não.[73]

— Edith Stein, filósofa carmelita

Edith Stein, esperta moça judia nascida em Breslau, Alemanha, sentiu-se atraída para o existencialismo e considerou-se ateia. Um dia, porém, passou a noite toda acordada lendo a biografia da mística carmelita Teresa d'Ávila. Ao acabar, declarou: "Pronto, eis aí a verdade!" Tornou-se católica no ano seguinte. A mãe, claro — judia devota — não via a verdade exatamente como a filha, um dos muitos dilemas dolorosos que marcaram a vida de Edith. Ela escrevia e ensinava em um colégio de treinamento para professores; não podia trabalhar numa universidade por causa do preconceito predominante contra filósofas. Contudo, era estimadíssima como modelo de leiga cristã na época.

Uma sombra muito mais densa caiu sobre sua vida quando Hitler proibiu os judeus de ensinar.[74] Ofereceram-lhe a segurança de uma cátedra em uma universidade sul-americana, mas ela sentiu que devia sofrer com outros de descendência judaica. Em 1933, entrou no Carmelo (convento carmelita) de Colônia, e rebatizou-se como Teresa Benedicta da Cruz, nome que não apenas reconhecia Teresa d'Ávila, como também expressava a apreensão da nova Teresa em relação ao próprio futuro. No Carmelo, ela continuou a escrever livros e a acompanhar o crescente terrorismo contra os judeus. Quando por fim a Solução Final de Hitler ameaçou em 1938, a presença de Edith tornou-se um perigo para as outras irmãs, e por isso, na véspera do Ano-Novo, levaram-na em segredo para a Holanda.

Depois que a Holanda foi tomada pelos nazistas, fizeram-se planos para contrabandeá-la até a neutra Suíça. Mas, em julho de 1942, a Igreja Católica Holandesa emitiu uma carta pastoral, lida em todos os púlpitos, condenando a perseguição aos judeus. Os nazistas reagiram prendendo todos os convertidos judeus no país, incluindo Teresa Benedicta e sua irmã Rosa (que se juntara a ela no convento em Echt). As duas foram prontamente programadas para campos de extermínio. Teresa previra isso, e preparou-se. Uma testemunha, comerciante judia, lembrou:

A Irmã Benedicta destacava-se das trazidas do campo de prisioneiros pela grande calma e compostura. Os gritos, a angústia e a confusão das recém-chegadas eram indescritíveis. Ela foi como um anjo de misericórdia entre as mulheres, acalmando-as e ajudando-as. Muitas mães se achavam à beira da loucura, sucumbindo a uma negra e meditativa melancolia Esqueciam os filhos e só podiam chorar em surdo desespero. A Irmã Benedicta cuidou das crianças pequenas, lavando-as e penteando-lhes os cabelos, trazendo-lhe comida e cuidado de outras necessidades básicas.[75]

Irmã Edith foi morta por gás em Auschwitz, em 1942, junto com a irmã. Houvesse vivido em tempos mais felizes e seguros, poderia ter estimulado o envolvimento das mulheres na política, causa sempre cara ao seu coração. Certa vez escreveu: "A nação... não precisa apenas do que temos. Precisa do que somos."[76]

Doutores Carmelitas da Igreja

Três místicos carmelitas, Teresa d'Ávila (1970), João da Cruz (1926) e Thérèse de Lisieux (1997), receberam o título de "Doutores da Igreja" da Igreja Católica. O título, até agora dado a 33 pessoas nos últimos dois milênios, significa que a vida e as doutrinas do agraciado demonstram eminente cultura e um alto grau de santidade espiritual, e que por isso todos os cristãos podem beneficiar-se com seus ensinamentos. (O título não significa que as doutrinas por eles defendidas não contêm erros ou são infalíveis, ou que sempre tenham vivido vidas perfeitas.)

Teresa e Thérèse são duas das únicas três mulheres a ser declaradas Doutoras da Igreja. A terceira é a mística dominicana Catarina de Sena (1347-80, declarada em 1970). Apesar da origem humilde, ela corrigiu os dignitários da violenta e impune sociedade italiana da época. Por exemplo, mandou o papa Urbano VI controlar seu temperamento rude e violento, para não solapar os esforços dela na solução de conflitos — e saiu-se bem.

Sabeis que fazeis mal, mas como uma mulher doente e apaixonada, vós vos deixais guiar por vossas paixões.[77]
— Mensagem de Catarina à rainha de Nápoles, suspeita de assassinar o marido

Os estudos carmelitas: uma nova direção?

O fato de todas essas três doutoras haverem sido místicas sublinha um paradoxo na vida de muitos místicos. Por um lado, levam uma vida ascética, segundo uma regra antiga, evitando o poder mundano ou a publicidade. A nenhuma delas se permitiria um papel formal na hierarquia da Igreja Católica, por exemplo. Por outro lado, os místicos muitas vezes gozam de considerável liberdade intelectual e social, o que conduz a importantes realizações.

DEZ

Foi Deus que criou o cérebro ou foi o cérebro que criou Deus?

A mais bela emoção que podemos sentir é a mística. É o poder de toda arte e ciência verdadeira. Aquele a quem é estranha essa emoção é um estranho, sem mais capacidade de maravilhar-se nem poder erguer-se em êxtase, é o mesmo que estar morto.[1]

— Albert Einstein, físico

Como vimos em todo este livro, cientistas e filósofos materialistas afirmam que a mente, a consciência são subprodutos de processos elétricos e químicos do cérebro, e as EMERs não "passam de" estados do cérebro ou ilusões criadas pela atividade neural. Segundo acreditam esses cientistas e filósofos, não existe fonte espiritual para as EMERs, ou seja, acham que o cérebro humano cria essas experiências e, ao fazê-lo, criam Deus. Como este livro tem sido uma refutação de tais opiniões, de vários ângulos, é simplesmente justo que eu agora estabeleça minha própria opinião.

Já vimos que as EMERs e seus correlatos neurais não constituem uma prova direta da existência de Deus e do mundo espiritual. É improvável que alguma coisa possa constituir tal prova para uma pessoa determinada a negar a existência deles. Contudo, a demonstração de que estados cerebrais se associam às EMERs não mostra que tais experiências específicas "não passam de" estados cerebrais. E o fato de as EMERs terem substratos neurais não significa que sejam apenas ilu-

336   O CÉREBRO ESPIRITUAL

sões. As ideias e emoções também estão associadas a regiões e circuitos específicos do cérebro, mas só os materialistas radicais diriam que são ilusões apenas por terem base neural.

A neurociência materialista não pode reduzir a mente, a consciência, o eu e as EMERs a "simples biologia". Acho que a prova apoia a opinião de que os indivíduos que têm EMERs estão de fato em contato com uma "força" real objetiva, que existe fora deles.

> É bem provável, na verdade quase certo, que esses antigos comunicados [de experiências místicas], fraseados em termos de revelação sobrenatural, eram na verdade experiências humanas culminantes perfeitamente naturais, daquelas que se examinam com facilidade hoje.[2]
>
> — Abraham Maslow, psicólogo

A natureza espiritual dos seres humanos

O impulso transcendental para ligar-se com Deus e o mundo espiritual representa uma das mais básicas e poderosas forças no *Homo sapiens sapiens*. Por esse motivo, as EMERs estão no coração de uma dimensão fundamental da existência humana. Não surpreende, assim, que as EMERs serem muitas vezes comunicadas em todas as culturas.[3] Por exemplo, uma pesquisa Gallup[4] de 1990, para avaliar a incidência de EMERs na população adulta norte-americana, revelou que mais da metade (54 por cento) das pessoas pesquisadas responderam sim à seguinte pergunta: *Você já teve consciência ou foi influenciado por uma presença ou um poder — quer os chame de Deus ou não — diferentes de seu eu diário?* As EMERs podem ter efeitos que mudam vidas e levam a uma inesperada transformação psicoespiritual. Junto com isso, a U.S. General Social Survey de 1998 descobriu que 39 por cento desses pesquisados tiveram uma EMER que mudou sua vida.[5]

Essa alta incidência de EMERs na população adulta norte-americana indica que tais experiências devem ser consideradas normais, e não patológicas. Trata-se de um ponto importante, uma vez que, historicamente, a psiquiatria tem tentado patologizar as EMERs.[6] Um dos principais contribuintes para esse estado de coisas foi Sigmund

Foi Deus que criou o cérebro ou foi o cérebro que criou Deus? 337

Freud, segundo o qual se podia reduzir as experiências dos místicos a uma "regressão ao puro narcisismo."[7] Levanto-me firme contra isso. Abraham Maslow — um dos fundadores da psicologia transpessoal, ramo da psicologia que reconhece que as experiências espiritual/místicas oferecem importantes intuições sobre a natureza da realidade e pode ser estudada pela ciência — levantou a hipótese de que as EMERs são um sinal de saúde mental. Essa hipótese é apoiada empiricamente pelos resultados de estudos segundo os quais as pessoas que comunicaram EMERs marcaram menos pontos em medidas psicopatológicas e mais em bem-estar psicológico que as que não comunicaram tais experiências.[8]

A transformação psicoespiritual que muitas vezes se segue às EMERs envolve mudanças nas ideias, emoções, atitudes, crenças fundamentais sobre o eu e o mundo, e no comportamento. O trabalho de Maslow e os de outros pioneiros como James e Hardy têm mostrado que as EMERs em geral se associam a uma transcendência da identidade pessoal e um maior senso da ligação e unidade com os outros e o mundo.[9] Esse processo de autotranscendência enfraquece nosso eu transcendental ou espiritual.

É digno de nota que muitas vezes se vejam semelhantes mudanças em pessoas que passaram por EQMs em seguida a elas.[10] Assim, os valores espirituais, o amor e a compaixão por si mesmo, por outros, pela natureza e pela aquisição de conhecimento sobre o divino com frequência se tornam mais importantes após as EQMs, enquanto valores como riqueza, status e bens materiais se tornam muito menos importantes.

Na tradição cristã, dois conhecidos exemplos de pessoas profundamente transformadas por uma EMER são o apóstolo Paulo e Francisco de Assis. Paulo era um violento perseguidor que visava à Igreja cristã inicial na Palestina e na Síria, e participou de pelo menos uma morte por apedrejamento. Mas, após a visão que lhe mudou a vida na estrada de Damasco (Atos 9,1-9), viveu até o fim servindo à comunidade cristã à qual perseguira (Gal. 1,12). Quanto a Francisco de Assis, sentia-se satisfeito com a vida como jovem nobre ninguém amava mais o prazer do que ele. Nem um pouco interessado em religião, foi descrito como bonito, alegre, galante e tolerante consigo mesmo. Durante uma doença, por volta dos 20 anos, ele teve a visão

338   O CÉREBRO ESPIRITUAL

de um enorme salão coberto de armaduras com o sinal da cruz. Ouviu uma voz que lhe dizia: "São para ti e teus soldados." Após essa visão, Francisco abandonou o prazer pela vida simples de prece silenciosa e serviço aos pobres. Tornou-se um dos mais amados santos de todos os tempos, venerado pela preocupação com os destituídos e a natureza. Foi notável, sobretudo pela empatia com o sofrimento dos animais.[11]

O erro da psicologia evolucionária, criticado neste livro, não está nas bases ao fato da evolução, mas antes na tentativa de basear a experiência espiritual nas qualidades que a natureza animal requer para sobreviver. Tais histórias não oferecem explicação para a prova mais importante em relação à espiritualidade, e não é provável que algum dia o façam.

O cérebro atua como mediador, mas não produz EMERs

Nenhuma prova científica mostra que as ilusões ou alucinações produzidas por um cérebro disfuncional podem induzir mudanças positivas a longo prazo e transformações psicoespirituais que muitas vezes vêm em seguida a uma EMER. Na verdade, as ilusões e alucinações em geral constituem experiências negativas do ponto de vista subjetivo.

Os neurocientistas materialistas não conseguiram apresentar uma teoria neurobiológica satisfatória de como a mente, a consciência, o eu e as EMERs surgem da interação entre várias regiões do cérebro, circuitos neurais e neurotransmissores. Em minha opinião, esse empreendimento está fadado ao fracasso. Por quê? Devido a um enorme fosso epistemológico entre o reino psicológico (*psiche*, psique) e o reino físico (*physis*). O mapeamento da atividade do cérebro que embasa a descoberta do Teorema da Incompletude de Gödel pouco revelaria em relação ao seu conteúdo matemático. Em virtude dessa diferença cardinal não se pode reduzir a psique a *physis*. Ainda assim, psique e *physis* representam aspectos complementares do mesmo princípio subjacente; nenhuma das duas pode ser inteiramente descartada em favor da outra.

Como já observamos, as descobertas dos estudos com os que tiveram EMERs e, em particular, o caso de Pam Reynolds,[12] sugerem que mente e consciência podem continuar quando se chegou aos critérios médicos da morte e o cérebro não mais funciona. Essas descobertas

Foi Deus que criou o cérebro ou foi o cérebro que criou Deus?	339

também indicam que as EMERs podem ocorrer quando o cérebro não funciona. E levam-me a afirmar que o poder transformador das EMERs surge do encontro com uma força real objetiva que existe mesmo independente dos indivíduos que têm a experiência.

Esta conclusão é compatível com a hipótese de William James, de que o cérebro não gera, mas transmite e expressa processos/eventos mentais.[13] Dessa perspectiva, pode-se comparar o cérebro a um receptor de televisão que traduz ondas eletromagnéticas (existentes separadas do receptor) em imagens e sons. Da mesma forma, Henri Bergson[14] e Aldous Huxley[15] propuseram que nossos cérebros não produzem mente e consciência, mas antes atuam como válvulas redutoras, permitindo-nos apenas uma estreita porção de realidade perceptível. Essa perspectiva sugere que o cérebro normalmente limita nossa experiência do mundo espiritual. De acordo com essa opinião, os resultados de nossos estudos com neuroimagem, neuroquímicas e mudanças neurometabólicas são necessárias para que ocorra uma EMER.

Uma visão não materialista

Nesta última parte do capítulo final, eu quero apresentar, de forma muito breve, elementos básicos da visão não materialista da mente, da consciência, do eu e das EMERs. Essa visão pessoal — que rejeita com todo vigor a versão extrema da doutrina materialista de que os seres humanos são autômatos biológicos ("marionetes de carne") controlados por genes e neurônios — se baseia nas descobertas de várias disciplinas científicas que tive na infância. Algumas delas incluíram estados que o psiquiatra Richard Maurice Bucke chamou de "Consciência Cósmica".[16]

Uma dessas experiências ocorreu há vinte anos, quando eu me encontrava deitado na cama. Sentia-me muito fraco na época, porque sofria de uma forma particularmente severa do hoje se chama síndrome de fadiga. A experiência começou com uma sensação de calor e cócegas na espinha e no peito. De repente, fundi-me com o infinito amor da Inteligência Cósmica (ou Realidade Última) e me uni a tudo no cosmo. Esse estado de ser unitário, que transcende a dualidade sujeito/objeto, era atemporal e acompanhado de uma intensa felicidade e êxtase. Nesse estado, senti a inter-relação básica de todas as coisas e o cosmo, um infinito oceano de vida. Também percebi que tudo surge dessa Inteligência Cósmica e dela faz parte. A experiência me transformou psicológica e espiritualmente, e deu-me força necessária para conseguir recuperar-me da doença.

Segundo a visão não materialista, a morte do cérebro não significa a aniquilação da pessoa, ou seja, a erradicação da mente, da consciência e do eu. Uma Base do Ser (ou matriz primordial) liga as mentes e eus individuais surgem e as ligam umas às outras. É o Espírito sem espaço, sem tempo e infinito, fonte sempre presente da ordem cósmica, matriz de todo o universo, incluindo *physis* (natureza material) e psique (natureza espiritual). Mente e consciência representam uma propriedade fundamental e irredutível da Base do Ser. Não apenas a experiência subjetiva do mundo fenomenal existe dentro da mente e da consciência, mas mente, consciência e eu afetam profundamente o mundo físico.

Em geral, o eu individual não têm consciência da Base do Ser. Contudo, em certas circunstâncias, quase sempre envolvendo alterações de estados de consciência, os eus individuais tomam consciência e até se unem à Base do Ser sob os reinos físico e psicológico, e constitui o fundamento último do eu. Esses estados místicos sugerem a experiência intuitiva de unidade "orgânica" e da interligação de tudo no universo. Essa fundamental unidade e interligação que permitem à mente humana efetuar por causação a realidade física e a interação psi entre os seres humanos e com os sistemas físicos ou biológicos. Em relação a esta questão, é interessante observar que os físicos quânticos cada vez mais reconhecem a natureza mental do universo.[17]

> Os conceitos que hoje se revelam fundamentais para nossa compreensão da natureza... parecem-me estruturas de puro pensamento... O universo começa a parecer-me mais uma grande ideia que uma grande máquina.[18]
>
> — James Jeans (1877-1946), físico experimental

Novo esquema de referência científica

Se vamos fazer importantes descobertas em relação à nossa compreensão da mente e da consciência humanas, além do desenvolvimento do

Foi Deus que criou o cérebro ou foi o cérebro que criou Deus? 341

potencial espiritual da humanidade, precisamos de um novo esquema de referência. Um esquema assim reconhecerá que o cientificismo materialista dogmático deve juntar o interior e o exterior, o subjetivo e o objetivo, a perspectiva da primeira e da terceira pessoa. A experiência mística de várias tradições espirituais indica que a natureza da mente, consciência e realidade, além do significado da vida, pode ser apreendida por uma forma intuitiva, unitiva e experimental de conhecimento. Um esquema de referência científico que encontre evidências para provar isso. Esse esquema muito estimularia a investigação científica das condições neurais, fisiológicas e sociais que favorecem a ocorrência de EMERs, assim como seus efeitos e suas práticas para a saúde psicológica e o funcionamento social.

Há uma tendência na evolução humana para a espiritualização da consciência. O novo esquema de referência científico proposto talvez acelere nossa compreensão desse processo de espiritualização e dê uma contribuição importante para o surgimento de um tipo planetário de consciência.[19] A criação desse tipo de consciência é absolutamente essencial se a humanidade quiser solucionar as crises globais que enfrentamos (por exemplo, a destruição da biosfera, extremos de riqueza e pobreza, injustiça e desigualdade, guerras, armas nucleares, interesses políticos em choque, crenças religiosas opostas etc.) e criar com sabedoria um futuro que beneficie todos os seres humanos e todas as formas de vida no planeta Terra.

Notas

CAPÍTULO 1: PARA UMA NEUROCIÊNCIA ESPIRITUAL

1. Esta visão filosófica da natureza é chamada "materialismo", "naturalismo", ou "naturalismo metafísico." Neste livro, em geral prefere-se o termo "materialismo", mas algumas fontes citadas optam por "naturalismo."

2. "Seleção natural, o processo automático, cego, inconsciente, que Darwin descobriu, e que agora sabemos que é a explicação para a existência e aparentemente para toda forma de vida, não tem qualquer propósito em mente. Não tem qualquer mente ou qualquer olho da mente. Não planeja o futuro. Não tem sequer visão, previsão, vista. Pode-se dizer que desempenha a função do relojoeiro na natureza, é o relojoeiro cego" (O relojoeiro cego, Cia das Letras, 2008; publicado pela primeira vez em 1986, p. 5).

3. Michael Shermer, "The Woodstock of Evolution", *Scientific American*, 27 de junho de 2005, http://www.sciam.com/print_version.cfm?articleID=00020722-64FD-12BC-A0E483414B7FFE87. Entre os presentes, Shermer relaciona William Calvin, Daniel Dennett, Niles Eldredge, Douglas Futuyma, Peter e Rosemary Grant, Antonio Lazcano, Lynn Margulis, William Provine, William Schopf, Frank Sulloway e Timothy White.

4. Ricki Lewis: "Individuality, Evolution and Dancing", *The Scientist*, 13 de junho de 2005, http://mídia.thescientist.com/blog/display/2/65/. Ricki Lewis descreve a si mesma como "integrada aos biólogos em San Cristóbal".

5. Clado é um grupo de formas de vida com órgãos semelhantes, mais provavelmente derivadas de um ancestral comum.

6. Lewis: "Individuality, Evolution and Dancing". Examinar afirmações sobre origens em geral com algum detalhe vai muito além do escopo deste livro, que se concentra na natureza espiritual dos seres humanos. Contudo, atualmente existe muita controvérsia sobre como a evolução ocorre. Por exemplo, Lewis observa: "O nível em que a seleção natural age permanece uma questão não resolvida." Se, depois de 150 anos, o *nível* no qual a seleção natural age permanece uma questão não resolvida, há espaço evidente para novas visões do tópico "evolu-

344 O CÉREBRO ESPIRITUAL

ção". Pode-se dizer o mesmo da origem da célula, sobre a qual escreve o biólogo Franklin Harold, que temos apenas "várias especulações desejosas" (*The Way of the Cell* [Oxford: Oxford University Press, 2001]).

7. Numa entrevista com Alan Alda em Scientific American Frontiers, transcrição on-line em www.pbs.org/saf/1103/features/dennett.htm.

8. Andrew Brown, "O Engenheiro Semântico", *Guardian Unlimited*, 17 de abril de 2004.

9. Ver, por exemplo, o [Centro do Naturalismo], www.naturalism.org, que explicitamente nega a existência de livre-arbítrio.

10. Phillip E. Johnson, *Darwin no banco dos réus: o evolucionismo não se apoia em fatos, sua base é a fé no naturalismo filosófico.* São Paulo: Cultura Cristã, 2008.

11. Citado em Brainy, www.brainyquote.com.

12. De uma entrevista não datada em *Edge*, "A Biological Understanding of Human Nature", http://www.edge.org/3rd_culture/pinker_blank/pinker_blank_print.html. Acessado via http:// news.bbc.co.uk/2/hi/technology/3280251.stm.

13. Daniel C. Dennett, *Brainchildren: Essays on Designing Minds*, 1998, p. 346. Ver também Daniel Dennett, "An Overview of My Work in Philosophy", http://ase.tufts. edu/cogstud/papers/Chinaoverview.htm (acessado em 17 de janeiro de 2007).

14. Dennett, *Brainchildren*, cap. 25.

15. Dennett tentou, em seu recente livro, *Freedom Evolves* (Nova York: Viking Press, 2003), formular uma explicação de livre-arbítrio baseada na evolução darwiniana, mas não se considera em geral que tenha conseguido. O colega darwinista David P. Barash escreve, em uma resenha efusiva: "Não estou convencido de que a distinção entre 'determinado' e 'inevitável' de Dennett é tão significativa como ele afirma de forma tão triunfante", o que quase extirpa o coração da tese de Dennett ("Dennett e a darwinização do livre-arbítrio", *Human Nature Review* 3 [2003]: 222). Erroneamente, Roger William Gilman dá a entender em *Logos* ("Escolha de Daniel Dennett", *Logos 3.2* [Primavera de 2004]) que a ideia de Dennett de livre-arbítrio se parece em geral com a defendida do mesmo modo que certos tipos de comidas para emagrecer "baixo teor calórico" se parecem com comida regular. Sobre esses produtos de "de baixo teor calórico", o melhor que se pode dizer é que podem legalmente ser vendidos como comida.

16. Tom Wolfe, "Lamento, mas sua alma acabou de morrer", Athenaeum Reading Room, 1996, http://evansexperientialism.freewebspace.com/wolfe.htm.

17. Wolfe: "Lamento, mas sua alma acabou de morrer."

18. Essa declaração, claro, inclui a suposição de que não se pode submeter qualquer aspecto de experiência religiosa aos métodos de ciência de coleta de provas. Hoje, muitos cientistas estudam vários fenômenos religiosos.

19. Jerry Adler, "Special Report: Spirituality 2005", *Newsweek*, 5 de setembro de 2005, pp. 48-49.

20. Adler, "Special Report", p. 49.

21. Uwe Siemon-Netto, "Atheism Worldwide in Decline", *Insight on the News*, 29 de agosto de 2005.

Notas

22. Esse número é citado por Ronald Aronson em "Faith No More?" [Chega de Fé?] em *The Twilight of Atheism: The Rise e Fall of Disbelief in the Modern World*, Alister McGrath. (Nova York: Doubleday, 2005.) Resenhado em *Bookforum*, outubro/novembro de 2005. Talvez precisemos ter em mente que a maioria dessas pessoas vivia então em estados ateístas oficiais intolerantes da religião; é improvável que se recuperem agora suas visões verdadeiras.

23. A matéria de Flew encontra-se em *Philosophia Christi*, http://www.biola.edu/antonyflew/.

24. Edward J. Larson e Larry Witham, "Leading Scientists Still Reject God", *Nature* 394 (1998): 313.

25. O colega de pesquisa Paul Pettitt, de Keble College, Oxford, observa que as práticas de enterro neandertalenses são na certa muito antigas. Ver Paul Pettitt, "When Burial Begins", *British Archaeology* 66 (agosto de 2002). Na verdade, a própria ideia de enterro envolve ao mesmo tempo a ideia de eu e a consciência da morte. Para a prática neandertalense de enterrar os mortos em posição fetal, ver *The Interdisplinary Encyclopedia of Religion e Science*, "Homem, Origem e Natureza."

26. Pettitt, "When Burial Begins".

27. A maioria das tradições espirituais não vê Deus como pai; o cristianismo é único entre as religiões importantes ao fazê-lo. Quanto à sobrevivência pessoal, muitas tradições não enfatizam isso com força (judaísmo) ou desencorajam de todo a preocupação com o eu porque se julga o enfoque no eu uma obstrução para o esclarecimento espiritual (budismo).

28. Esta é a definição para "psicologia evolucionária" dado na *Wikipedia*, http://en.wikipedia.org/wiki/Evolutionary_psychology (acessado em 24 de agosto de 2005).

29. Dawkins, *Blind Watchmaker*, p. 316.

30. Mark Buchanan: "Charity Begins at *Homo Sapiens*", *New Scientist*, 12 de março de 2005.

31. Buchanan: "Charity Begins at *Homo sapiens.*"

32. Mark Steyn: "Trust Politicians to Do Nothing Useful", *Opinion Telegraph*, 9 de agosto de 2005.

33. Faithnet, patrocinado por Stephen Richards, chefe de estudos religiosos em uma escola de gramática britânica; http://www.faithnet.org.uk/AS%20Subjects/Ethics/evolutionarypsychology.htm (acessado em 11 de janeiro de 2007).

34. Cathy Giulli, "Why I gave a Stranger a Kidney", *National Post*, 17 de setembro de 2005. O estranho era um homem de Montreal de 46 anos, com dois filhos. Ele pediu ajuda em um site.

35. Um artigo interessante, "The Samaritan Paradox", de Ernst Fehr e Suzanne-Viola Renninger em *Scientific American Mind* (2004), pp. 16-21, resume essas teorias e oferece uma crítica.

36. Ver, por exemplo, o livro de ensaios que faz severas críticas à psicologia evolucionista *Alas, Poor Darwin: Arguments Against Evolutionary Psychology*, editado por Hilary Rose e Steven Rose (Londres: Random House, Vintage, 2001).

346   O CÉREBRO ESPIRITUAL

37. Jerry A. Coyne, "The Fairy Tales of Evolutionary Psychology", *New Republic*, 4 de março de 2000, resenha de *A Natural History of Rape: Biological Bases of Sexual Coercion*, por Randy Thornhill e Craig T. Palmer (Cambridge, MA: MIT Press. 2000). Dr. Coyne ensina no departamento de Ecologia e Evolução na Universidade de Chicago. Ele se queixava de um livro que explicava o estupro como uma vantagem evolucionária para os homens.

38. Evelyn Underhill, *Misticismo: estudo sobre a natureza e o desenvolvimento da consciência espiritual do ser humano*. Curitiba: AMORC, 2002; originalmente publicado em 1911), pp. 16-17.

39. Fehr e Renninger, "O Paradoxo do Samaritano", p. 21.

40. George Meredith, "The Woods of Westermain", versos 74-78 (1883).

QUADRO

41. Chris Stephen e Allan Hall, "Stalin's Half-man, Half-ape Super-warriors". *The Scotsman*, 20 de dezembro de 2005.

42. Richard Dawkins, "Gaps in the Mind", em Paola Cavalieri e Peter Singer, (orgs.). *The Great Ape Project* (Londres: Fourth Estate, 1993).

43. O gênero *Homo* inclui seres humanos modernos (*Homo sapiens*) e os agora extintos neandertalenses (*Homo neanderthalensis*). Duas espécies de chimpanzé incluem o gênero Pan, o chimpanzé comum (*Pan troglodytes*) e o bonobo (*Pan paniscus*). O estudo "Implications of Natuaral Selection in Shaping 99.4% Nonsynonymous DNA Identity Between Humans and Chimpanzees: Enlanging venus Homo", de Derek E. Wildman, Monica Uddin, Guozhen Liu, Lawrence I. Grossman e Morris Goodman, publicado em *Proceedings of the National Academy of Sciences* (100 [junho de 2003]: 7181-88), afirmou que "Nós, humanos, parecemos apenas macacos semelhantes a chimpanzés ligeiramente remodelados", citando um número de 99,4 por cento para proximidade genética, usando as regras de medição dos próprios autores. O motivo político é indisfarçado: "Incluir os chimpanzés no gênero humano poderia ajudar-nos a perceber nossa semelhança muito grande, e assim valorizar mais e tratar com mais humanidade nosso parente mais íntimo", disse o coautor do estudo Morris Goodman ao *National Geographic News* (20 de maio de 2003). Apesar disso, ele afirmou, o estudo traça "uma visão objetiva" do ser humano. Até o momento, o esquema de reclassificação não pegou.

QUADRO

44. Stephen Jay Gould, Ever Since Darwin: *Reflections in Natural History* (1978; reeditado pela Penguin: Londres, 1991), p. 55.

45. David P. Barash, "When Man Mated Monkey", *Los Angeles Times*, 17 de julho de 2006.

46. Denyse O'Leary, "Science Fiction Star Mixes in Mystery", entrevista com Rob Sawyer, *Mystery Review* (Inverno de 1999).

Notas 347

47. Carl Sagan, *Os dragões do Éden*, Gradiva Publicações, 1997: *Speculations on the Nature of Human Intelligence* (Nova York: Randon House, 1977), p. 126.

48. Jonathan Marks, *What It Means to Be 98% Chimpanzee: Apes, People, e Their Genes* (Berkeley e Los Angeles: University of California Press, 2002), p. 197.

49. Em uma recente comparação completa das diferenças genéticas entre seres humanos e chimpanzés, analistas de genoma descobriram inesperadamente as centenas de genes que mostraram um padrão de mudança de sequência, em ancestrais humanos, relacionados ao olfato, à digestão, ao crescimento do osso longo, ao excesso de cabelos e pelos, e à audição. Ver Andrew G. Clark, Stephen Glanowski, Rasmus Nielsen, Paul D.Thomas, Anish Kejariwal, Melissa A. Todd et al.: "Inferring Non-Neutral Evolution from Human-Chimp-Mouse Orthologous Gene Trios", *Science*, 12 de dezembro de 2003. Uma estimativa pode optar por incluir ou excluir informações desse tipo, dependendo de como é tomada.

50. Robert Sussman e Paul Garber, "Rethinking the Role of Affiliation and Aggression in Primate Groups", uma apresentação na reunião anual da American Association for the Advancement of Science (AAAC), 2002.

51. Colin Woodward, "Clever Canines: Did Domestication Make Dogs Smarter?" *Chronicle of Higher Education*, http://chronicle.com/free/v51/i32/32a01201.htm (acessado em 15 de abril de 2005).

52. Marks, *What It Means to Be 98% Chimpanzee*, p. 182.

53. Marks, *What It Means to Be 98% Chimpanzee*, p. 184.

54. Andrew Newberg, Eugene D'Aquili e Vince Rause, *Why God Wont Go Away: Brain Science e the Biology of Belief* (Nova York: Ballantine, 2001), p. 65.

55. Marks, *What It Means to Be 98% Chimpanzee*, p. 192.

56. Frans B. M. De Waal, "We're All Machiavellians", *Chronicle Review*, *Chronicle of Higher Education*, 23 de setembro de 2005.

57. Citado em *Hansard Nova Scotia*, 8 de dezembro de 2005.

58. Elaine Morgan, *The Aquatic Ape: A Theory of Human Evolution* (1982; repr., Londres: Souvenir Press, 1989), pp. 17-18. A teoria do macaco aquático apresentada por Morgan parece ter sido sugerida pela primeira vez por Alister Hardy.

59. Para mais profecias do guru da inteligência artificial Ray Kurzweil, ver The Age of Spiritual Machines (Nova York: Penguin, 1999).

60. Douglas Adams, *O guia do mochileiro das galáxias*, Rio de Janeiro: Sextante, 2004. Publicado pela primeira vez em 1979. A pergunta acabou sendo respondida no fim de *O restaurante no fim do universo*, Rio de Janeiro: Sextante, 2004.

61. Um filósofo defendendo a inteligência artificial talvez deseje alegar que um computador poderia apresentar conceitos de mente e espírito avançados demais para a compreensão dos seres humanos. Mas se não existe nenhum modo para avaliar a significabilidade dos conceitos do computador, eles não podem contar de fato como conceitos. O retrato por Douglas Adams de um computador aritmeticamente desafiado em *Hitchhiker's Guide* refere-se a esse problema.

62. Robert J. Sawyer, *The Terminal Experiment* (Nova York: HarperCollins, 1995), p. 4.

348   O CÉREBRO ESPIRITUAL

63. John R. Searle, *Mind: A Brief Introduction* (Oxford: Oxford University Press, 2004), pp. 69-70.
64. Ver também William A. Dembski, "Are We Spiritual Machines?" *First Things* (outubro de 1999).
65. Ver como funcionam as coisas em "How Stuff Works", http://computer.howstuffworks.com/chess1.htm para uma explicação.
66. Sagan, *Dragons of Eden*, p. 221.
67. Robert Plummet, "Humanity Counts in Chess Battle", *BBC News Online* (18 de novembro de 2003), http://news.bbc.co.uk/2/hi/technology/3280251.stm (acessado em 11 de janeiro de 2007).
68. Saiba mais sobre o enigmático Kasparov em *Wikipedia*, http://en.wikipedia.org/wki/Garry_Kasparov, e sobre Deep Junior at *Wired*, http://www.wired.com/news/culture/0,1284,57345,OO.html (acessado em 11 de janeiro de 2007).
69. Timothy McGrew, "The Simulation of Expertise: Deeper Blue and the Ridder of Cognition", *Origins e Design* 19.1 (1998).
70. McGrew observa que os programas de computador tendem a ser míopes, em outras palavras, os grandes mestres que usam seus programas têm a "cobiçosa" tendência a saltar numa vantagem, e os grandes mestres que não os usam aprenderam a tirar vantagem do fato de que o programa em si não pode prever a desvantagem posterior.
71. Kenneth Silber, "Searching for Bobby Fischer's Platonic Fam", *Tech Central Station*, 6 de abril de 2004.
72. Citado em Neal Lao, "Falling Pry to Machines: Can Sentient Machines Envolve", *Eurekalert!* 11 de fevereiro de 2003, Faculdade de Engenharia da Universidade de Michigan, http://www.eurekalert.org/pub_releases/2003-02/uomc-fpt021103.php#.
73. Searle, *Mind*, p. 74.
74. Robert J. Sawyer, famoso escritor canadense de ficção científica, sugere, em um livro vencedor do prêmio Nebula, que tal ser causou a existência do universo. Ver Robert J. Sawyer, *The Calculating God* (Nova York: Tor Books, 2000).
75. Publicado pela primeira vez em *A Free Man's Worship*, de Russell, em 1903.
76. Ver Karl Popper e John C. Eccles, *The Self e Its Brain* (Oxford: Routledge, 1984), p. 97.
77. Gonzalez não foi citado na declaração, mas o primeiro organizador, professor associado de estudos religiosos Hector Avalos, admitiu que ele era de fato o alvo. Avalos foi ajudado pelos professores Jim Colbert e Michael Clough (Kate Strickler, "Intelligent Design Debate Lingers", *Iowa State Daily*, 1º de setembro de 2005, http://www.iowastatedaily.com/mídia/storage/paper818/news/2005/09/O1/News/Intelligent.Design.Debate.Lingers-105333.shtml?norewrite200701112013&sourcedomain=www.iowastatedaily.com). Avalos declarou temer que o estado de Iowa fosse visto como um "centro de design inteligente". Não vieram à tona quaisquer provas de que se visse a universidade como centro de design inteligente em consequência do fato de Gonzalez ensinar lá.

Notas

78. Ver Guillermo Gonzalez, "Habitate Zones in the Universe", *Origins of Life e Evolution of Biospheres*, 1º de setembro de 2005. Centenas de planetas foram descobertos movendo-se na órbita de outros astros além do nosso sol; daí o interesse recente na habitabilidade. Para uma discussão lúcida da extensão de um livro das exigências planetárias para a vida, ver Michael J. Denton, *Nature's Destiny: How the Laws of Biology Reveal Purpose in the Universe* (Nova York: Free Press, 1998).

79. Guillermo Gonzalez e Jay W Richards, *The Privileged Planet: How Our Plate in the Cosmos Is Designed for Discovery* (Washington, DC: Refinery, 2004). Gonzalez e seu coautor, o filósofo Jay Richards, também têm mostrado em um filme do mesmo nome, exibido (de forma controvertida) no Smithsonian em Washington em junho de 2005. Ver Denyse O'Leary, "Design Film Sparks Angst", *Christianity Today*, agosto de 2005. Ao contrário de uma crença disseminada, resultante do erro em uma matéria no *New York Times*, nem o filme nem o livro tratam de evolução biológica. Também, ao contrário de outras notícias, os dois autores aceitam a idade padrão para o universo, cerca de 13 bilhões de anos.

80. Citado em Reid Forgrave, "Life: A Universal Debate", *Des Moines Register*, 31 de agosto de 2005.

81. Forgrave, "Life".

82. É significativo o fato de Avalos ser conselheiro da faculdade para a ISU Atheist e Agnostic Society, mas Gonzalez é conselheiro para a Truth Bucket, uma organização estudantil cristã (Strickler, "Intelligent Design Debate Lingers").

83. Edward Willett, "Robert J. Sawyer Calculates God", 2001, http://www.edwardwillett.com/Arts%20Columns/calculatinggod.htm (divulgado em 22 de setembro de 2004). O livro de Sawyer sobre esse tema é *The Calculating God*. Em geral, o grande número de coincidências aparentes a favor da existência de vida na Terra são chamadas de "coincidências antrópicas".

84. Paul Davies, "The Synthetic Path", em John Brockman, ed., *The Third Culture* (Nova York: Simon & Schuster, Touchstone, 199G), p. 308. Ver, em particular, entrevista com ele em the Edge, http://www.edge.org/documents/ThirdCulture/za-Ch.18.html.

85. Para uma afirmação completa em defesa da existência de inumeráveis outros universos, ver Max Tegmark, "Parallel Universes", *Scientific American*, maio de 2003. O artigo torna explícito que o motivo-chave para a aceitação da existência de muitos outros universos é a extraordinária sintonia do universo em que vivemos.

86. O cosmólogo Lee Smolin defende algo parecido com isso em "A Theory of the Whole Universe." em Brockman, ed., *Third Culture*, p. 294. Ele recorre à evolução darwiniana para separar os vencedores dos perdedores. A simples existência de outros universos não iria, claro, estabelecer a afirmação de Russell. E se todos eles operam nas mesmas leis que as nossas? Ou leis diferentes, mas todos são bem-sucedidos? Apenas uma pilha de universos malogrados forneceria indícios de que o nosso é acidentalmente bem-sucedido.

87. Wolfe: "Sorry, but Your Soul Just Died."

350   O CÉREBRO ESPIRITUAL

88. Entrevista com George Neumayr, "Mummy Wrap", *The American Spectator*, 10 de janeiro de 2005; http://www.spectator.org/dsp_article.asp?art_id=7601. Wolfe comentou mais: "Pensem apenas na teoria do Big Bang ou nessa ridícula teoria sobre de onde veio a primeira célula. Agora eles dizem que na certa veio do espaço sideral, quando um asteroide atingiu a Terra e algumas dessas coisas saíram ricocheteadas. É por causa de toda essa tolice que o darwinismo vai desabar em chamas." Não se deve ignorar a adoção por Wolfe da guerra de ideias. Ele nos deu, afinal, frases definidoras como "a coisa certa", "radical chique", "a Década do Eu", e "o bom e velho companheiro".

89. Muitos cientistas de elite preferem a visão de Russell à de Gonzalez, mas não há provas.

QUADRO

90. "About" em William Dembski, Denyse O'Leary, Barry Arrington et al.: Herança Incomum, http://uncommondescent.com/about.

91. Um artigo sobre o hábito de mentir, "Natural-Born Liars", de David Livingstone Smith (*Scientific American Mind*, 2005, pp. 16-23), compara o hábito humano de mentir com o fato de que certas orquídeas se parecem com vespas fêmeas e têm o cheiro delas. Essa característica é proposital para que os machos das ves possam polinizá-las. Smith deixa claro achar que processos semelhantes governam o comportamento de formas de vida que têm mente e as que não têm.

92. John Eccles, *Evolution of the Brain: Creation of the Self* (Londres: Routledge, 1989), p. 241.

93. Alguns filósofos da mente afirmam que precisamos de uma nova linguagem para espelhar o fato de que não fazemos realmente escolhas nem tomamos decisões, porque a linguagem atual reforça a ilusão popular que fazemos. Discute-se isso no Capítulo 5.

94. Lucrécio, *De rerum natura* (On the Nature of the Universe), citado em Shimon Malin, *Nature Loves to Hide: Quantum Physics e the Nature of Reality, a Western Perspective* (Oxford: Oxford University Press, 2001), p. 13.

95. Citado em Malin, *Nature Loves to Hide*, pp. 13-14.

96. "Quantum" significa alguma coisa como "pacote". O quantum é um pacote, como a configuração de 50 watts na lâmpada. Para obter mais luz, você precisa ter o pacote seguinte, que é de 100 watts. Outra forma de pensar nisso é ver como os ovos são vendidos no supermercado. Você pode comprar uma embalagem com meia dúzia ou uma dúzia, mas não comprar sete ou 11 ovos.

97. Timothy Ferris, *The Whole Shebang: A State-of-the-Universe(s) Report* (Nova York: Simon & Schuster, Touchstone, 1997), p. 97.

98. Paul A. M. Dirac: "The Development of Quantum Mechanis", trabalho apresentado numa conferência realizada em 14 de abril de 1972, em Roma na Accademia Nazionale dei Lincei (1974).

99. O efeito tem o nome de Zeno, um filósofo estoico que afirmou que uma flecha continuamente observada jamais pousa. Talvez estivesse errado sobre a flecha (esse era o paradoxo de Zeno, afinal), mas partículas quânticas provaram no fim que ele estava certo.

Notas

100. Ver J. M. Schwartz, H. Stapp, e M. Beauregard: "Quantum Theory in Neuroscience and Psychology: A Neurophisical Model of Mind/Brain Interaction", *Philosophical Transactions of the Royal Society B: Biological Sciences 360* (2005): 1309-27.

101. Ver, por exemplo, J. Lévesque et al.: "Neural Circuitry Underlying Voluntary Suppression of Sadness", *Biological Psychiatry* 53.6 (15 de março de 2003): 502-10, em que a tristeza foi refreada de forma voluntária; e também V. Paquette et al.: "'Chang the Mind and You Chance the Brain': Effects of Cognitive-Behavioral Therapy on the Neural Correlates of Spider Phobia", *Neuroimage* 18;2 (fevereiro de 2003): 401-9, em que a fobia de aranha foi voluntariamente superada; e M. Pelletier et al.: "Separete Neural Circuits for Primary Emotions? Brain Activity During Self-Induced Sadness and Hapiness in Professional Actors", *Neuroreport* 14.8 (11 de junho de 2003):1111-16, em que atores profissionais mostraram emoções de palco separadas das pessoais. Trata-se desse material com mais detalhes em capítulos posteriores.

102. Para uma discussão detalhada desta pesquisa, ver Jeffrey M. Schwartz and Sharon Begley, *The Mind and the Brain: Neuropasticity and the Power of Mental Force* (Nova York: HarperCollins, Regan Books, 2003).

103. Schwartz, Stapp, e Beauregard: "Quantum Theory in Neuroscience and Psychology."

104. Como observado, o físico impede a decomposição da partícula simplesmente continuando a medi-la. Em outras experiências, os físicos experimentais fizeram elétrons alterarem seu estado a fim de comparar outros elétrons com os quais não poderia ter estado em contato. Estes são exemplos de causação não mecânica.

105. William James enfrentou um problema definidor desse tipo e comentou: "Com estados que apenas por cortesia podem ser chamados de religiosos, precisamos não ter nada a fazer, nossa única atividade proveitosa é o que ninguém pode se sentir tentado a chamar de outra coisa." Ele preferiu examinar fenômenos exagerados para concentrar-se nas áreas específicas que desejava estudar. Ver William James, *The Varieties of Religions Experience* (1902; Nova York: Simon & Schuster, Touchstone, 1997), p. 30.

106. Este livro não tratará de quaisquer fenômenos que possam ser considerados tentativas em magia. James afirma (*Varieties of Religions Experience*, p. 24) que é possível com igual facilidade chamar a magia tanto de ciência primitiva quanto de religião primitiva. Talvez se possa até considerá-la tecnologia primitiva; magia visa ao controle do mundo natural. As EMERs buscam entendimento ou esclarecimento; o que a experimenta não procura benefícios diretos delas, nem o controle do mundo material.

CAPÍTULO 2: EXISTE UM PROGRAMA DE DEUS?

1. Dean Hamer, *O gene de Deus: como a herança genética pode determinar a fé*. São Paulo: Mercuryo, 2005.

2. "Humans on Display at London's Zoo", *CBS News*, 26 de agosto de 2005. A maioria das matérias repetiu em essência as mesmas informações, extraídas da Associated Press.

352   O CÉREBRO ESPIRITUAL

3. "Humans on Display at London's Zoo."
4. Edward O. Wilson, *On Human Nature* (Cambridge, MA: Harvard University Press, 1978), cap. 1.
5. Matthew Alper, *A parte divina do cérebro: uma interpretação científica de Deus e da espiritualidade.* Rio de Janeiro: Editora Best Seller, 2008.
6. "Leitura excelente" é o endosso na quarta de capa de Wilson; Mark Waldman, editor mais antigo da *Transpersonal Review*, louva a técnica socrática.
7. Alper, *A parte divina do cérebro*.
8. Alper, *A parte divina do cérebro*.
9. Alper, *A parte divina do cérebro*.
10. Alper, *A parte divina do cérebro*.
11. Alper, *A parte divina do cérebro*.
12. Alper, *A parte divina do cérebro*.
13. Pascal Boyer, *Religion Explained: The Evolutionary Origins of Religions Thought* (Nova York: Basic Books, 2001), p. 4.
14. No século XX, alguns povos melanésios no sul do Oceano Pacífico passaram a acreditar que os bens manufaturados do Ocidente (carga) haviam sido criados por espíritos ancestrais para proveito deles, e que as raças brancas haviam injustamente ganho o controle deles. Para mais sobre cultos de carga, ver Vanuatu Travel Guide http://www.southpacific.org/text/finding_vanuatu.html: "Prince Philip was regarded as a god by participants in the cult."
15. No Capítulo 1 demos uma breve olhada nas primeiras práticas de enterro humanas que refletem essa visão.
16. James George Frazer, *The Golden Bough*, ed. Mary Douglas. Sabine McCormack (Londres: Macmillan, 1978), p. 86.
17. Frazer, *Golden Bough*, p. 94. Para uma explicação moderna dessas crenças, ver *First People*, "A Cherokee Legend", http://www.firstpeople.us/FP_Html-Legends/TheFour-footedTribes-Cherokee.html. Em geral, nas culturas tradicionais acreditava-se que até árvores tinham espíritos. A ira dos deuses se abatia sobre a pessoa impiedosa que cortava uma árvore sem primeiro acalmar seu espírito.
18. *First People*: "A Cherokee Legend".
19. Michael Joseph Gross, "Hard-wired for God", *Salon*, February 1, 2001.
20. Alper, *A parte divina do cérebro*.
21. Alper, *A parte divina do cérebro*.
22. Hamer, *O gene de Deus*.
23. Jeffrey Kluger, Jeff Chu, Broward Liston, Maggie Sieger, e Daniel Williams, "Is God in Our Genes?" *Time*, 25 de outubro de 2004. A chamada do artigo diz: "Estudo provocativo pergunta se a religião é um produto de evolução. No interior uma busca das raízes da fé." (tradução livre)
24. Citado em Kluger et al.: "Is God in Our Genes?"
25. Kluger et al.: "Is God in Our Genes?"
26. Kluger et al.: "Is God in Our Genes?"
27. Hamer conta essa história em *O gene de Deus*.
28. Hamer, *O gene de Deus*.

Notas 353

29. Citado em Mager et al.: "Is God in Our Genes?"
30. Citado em Kluger et al.: "Is God in Our Genes?"

QUADRO

31. *Beliefnet* fornece uma lista de 12 dessas perguntas em http://www.beliefnet. com/section/ quiz/ index.asp?sectionID= &surveyID=37.

32. Hamer, *O gene de Deus*.
33. Hamer, *O gene de Deus*.
34. Ver, por exemplo, "Obesity Gene da Pinpointed", *BBC News* (12 de agosto de 2001), http://news.bbc.co.uk/2/hi/health/1484659.stm (acessado em 12 de janeiro de 2007). Abaixo da manchete, sabemos que "a maioria das pessoas na Europa carrega o gene — portanto, trata-se apenas uma peça no quebra-cabeça de motivos para o desenvolvimento da obesidade". Embora mais de dois terços das crianças possam herdar a variante do gene, muitos menos são obesas. Mais uma vez, o site *BBC News* nos informa (3 de novembro de 2003) que alguns pesquisadores descobriram um gene que talvez seja responsável pela obesidade em uma entre cada dez pessoas com sério aumento de peso, mas: "O destacado pesquisador Professor Philippe Froguel disse que a obesidade era um problema complexo, que não poderia ser explicado inteiramente apenas por um fator." Imagina-se que o aumento de estilos de vida sedentários e dietas muito calóricas devia ser computado.
35. A jornalista Wendy McElroy reconstituiu o progresso da mídia do gene de infidelidade em *Fox News* (30 de novembro de 2004), http://www.foxnews.com/ story/0,2933,140074,00.html (acessado em 12 de janeiro de 2007). De forma notável, o epidemiologista Tim Spector, autor de *Your Genes Unzipped: How Your Genetic Inheritance Shapes Your Life* (2003), sugere, baseado em seus estudos de gêmeos, a possibilidade da existência de tal gene, e ainda nem tinha publicado o estudo do assunto antes de a mídia divulgá-lo.
36. Ver Dean Hamer, *The Science of Desire: The Gay Gene e the Biology of Behavior* (Nova York: Simon & Schuster, 1994). O escritor cientista John Horgan narra a ascensão e queda do gene alegre em: "Do Our Genes Influence Behavior?" *Chronicle of Higher Education*, 26 de novembro de 2004. Por exemplo, os pesquisadores canadenses G. Rice et al. não descobriram nenhum aumento na probabilidade de ligação da homossexualidade masculina com a região genética Xq28 em um trabalho publicado na *Science* (284, 5414 [23 de abril de 1999]: 571).
37. Hilary Rose, "Spot the Infidelity Gene", *Guardian Unlimited*, 1° de dezembro de 2004.
38. Em "Churches Attack God Gene Claim by Scientist" (*The Scotsman*, 15 de novembro de 2004), Shan Ross cita Donald Bruce, diretor de projeto de religião e tecnologia da sociedade da Igreja da Escócia dizendo: "Fazíamos ambos parte do quadro consultivo na conferência e eu lhe perguntei se achava que o título do livro era irresponsável. O Dr. Hamer concordou que as palavras 'Gene de Deus', assim como o título do livro, eram enganadores." Ver também Bill Broadway:

354   O CÉREBRO ESPIRITUAL

"Do We Have a Propensity for Religious Belief?" *Washington Post*, 4 de dezembro de 2004. Carl Zimmer salienta, em "Faith-Boosting Genes: A Search for the Genetic Basis of Spirituality", em sua resenha do livro de Hamer in *Scientific American* (27 de setembro de 2004), que Hamer começa a desconhecer seu título na p. 77.

39. Chet Raymo, "The Genetics of Belief", *Notre Dame Magazine*, Primavera de 2005.

40. Zimmer: "Faith-Boosting Genes."

41. Horgan defende a ideia em "Do Our Genes Influence Behavior?" de que escritores científicos sabem que as matérias que promovem o determinismo genético são populares entre os editores, e por isso são estimulados em termos implícitos a produzirem-nas.

42. Dorothy Nelkin, "Less Selfish Than Sacred? Genes and the Religious Impulse in Evolutionary Psycology", em Hilary Rose e Steven Rose, eds., *Alas, Poor Darwin: Arguments Against Evolutionary Psychology* (Londres: Random House, Vintage, 2001), p. 18.

43. Hamer, *O gene de Deus*.

44. Ver, por exemplo, Lea Winerman, "A Second Look at Twin Studies", *APA Online* 35, no. 4 (abril de 2004), http://www.apa.org/monitor/apr04/second.html (acessado em 12 de janeiro de 2007), em que Winerman relaciona cautelas quanto à pesquisa de gêmeos, incluindo a seguinte: "Pesquisadores de gêmeos... supõem que gêmeos fraternos e idênticos criados nas mesmas famílias vivenciam ambientes igualmente semelhantes. Mas algumas pesquisas sugerem que pais, professores, pares e outros talvez tratem os gêmeos idênticos de forma mais semelhante que os gêmeos fraternos." Embora especialistas em criação de filhos desencorajem essa opinião referente aos idênticos, a cultura popular incentiva-a.

45. Hamer, *O Gene de Deus*.

46. Uma pesquisa de opinião feita no início de agosto de 2005 para a *Newsweek* e *Beliefnet* descobriu que 64 por cento dos americanos seguem uma religião e 57 por cento consideram a espiritualidade "uma parte muito importante" da vida cotidiana.

47. Natalie Angier, "Separated by Birth?" *New York Times*, 8 de fevereiro de 1998. Angier também observa que muitos gêmeos idênticos separados no nascimento que participam de estudos "encontraram-se periodicamente durante toda a vida", o que suscita uma questão sobre o quanto da influência é de fato genética.

48. Barbara J. King, "Spirituality Explained?" Reflexões sobre *O gene de Deus* de Dean Hamer, *Bookslut*, junho de 2005.

49. Laura Sheahen, "The Brain Chemistry of the Buddha", entrevista com Dean Hamer, *Beliefnet*, http://www.beliefnet.com/story/154/story_15451_1.html (acessado em 12 de janeiro de 2007).

50. Carl Zimmer, "The God Gene Meme", *The Loom*, 21 de outubro de 2004.

51. C. S. Lewis: *A abolição do homem*. São Paulo: Martins Fontes, 2005.

52. No romance da autora afro-americana Toni Morrison, *The Bluest Eye*, uma menina reza para ter olhos azuis a fim de parecer mais atraente em um ambiente

Notas

racista. Contudo, estereótipos culturais não relacionados associam olhos azuis à frieza emocional.

CAPÍTULO 3: SERÁ QUE O MÓDULO DE DEUS SEQUER EXISTE?

1. V S. Ramachandran, Conferências Reith, Conferência 1, 2003; disponível online at http://www.bbc.co.uk/radio4/reith2003/.
2. Jonah Goldberg, "Giving Thanks — and Not Just for Evolutionary Reasons", *Jewish World Review*, 23 de novembro de 2005.
3. Mark Salzman, *Lying Awake* (Nova York: Knopf, 2000), p. 120.
4. Salzman, *Lying Awake*, p. 153.
5. Liz Tucker, "God on the Brain", *BBC News*, 20 de março de 2003.
6. Ver, por exemplo, Steve Connor, "'God Spot' Is Found in Brain", *Los Angeles Times*, 29 de outubro de 1997; Robert Lee Hotz, "Brain Religion May Be Linked Religion", *Los Angeles Times*, 29 de outubro de 1997; Bob Holmes: "In Search of God", *New Scientist*, 21 de abril de 2001; Tucker: "God on the Brain."
7. Essa declaração aparece em Tucker, "God on the Brain." O artigo, tomado em conjunto, é um clássico no gênero descrito aqui. Tucker afirma, sem pestanejar: "Nunca saberemos com certeza se as figuras religiosas no passado tinham de fato o distúrbio [ELT], mas cientistas agora acreditam que a condição proporciona uma poderosa percepção, revelando em que medida a experiência religiosa pode causar choque no cérebro." Ora, *ou* as figuras religiosas no passado são irrelevantes ou a incerteza sobre elas prejudica a hipótese de ELT. Tucker parece não notar esse problema e continua dizendo: "Eles acreditam que o que acontece dentro da mente de pacientes epilépticos do lobo temporal talvez seja apenas um caso extremo do que acontece dentro de todas as nossas mentes." No contexto, essa declaração é quase sem sentido, e a ela se segue: "Para qualquer pessoa, tenha ou não o distúrbio, parece agora que os lobos temporais são essenciais nas experiências religiosas e crença espiritual." Mas nada no artigo autoriza uma declaração tão decisiva sobre o papel dos lobos temporais em oposição a outras áreas cerebrais. Artigos como esses dão ao público uma impressão grosseiramente enganosa sobre o estado de indícios neurocientíficos para a experiência religiosa. Leitores críticos talvez comecem a desconfiar que a neurociência é, pela própria natureza, tão tendenciosa quanto as explicações da mídia — o que dificilmente ajuda a causa da pesquisa.
8. Jeffrey L. Saver e John Rabin, "The Neural Substrates of Religious Experience", *Journal of Neuropsychiatry and Clinical Neurosciences* 9 (1997): 498-510.
9. Saver e Rabin, "Neural Substrates of Religious Experience", p. 507. "A hipótese do marcador de sistema límbico oferece uma explicação inteiramente diferente para a inefabilidade da experiência religiosa. Julga-se o conteúdo perceptivo e cognitivo da experiência do numinoso semelhante ao da experiência comum, com a exceção de ser rotulado pelo sistema límbico como de profunda importância... Em consequência, as descrições do conteúdo da experiência do numino-

356 O CÉREBRO ESPIRITUAL

so assemelham-se às do conteúdo da experiência comum, e os distintivos sentimentos acrescentados a ela não podem ser inteiramente captados em palavras."

10. Citado em Holmes: "In Search of God."

11. Saver e Rabin, "Neural Substrates of Religious Experience".

12. Saver e Rabin, "Neural Substrates of Religious Experience", pp. 501-2.

13. Ver o resumo do programa em http://www.bbc.co.uk/science/horizon/2003/godonbrain.shtml.

14. Existem, claro, várias compreensões de EMERs, mas a tradição mística cristã, extensamente documentada, é a tradição seguida por meus principais objetos de pesquisa, as freiras carmelitas em Quebec. Este livro concentra-se sobretudo na tradição cristã.

15. Segundo W. T. Stace, *Mysticism and Philosophy* (Los Angeles: Tarcher, 1960).

16. Um motivo possível talvez seja que um diagnóstico de epilepsia pode resultar não apenas em tratamento, mas em restrições sociais (dirigir) ou em limitações profissionais (falta de qualificação para emprego). Os epilépticos que não atraíram atenção às vezes mostram-se ambivalentes sobre informações pessoais.

17. Richard Restak, em "Complex Partial Seizures Present Diagnostic Challenge", *Psychiatric Time*, 12, n. 9 (setembro de 1995), oferece classificações de alucinações típicas, nenhuma delas exótica.

18. Jenna Martin, "Progression in Temporal Lobe Epilepsy: An Interview with Dr. Bruce Hermann", www.epilepsy.com (acessado em 9 de novembro de 2005). Ver também E. Johnson, J. E. Jones, M. Seidenberg, e B. P. Hermann, "The Relative Impact of Anciety, Depression, and Clinical Seizure Features on Healty – Related Quality of Live in Epilepsy", *Epilepsia* 45 (2004): 544-50.

19. Saver e Rabin, "Neural Substrates of Religious Experience", p. 504.

20. Saver e Rabin, "Neural Substrates of Religious Experience", p. 504.

21. J. Hughes, "The Idiosyncratic Aspects of the Epilepsy of Fyodor Dostoiévski", *Epilepsy & Behavior* 7 (2005): 531. O endosso de Hughes é sobretudo digno de nota porque ele é em geral (e justificavelmente) um cético de afirmações relacionadas à epilepsia como uma aflição comum de pessoas famosas. Ver seu comentário sobre Vincent van Gogh a seguir.

22. Saver e Rabin ("Neural Substrates of Religious Experience, p. 504") dizem que D. M. Bear e P. Fedio ("Quantitative Analysis of Interictal Behavior in Temporal Lobe Epilepsy", *Archives of Neurology* 34 [1977]: 454-67) comunicam essa constatação, mas os seguintes não a confirmam: L. J. Willmore, K. M. Mailman, e B. Fennell, "Effect of Chronic Seizures on Religiosity, *Transactions of the American Neurological Association* 105 (1980): 85-87; T. Ensky, A. Wilson, R. Petty, et al.: "The Interictal Personality Traits of Temporal Lobe Epileptics: Religious Belief and its Association with Reported Mystical Experiences", em *Advances in Epileptology*; ed. R. Porter (Nova York, Raven, 1984), pp. 545-49; D. M. Tucker, R. A. Nevelly, e P. J. Walker, "Hyper-religiosity in Temporal Lobe Epilepsy: Redefining the Relationship", *Journal of Nervous and Mental Disorders* 175 (1987): 181-84.

23. John R. Hughes, "A Reappraisal of the Possible Seizures of Vincent van Gogh", *Epilepsy & Behavior* 6 (2005): 504-10. Van Gogh bebia muito e ficava sem

Notas   357

comer durante longos períodos; nessas condições, perdas de consciência sem relação com os ataques podiam ter ocorrido.

24. D. F. Benson, "The Geschwind Syndrome", *Advances in Neurology* 55 (1991): 411-21.

25. De Hughes, "A Reappraisal": "Benson e Hermann explicaram com muita clareza a opinião da maioria dos especialistas em epilepsia atuais de que há apenas 'um subconjunto de pacientes com epilepsia, em geral, e a ELT, em particular, que apresenta características da síndrome de Geschwind.' Acho que Vincent van Gogh provavelmente é o melhor exemplo que se pode encontrar da síndrome de Geschwind. Contudo, a síndrome foi descrita como uma parte da ELT, e, se não há nenhuma clara ELT, a síndrome é uma orfã sem um parente." Também vale a pena notar que os manuais dirigidos aos pacientes que vivem com epilepsia não sugerem em geral que se devem esperar ilusões religiosas.

26. Ver Sallie Baxendale, "Epilepsy at the Movies: Possession to Presidential Assassination", *Lancet Neurology* 2, n. 12 (dezembro de 2003): 764-70; ver também "Memories Aren't Made of This: Amnesia at te Movies", *British Medical Journal* 329 (2004): 1480-83. Seu comentário citado é de Science Blog da *Lancet*, novembro de 2003.

27. John R. Hughes, "Did All Those Famous People Really Have Epilepsy?" *Epilepsy & Behavior* 6 (2005): 115-39. Nesse estudo, Hughes examina 43 indivíduos famosos considerados de forma generalizada portadores de epilepsia e conclui que nenhum deles de fato as tinha. Ver também John R. Hughes, "Alexander of Macedon, the Greatest Warrion of All Times: Did He Have Seizures?" *Epilepsy & Behavior* 5 (2004): 765-67; "Dictator Perpetuus: Julius Caesar — Did He Have Seizure? If so, what was the Etiology? *Epilepsy & Behavior* 5 (2004): 756-64; "Emperor Napoleon Bonaparte: Did He Have Seizure? Psychogenic of Epileptic or Both?" *Epilepsy & Behavior* 4 (2003): 793-96; "The Indiosyncratic Aspects of the Epilepsy of Fyodor Dostoievsky Epilepsy & Behavior 7 (2005): 531-38"; e "Reappraisal of the Possible Seizures of Vincent van Gogh", *Epilepsy & Behavior* 6 (2005): 504-10. Hughes diz que, embora seja difícil chegar ao passado para diagnosticar figuras históricas, sintomas como dor (não associada à epilepsia), longa duração do ataque (improvável com epilepsia) e a não perda de consciência durante um ataque severo apontam para distúrbios não epilépticos.

28. Judith Peacock, *Epilepsy* (Mankato, MN: Capstone, 2000).

29. Peacock, *Epilepsy*.

30. Afirmações na literatura de pacientes devem ser tratadas com cautela. Ver, por exemplo, "Alexander of Macedon, the Greatest Warrion of All Times", em que Hughes declara: "Alexandre, o Grande, *não* teve epilepsia e se deve retirar seu nome da lista de indivíduos famosos que tiveram ataques convulsivos." Parece que Alexandre só os tinha em seguida a uma dose de medicamento — em outras palavras, doença iatrogênica.

31. Epilepsia Ontario fornece informações úteis sobre a distinção entre ataques psicogênicos e epiléptico em seu site http://www.epilepsyontario.org/client/EO/EOWeb.nsf/web/Psychogenic+Seizures (acessado em 12 de janeiro de 2007).

32. Para uma discussão útil acerca do distúrbio de ataques não epilépticos (NEAD, em inglês), antes chamados de pseudoataques, ver Alice Hanscomb e Liz Hughes, *Epilepsy* (Londres: Ward Lock, 1995), pp. 24-25.

33. Hanscomb e Hughes, *Epilepsy*, pp. 2425.

34. Saver e Robin, "Neural Substrates of Religious Experience." Esses números são de interesse particular porque Paulo e Joana d'Arc tiveram importante influência cultural na tradição cristã. Teresa e Thérèse eram místicas carmelitas, e são os objetos de nossos estudos, descritos no Capítulo 9.

35. O nome pessoal de Paulo era Saulo, mas, como um cidadão romano, ele também adotou um nome em latim (Paulo), um equivalente fonético próximo, de acordo com o costume da época (ver Atos 13,9).

36. Toda a história é contada em Atos 9,1-31. Para a carreira anterior de Saulo, ver Atos 8,1.

37. *The Catholic Encyclopedia* (http://www.newadvent.org/cathen/11567b.htm [acessado em 12 de janeiro de 2007]) sugere dúvida, remorso, medo, oftalmia, fadiga, febre e temperamento nervoso excitável como causas historicamente apresentadas.

38. "Para que me não exaltasse demais pela excelência das revelações, foi-me dado um espinho na carne, a saber, um mensageiro de Satanás para me esbofetear, a fim de que eu não me exalte demais; acerca do qual roguei três vezes ao Senhor que o afastasse de mim; e ele me disse: 'A minha graça te basta, porque o meu poder se aperfeiçoa na fraqueza.'" (2 Cor. 12,7-9, NIV).

39. Ver 2 Cor. 12,2. A afirmação de Paulo de ter sido "arrebatado até o terceiro céu" pode ser interpretada à luz do misticismo judaico da época, de acordo com o filósofo Eliezer Segal. Acreditava-se que o terceiro céu era um lugar de descanso para os místicos realizados (*Jewish Star*, 13-16 de novembro de 1989, pp. 4-5).

40. Saver e Rabin, "Neural Substrates of Religious Experience".

41. Verena Jucher-Berger, "'O espinho na carne'/'Der Pfahl im Fleisch': Considerações sobre 2 Coríntios 12,7-10 em contexto com 12,1-13", in *The Rhetorical Analysis of Scripture: Essays from the 1995 Londres Conference* (pp. 386-97).

42. John M. Mulder, "The Thorn in the Flesh/O espinho na carne", sermão pregado na Igreja Episcopal do Calvário, Memphis Tennessee, 28 de fevereiro de 2002.

43. Hughes, "Did All Those Famous People Really Have Epilepsy?" Um estado que ameaça a vida chamado *status epilepticus* resulta em contínuos ataques, ocasionando morte, se não tratado. É mais provável que Joan tenha permanecido nesse estado durante horas.

44. Dr. Bruce Hermann, em Martin, "Progression in Temporal Lobe Epilepsy", observou que o controle insuficiente de ELT, apresentado em 20-25 por cento de pacientes vistos em seu centro, mostra deterioração no desempenho cognitivo com o tempo. Na época de Joan, não existia um tratamento eficaz.

45. Saver e Rabin, "Neural Substrates of Religious Experience.

46. Hughes, "Os Aspectos Idiossincráticos da Epilepsia de Fiodor Dostoiévski" Um trecho de *O idiota*, do romancista russo Dostoievski (que sofria de epilepsia), é às vezes citado (p. ex., em Saver e Rabin, "Neural Substrates of Religious Experience", p. 503, e em Orrin Devinsky, "Religious Experiences and Epilepsy",

Notas

Epilepsy & Behavior 4 [2003]: 76): "Eu realmente toquei em Deus. Ele entrou em mim; sim, Deus existe, gritei, e não me lembro de mais nada", sem avaliação crítica do fato de Dostoievski sem a menor dúvida escolher as palavras do seu personagem mais para causar efeito do que para exatidão clínica. Nesse artigo, Hughes oferece algumas observações úteis da literatura.

47. Hughes dá uma explicação: "Auras agradáveis, como o êxtase, são... muito raras porque a essência de um estado de ataque com altas amplitudes hiper-síncronas é em geral associada a um tom afetivo desagradável" (ver "Os Aspectos Idiossincráticos da Epilepsia de Fiodor Dostoievski").

48. Bjorn Asheim Hansen e Eylert Brodtkorb, "Partial Epilepsy with 'Ecstatic' Seizures", *Epilepsy & Behavior* 4 (2003): 667-73. Este estudo examinou 11 pacientes que sentiram de fato sintomas agradáveis associados a ataques, oito dos quais desejaram senti-los de novo e cinco dos quais conseguiam iniciá-los voluntariamente. Embora os autores identiquem que cinco pacientes descreveram uma experiência "religiosa/espiritual", não fica claro como eles chegaram a essa conclusão das descrições dos casos.

49. Saver e Rabin, "Neural Substrates of Religious Experience.", p.503

50. Devinsky, "Religious Experience and Epilepsy", pp. 76-77.

51. Eles citam Spratling, que relatou uma aura religiosa em 4 por cento de pacientes com epilepsia em 1904, o que não é uma proporção grande.

52. Kenneth Dewhurst e A. W. Beard, "Sudden Religious Conversions in Temporal Lobe Epilepsy", *Epilepsy & Behavior* 4 (2003): 78.

53. Os seis casos que tiveram experiências de conversão/apostasia são tirados dos 26 pacientes "com religiosidade" de um total de 69. Não fica claro o que significa "com religiosidade" (Dewhurst e Beard, "Sudden Religious Conversions in Temporal Lobe Epilepsy", p. 79). Agradecem ao Professor Sir Denis Hill e ao Dr. Eliot Slater "pela permissão de publicar os históricos de caso de pacientes sob seus cuidados" (p. 86).

54. Saver e Rabin, "Neural Substrates of Religious Experience", p. 507, citando T. Lynch, M. Sano, K. S. Marder, et al.: "Clinical Characteristics of a Family with Chromosone 17 – Linked Desinhibition – Dementia-Parkinsonism-Amynuonophy Complex", *Neurology* 44 (1994): 1875-84. Mesmo que os pesquisadores tenham encontrado uma ligação válida, a situação é um tanto incomum e não pode ser extrapolada para o comportamento na população em geral, no passado ou no presente.

55. Saver e Rabin, "Neural Substrates of Religious Experience", p. 499.

56. Devinsky, "Religious Experiences and Epilepsy", p. 77.

57. Citado em Ian Sample, "Tests of Faith", *Guardian*, 24 de fevereiro de 2005; V. S. Ramachandran e Sandra Blakeslee, *Phantoms in the Brain: Probing the Mysteries of the Human Mind* (Nova York: Morrow, 1998), p. 179.

58. Para uma discussão acerca de experiências de cérebro dividido, ver Jay Ingram: *Theater of the Mind Raising the Curtain on Consciousness* (Toronto: HarperCollins, 2005), pp. 206-15, 221-23. Para uma explicação de como se reorganizam os cérebros após essa divisão, ver Jeffrey M. Schwartz e Sharon Begley, *The Mind*

360 O CÉREBRO ESPIRITUAL

and the Brain: Neuroplasticity and the Power of Mental Force (Nova York: HarperCollins, Regan Books, 2003), pp. 98-103.

59. Citado em Ramachandran e Blakeslee, *Phantoms in the Brain*, p. xxi (epigraph).

60. V. S. Ramachandran, Conferências de Reith, 2003; http://www.bbc.co.uk/radio4/reith2OO3/.

61. Afirmações relatadas em Connor, "'God Spot' Is Found in Brain." O último item é paráfrase de Connor.

62. Citado em Hotz, "Brain Religion May Be Linked to Religion."

63. Citado em Ian Sample, "Tests of Faith." Ver também Ramachandran e Blakeslee, *Phantoms in the Brain*, pp. 182-83.

64. Esta é uma clássica *hipótese de atribuição*. Uma importante tendência da neurociência atual afirma que nossos pensamentos são na verdade as atividades aleatórias de nossos neurônios, mas nós inventamos razões e as atribuímos a dados sem sentido porque evoluímos como criaturas que foram naturalmente selecionadas para tal comportamento. Trata-se dessa ideia no Capítulo 5.

65. Ramachandran e Blakeslee, *Phantoms in the Brain*, p. 183.

66. Ramachandran e Blakeslee, *Phantoms in the Brain*, p. 186. Mais tarde, ele disse à BBC: "Esses pacientes são mais propensos à crença religiosa." O resumo de programa dá a impressão de que Ramachandran diz que os pacientes ELT são em geral mais propensos à crença religiosa. Na verdade, ele se refere apenas ao fato de que pedira a especialistas para recrutar pacientes religiosos (de uma amostra de tamanho desconhecido). Ver Tucker, "Deus no Cérebro."

67. Ramachandran e Blakeslee, *Phantoms in the Brain*, p. 186.

68. Ramachandran e Blakeslee, *Phantoms in the Brain*, p. 186.

69. No entanto, a aclamação da mídia continuou. Por exemplo, a descoberta da Ramachandran foi anunciada pelo *BBC News* como "a primeira obra de prova clínica revelando que a reação do corpo aos símbolos religiosos era definitivamente ligada aos lobos-temporais do cérebro." Ver Tucker, "God on the Brain."

70. Sample, "Tests of Faith."

71. M. Beauregard e V. Paquette: "Neural Correlates of a Mystical Experience in Carmelite Nuns", *Neuroscience Letters* 405 (2006): 186-90.

72. Salzman, *Lying Awake*, p. 169.

73. Na verdade, pode-se apresentar uma forte justificativa de que o dilema no romance é, em certos aspectos, um relato alegórico de própria luta do romancista para escrever um livro muito difícil. Salzman, agnóstico, lutou com sua personagem-chave, um religioso contemplativo, durante seis anos. Como comenta Carol Lloyd em *Salon* (10 de janeiro de 2001), a "outra história" do livro é sobre "o romancista torturado que sofre o inferno até sentir uma empatia transcendente com seu próprio protagonista". Mas a empatia de Salzman é com uma visão da vida espiritual como uma busca essencialmente irracional. Mais uma vez, Lloyd: "Ele não era tão diferente de sua principal personagem, afinal — sua fé ao escrever era em tudo tão enganosa e irracional (e quase tão sacrifical) quanto a fé ardendo em Deus de sua personagem."

Notas

74. Erik K. St. Louis, resenha de *Lying Awake* in *Medscape General Medicine*, March 12, 2002.

75. A capacidade de se comunicar com um grande público inclui muitos talentos adquiridos consciente e inconscientemente, em geral durante um longo período. Parece improvável que a capacidade da irmã St. John para escrever materiais religiosos eficazes simplesmente desapareceria caso se retirasse seu tumor do lobo-temporal sem dano extenso, porque o tumor não pode ter sido a origem de seus talentos.

CAPÍTULO 4: O ESTRANHO CASO DO CAPACETE DE DEUS

1. Robert Hercz: "The God Helmet", *Saturday Night*, outubro de 2002, p. 41.

2. Bob Holmes: "In Search of God", *New Scientist*, 21 de abril de 2001.

3. Raj Persaud, "Test Aims to Link Holy Visions with Brain Disorder", *Londres Daily Telegraph*, 24 de março de 2003.

4. Citado em Persaud, "Test Aims to Link Holy Visions with Brain Disorder."

5. A transcrição da BBC apresenta "deus" em caixa-baixa, como fazem algumas revistas de ciência britânicas. "God on the Brain" foi transmitido em 17 de abril de 2003, na BBC Two; resumo do programa: http://www.bbc.co.uk/science/horizon/2003/godonbrain.shtml.

6. A aparente ligeira incoerência se deve ao fato de esta ser a transcrição de uma fita, não uma versão editada.

7. Ver, por exemplo, Jeremy Licht, "A Push to Map the Mystical", *Baltimore Sun*, 18 de agosto de 2003. A neuroteologia não precisa, claro, ter essa intenção ou esse efeito, mas, se o reducionismo materialista é o ponto de partida, então o único objetivo da neuroteologia seria acumular provas para o materialismo.

8. Jeffrey Muger et al.: "Is God in Our Genes?" *Time*, 25 de outubro de 2004.

9. Hercz: "God Helmet", p. 43. Persinger também escreveu um artigo para a revista *Skeptic* (dezembro de 2002) afirmando que, com base em em experiências com ratos, é possível explicar melhor os relatos da ressurreição de Jesus por sua teoria de sensibilidade lobo-temporal e a ingestão de drogas. Disto, jornalista científico canadense Jay Ingram diz: "Tenho de admitir que a certa altura eu me perguntei se o artigo era uma paródia inteligente da necessidade do cientista racional de explicar absolutamente tudo, por mais grotesca que seja a explicação." Mas, ele conclui, parece que não ("Did Jesus Suffer from Epilepsy? Scientist Theorizes over Resurrection", *The Hamilton Spectator*, 11 de abril de 2003).

10. Kluger et al.: "Is God in Our Genes?"

11. Num trabalho de 2002, Persinger e o colega E Healey disseram: "Não tentamos refutar nem apoiar a existência absoluta de deuses, espíritos ou outros fenômenos transitórios e que parecem ser destacadas características das crenças de pessoas sobre si mesmas antes e depois da morte... Contudo, mostramos que a experiência desses fenômenos, muitas vezes atribuída a fontes espirituais, pode ser gerada pela estimulação do cérebro com complexos campos magnéticos fra-

362 O CÉREBRO ESPIRITUAL

cos específicos. Esses campos contêm energias bem dentro do alcance esperado a serem geradas dentro do cérebro durante esses estados específicos. As crenças religiosas, em grande parte reforçadas por experiências pessoais de presença sentida, são uma persistente e poderosa variável em assassinatos em grande escala de grupos que endossam a crença em um tipo de deus por outros grupos que se definem pela crença em um deus diferente" ("Experimental Facilitation of the Sensed Presence: Possible Intercalation between the Hemispheres Induced by Complex Magnetic Fields", *Journal of Nervous e Mental Diseases* 190 [2002]: 533-41).

12. Como citado na transcrição de "Deus no Cérebro", BBC (17 de abril de 2003), http://www.bbc.co.uk/science/horizon/2003/godonbraintrans.shtml.

13. Patchen Barss, "O Me of Little Faith", *Saturday Night*, outubro de 2005.

14. Citado em Hercz: "God Helmet", p. 42.

15. Hercz: "God Helmet", p. 40.

16. Ian Cotton, *The Hallelujah Revolution: The Rise of the New Christians* (Londres: Prometheus, 1996), p. 187.

17. Não se deve confundir a hipótese de Persinger da "presença sentida" com o trabalho de J. Allan Cheyne, como em, por exemplo, "The Ominous Numinous: Sensed Presence and 'Other' Hallucinations", *Journal of Consciousness Studies* 8, nos. 5-7 (2001). Nesse trabalho, Cheyne discute o medo de ataque por uma entidade obscura que é específico da paralisia do sono (um estado intermediário entre desperto e adormecido). Do trabalho de Persinger, diz Cheyne: "Até a presença sentida tem sido vista como um análogo do hemisfério direito ao senso de eu do hemisfério esquerdo (Persinger, 1993). Considerações suscitadas aqui apontam para um mais sinistro e primordial outro de preocupação para nós nas mais fundamentais raízes biológicas de nosso ser" (p. 16).

18. Persinger e Healey: "Experimental Facilitation of the Sensed Presence", p. 533.

19. Michael Persinger, "Religious and Mystical Experiences as Artifacts of Temporal Lobe", *Perceptual e Motor Skills* 57 (1983): 1255-62.

20. "God on the Brain", BBC. Em "Experimental Simulation of the God Experience: Implications of Religious Beliefs and the Future of the Human Species" (in *Neurotheology*; ed. R. Joseph [Berkeley e Los Angeles: University of California Press, 2002], pp. 267-84), Persinger afirma que proliferam registros clínicos de indivíduos que foram diagnosticados como complexos epilépticos parciais com um foco no lobo-temporal ou límbico direito. O Capítulo 3 demonstra que não se trata de uma visão fundamentada empiricamente (trata-se de neuromitologia).

21. O próprio Persinger chamou, a princípio, o capacete de "o Polvo", mas logo foi rebatizado como "o capacete de Deus" pela mídia.

22. Persinger e Healey: "Experimental Facilitation of the Sensed Presence."

23. Persinger e Heatey, "Experimental Facilitation of the Sensed Presence", p. 537. Os pesquisadores não perguntaram aos objetos de estudos sobre a natureza da presença sentida (p. 538). Uma infeliz omissão, porque seria útil saber se os

Notas 363

estudados acreditavam que a presença sentida era na verdade outro indivíduo que fora oculto deles ao lhes vedarem os olhos e escurecerem a câmara. Tal descoberta poderia distorcer uma experiência espiritual, como em geral definida.

24. Terá o grupo posterior comunicado uma experiência incomum apenas porque fora selecionado para a experiência? Se assim for, trata-se do conhecido efeito placebo (o indivíduo acha que está recebendo um tratamento e sente seus efeitos antecipados). Para mais sobre o efeito placebo, ver Capítulo 6. Isso indica que o estudo não é duplo-cego. O próprio Persinger afirma que um efeito quântico mecânico explica a experiência da presença sentida no grupo do campo simulado: "De fato, o resultado talvez tenha sido uma variante de Heisenberg por meio da qual a medida pode influenciar e talvez até somar-se aos fenômenos resultantes" (p. 539). Como demonstram as descobertas da equipe de Pehr Granqvist: uma interpretação mais provável de Persinger 2002 é o efeito placebo ou sugestão.

25. Persinger e Healey: "Experimental Facilitation of the Sensed Presence", p. 541.

26. Jack Hitt: "This is Your Brain on God", *Wired*, novembro de 1999.

27. Hercz: "God Helmet." Os jornalistas não participaram do estudo publicado de 2002; este estudo recrutou apenas alunos de psicologia da Laurentian.

28. Cotton, *Hallelujah Revolution*, p. 194.

29. Cotton, *Hallelujah Revolution*, p. 197.

30. Hercz: "God Helmet."

31. Jay Ingram: "Aliens and the Sudbury Connection", *Toronto Star*, 14 de janeiro de 1996.

32. Hitt: "This is Your Brain on God." Hitt sentiu como um fracasso. Mas defende Persinger fortemente: "Quer dizer, quem entre todos os devotos e demônios estrangeiros deixará algum distante intelectual com um capacete de moto envenenado estragar a diversão deles? Desnecessário dizer que a capacidade humana para racionalizar em torno da teoria de Persinger é muito maior que todos os estudos reproduzidos que a ciência poderia produzir." Hitt supõe que as descobertas de Persinger haviam sido ou logo seriam reproduzidas.

33. Susan Blackmore: "Alien Abduction", *New Scientist*, 19 de novembro de 1994, pp. 29-31; http://www.susanblackmore.co.uk/journalism/ns94.html (acessado em 12 de janeiro de 2007).

34. Hitt: "This is Your Brain on God."

35. Hercz: "God Helmet."

36. O arquivo da BBC, "God on the Brain – Questions and Answers", explica utilmente: "Portanto, se não há qualquer risco de 'sugestão', a única informação dada aos indivíduos é que eles vão participar de uma experiência. Nem o indivíduo nem o pesquisador que realizam o teste têm qualquer ideia do objetivo da experiência. Além disso, a experiência também é feita com o campo desligado e ligado. Esse procedimento, afirma o Dr. Persinger, induzirá uma experiência em mais de 80 por cento de indivíduos" (BBC Two, 17 de abril de 2003; http://www.bbc.co.uk/science/horizon/2003/godonbrainqa.shtml). Persinger declarou: "O reforço para arranjar voluntários para a experiência foi uma nota de bônus de 2 por cento para o último exame num curso de primeiro ano de psicologia. Disseram a

364   O CÉREBRO ESPIRITUAL

esses voluntários que a experiência envolvia relaxamento, mas não lhes disseram os tipos de fenômenos que talvez fossem experimentados" (p. 534).

37. Jerome Burnes: do *Times of Londres* explica que Persinger "projetou e construiu a Sala C002B, também conhecida como a câmara 'Céu e Inferno', em meados da década de 1980, na qual mil voluntários foram induzidos a sentir presenças fantasmagóricas" ("Ghosts in a Machine", *Times*, *[Londres]* Body & Soul, 5 de março de 2005). Ian Cotton observa que o laboratório de Persinger era chamado pelos locais como "O Calabouço" (*Hallelujah Revolution*, p.185).

38. Hitt: "This is Your Brain on God."

39. Holmes: "In Search of God." De modo semelhante, Jerome Burnes: relata: "As pessoas viram uma ampla variedade de fenômenos. O que outras sentiram na Sala C002B dependia de suas crenças culturais ou religiosas. Algumas viram Jesus, Nossa Senhora Maomé ou o Espírito de Céu. Outras, com mais que uma fé passageira em OVNIs (Objetos Voadores Não Identificados), falam de alguma coisa que se parece mais como uma história de abdução alienígena padrão" ("Ghosts in a Machine").

40. Os cientistas não são imunes à sugestionabilidade. Um exemplo famoso ocorreu no século XVII, quando Van Leeuwenhoek (que inventou o microscópio), após descobrir espermatozoide em 1678, propôs em 1683 que a gravidez se dá quando o esperma impregna um *ovum* (óvulo). Muitos cientistas supunham que o esperma ou os óvulos já deviam conter bebês minúsculos (pré-formação), que aumentavam no útero. Em consequência, alguns biólogos (como Andry, Dalenpatius, e Gautier) acreditaram ver minúsculos seres humanos completos dentro de células de esperma sob seus primeiros microscópios.

41. Hercz: "God Helmet."

42. Hercz: "God Helmet."

43. A conhecida ferramenta de tomada de decisão da ciência chamada lâmina de Occam (tente a explicação mais simples primeiro) parece ter sido ignorada aqui. Por exemplo, em vez de dizer que falta a Dawkins sensibilidade do lobo-temporal (conceito para o qual não existe significativa literatura), seria possível aventurar dizer que tem pouca sugestionabilidade. Existe um corpo grande de pesquisa sobre sugestionabilidade.

44. No estudo publicado (2002), Persinger e Healey afirmam que a formação amigdaloide-hipocampal seria um candidato básico para o substrato neural para a presença sentida. Mas, sem dados de neuroimagem, eles não podem saber se os campos magnéticos empregados em suas experiências têm de fato o efeito pretendido na atividade neuroelétrica gerada dentro da amígdala e do hipocampo (que são parte da porção mesial dos lobos-temporais).

45. BBC: *Horizon*, "Deus no Cérebro", março de 2003. O narrador enchia o tempo enquanto esperava Richard Dawkins ter uma experiência espiritual usando o capacete de Deus.

46. Ingram: "Aliens and the Sudbury Connection."

47. Hercz: "God Helmet."

Notas

QUADRO

48. John Horgan: "The Myth of Mind Control: Will Anyone Ever Decode the Human Brain?" *Discover* 25, no. 10 (outubro de 2004).

49. E. Halgren et al.: "Mental Phenomena Evoked by Electrical Stimulation of the Human Hippocampal Formation and Amygdala", *Brain* 101.1 (1978): 83-117.

50. Horgan: "Myth of Mind Control."

51. "Ghosts in a Machine."

52. Hercz: "God Helmet", p. 44.

53. Hercz: "God Helmet."

54. "Persinger foi citado há pouco tempo na revista *Time*" dizendo que "'Deus é um artefato do cérebro', enquanto Murphy, entrevistado para este artigo, apressou-se a enfatizar que sua meta era realçar espiritualidade, não substituí-la'" (Burnes, "Ghosts in a Machine").

55. Murphy explica em "The Structure and Function of Near – Death Experiences: An Algorithmic Reincarnation Hypothesis Based on Natural Selection": "Uma simples e primeira declaração sobre renascimento é que: *a informação que permite aos indivíduos se adaptarem é conservada na morte e transmitida a outros indivíduos ainda passando por desenvolvimento pré-natal em outro lugar.* Dizer que nada mais que informação é renascimento envolveria fazer suposições para as quais não há provas. A não ser que essa informação seja de algum modo adaptativa, é improvável que qualquer mecanismo evolucionário tenha favorecido sua conservação" [Spirituality and the Brain, http://www.shaktitechnology.com/rebirth.htm (acessado em 12 de janeiro de 2007]).

56. Ver Todd Murphy, "The Structure and Function of Near-Death Experiences: An Algorithmic Reincarnation on Hypothesis." Este artigo dirigido ao leigo baseou-se numa material revisada por um colega no *Journal of Near-Death Studies* 20 no. 2 (dezembro de 2001), 101-118.

57. Brent Raynes: "Interview with Todd Murphy", *Alternate Perceptions* #78, abril de 2004; htrp://www.mysterious-america.net/interviewwithtod.html (acessado em 12 de janeiro de 2007). A maioria dos cientistas descreveria esse procedimento como "escolha da cereja" — como escolher apenas os resultados desejados, em vez de analisar a série inteira.

58. A informação é de *Skeptical Investigations* "Who's Who of Media Skeptics", http://www.skepticalinvestigations.org/whosewho/index.htm (acessado em 12 de janeiro de 2007).

59. Richard W. Flory, "Promoting a Secular Standard: Secularization and Modern Journalism, 1870-1930", em Christian Smith, ed., *The Secular Revolution: Power, Interests, e Conflict in the Secularization of American Public Life* (Berkeley e Los Angeles: University of California Press, 2003), p. 413.

60. Flory, "Promoting a Secular Standard", p. 427.

366 O CÉREBRO ESPIRITUAL

QUADRO

61. Evelyn Underhill, *Misticismo: um estudo sobre a natureza e o desenvolvimento da consciência espiritual do ser humano*. Curitiba: AMORC, 2002. Ver em particular pp. 71, 48, 81. A natureza de misticismo é discutida em mais detalhes no Capítulo 7.
62. Experiências místicas genuínas são raras, portanto as palavras ou imagens que as descrevem não são de uso geral (Underhill, *Misticismo*, p. 79). Algumas experiências podem, claro, ser indescritíveis, de qualquer modo.
63. *The Cloud of Unknowing* (2a ed., Londres: John M. Watkins, 1922), cap. 6.
64. Underhill, *Misticismo*, p. 81.

65. Hercz: "God Helmet", p. 45.
66. Roxanne Khamsi: "Electrical Brainstorms Busted as Source of Ghosts", *Nature News*, 9 de dezembro de 2004, http://www.nature.com.
67. Khamsi: "Electrical Brainstorms Busted as Source of Ghosts."
68. Granqvist disse à *Nature* que o nível de experiências espirituais era "muito alto no total", embora não mais altos que os grupos de controle de Persinger (Khamsi: "Electrical Brainstorms Busted as Source of Ghosts"). Contudo, vale observar que metade dos participantes do estudo de Granqvist eram alunos de teologia, portanto talvez as experiências espirituais não foram uma surpresa.
69. "Apesar do alto poder para detectar diferenças entre grupos num nível de tamanho de efeito pequeno, não houve quaisquer diferenças significativas entre os participantes dos grupos de controle e experimental nem em qualquer das variáveis dependentes" (KhamsPehr Granqvist et al: "Sensed presence and mystical experiences are predicted by suggestibility, not by the application of transcranial weak complex magnetic fields", *Neuroscience Letters*, doi:10.1016/j.neulet.2004.10.057 (2004).
70. Granqvist et al.: "Sensed presence", p. 2.
71. Khamsi: "Electrical Brainstorms Busted as Source of Ghosts." Granqvist et al. comentam: "Os indivíduos muito sugestionáveis podem não ter sido afetados pela aplicação dos campos magnéticos, mas talvez sejam apenas mais propensos a captar e reagir aos tratamentos potencialmente diferenciais dos pesquisadores em todos os grupos. Pressupondo os tratamentos até mesmo sutilmente diferenciais, isso não parece improvável, em vista da natureza do traço de sugestionabilidade em ligação com a incerteza e o amplo escopo de experiências cobertas na forma EXIT" ("Presença sentida"). As escalas de inventário de Persinger não foram independentemente verificadas, ao contrário das de Hood e Tellagen.
72. Persinger e Healey: "Experimental Facilitation of the Sensed Presence", p. 535.
73. Mesmo que alunos não soubessem o que interessava a equipe de Persinger, apenas digitar "Michael Persinger" na janela de busca do Google fornecia informação-chave.
74. "Um problema metodológico adicional dos estudos citados é que eles constantemente adotaram uma medida de resultado (a escala EXIT), construída por

Notas 367

indução e com confiabilidade desconhecida, e validade montada. Muitas das experiências listadas na escala são meio vagas ('sensações de formigamento', 'sentiram-se estranhos'), e suas relações com as experiências paranormais e místicas, pelas quais se generalizaram as descobertas, permanecem discutíveis. Por isso é importante investigar se as descobertas podem ser reproduzidas com medidas de confiabilidade e validade bem documentadas, como Escala de Misticismo de Hood" (Granqvist et al.: "Sensed pusence", p. 2).

75. Granqvist et al.: "Sensed presence."
76. Ver, por exemplo, "God and the Gap: A Chalenge to the Idea That Religious Experiences Can Be Stimulated Artificially", *The Economist*, 16 de dezembro de 2004; e Julia C. Keller: "Swedish Scientists Can't Replicate Religious Experience in Lab", *Science & Theology News*, 1 de fevereiro de 2005.
77. Keller: "Swedish Scientists Can't Replicate Religions Experience in Lab."
78. Jay Ingram: "Close Encounters of the Magnetic Kind", *Toronto Star*, 26 de dezembro de 2004. A troca de e-mail entre a equipe de Persinger e a equipe de Granqvist que se seguiu ao anúncio das descobertas de Granqvist (http://laurentian.ca/neurosci/_news/emailj.htm, acessado em 11 de janeiro de 2006) não dava muita esperança de que as duas equipes podiam facilmente cooperar.
79. Citado em Khamsi: "Electrial Brainstorms Busted as Source of Ghosts." As preocupações de Granqvist como citadas aqui se concentram nos alunos de psicologia que foram testados nos estudos publicados, revisados por colegas de Persinger. É óbvio que os jornalistas científicos que testam o capacete de Deus em busca de uma matéria correm alto risco dos efeitos de sugestão.
80. Granqvist: "Sensed presence", p. 5.
81. "God on the Gap."
82. Ingram: "Close Encounters of the Magnetic Kind."
83. Keller: "Swedish Scientists Can't Replicate Religious Experience in Lab."
84. Um espectro de Brocken é a própria sombra da pessoa projetada num banco de névoa ou cerração, visível quando o sol brilha baixo no horizonte. O espectro deve seu nome à Montanha Brocken da cordilheira Harz, na Alemanha. No contexto, Lewis escreve: "O espectro de Brocken 'olhava para todo homem como seu primeiro amor' porque ela era uma fraude. Mas Deus olhará para toda alma como seu primeiro amor porque ele é seu primeiro amor. Seu lugar no céu parecerá ser feito para você e só você" ("The House with Many Mansions"; C. S. Lewis: *The Problem of Pain* [Nova York: Simon e Schuster Touchstone, 1996] p. 132). Embora o próprio Lewis não fosse um místico, entendia o desejo dos místicos de se livrarem dos produtos de sugestão psicológica a fim de entender a realidade no âmago da espiritualidade humana.
85. Khamsi: "Electrical Brainstorms Busted as Source of Ghosts."
86. Devido a muitas regiões do cérebro mediarem as EMERs, como demonstrado no Capítulo 9, a esperança materialista representava falta de possibilidade de sucesso para se começar.
87. Citado em John Leo, "Aphorisms 2006", www.townhall.com, 26 de dezembro de 2005.

368   O CÉREBRO ESPIRITUAL

CAPÍTULO 5: MENTE E CÉREBRO SÃO IDÊNTICOS?

1. Greg Peterson: "God on the Brain: The Neurobiology of Faith", *Christian Century*, 27 de janeiro de 1999; uma resenha de James B. Ashbrook e Carol Rausch Albright, *The Humanizing Brain: Where Religion and Neuroscience Meet* (Cleveland, OH: Pilgrim, 1999).
2. B. Alan Wallace, *The Taboo of Subjectivity: Toward a New Science of Consciousness* (Oxford: Oxford University Press, 2000), p. 136.
3. Projeto sobre a Década do Cérebro, 17 de julho de 1990.
4. William J. Bennett, "Neuroscience and the Human Spirit", *National Review*, 31 de dezembro de 1998.
5. John Horgan: "The Myth of Mind Control: Will Anyone Ever Decod the Human Brain?'" *Discover* 25, no. 10 (outubro de 2004).
6. Peterson: "God on the Brain."
7. Jeffrey M. Schwartz e Sharon Begley em *The Mind and the Brain: Neuroplasticity and the Power of Mental Force* (Nova York: HarperCollins, Regan Books, 2003) oferecem uma discussão útil dessa questão, sobretudo nas pp. 15-16, 96-131.
8. Schwartz e Begley, *Mind and the Brain*, pp. 184-87.
9. Jean-Pierre Changeux, *Neuronal Man: The Biology of Mind*, trans. Laurence Garey (Nova York: Oxford University Press, 1985), p. 282. No mesmo trecho, Changeux observa que "axônios e dendritos preservam uma capacidade notável de regenerar-se mesmo no adulto", mas não parece ter altas esperanças para um resultado prático que tenha florescido nas décadas posteriores, pois a extensão da neuroplasticidade tornou-se mais reconhecida de modo generalizado.
10. Citado em Kathleen Yount, "The Adaptive Brain", *UAB Publications*, Verão de 2003. Esse artigo, que ganhou o prêmio Robert G. Fenley para literatura científica básica (2004), oferece uma boa (e relativamente não tendenciosa) discussão de algumas implicações de neuroplasticidade para tratamento médico.
11. Michael D. Lemonick: "Glimpses on the Mind", *Time*, 17 de julho de 1995.
12. Lemonick: "Glimpses on the Mind."
13. Schwartz e Begley, *Mind and the Brain*, p. 365.
14. Embora se possam distinguir conceitos como consciência, mente, e o eu, eles se sobrepõem. Neste livro, serão feitas distinções quando ajudarem na explicação.
15. Mente, como entendida aqui, é uma variedade inter-relacionada de funções mentais como atenção, percepção, pensamento, razão, memória e emoção. Se Mente não é uma substância (uma entidade), mas, em vez disso, uma coleção de processos e eventos mentais.
16. Amy Butler Greenfield, *A Perfect Red: Empire, Espionage, and the Quest for the Color of Desire* (Nova York: HarperCollins, 2005).
17. Diane Ackerman, "To Dye For", *Washington Post*, 24 de julho de 2005, BW08; uma resenha de Greenfield, *A Perfect Red*.
18. Francis Crick, *The Astonishing Hypothesis*, (Nova York: Simon & Schuster Touchstone, 1995), p. 258. É interessante que Crick se refira às "limitações da

Notas

mecânica quântica." O que de fato faz a mecânica quântica é limitar seriamente a aplicabilidade da física clássica que embasa a opinião de Crick.

19. V. S. Ramachandran, Conferências de Reith, Conferência 5, 2003; http://www.bbc.co.uk/radio4/reith2OO3/.

20. Citado em B. Alan Wallace, *The Taboo of Subjectivity: Toward a New Science of Consciousness* (Oxford: Oxford University Press, 2000), p. 139.

21. Helen Phillips: "The Ten Biggest Mysteries of Life." *New Scientist*, September 4-10, 2004.

QUADRO

22. Citado em Schwartz e Begley, *Mind and the Brain*, pp. 39-40.

23. Daniel C. Dennett, *Breaking the Spell: Religion as a Natural Phenomenon* (Nova York: Viking, 2006), p. 107.

24. "The identity theory of mind" em *Stanford Encyclopedia of Philosophy*, http://plato.stanford.edu/entries/min-identity (acessado em 12 de janeiro de 2007).

25. Como ele elaborou em seu discurso do Nobel (8 de dezembro de 1981): "Os eventos de experiência interior, como propriedades emergentes de processos cerebrais, tornam-se conceitos causais explicativos independentes, interagindo em seu próprio nível com suas próprias leis e dinâmica."

26. John Eccles e Daniel N. Robinson, *The Wonder of Being Human: Our Brain and Mind* (Nova York: Free Press, 1984), p. 43.

27. Citado em Dean Radin, *The Conscious Universe: The Scientific Truth of Psychic Phenomena* (San Francisco: HarperSanFrancisco, 1997), p. 265.

28. Eccles e Robinson, *Wonder of Being Human*, p. 37.

29. Citado em Phillips: "The Ten Biggest Mysteries of Life."

30. Considerações de espaço impedem tratar da consciência em animais. Deve-se observar, contudo, que a consciência não é *sensibilidade* — a capacidade de sentir. Animais com cérebros são em geral sensíveis, mas disso não se segue necessariamente que todos os vertebrados, por exemplo, tenham um tipo de consciência que integra suas sensações num senso de eu estável com o tempo.

31. Wallace, *Taboo of Subjectivity*, p. 3.

32. Wallace, *Taboo of Subjectivity*, p. 136 (ênfase no original).

33. B. F. Skinner, *O mito da liberdade*, Rio de Janeiro: Bloch, 1972.

34. Ray Kurzweil, *The Age of Spiritual Machines* (Nova York: Penguin, 1999), p. 63.

35. Gerald M. Edelman e Giulio Tononi, *A Universe of Consciousness: How Matter Becomes Imagination* (Nova York: Basic Books, 2000), p. 6. Edelman afirma que a consciência surge pela comunicação dentro e entre o sistema talamocortical e o sistema límbico do tronco cerebral. Mas sua teoria não explica como a interação da atividade elétrica de bilhões de neurônios (que são elementos materiais não conscientes) encontrados nesses sistemas cerebrais produz a consciência ou uma experiência consciente unificada. É difícil ver como se pode testar empiricamente sua crença.

370 O CÉREBRO ESPIRITUAL

36. Edelman e Tononi, *A Universe of Consciousness*, p. xi.
37. Lemonick: "Glimpses of the Mind."
38. Crick, *The Astonishing Hypothesis*.
39. Peterson: "God on the Brain."
40. Radin, *Conscious Universe*, p. 259.
41. Pinker, *Como a mente funciona*.

QUADRO

42. Steven Pinker, *Como a mente funciona*, São Paulo: Companhia das Letras, 2005.
43. Mark Halpern, "The Trouble with the Turing Test", *New Atlantis*, inverno de 2006, http://www.thenewatlantis.com/archive/11/halpern.htm (acessado em 12 de janeiro de 2007), pp. 9, 42-63.
44. Albert Bandura, *Teoria Social Cognitiva: conceitos básicos,* Porto Alegre: Artmed, 2008.
45. Citado em Neurociência para Crianças, http://faculty.washington.edu/chudler/quotes.html.
46. Halpern, "Trouble with Turing Test", pp. 5, 13, 62-63.

47. Citado em Edelman e Tononi, *Universe of Consciousness*, p. 4.
48. Crick, *The Astonishing Hypothesis*, p. 3.
49. Em resposta à pergunta do World Question Center 2006: "Qual é sua ideia perigosa?" http://www.edge.org/3rd_culture/ramachandran06/ramachandran06_index.html (acessado em 12 de janeiro de 2007). No contexto, ele respondia ao comentário sobre "pacote de neurônios" de Crick, entre outros.
50. Changeux, *Neuronal Man*, p. 169.
51. Lemonick: "Glimpses of the Mind."
52. Ver, por exemplo, Wallace, *Taboo of Subjectivity*, pp. 85-87.
53. Ramachandran, Conferências de Reith, Conferência 5.
54. David Livingstone Smith, "Natural-Born Liars", *Scientific American Mind* 16, no. 2 (2005): 16-23.
55. Ver J. M. Schwartz, H. Stapp, e M. Beauregard: "Quantum theory in Neuroscience and Psycology: A Neurophysical Model of Mind/Brain Interaction" (*Philosophical Transactions of the Royal Society B: Biological Sciences* 360 [2005]: 1309-27), para um modelo de livre-arbítrio que evita esse problema, baseado na mecânica quântica.
56. Daniel C. Dennett, *Kinds of Minds: Toward an Understanding of Consciousness* (Nova York: Basic Books, 1996), p.55.
57. Tom Clark: "Denying the Big God *and* the Little God: The Next Step for Atheists", subintitulado "An Open Letter to the Atheist Community", Centro do Naturalismo, http://naturalism.org/atheist.htm (acessado em 17 de janeiro de 2006).
58. Pinker, *Como a mente funciona*.
59. Pinker, *Como a mente funciona*.
60. George Grant, *Lament for a Nation: The Defeat of Canadian Nationalism* (Don Mills: Oxford University Press Canada, 1970), p. 56.

Notas

61. Clark: "Denying the Big God *and* the Little God." Membros do conselho do centro incluem Susan Blackmore e Daniel Dennett.

62. Em resposta à pergunta do World Question Center 2006: "Qual é sua ideia perigosa?"

63. C. S. Lewis: *The Abolition of Man* (Londres: Collins, 1978), p. 40. O livro de Lewis é uma breve mas brilhante defesa da ordem moral objetiva, na qual ele trata da impossibilidade de valores éticos compartilhados quando se nega a natureza espiritual do ser humano.

64. O psicólogo Daniel Wegner, em *The Illusion of Conscious Will* (Cambridge, MA: MIT Press, 2002), faz uma defesa um pouco mais sofisticada de que, embora não tenhamos livre-arbítrio, devemos ser considerados responsáveis por nossas ações, a fim de podermos ser manipulados a nos comportarmos melhor. Mas essa explicação não dá uma justificação ética para a manipulação.

65. Citado em Eccles e Robinson, *Wonder of Being Human*, p. 36.

66. Peter Watson: "Not Written in Stone", *New Scientist*, 29 de agosto de 2005.

67. Harold J. Morowitz, "Rediscovering the Mind", em Douglas R. Hofstadter e Daniel C. Dennett, *The Mind's I: Fantasies an Reflections on Self and Soul* (Nova York: Basic Book, 2000).

68. Crick, *The Astonishing Hypothesis*, p. 7.

69. Eccles e Robinson, *Wonder of Being Human*, p. 47.

70. Morowitz, "Rediscovering the Mind", p. 41.

71. Wallace, *Taboo of Subjectivity*, p. 81.

72. Edelman e Tononi, *A Universe of Consciousness*, p. 81.

73. Nas pp. 80-81 de *A Universe of Consciousness*, Edelman e Tononi de fato usam o termo "espiritualismo" para se referir aos interesses de Alfred Russel Wallace pelo espiritualismo do século XIX, mas este não é claramente o sentido do termo como usado aqui.

74. Eric Harth, *The Creative Loop: How the Brain Makes a Mind* (Reading, MA: Addison-Wesley,1993), p. 102.

75. Edelman e Tononi, *A Universe of Consciousness*, pp. 220-21.

76. Edelman e Tononi, *A Universe of Consciousness*, p. 221.

77. Pinker, *Como a mente funciona*.

78. Wallace, *Taboo of Subjectivity* P. 82. A física quântica oferece um modelo do como os estados mentais e o cérebro podem interagir sem apenas reduzir os processos mentais a processos neurais (Schwartz, Stapp, e Beauregard: "Quantum Theory in Neuroscience and Psychology").

79. Wallace, *Taboo of Subjectivity*, p. 81.

80. Morowitz, "Rediscovering the Mind", p. 34.

CAPÍTULO 6: PARA UMA CIÊNCIA NÃO MATERIALISTA DA MENTE

1. Citado em Harold J. Morowitz, "Rediscovering the Mind", em Douglas R. Hofstadter e Daniel C. Dennett: *The Mind's I: Fantasies e Reflections on Self and Soul* (Nova York: Basic Books, 2000), p. 35; de Carl Sagan, *The Dragons of Eden* (Nova York: Random House, 1977).

372 O CÉREBRO ESPIRITUAL

2. John Eccles e Daniel N. Robinson, *The Wonder of Being Human: Our Brain e Our Mind* (Nova York: Free Press, 1984), p. 36.

3. Daniel Dennett, em Samuel Guttenplan, ed., *A Companion to the Philosophy of Mind* (Oxford: Blackwell, 1994), p. 237.

4. Jeffrey M. Schwartz e Sharon Begley, *The Mind and the Brain: Neuroplasticity and the Power of Mental Force* (Nova York: HarperCollins, Regan Books, 2003), pp. 54-55.

5. Schwartz e Begley, *The Mind and the Brain*, pp. 17-18.

6. Schwartz e Begley, *The Mind and the Brain*, pp. 57-58.

7. Schwartz e Begley, *The Mind and the Brain*, p. 71.

8. O DOC não é restrito a seres humanos. Ocorre em gatos domésticos. Ver, por exemplo, o trabalho de Diane Frank: "Obsessive – Compulsive Disorder in Felines", apresentado no World Small Animal Veterinary Association World Congress em Vancouver (2001). Não se sabe se os gatos têm associações mentais com seus rituais de comportamento obsessivo-compulsivo, mas eles podem reagir com muita agressividade às tentativas de impedir os rituais.

9. Schwartz e Begley, *Mind and the Brain*, p. 77.

10. Schwartz e Begley, *Mind and the Brain*, p. 82.

11. Schwartz e Begley, *Mind and the Brain*, p. 83.

12. Schwartz e Begley, *Mind and the Brain*, pp. 88-90.

13. Schwartz e Begley, *Mind and the Brain*, p. 90.

14. Miranda Devine: "Muslim Cleric: Women Incite Men's Lust with 'Satanic Dress'" *The SunHerald* (Austrália), 24 de abril de 2005. Algumas fontes enfatizam a ligação entre dúvidas sobre o autrocontrole dos homens e as atuais seitas extremistas islâmicas. Contudo, essas crenças têm-se espalhado também na Europa e na Ásia; eles duram há mais tempo no Oriente Médio, mas não são invenção de qualquer religião.

15. Tom W. Clark: "Maximizing Liberty: Retribution, Responsibility, and the Mentor State", Centro do Naturalismo, http://www.naturalism.org/maximizing_liberty.htm (acessado em 13 de janeiro de 2007).

16. M. Beauregard, J. Lévesque, e P. Bourgouin: "Neural Correlates of Conscious Self-regulation of Emotion", *Journal of Neuroscience* 21 (2001): RC165 (1-6).

QUADRO

17. Beauregard, Lévesque, e Bourgouin: "Neural Correlates of Conscious Self-regulation of Emotion."

18. Beauregard, Lévesque, e Bourgouin: "Neural Correlates of Conscious Self-regulation of Emotion."

19. Não se saberia isso dos comentários do Centro do Naturalismo sobre "Materialismo e Moralidade", criticando tanto o psicólogo Steven Pinker, por se preocupar com as possíveis consequências morais da descrença do livre-arbítrio, quanto o ex-prefeito de Nova York, Ed Koch, por esperar que um brutal estuprador logo fosse levado à justiça.

Notas 373

20. Guia de Depressão, http://www.depression-guide.com/depression-quotes.htm (acessado em 16 de janeiro de 2007).

21. Citado em Quote Garden, http://www.quotegarden.com/psychology.htm (acessado em 13 de janeiro de 2007).

22. Esses números são de "Frequently Asked Questions About Suicide", patrocinado pelo National Institute of Mental Health, http://www.nimh.nih.gov/suicideprevention/suicidefaq.cfm (acessado em 13 de janeiro de 2007).

Números muito mais altos para suicídio são citados em alguns relatórios da mídia porque expressam a porcentagem de pessoas que morreram por essa causa durante um acompanhamento de fatalidades *no período de alguns anos de tratamento*. Contudo, a maioria das pessoas tratada para depressão não morreu de nenhuma causa nos anos seguintes.

23. J. Lévesque et al.: "Neural Circuitry Underlying Voluntary Suppression of Sadness", *Biological Psychiatry* 53 (2003): 502-10.

24. Alguns perguntaram por que nossa equipe de pesquisa estudou excitação sexual em homens e tristeza em mulheres. Quando se recrutam objetos de estudo voluntários da população geral para um estudo neurocientífico, é relativamente mais fácil conseguir que homens admitam excitação sexual e mulheres admitam tristeza.

25. Não se usou nenhum grupo de controle neste estudo, nem no comentado antes sobre excitação sexual masculina, porque os dados de pessoas que não haviam assistido aos filmes não forneceriam informações úteis no contexto.

26. J. Lévesque et al.: "Neural Basis of Emotional Self-Regulation in Childhood", *Neuroscience* 129 (2004): 361-69.

QUADRO

27. J. Lévesque et al.: "Neural Circuitry Underlying Voluntary Suppression of Sadness."

28. J. Lévesque et al.: "Neural Circuitry Underlying Voluntary Suppression of Sadness."

29. Hazel Curry, "Spiders Are Out to Get You", *Daily Telegraph*, 22 de fevereiro de 2000. Os relatos do comportamento fóbico de aranha (aracnofóbico) de mulheres britânicas são tirados da matéria na *Telegraph* sobre uma sessão em que as fóbicas de aranha descreveram seus medos e estratégias como parte de um programa de dessensibilização.

30. O folclore discrepante quanto ao significado de aranhas apresenta o infeliz artrópode às vezes como boa sorte e às vezes como má. É mais provável que a experiência pessoal desencadeie a fobia, e o folclore seja recrutado, se chega a ser, em apoio a um medo existente.

31. V. Paquette et al.: "Change the Mind and You Change the Brain: Effects of Cognitive-Behavioral Therapy on the Neural Correlates of Spider Phobia", *Neuroimage* 18.2 (fevereiro de 2003): 401-9.

32. J. M. Gorman et al.: "Neuroanatomical Hypothesis of Panic Disorder", revisado, *American Journal of Psychiatry* 157 (2000): 493-505; M. M. Antony e R.

374 O CÉREBRO ESPIRITUAL

P Swinson, "Specific Phobia", em M. M. Antony e R. P. Swinson, eds., *Phobic Disorders e Panic in Adults: A Guide to Assessment e Treatment* (Washington, DC: Associação Psicológica Americana, 2000), pp. 79-104.

33. Ver, por exemplo, A. L. Brody et al.: "Regional Brain Metabolic Changes in Cerebral Glucose Metabolic Rate After Successful Behavior Modification Treatment of Obsessive – Compulsive Disorder", *Archives of General Psychiatry* 58, (2001): 631-40.

34. Ver, por exemplo, J. M. Schwartz et al.: "Systematic Changes in Cerebral Glucose Metabolic Rate After Successful Behavior Modification Treatment of Obsessive — Compulsive Disorder", *Archives of General Psychiatry* 53 (1996): 109-13.

35. Todos os estudos relatados aqui retrataram consentimento voluntário, informado de indivíduos recrutados por anúncio e que foram aprovados pelo comitê de ética de pesquisa da universidade.

36. Tom Wolfe, "Sorry, but Your Soul Just Died", Sala de Leitura Athenaeum, 1996, http://evans-experientialism.freewebspace.com/wolfe.htm.

QUADRO
37. Paquette et al.: "Change the Mind and you Change the Brain."

38. Dean Radin, *The Conscious Universe: The Scientific Truth of Psychic Phenomena* (San Francisco: HarperSanFrancisco, 1997), p. 258.

39. Citado em Brian Reid: "The Nocebo Effect: Placebo's Evil Twin", *Washington Post*, 30 de abril de 2002.

40. Thomas J. Moore, "No Prescription for Happiness: Could It Be That Antidepressants Do Little More Than Placebo?" *Boston Globe*, 17 de outubro de 1999.

41. Herbert Benson e Marg Stark, *Timeless Medicine: The Power and Biology of Belief* (Nova York: Scribner, 1996), p. 109.

42. Gary Greenberg: "Is It Prozac or Placebo?" *Mother Jones*, novembro/dezembro de 2003.

43. Greenberg dá estes números em: "Is It Prozac or Placebo?". Encontram-se números semelhantes em outro lugar.

44. Michael Brooks, "Anomalies: 13 Things That Don't Make Sense", *New Scientist*, 19-25 de março de 2005.

45. F. Benedetti, L. Colloca, E. Torre, et al.: "Placebo-Responsive Parkinson Patients Show Decreased Activity in Single Neurons of Subthalamic Nucleus", *Nature Neuroscience* 7 (2004): 587-88.

46. R. de la Fuente-Fernández et al.: "Expectation and Dopamine Release: Mechanism of the Placebo Effect in Parkinson's Desease", *Science* 293 (10 de agosto de 2001):1164-66. Eles escrevem: "Nossas observações indicam que o efeito placebo no MP é mediado por um aumento nos níveis sinápticos de dopamina no estriado. A liberação de dopamina relacionada à expectativa poderia ser um fenômeno comum em qualquer estado médico suscetível ao efeito placebo. Pacientes de MP que recebem droga ativa no contexto de um estudo de controle

Notas

de placebo se beneficiam tanto da droga ativa sendo testada quanto do efeito placebo."

47. Tor D. Wager, James K. Rilling, Edward E. Smith, Alex Sokolik, Kenneth L. Casey, Richard J. Davidson, Stephen M. Kosslyn, Robert M. Rose, Jonathan D. Cohen: "Placebo-Induced Changes in fMRI in the Anticipation and Experience of pain", *Science* 303, no. 5661 (fevereiro de 2004): 1162-67. Eles escrevem: "Em duas experiências de imagem de ressonância magnética funcional (IRMf), descobrimos que a analgesia de placebo relacionava-se à diminuição da atividade cerebral em regiões cerebrais sensíveis à dor, inclusive tálamo, ínsula e córtex cingulado anterior, e era associada ao aumento da atividade durante a antecipação de dor no córtex pré-frontal, fornecendo indícios de que placebos alteram a experiência de dor."

QUADRO

48. W. Grant Thompson, *The Placebo Effect and Health: Combining Science e Compassionate Care* (Amherst, MA: Prometheus, 2005), p. 42.

49. P. Petrovic, T. R. Dietrich, P. Fransson, J. Andersson, K Carlsson, e M. Ingvar, "Placebo in Emotional Processing – Induced Expectations of Anciety Relief Activate a Generalized Modulatory Network", *Neuron* 46 (2005): 957-69. Segundo as descobertas do estudo: "Em termos comportamentais, houve uma forte diminuição na classificação subjetiva de desagrado para as condições de placebo comparadas com as de controle. Para os que reagiram positivamente ao placebo, a atividade em áreas visuais extraestriadas foi significativamente reduzida na condição de placebo relativa à condição para as imagens desagradáveis. Descobriu-se uma correlação entre o grau de mudança na classificação de desagrado devido ao tratamento de placebo e a supressão da atividade dependente de placebo nas áreas visuais e no complexo amígdala/para-amigdaloide. Também se detectou uma ativação do córtex orbitofrontal lateral (COBFl) direito, do córtex cingulado rostral anterior (CCAr) e do córtex pré-frontal ventrolateral (CPFvl) nos que reagiram positivamente ao placebo durante a reação do placebo." Como uma rede semelhante revelou antes ser ativada na analgesia de placebo, Petrovic e colegas dela (2005) concluíram que processos modulatórios de placebo não são específicos da analgesia de placebo, mas em vez disso parte dos mecanismos em geral envolvidos na observação emocional objetiva e consciente, incluindo casos de modulação cognitiva da dor.

50. Barbara Lantin, "Healing Can Be All in the Mind", *Daily Telegraph*, 25 de outubro de 2002. Ver também Margaret Talbot, "The Placebo Prescription", *New York Times Magazine*, 9 de janeiro de 2000.

51. C. McRae et al.: "Effects of Perceived Treatment on Quality of Life and Medical Outcomes in a Double-Blind Placebo Surgery Trial", *Archives of General Psychiatry* 61 (2004): 412-20.

52. Herbert Benson e Marg Stark, *Timeless Medicine: The Power and Biology of Belief* (Nova York, Scribner, 1996), pp. 228-29.

376   O CÉREBRO ESPIRITUAL

53. R. Temple, "Implications of Effects in Placebo Groups", *Journal of the National Cancer Institute* 95, no. 1, 2-3 (1º de janeiro de 2003).
54. Lauran Neergaard: "The Placebo Effect May Be Good Medicine", *Pittsburgh Post Gazette*, 30 de novembro de 2005.
55. Uma paráfrase de material da Clínica Mayo: "Placebo Effect: Harnessing Your Mind's Power To Heal", 30 de dezembro de 2003.
56. Thompson, *Placebo Effect and Health*, p. 46. Alguns pesquisadores afirmaram que o efeito de Hawthorne não ocorreu de fato na fábrica Hawthorne. Mas os médicos tendem a concordar com Thompson que o efeito ocorre *de fato* nos estudos de controle de placebo, tenha ou não ocorrido em Hawthorne.
57. Citado em Reid: "Nocebo Effect."
58. Esse significado original de *placebo* e sua associação com chupetas infantis é testemunho tácito do fato que, em geral, a medicina materialista não esperava muito do efeito placebo. O mais recente termo, *nocebo* ("Causarei *dano*"), que surgiu pela primeira vez em 1961, aproxima-se mais da verdade.
59. Reid: "Nocebo Effect."
60. Ver Benson e Stark, *Timeless Medicine*, pp. 40-13.
61. Susan McCarthy: "Spin Doctoring", *Salon*, 15 de julho de 1999.
62. Para uma discussão de incidentes históricos, ver Benson e Stark, *Timeless Medicine*, pp. 40-43.
63. Para uma excelente visão geral de efeito placebo/nocebo, ver Thompson, *Placebo Effect and Health*.
64. Ver, por exemplo, Thompson, *Placebo Effect and Health*, pp. 227-28.
65. Thompson, *Placebo Effect and Health*, p. 45.
66. Citado em Thompson, *Placebo Effect and Health*, p. 49; originalmente de S. Wolf: "A Farmacologia de Placebos", *Pharmacological Reviews* 11 (1959): 689-74.
67. Thompson, *Placebo Effect and Health*, pp. 45-46.
68. Por exemplo, no dicionário do cético on-line (unidirecional), *Skepdic* (www.skepdic.com), um verbete muito longo tenta determinar se o efeito placebo é psicológico ou físico, aparentemente na suposição de que não pode ser as duas coisas (acessado em 18 de fevereiro de 2006).
69. A. Hróbjartsson e P Götzsche, "Is the Placebo Powerless? An Analysis of Clinical Trials Comparing Placebo with No Treatment", *New England Journal of Medicine* 344, no. 21 (24 de maio de 2001).
70. Alun Anderson, em resposta à pergunta do World Question Center 2006: "Qual é sua ideia perigosa?" http://www.edge.org/q2006/q06_6.html#23andersona (acessado em 13 de janeiro de 2007).
71. Jon-Kar Zubieta descreveu isso numa reunião da Sociedade de Neurociência sobre o efeito placebo em Washington, capital, em 15 de novembro de 2005: "Essas descobertas podem ter tremendo impacto na medicina, além de ajudar-nos a entender como o cérebro manipula a si mesmo."
72. Lantin: "Healing Can Be All in the Mind."
73. Martin O'Malley, *Doctors* (Toronto: Macmillan, 1983), p. 2.

Notas 377

74. Thompson oferece uma discussão útil dessa questão (*Placebo Effect and Health*, p. 213).

75. McCarthy: "Spin Doctoring."

76. Na África e na Ásia é comum urbanitas instruídos manterem um pé nos dois campos procurando médicos tradicionais, assim como modernos, citando o fato de que os tratamentos tradicionais ajudam, e ao mesmo tempo admitindo que as doutrinas em que se baseiam são obsoletas.

77. Charles Sherrington, *Man on his Nature* (1940).

78. E. Perreau-Linck, M. Beauregard, P Gravel, J. P. Soucy, M. Diksic, G. K. Essick, e C. Benkelfat, "Serotonin Metabolism During Self-Induced Sadness and Happiness in Professional Actors", trabalho apresentado na Sociedade de Neurociência 34º Encontro Anual, 23-27 de outubro de 2004, San Diego, CA.

79. Ver M. Pelletier et al.: "Separate Neural Circuits for Primary Emotions? Brain Activity During Self-Induced Sadness and Happiness in Professional Actors", *NeuroReport* 14 (2003): 1111-16.

80. Ver a discussão de altruísmo no Capítulo 1. O altruísmo genuíno significa que o indivíduo ajuda os outros sem pensar em recompensa, e até com risco ou custo, porque tais ações são vistas como moralmente ceras. Não se deve confundir esse tipo de escolha com estudos de altruísmo em animais em que o indivíduo ajuda a própria família genética, renuncia a um benefício atual, a fim de reivindicar um posterior, ou ajuda para conquistar status mais elevado. Em assuntos humanos, não se consideram essas escolhas altruísmo.

81. B. Alan Wallace, *The Taboo of Subjectivity: Toward a New Science of Consciousness* (Oxford: Oxford University Press, 2000), p. 5.

82. Pim van Lommel, "About the Continuity of Our Consciousness", in *Brain Death e Disorders of Consciousness*, ed. Calixto Machado e D. Alan Shewmon (Nova York: Kluwer Academic / Plenum, 2004), p. 115.

83. Da própria memória dela em seu site na internet, http://www.geocities.com/pamreynoldsus/ (acessado em 9 de março de 2006).

84. Um grande trecho do relato de Pam Reynolds sobre sua EQM encontra-se à disposição em http://thegroundoffaith.orcon.net.nz/pam.html (acessado em 9 de março de 2006).

85. Van Lommel, "About the Continuity of Our Consciousness", pp. 115-32.

86. Outros relatos sobre perceber um fato verificável enquanto num visível estado de inconsciência quase-morte são feitos em K. Ring e M. Lawrence, "Further Evidence for Veridical Perception During Near – Death Experiences", *Journal of Near-Death Studies* 11.4 (1993): 223-29. Por exemplo, uma enfermeira no Hartford Hospital afirma que trabalhou com uma paciente que descreveu uma EQM. Essa paciente viu um sapato vermelho no telhado do hospital durante sua experiência fora do corpo, o qual um faxineiro depois recuperou. Kenneth Ring descreve três desses casos que envolvem sapatos, cadarços de sapato e um avental amarelo, e também conta a história de uma assistente social de Seattle que também recuperou um sapato do lado de fora de uma janela, posteriormente identificado por um paciente durante uma EQM.

378   O CÉREBRO ESPIRITUAL

87. Ver, por exemplo, Robert S. Bobrow, "Paranormal Phenomena in the Medical Literature: Sufficient Smoke to Warrant a Search for Fire" (*Medical Hypotheses* 60.6 [2003]: 864-68), em que se encontram referências a casos anômalos.

88. Thomas Kuhn, *The Structure of Scientific Revolutions*, 2a ed. (Chicago: University of Chicago Press, 1970), pp. 17-18.

89. Uma pesquisa de opinião Gallup nos Estados Unidos no início da década de 1980 revelou que foram comunicadas EQMs em cerca de 4 por cento das pessoas que estiveram próximas da morte. G. Gallup, *Adventures in Immortality: A Look Beyond the Threshold of Death* (Nova York: McGraw-Hill, 1982).

90. O uso do termo "prospectivo" não significa que ele sabia que indivíduos específicos teriam ataques cardíacos, mas que pretendia entrevistar um grupo de pacientes presentes no futuro próximo, enquanto as lembranças estivessem frescas.

91. Van Lommel: "About the Continuity of Our Counsciousness", p. 121.

92. Van Lommel: "About the Continuity of Our Counsciousness", pp. 120-23.

93. Van Lommel: "About the Continuity of Our Counsciousness", p. 121.

94. O filósofo Sam Harris duvida disso, protestando: "Sei que minha alma fala inglês, porque esta é a lingual que sai de mim sempre que falo ou escrevo" (*The End of Faith: Religion, Terror, e the Future of Reason* [Nova York: Norton, 2004], pp. 278-79). A capacidade de produzir língua é universal entre seres humanos; o inglês é um exemplo local, limitado, da tendência. A alma de Harris talvez pudesse vir de um poço maior.

95. Kenneth Ring e Sharon Cooper, *Near Death and Out of Body Experiences in the Blind* (Palo Alto, CA: William James Center, 1999). Ring e Cooper entrevistaram 31 cegos e pessoas com deficiências visuais que tiveram EQMs e experiências fora do corpo e descobriram que a maioria comunicou experiências "visuais", algumas detalhadas. Estudos de caso minuciosos são apresentados e cuidadosamente analisados para avaliar essas afirmações, inclusive verificação de observadores de fora em alguns casos. Ring e Cooper afirmam que uma forma de visão sem os sentidos físicos, que eles chamam de "visão da mente", parece ter ocorrido durante estas experiências. Kenneth Ring é professor emérito de psicologia na University of Connecticut e cofundador e ex-presidente da International Association for Near – Death Studies.

96. Há certa controvérsia na literatura sobre visão deficiente em relação a se pessoas cegas veem em sonhos. Uma dificuldade óbvia é que só o sonhador tem um sonho. Um sonhador cego talvez "veja" seu amado cachorro-guia, enquanto um sonhador com visão talvez "veja" o mesmo cachorro. Mas nenhum dos dois vê o cachorro real. A vantagem que aqueles com visão têm sobre os cegos nos sonhos precisa de cuidadoso delineamento.

97. Criada pelo pesquisador de EQM, Bruce Greyson, a escala marca a profundidade de uma experiência baseada em respostas classificadas em 16 perguntas para uma contagem total de 32. Uma contagem mínima de sete em geral qualifica-se como uma EQM.

98. Michael Sabom, *Light and Death: One Doctor's Fascinating Account of Near-Death Experiences* (Grand Rapids, MI: Zondervan, 1998), pp. 32-34.

Notas

99. A mistura religiosa total do grupo era de 70 por cento protestantes, 14 por cento católicos, 6 por cento judeus, 4 por cento de outras fés e 5 por cento de nenhuma afiliação religiosa. Uma pessoa (que não teve EQM) era ateia. Não se trata de uma mistura estatística incomum no sul dos Estados Unidos, onde os católicos são um grupo demográfico menor e ateísmo professado é raro.

100. Sabom, *Light and Death*, p. 170.

101. Sabom, *Light and Death*, pp. 165-73. Ver também Bruce Greyson e Nancy Bush, "Distressing Near – Death Experiences", *Psychiatry*, 55.1 (fevereiro de 1992): 95-110. As experiências angustiantes incluíram perda de controle, sensação de nada, e pesadelos tornando-se reais.

102. Sabom observa: "Psiquiatras estudaram esse efeito em pessoas que tentaram suicídio e postularam que durante uma EQM se tem uma 'sensação de unidade cósmica' que faz a pessoa deixar de enfatizar 'metas mundanas e começar a ver suas perdas e seus fracassos como irrelevantes da perspectiva transpessoal'" (*Light and Death*, p. 211), daí evitando tentativas de suicídio.

103. A. J. Ayer: "What I Saw When I Was Dead", *National Review*, 14 de outubro de 1988, pp. 38-40, citado em Sabom, *Light and Death*, p. 209.

104. William Cash: "Did Atheist Philosopher See God When He 'Died'?" *National Post*, 3 de março de 2001.

105. Citado em Sabom, *Light and Death*, p. 174.

106. Neal Grossman: "Who's Afraid of Life After Death?" *Journal of Near-Death Studies* 21.1 (Outono de 2002): 21.

107. Van Lommel, "About the Continuity of Our Consciousness", p. 118.

108. Sabom lista os resultados desse questionário no apêndice da Tabela 4, p. 227, em *Light and Death*. O questionário foi criado pelo pesquisador de EQM, Kenneth Ring, para avaliar o efeito de uma EQM em crenças de vida posteriores.

109. Sabom, *Light and Death*, pp. 96-97.

110. Em resposta à pergunta do World Question Center 2006: "Qual é sua ideia perigosa?" ("A história de ciência é cheia de descobertas que foram consideradas perigosas social, moral ou emocionalmente em sua época; as revoluções copérnica e darwiniana são as mais óbvias"); http://www.edge.org/q2006/q06_l2.html#23bloom (acessado em 13 de janeiro de 2007). 1° de janeiro de 2006 Pergunta *EDGE* — uma coletânea de ensaios materialistas predominantes.

111. O. Blanke, S. Ortigue, T. Landis e M. Seeck, "Stimulating Illusory Our – Body Perceptions: The Part of the Brain That Can Induce Out-of-Body Experiences Has Been Located", *Nature* 419 (2002): 269-70.

112. Van Lommel, "About the continuity of Our Consciousness", p. 119.

113. Jay Ingram: *Theatre of the Mind: Raising the Curtain on Consciousness* (Toronto: HarperCollins, 2005), pp. 56-57.

114. Susan Blackmore: *The Meme Machine* (Oxford: Oxford University Press, 1999), p. 181.

115. Jeffrey L. Saver e John Rabin, "The Neural Substrates of Religious Experience", *Journal of Neuropsychiatry and Clinical Neurosciences* 9 (1997): 498-510.

116. Saver e Rabin, "The Neural Substrates of Religious Experience", p. 505.

380 O CÉREBRO ESPIRITUAL

117. De um megasite cristão evangélico conservador patrocinado pela Eden Communications, Respostas Cristãs, http://www.christiananswers.net/q-eden/rfsm-nde.html (acessado em 9 de março de 2006).
118. Grossman: "Who's Afraid of Life After Death?" p. 14.
119. Van Lommel, "About the Continuity of Our Consciousness", p. 115.
120. Grossman: "Who's Afraid of Life After Death?" p. 21.
121. Sabom, *Light and Death*, p. 66.
122. Van Lommel, "About the Continuity of Our Consciousness", p. 118.
123. Grossman: "Who's Afraid of Life After Death?" p. 8.
124. Grossman: "Who's Afraid of Life After Death?"
125. A. M. Turing, trecho de "Computing Machinery and Intelligence", *Mind* 59. no. 236 (1950), reeditado em Hofstadter e Dennett, *Mind's I*, p. 66.
126. Hofstadter e Dennett, *Mind's I*, p. 68. Hofstadter e Dennett (p. 67) começam tranquilizando os leitores de que a situação não é tão ruim quanto considera Turing; a maioria dos físicos experimentais e psicólogos duvida da existência de percepção extrassensorial em qualquer forma.
127. Radin, *Conscious Universe*, p. 2.
128. John McCrone: "Power of the Paranormal: Why It Won't Surrender to Science", *New Scientist*, 13-19 de março de 2004.
129. McCrone: "Power of the Paranormal", p. 37.
130. McCrone: "Power of the Paranormal."
131. Radin, *Conscious Universe*, p. 2.
132. Harris, *End of Faith*, p. 41.
133. Harris, *End of Faith*, p. 47.
134. Citado em Radin, *Conscious Universe*. A informação precedente referente à corrente dominante do estudo de efeitos psi é de Radin, pp. 3-5.
135. De material fornecido pela Fundação James Ranch em seu site http://www.randi.org/library/coldreading/index.html (acessado em 13 de janeiro de 2007).
136. Radin, *Conscious Universe*, p. 207.
137. "Self-Proclaimed 'Police Psychics' Can't Find Bodies, but They've Found the Spotlight", Center for Inquiry, 1 de julho de 2005; http://wwwcenterforinquiry.net/newsrooms/070105.html (acessado em 13 de janeiro de 2007).
138. Carl Sagan, *O mundo assombrado pelos demônios: a ciência vista como uma vela no escuro*. São Paulo: Companhia das Letras, 2001.
139. Radin, *Conscious Universe*, p. 84.
140. Radin, *Conscious Universe*, p. 88.
141. Radin, *Conscious Universe*, p. 88.
142. Radin, *Conscious Universe*, pp. 138-45.
143. Radin, *Conscious Universe*, pp. 138-45.
144. Jiří Wackermann et al.: "Correlations Between Brain Electrical Activities of Two Spatially Separated Human Subjects", *Neuroscience Letters* 336 (2003): 60-64. Eles afirmam: "Seis canais de eletrencefalograma (EEG) foram simultaneamente registrados de pares de objetos de estudo humano em duas salas protegidas de modo acústico e eletromagnético. Enquanto se provocavam reações elétricas vi-

Notas

suais de padrão invertido a estímulos num voluntário, o outro voluntário relaxava sem estimulação. A média dos EEGs de ambos voluntários era calculada nos momentos do início do estímulo, a voltagem efetiva dos sinais médios computada numa janela em movimento contínuo, e expressa como relação proporcional (Q) à voltagem efetiva do sinal médio do EEG de períodos de não estimulação. Analisaram-se essas relações em voluntários não estimulados na latência da reação máxima em voluntários estimulados. Descobriram-se significativas partidas de relações Q das distribuições de referência, baseadas nos parâmetros do EEG em períodos de não estimulação, na maioria dos voluntários não estimulados. Os resultados indicam que as correlações entre as atividades de dois indivíduos separados podem ocorrer, embora não se conheça nenhum mecanismo biofísico."

145. Citado em Radin, *Conscious Universe*, p. 207.
146. Ursula Goodenough, convidada apresentada no programa "Healing Powers", PBS, 20 de maio de 1996.
147. Radin, *Conscious Universe*, p. 209.
148. Citado em Radin, *Conscious Universe*, p. 213. Ele fez o comentário em "Chance", *Scientific American*, outubro de 1965, pp. 44-54.
149. Em 27 de abril de 1900, Lord Kelvin fez uma palestra para a Real Instituição da Grã-Bretanha, "Nineteenth-Century Clouds over the Dynamical Theory of Heat and Light", em que ele advertiu sobre essas duas nuvens.
150. Radin, *Conscious Universe*, pp. 206-7.
151. Radin, *Conscious Universe*, pp. 250-51.
152. Radin, *Conscious Universe*, p. 287. Toda a discussão (cap. 16) é esclarecedora.
153. O behaviorismo postulou que determinado estímulo resultava em determinada reação, e que nenhum estado mental interveniente devia ser tratado como importante. Nos seres humanos, essa explicação é claramente incorreta. A dor, por exemplo, não é apenas o comportamento observado de um indivíduo com dor, mas também a consciência de dor do indivíduo que, como vimos, pode ser bastante influenciada pelo efeito placebo ou nocebo. A *Stanford Encyclopedia of Philosophy* on-line oferece um útil verbete sobre esse problema, http://plato. stanford.edu/entries/behaviorism/ (acessado em 13 de janeiro de 2007).
154. Radin, *Conscious Universe*, p. 263.
155. Harald Wallach e Stefan Schmidt: "Repairing Plato's Life Boat with Ockham's Razor: The Important Function of Research in Anomalies for Consciousness Studios", *Journal of Consciousness Studies* 12, no. 2 (2005): 52-70.
156. Radin, *Conscious Universe*, p. 295.
157. Por que é chamado de Barco Salva-Vidas de Platão? A escola de astronomia platônica afirmava que uma teoria científica precisa acomodar todos os dados ("salvar as aparências"); portanto, uma simplicidade que ignora persistentes contraexemplos não bastará no longo prazo. Há um limite para a utilidade de lâminas. Ver Wallach e Schmidt: "Repairing Plato's Life Boat with Ockham's Razor", pp. 54-55.
158. Wallach e Schmidt: "Repairing Plato's Life Boat with Ockham's Razor", p. 62.

382   O CÉREBRO ESPIRITUAL

159. Wallach e Schmidt talvez não tenham pensado nesse efeito (às vezes chamado de poltergeist), a não ser para o curioso caso do físico teórico Wolfgang von Pauli (1900-1958), que previu o neutrino, mas parece que fez as experiências não darem certo apenas por estar no laboratório. Raclin comenta o testemunho de George Gamow para o localmente desastroso "efeito Pauli": "O aparato caía, quebrava, avariava ou pegava fogo quando ele apenas entrava num laboratório" (Radin, *Conscious Universe*, p. 131). Parece que o cauteloso Otto Stern (1888-1969) proibiu Pauli de ir ao laboratório dele por isso. Wallach e Schmidt observam: "Ele mesmo levava muito a sério seu chamado 'Efeito Pauli' (Pietschmann, 1995; Enz, 1995). O próprio Pauli achou que esses efeitos macro-PK na certa se deviam a seus conflitos psicológicos internos. Pela compreensão de seus problemas de personalidade e a solução deles Pauli, adquiriu uma forte convicção de que a física só seria completa se levasse em consideração a consciência como parte da realidade (Meier, 1992; von Meyenn, 1996; Pauli, 1954). Por isso, declarou a necessidade de explicar a mentalidade numa teoria física (Pauli, 1952). Parece-nos, portanto, que a eventual possibilidade de macro-PK deva afinal encontrar um lugar no Barco Salva-Vidas de Platão" (p. 63).

QUADRO
160. Dr. Kolb falava na University of Toronto, 23 de setembro de 2005

161. Membros de organizações científicas de elite, como a Academia Nacional de Ciências, podem diferenciar-se muito do público geral entrevistado em pesquisas de opiniões por organizações estatísticas.

162. E. Goode, *Paranormal Beliefs* (Prospect Heights, IL: Waveland. 2000), p. 2.

163. De acordo com a organização Gallup, as crenças incluem percepção extrassensorial (PES), casas mal-assombradas, fantasmas, telepatia mental, clarividência, astrologia, comunicação com os mortos, bruxas, reencarnação, e mediunidade, uma mistura arriscada de suposições sobre a realidade.

164. J. M. Schwartz, H. Stapp, e M. Beauregard: "Quantum Theory in Neuroscience and Psychology: A Neurophysical Model of Mind/Brain Interaction", *Philosophical Transactions of the Royal Society B: Biological Sciences* 360 (2005): 1309-27.

165. Schwartz e Begley, *Mind and the Brain*, p. 364.

166. Ver Capítulo 1 para as controvérsias que envolveram o astrônomo Guillermo Gonzalez e o taxinomista Richard Sternberg em 2005.

CAPÍTULO 7: QUEM VIVE EXPERIÊNCIAS MÍSTICAS E O QUE AS PROVOCA

1. William James, *The Varieties of Religions Experience* (Nova York: Random House, 1902), p. 80.

2. James, *Varieties of Religions Experience*, p. 281.

3. Evelyn Underhill, *Misticismo: estudo sobre a natureza e o desenvolvimento da consciência espiritual do ser humano*. Curitiba: AMORC, 2002.

Notas

4. Richard Conn Henry: "The Mental Universe", *Nature* 436, no. 29 (7 de julho de 2005). Henry é professor do Departamento de Física e Astronomia Henry A. Rowland na Universidade Johns Hopkins.

5. W. T. Stace, *The Teachings of the Mystics* (Nova York: Macmillan, 1960), pp. 10-11. Especificamente, ele disse: "Às vezes chama-se qualquer coisa de 'mística' que quer dizer nublado [*misty*, em inglês], enevoado, vago ou turvo. É absurdo que se associe 'misticismo' com o que é nublado por causa do som semelhante em inglês das palavras. E não há nada nublado, enevoado, vago ou turvo no misticismo."

6. Stace, *Teachings of the Mystics*, p. 14. A enciclopédia de filosofia on-line de Stanford dá a seguinte definição: "Uma (suposta) experiência unitiva super-senso-perceptual or sub-senso-perceptual concedendo o conhecimento de realidades ou da forma como as coisas são, de um tipo não acessível por meio da sensopercepção, modalidades somatosensoriais ou introspecção padrão." Jerome Gellman: "Mysticism", *Stanford Encyclopedia of Philosophy*, ed. Edward N. Zalta, primavera de 2005 ed., http://plato.stanford.edu/archives/spr2005/entries/mysticism/.

7. Dean Radin, *The Conscious Universe: The Scientific Truth of Psychic Phenomena* (San Francisco: HarperSanFrancisco, 1997), p. 19.

8. Allan Smith, Psi Taste: http://www.issc-taste.org/arc/dbo.cgi?set=expom&id=00004&ss=1 (acessado em 13 de janeiro de 2007). Essa experiência foi escrita com alguns detalhes em A. Smith e C. Tart, "Cosmic Consciousness Experience and Psychedelic Experiences: A First Person Comparison", *Journal of Consciousness Studies*, 5, no. I (1998): 97-107. Referindo-se à Consciência Cósmica, Smith segue a interpretação do pioneiro psiquiatra canadense R. M. Bucke (*Consciência cósmica: estudo da evolução da mente humana* [Rio de Janeiro: Renes, 1982; originalmente publicado em 1901]). Psi Taste oferece um arquivo de muitas experiências de cientistas acerca de uma grande variedade de estados de consciência alterada.

9. Underhill, *Misticismo*, p. 83.

10. Underhill, *Misticismo*, p. 81.

11. Underhill, *Misticismo*, p. 46.

12. B. Alan Wallace, *The Taboo of Subjectivity: Toward a New Science of Consciousness* (Oxford: Oxford University Press, 2000), p. 6.

13. Wallace, *Taboo of Subjectivity*, pp. 103-18.

14. James, *Varieties of Religions Experience*, p. 283.

15. James é sempre consciente do materialismo, mas apesar disso mantém sua posição. Escreve: "A corrente de pensamento em círculos acadêmicos vai contra mim, e eu me sinto como um homem que precisa apoiar logo as costas numa porta aberta se não desejar vê-la fechada e trancada. Apesar de isso ser tão chocante para os gostos intelectuais reinantes, creio que uma franca consideração parcial de sobrenaturalismo e uma discussão completa de todas suas referências metafísicas mostrarão tratar-se da hipótese pela qual se encontra o maior número de requisitos legítimos" (p. 387). Para um homem de sua época, que não sabia como continuaria a batalha, isso foi corajoso.

384   O CÉREBRO ESPIRITUAL

QUADRO

16. James, *Varieties of Religions Experience*, pp. 281-83. Trata-se apenas de breves citações de uma discussão muito mais completa e muito útil. Pode-se baixar *Varieties* de James no Projeto Gutenberg, http://onlinebooks.library. upenn.edu/webbin/gutbook/lookup?num=621 (acessado em 13 de janeiro de 2007).

17. A afirmação de James referente à transitoriedade foi questionada. Alguns místicos passaram por estados místicos que duravam dias. Ver Gellman: "Mysticism."

18. Underhill, *Misticismo*, p. 81.

19. Os místicos "ocidentais" são influenciados pelas tradições muçulmanas, cristãs, judaicas, sufistas (e na certa por outras), e pelo platonismo e neoplatonismo. Em geral, adotam um autor divino de poder ou legislação por trás do universo.

20. Stace, *Teachings of the Mystics*, pp. 20-21. Stace observa: "Não apenas no cristianismo e hinduísmo, mas em todos outros lugares descobrimos que a essência dessa experiência é que se trata de uma unidade indiferenciada, embora cada cultura e cada religião interpretem essa unidade indiferenciada em termos de seus próprios credos e dogmas."

21. Isso, lembrarão os leitores, é semelhante a um dos problemas suscitados pela pesquisa de Persinger (Capítulo 4). Persinger criara um grupo de ferramentas de medição que não correspondeu às que se usavam em geral.

22. *Emile Durkheim on Morality e Society*, ed. Robert N. Bellah, Heritage of Sociology Series (Chicago: University of Chicago Press, 1973), p. 51.

23. Para uma explicação de por que essa visão não presta contas de provas, ver Rodney Stark, "Why Gods Should Matter in Social Science", *Chronicle Review*, 6 de junho de 2003. Não existe nenhuma relação constante entre o desempenho do ritual e os aspectos espirituais ou morais de uma tradição religiosa.

QUADRO

24. Pode-se afirmar que essas proclamações religiosas visam à estabilidade social restaurando uma ordem social melhor, mas os funcionários públicos raras vezes concordam.

25. Peter Berger *The Desecularization of the World* (Grand Rapids, MI: Eerdmans, 1999), p. 2.

26. Bergen *Desecularization of the World*, p. 4. Berger descreve um intelectual secular típico da Europa ocidental visitando o clube da faculdade na University of Texas: "Talvez ele ache que voltou para casa. Mas depois imagine-o tentando dirigir pelo engarrafamento no domingo de manhã no centro de Austin — ou, que o céu o ajude, ligando o rádio do carro! O que acontece então é um severo golpe do que os antropólogos chamam de choque cultural" (p. 11).

27. S. Arzy et al.: "Why Revelations Have Occurred on Montains? Linking Mystical Experiences and Cognitive Neuroscience", *Medical Hypotheses* 65 (2005): 841-45.

Notas

28. James, *Varieties of Religions Experience*, p. 51. James recebeu esse relato de uma coletânea feita por um Professor Flournoy e traduziu-o do original francês.
29. Citado em James, *Varieties of Religions Experience*, p. 309.
30. Underhill, *Misticismo*, p. 80.
31. Rudolf Otto. *The Idea of the Holy, trad.* Para o inglês de *John W Harvey* (Londres: Oxford University Press, 1971), pp. 23-24. Otto não desaprova toda controvérsia teológica, mas a controvérsia baseada em escolha de palavra para experiências que, embora autênticas, desafiam uma descrição eficaz.
32. 1 Cor. 2:9, NIV. Paul admitiu uma tendência mística (ver Capítulo 3).
33. Para discussões úteis de descrições por negação, ver Otto, *Idea of the Holy*, pp. 29, 34-35, ou James, *Varieties of Religions Experience*, pp. 308-9.
34. James, *Varieties of Religions Experience*, p. 308.
35. Gellman: "Mysticism."
36. João da Cruz, "En Una Noche Escura." Citado em Evelyn Underhill, *Misticismo* (Nova York: New American Library, 1974), p. 371.
37. Anne McIlroy, "Hard – Wired for God", *Globe e Mail*, 6 de dezembro de 2003.
38. Alguns textos budistas parecem gêneros ocidentais conhecidos, como o sermão do fogo do inferno. Este o exemplo é do monge Bodhidharma, que levou o budismo da Índia até a China em 540 A. E.C.: "Quando as ilusões estão ausentes, a mente é a terra de budas. Quando as ilusões estão presentes, a mente é o inferno. Você vai de um inferno para o seguinte." De http://www.zaadz.com/quotes/topics/buddhism (acessado em 31 de março de 2006).
39. Underhill, *Misticismo*, pp. 370-71.
40. Stace, *Teachings of the Mystics*, p. 15. Gellman concorda, observando: "Deve-se tomar cuidado para não confundir experiência mística com 'experiência religiosa.'" A última refere-se a qualquer experiência tendo conteúdo ou significado apropriado para um contexto religioso ou que tem um sabor 'religioso'. Isso incluiria quase tudo de experiência mística, mas também visões religiosas e auditivas, experiências Zen não místicas, e vários sentimentos religiosos, como temor e sublimidade religiosos" ("Mysticism").
41. Pesquisa Barna, "Born Again Christians", em "Defining Evangelicalism", Institute for the Study of American Evangelical, 2003; http://www.wheaton.edu/isae/defining_evangelicalism.html (acessado em 13 de janeiro de 2007).
42. Adaptado de Larry Eskridge, "Defining Evangelicalism", um relatório fornecido pelo Institute for the Study of American Evangelicals, 1995, revisado em 2006; http://www.wheaton.edu/isae/defining_evangelicalism.html.
43. Citado em Gellman: "Mysticism" (Russell, 1935, 188).

QUADRO

    44. Adaptado de Eskridge, "Defining Evangelicalism."

45. Alguns afirmam que as crianças e os adultos incultos têm mais chance de experimentar essas visões "verídicas". Se assim for, elas talvez se relacionem com uma faculdade menos desenvolvida para abstração.

386 O CÉREBRO ESPIRITUAL

46. Citado em Underhill, *Misticismo*, p. 280.
47. Citado em Underhill, *Misticismo*, p. 281.
48. State, *Teachings of the Mystics*, p. 12.
49. Underhill, *Misticismo*, p. 224.
50. Gellman lista "hiper-sugestionabilidade, severa privação, severa frustração sexual, medo intenso da morte, regressão infantil, desajuste pronunciado e doenças mentais além de estados não patológicos, incluindo a influência desordenada de um "conjunto" religioso psicológico (ver Davis, 1989, cap. 8, e Wulff, 2000)" ("Mysticism").
51. Ver, por exemplo, Fales, 1996a, 1996b, como observado por Gellman em "Mysticism."
52. Gellman: "Mysticism."
53. Underhill, *Misticismo*, p. 60.
54. Gerald M. Edelman e Giulio Tononi, *A Universe of Consciousness: How Matter Becomes Imagination* (Nova York: Basic Books, 2000), p. 191.
55. Deborah Solomon: "The Nonbeliever", entrevista com Daniel Dennett, *New York Times*, 22 de janeiro de 2006.
56. Alister Hardy, "Natural History Old and New", discurso inaugural, University of Aberdeen, 1942 (reeditado de *Fishing News*).
57. Alister Hardy, *The Spiritual Nature of Man* (Oxford: Clarendon, 1979), p. 21.
58. Hardy, *Spiritual Nature of Man*, p. 1. Algumas dessas experiências talvez tenham envolvido consciência mística.
59. Hardy, *Spiritual Nature of Man*, p. 91.
60. Hardy, *Spiritual Nature of Man*, pp. 83- 84.
61. Hardy, *Spiritual Nature of Man*, p. 123.
62. Hardy, *Spiritual Nature of Man*, p. 28.
63. Hardy, *Spiritual Nature of Man*, pp. 131-32.
64. Hardy, *Spiritual Nature of Man*, p. 2.
65. Ver Hardy, *Spiritual Nature of Man*, pp. 126ff. A expressão citada é a original, escrita por Michael Weisskopf do *Washington Post* (1º de fevereiro de 1993), embora às vezes apareça na forma ecoada por Michael Kinsley, também do *Post* (3 de julho de 2005), como "pobres, pouco instruídos e facilmente liderados".
66. Hardy, *Spiritual Nature of Man*, pp. 30, 127.
67. James McClenon, "Mysticism", *Encyclopedia of Religion e Society*, ed. William H. Swatos, Jr., Hartford Institute for Religion Research, Altamira Press, http://hirr.hartsem.edu/ency/Mysticism.htm (acessado em 5 de abril de 2006).

QUADRO
68. Stephen Fraser, "Newly Released Letters Tell of Jesus Calling Mother Teresa 'My Little Wife,'" *Scotland on Sunday*, 8 de dezembro de 2002.

69. Hardy, *Spiritual Nature of Man*, pp. 104-8.
70. Hardy, *Spiritual Nature of Man*, p. 106.
71. Hardy, *Spiritual Nature of Man*, p. 141.

Notas 387

72. Ver, por exemplo, a discussão de Hardy de Deus como um pai amoroso (*Spiritual Nature of Man*, p. 135), em que ele afirma que os seres humanos parecem chimpanzés juvenis e por isso buscam amor paterno. Um problema de sua tese é que uma forte ênfase em Deus como um pai *pessoal e amoroso* (seja Pai ou Mãe), ao contrário de um Pai de Todos ou Mãe da Terra impessoais, não era difundida na antiguidade conhecida. Os ensinamentos de Jesus, que chamava Deus de *abba* ("Papai"), eram muito controvertidos quando apresentados pela primeira vez em cerca de 30 E. C.

73. Steve Waldman, "On Belief: The Pearly Gates Are Wide Open", *Beliefnet*, http://www.beliefnet.com/story/173/story_17348_1.html (acessado em 4 de abril de 2006).

74. Underhill, *Misticismo*, p. 96

75. Citado em Underhill, *Misticismo*, p. 85.

76. Subhuti foi um dos dez principais discípulos de Gautama.

77. Às vezes é difícil desenredar experiências místicas de tentativas de magia nas culturas antigas, mas elas são separáveis. Uma excelente introdução ao pensamento mágico é *O ramo de ouro*, de James George Frazer (1890), cuja edição de 1922 encontra-se on-line em www.bartleby.com. Os indivíduos tecnologicamente primitivos de Frazer desejam com urgência vantagens materiais para si mesmos e danos materiais para os inimigos. O pensamento mágico deles não tem qualquer relação com a postura clássica do místico: "Eis que ele me matará; não tenho esperança; contudo defenderei os meus caminhos diante dele" (Jó 13,15) ou "Quando o vi, caí a seus pés como morto" (Apo. 1,17), inteiramente desprendido de egoísmo material e buscando apenas conhecer a realidade última, qualquer que seja o custo.

78. Underhill, *Misticismo*, pp. 42, 370-71.

79. Aldous Huxley, *A filosofia perene*. São Paulo: Círculo do Livro, 1990.

80. Gellman ("Mysticism") observa que William Wainwright propôs quatro modos de experiência mística extrovertida e duas das introvertidas: *experiências místicas extrovertidas:* "uma sensação da unidade da natureza, da natureza como uma presença viva, uma sensação de que tudo transpirando em natureza é um presente eterno, e uma experiência budista não interpretada"; *experiências místicas introvertidas:* "pura consciência vazia, e experiência teísta marcada pela consciência de um objeto em 'amor mútuo'." (Wainwright, 1981, cap. 1). Ele também acrescenta que R. C. Zaehner (1961) classificou a consciência mística em três tipos: uma sensação de união com toda a natureza, uma sensação de união com o universo que transcendia espaço e tempo e uma sensação de união com uma presença divina.

81. Gellman observa que State foi censurado por "simplificar ou distorcer relatos místicos" comentando que Moore (1973) resume tais exemplos: "Por exemplo, Pike critica a Posição Inteligente de Stace porque no misticismo cristão a união com Deus é dividida em fases discerníveis, o que não encontra qualquer base na teologia cristã. Essas fases, portanto, refletem de forma plausível uma experiência e não uma interpretação forçada (Pike, 1992, Capítulo 5)" ("Mysticism").

388   O CÉREBRO ESPIRITUAL

82. Para uma interessante discussão, ver Gellman: "Mysticism."
83. Francis Galron, *National Review* 23 (1894): 755.
84. Edward O. Wilson, *Sociobiology*, ed. condensada (Cambridge, MA: Harvard University Press, 1980), p. 286.
85. Underhill, *Misticismo*, p. 17.
86. Underhill, *Misticismo*, p. 55.
87. James, *Varieties of Religions Experience*, pp. 70-71.
88. James, *Varieties of Religions Experience*, p. 370. Ver toda a discussão, pp. 368-72.
89. O processo pelo qual os filósofos chegaram a esse ponto é meticulosamente descrito pelo filósofo australiano David Stove em *Darwinian Fairytales* (Aldershot, UK: Avebury, 1995).
90. Edward O. Wilson: "Intelligent Evolution: The Consequences of Charles Darwin's 'One Long Argument' de Charles Darwin." *Harvard Magazine*, novembro-dezembro de 2005, p. 30.
91. Michael Shermer: "Unweaving the Heart: Science Only Adds to Our Appreciation for Poetic Beauty and Experience of Emotional Depth", *Scientific American*, outubro de 2005.
92. J. R. Minke, "Psyching Out Evolutionary Psycology David J. Buller", *Scientific American*, 4 de julho de 2005.
93. Links para os artigos disponíveis em 2005 promovendo essas afirmações são fornecidos em http://www.arn.org/blogs/index.php/2/2006/04/03/lstrongglemg-darwinian_fairy_tales_1_emg_9.
94. *Neuroteologia* é definida assim em http://www.answers.com/neurotheology (acessado em 10/5/2005). O mesmo verbete identifica o trabalho do capacete de Deus de Persinger (ver Capítulo 4) como "uma sensação instantânea" e "um proeminente estudo".
95. Na verdade, a psicologia evolucionária popularizou o tempo condicional em inglês, o "teria tido" da conjectura pré-histórica, como em "Os homens do Plistoceno *teriam tido* de matar seus enteados para..." História para a qual temos provas é escrita no simples pretérito perfeito.
96. O governo francês oferece um passeio virtual em http://www.culture.gouv.fr/culture/arcnat/lascaux/en/.
97. The Museum of Natural History, Viena: http://www.nhm-wien.ac.at/nhm/Prehist/Collection/Objekte_PA_ 01 E.html.
98. Deborah Solomon: "The Nonbeliever", entrevista com Daniel Dennett, *New York Times*, 22 de janeiro de 2006.
99. Casper Soeling e Eckert Voland: "Toward an Evolutionary Psychology of Religiosity", *Neuroendocrinology Letters: Human Ethology & Evolutionary Psychology* 23, supl. 4 (dezembro de 2002), do abstrato.
100. Steve Paulson: "Religious Belief Itself Is an Adaptation", entrevista com E. O. Wilson, *Salon*, 21 de março de 2006.
101. E. O. Wilson, *Consiliência: a unidade do conhecimento*. Rio De Janeiro: Campus, 1999.
102. Wilson, *Consilience*, p. 291.

Notas

389

103. Paulson: "Religious Belief Itself Is an Adaptation."

104. Soeling e Voland: "Toward an Evolutionary Psychology of Religiosity."

105. David Sloan Wilson, *Darwin's Cathedral: Evolution, Religion, e the Nature of Society* (Chicago: University of Chicago Press, 2002), p. 228.

106. Wilson, *Darwin's Cathedral*, p. 228. Na verdade, muitos historiadores ateus confusos foram atraídos para a vida de Jesus, mas de forma típica eles ganham mais perspicácia do que dão.

107. Wilson, *Darwin's Cathedral*, p. 228.

108. Wilson, *Darwin's Cathedral*, p. 230.

109. Thomas Kuhn, *A estrutura das revoluções científicas.* São Paulo: Perspectiva, 1975.

110. Leon Wieseltier, "The God Genome", *New Republic*, 19 de fevereiro de 2006, uma resenha do *Breaking the Spell: Religion as a Natural Phenomenon*, de Daniel C. Dennett (Nova York: Viking, 2006).

111. Pascal Boyer, *Religion Explained: The Evolutionary Origins of Religions Thought* (Nova York: Basic Books, 2001), p. 329.

112. Boyer, *Religion Explained*, p. 4.

113. Boyer, *Religion Explained*, p. 328.

114. Pascal Boyer: "Why Is Religion Natural?" *Skeptical Inquirer*, março de 2004.

115. Essa afirmação é feita por W. G. Runciman, em "Temos uma Fiação Especial para Deus?" resenha de *Religion Explained*, *Guardian Unlimited*, de Boyer, 7 de fevereiro de 2002.

116. Keith E. Stanovich, *The Robots Rebellion: Finding Meaning in the Age of Darwin* (Chicago: University of Chicago Press, 2004); pp. 4-11 pode ser lido on-line em http://www.press.uchicago.edu/Misc/Chicago/770893.html (acessado em 13 de janeiro de 2007).

117. Jerry Fodor, "The Selfish Gene Pool", *Times Literary Supplement*, 27 de julho de 2005, uma resenha de *Adapting Minds* (Cambridge, MA: MIT Press, 2005), de David J. Bullet.

118. Mary Midgley, citado em Alister McGrath, *Dawkins's God: Genes, Memos, and the Meaning of Life* (Oxford: Blackwell, 2005), p. 41.

119. Steven Pinker, "Yes, Genes Can Be Selfish", *Times*, 4 de março de 2006, http://www.timesonline.co.uk/article/0,,23114-2066881,00.html (acessado em 13 de janeiro de 2007).

120. Ver Capítulo 5.

121. Fodor: "The Selfish Gene Pool."

122. Fodor: "The Selfish Gene Pool."

123. Stove, *Darwinian Fairytales*, p. 27. O falecido David Stove, agnóstico que aceitava a evolução e com quase certeza *não* tentava promover uma religião, oferece uma crítica atentamente analítica da teoria do gene egoísta, do ponto de vista da natureza humana, como historicamente conhecida. (*Nota:* O imenso aumento da população humana nas décadas recentes resulta sobretudo de expectativas de vida maiores, não de aumento nos índices de nascimento.)

124. Richard Dawkins, *O gene egoísta*, São Paulo: Companhia das Letras, 2007.

390   O CÉREBRO ESPIRITUAL

125. Susan Blackmore: "The Forget-Meme-Not Theory", *Times Higher Education Supplement*, 26 de fevereiro de 1999. O termo *meme* foi cunhado por Dawkins em 1976 por analogia a *fonema*, uma unidade da linguagem falada, via *mimeme*, uma unidade teórica de imitação.

126. William L. Benzon, "Colorless Green Homunculi", *Human Nature Review* 2 (17 de outubro de 2002): 454-62, uma resenha de *The Electric Meme: A New Theory of How We Think*, de Robert Aunger (Nova York: Free Press, 2002).

127. Susan Blackmore: "The Power of Memes", *Scientific American* 283, no. 4 (outubro de 2000): 52-61.

128. Blackmore: "The Power of Memes."

129. Dawkins fez uma referência memorável às religiões como "vírus da mente" (*Free Inquiry*, Verão de 1993, pp. 34-41).

130. Alister McGrath observou que Dawkins em *O gene egoísta* definiu memes de uma maneira a fazê-los equivalentes não a genes, mas a fenótipos, o verdadeiro conjunto das características de um ser vivo que é expresso externamente produzido pelos genes. Contudo, Dawkins mudou sua descrição de memes entre *O gene egoísta* (1976) e menos lido *The Extended Phenotype* (1982). Mas quase toda discussão popular supõe o modelo "gene egoísta" ou o viral, ou então não distingue claramente entre eles.

131. Dawkins, *O gene egoísta*, p. 214-15.

132. Blackmore: "The Forget-Meme-Not Theory."

133. Susan Blackmore: *The Meme Machine* (Oxford: Oxford University Press, 1999), p. 192.

134. Blackmore: *Meme Machine*, p. 203.

135. Dawkins, *O capelão do diabo: ensaios escolhidos,* São Paulo: Companhia das Letras, 2005.

136. McGrath, *Dawkins's God*, p. 124.

137. Um conveniente teste é ler qualquer determinado texto que discute "memes" e substituir a palavra "ideias." Observe se resulta em perda de informações.

138. McGrath, *Dawkins's God*, p. 128.

139. Jiří Wackermann et al.: "Correlations Between Brain Electrical Activities of Two Spatially Separated Human Subjects", *Neuroscience Letters* 336 (2003): 60-64.

140. McGrath, *Dawkins's God*, p. 137.

141. Robert C. Aunger, ed., *Darwinizing Culture: The Status of Memetics as a Science* (Oxford: Oxford University Press, 2001).

142. Aunger, ed., *Darwinizing Culture*; cap. 1 encontra-se disponível em formato pdf, em http://www.cus.cam.ac.uk/~rva20/Darwin.1.pdf (acessado em 13 de janeiro de 2007).

143. Susan Blackmore: "Can Memes Get off the Leash?" em Aunger, ed., *Darwinizing Culture*, cap. 2.

144. Blackmore: "Can Memes Get off the Leash?"

145. McGrath, *Dawkins's God*, p. 135.

Notas

391

146. Richard Brodie, *Virus of the Mind: The New Science of the Meme* (Seattle: Integral Press, 1996), p. 15.

147. Aunger, ed., *Darwinizing Culture*, do cap. 1, pdf, em http://www.cus.cam.ac.uk/~rva2o/Darwin.1.pdf (acessado em 13 de janeiro de 2007).

148. Benzon: "Colorless Green Homunculi."

149. Joseph Giovannoli, *The Biology of Belief How Our Biology Biases Our Beliefs e Perceptions*, (Nova York: Rosetta, 2000).

150. Howard Bloom, *The Lucifer Principle* (Nova York: Atlantic Monthly Press, 1997), p. 98.

151. Brodie, *Virus of the Mind*, p. 13.

152. Brodie, *Virus of the Mind*, p. 14.

153. Brodie, *Virus of the Mind*, pp. 187-88.

154. Brodie, *Virus of the Mind*, p. 191.

155. Sharon Begley: "Evolutionary Psych May Not Help Explain Our Behavior After All", *Wall Street Journal*, 29 de abril de 2005. Begley comenta sobre *Adapting Minds*, de Buller.

156. Hilary Rose, em "Colonising the Social Sciences?" in Hilary Rose e Steven Rose, eds., *Alas, Poor Darwin: Arguments Against Evolutionary Psychology* (Londres: Random House, Vintage. 2001), observa que os que praticam abusos sexuais não são em geral "padrastos" como tal, mas companheiros que moram com a família e nunca desejaram nem aceitaram responsabilidade por quaisquer crianças, fato identificado mais frequentemente por repórteres policiais que por psicólogos evolucionários. Ela escreve, "É constrangedor ter de louvar o relato por jornalistas de relações de família e sexuais como mais precisos do que os dos psicólogos" (p. 122). Também observa que, em sociedades racistas, pais naturais ignoram os filhos genéticos da raça "subjugada", o que dificilmente confirma a visão de que há um programa genético ou neural para reconhecer e recompensar os próprios filhos.

157. Buller, *Adapting Minds*.

158. Minke, "Psyching Our Evolutionary Psycology." Ver também Mike Holderness, "We're Not the Flintstones", *New Scientist*, 16 de abril de 2005, resenha de Buller, *Adapting Minds*.

159. Stove apresenta sua tese em *Darwinian Fairytales*.

160. David J. Buller: "Evolutionary Psychology: The Emperor's New Paradigm", *Trends in Cognitive Science* 9.6 (junho de 2005): 277-83.

161. Adam Kirsch, "If Men Are from Mars, What's God?" *Nova York Sun*, 8 de fevereiro de 2006.

162. Roger Scruton: "Dawkins Is Wrong About God", *Spectator*, 12 de janeiro de 2006

163. O original alemão, *Das Heilige*, foi publicado em 1917; a tradução inglesa por John W. Harvey, *The Idea of the Holy*, em 1923. Citações tiradas de uma reedição de 1971 (Londres: Oxford University Press).

164. Otto, *Idea of the Holy*, pp. 6, 15.

165. O Espírito Urso (Kermode) é uma variedade de urso preto encontrado no oeste do Canadá que tem um manto de pelagem branco e por isso é visível de longe.

392 O CÉREBRO ESPIRITUAL

Tem sido, claro, objeto de consideráveis fatos curiosos e lendas, além de entusiasmados esforços de conservação.

166. Otto, *Idea of the Holy*, p. 35; itálicos no original.

167. Otto achou (*Idea of the Holy*, p. 33) que o numinoso talvez se houvesse originado de tentativas em magia, mas aos poucos se tornou desinteressado delas, na medida em que a busca de uma crescente consciência do numinoso tornou-se uma meta independente. Sua visão é compatível com o fato de que os xamãs tradicionais típicos praticavam misticismo e magia, embora religiões desenvolvidas os separassem depois (e muitas vezes proibiam com rigor a magia).

168. Otto, *Idea of the Holy*, pp. 26-27, 35.

169. Otto, *Idea of the Holy*, p. 55.

170. Uma excelente fonte imparcial para a Bênção do Aeroporto de Toronto é James Beverley, *Holy Laughter and the Toronto Blessing: An Investigative Report* (Grand Rapids, MI: Zondervan, 1995).

CAPÍTULO 8: AS EXPERIÊNCIAS RELIGIOSAS, ESPIRITUAIS OU MÍSTICAS MUDAM VIDAS?

1. Alister McGrath, *O Deus de Dawkins. Genes, Menes e O sentido da vida*, São Paulo: Shedd Publicações, 2008.

2. Deborah Solomon: "The Nonbeliever", entrevista com Daniel Dennett (*New York Times*, 22 de janeiro de 2006), sem dúvida se encaixa nessa categoria. Dela, aprendemos tais pérolas de Dennett como: "As igrejas fazem um grande show sobre o credo, mas não se interessam de verdade. Muitos dos evangélicos não se importam de fato com o que acreditamos desde que se diga a coisa certa, faça a coisa certa e ponha muito dinheiro na caixa de coleta." Longe de pedir que Dennett confirmasse essas grandes afirmações, Deborah apenas rebate: "Entendo que você não é um devoto." Rajadas semelhantes disparam de George Johnson, "Getting a Rational Grip on Religion", *Scientific American*, 26 de dezembro de 2005; e Tim Adams, "Darwin's Defender", *Guardian*, 12 de março de 2006.

3. Adam Kirsch, "If men Are from Mars, What's God?" *Nova York Sun*, 8 de fevereiro de 2006.

4. Leon Wieseltier, "The God Genome", *New Republic*, 19 de fevereiro de 2006, uma resenha de Daniel C. Dennett, *Breaking the Spell: Religion as a Natural Phenomenon* (Nova York: Viking, 2006).

5. Roger Scruton: "Dawkins is Wrong about God", *Spectator*, 12 de janeiro de 2006, iniciado na série de Dawkins do Channel 4 TV, *The Root of All Evil?*

6. Madeleine Bunting: "No Wonder atheists are angry: They Seem Ready to believe anything", *Guardian*, 7 de janeiro de 2006, uma resenha de *The Root of All Evil?* (TV Channel 4, RU).

7. David P. Barash, "Dennett and the Darwinizing of free wril", *Human Nature Review* 3 (2003): 222-25, resenha de Daniel C. Dennett, *Freedom Evolves* (Nova York: Viking, 2003).

8. Kirsch, "If Men are from Mars."

Notas 393

9. Herbert Benson e Marg Stark, *Timeless Medicine: The Power and Biology of Belief* (Nova York: Scribner, 1996), p. 121.

10. A adaptação darwiniana significa deixar descendentes férteis. Comunidades religiosamente devotas em geral conseguem isso, mas também o fazem outras comunidades organizadas e pacíficas como os não religiosos kibbutzes — e, como vimos, raras vezes se abraçam EMERs com esse propósito.

11. Benson e Stark, *Timeless Medicine*, p. 17.

12. Benson e Stark, *Timeless Medicine*, p. 21.

13. Benson e Stark, *Timeless Medicine*, p. 30.

14. Benson e Stark, *Timeless Medicine*, p. 45.

15. Benson e Stark, *Timeless Medicine*, pp. 116-17.

16. Benson e Stark, *Timeless Medicine*, p. 45.

17. Benson e Stark, *Timeless Medicine*, pp. 99-100.

18. Ver, por exemplo, a oposição à decisão de pedir ao Dalai Lama que tratasse de um recente encontro de neurociência, discutido no início do Capítulo 9.

19. A relação entre tensão mental e pressão alta (hipertensão) é ainda incerta. O que não é mais controvertido é a ideia que o estresse poderia, *em princípio*, ser um fator.

20. L. Hawkley e J. Cacioppo: "Loneliness is a unique predictor of age – Related Differences in Systolic Bloom Pressure", *Psychology e Aging* 21.1 (março de 2006): 152-64. Parte do estudo foi financiada pela Fundação Templeton.

21. William Harms: "Loneliness Linked to High Blood Pressure in Aging Adults", *Science Daily*, 18 de março de 2006. NIA também foi uma fonte de financiamento para o estudo de Hawkley e Cacioppo.

22. Shankar Vedantam: "Drugs Cure Depression in Half of Patients: Doctors Have Mind Reactions to Study Findings", *Washington Post*, 23 de março de 2006. Um grupo federal consultivo observou que, apesar do nível muito alto de atendimento a pacientes oferecido a um estudo financiado por impostos (o maior do tipo), Celexa, Wellbutrin, Zoloft e Effexor ajudaram apenas cerca da metade dos pacientes. Eles "agem de formas muito diferentes, mas tiveram quase igual eficácia quando usados no tratamento de depressão. Isso sugere que os mecanismos cerebrais por trás da depressão são muito mais complicados que as ideias simples de um único desequilíbrio químico."

23. Benson e Stark, *Timeless Medicine*, p. 152.

24. Benson e Stark, *Timeless Medicine*, p. 172.

25. Jeff Levin e Harold G. Koenig, eds., *Faith, Medicine, e Science: A Festschrift in Honor of Dr. David B. Larson* (Nova York: Haworth, 2005), pp. 15-16.

26. Em Levin e Koenig, eds., *Faith, Medicine, e Science*, p. 279.

27. Em Levin e Koenig, eds., *Faith, Medicine, e Science*, p. 19.

28. Em Levin e Koenig, eds., *Faith, Medicine, e Science*, p. 82.

29. Michael Sabom, *Light and Death: One Doctor's Fascinating Account of Near-Death Experiences* (Grand Rapids, MI: Zondervan, 1998), p. 82.

30. Levin e Koenig, eds., *Faith, Medicine, e Science*, pp. 16, 140.

31. Levin e Koenig, eds., *Faith, Medicine, e Science*, p. 16.

394   O CÉREBRO ESPIRITUAL

32. Levin e Koenig, eds., *Faith, Medicine, e Science*, pp. 142- 43.
33. Levin e Koenig, eds., *Faith, Medicine, e Science*, p. 20.
34. Levin e Koenig, eds., *Faith, Medicine, e Science*, p. 85.
35. Sabom, *Light and Death*, pp. 81-82.
36. H. M. Helm et al.: "Does Private Religious Activity Prolong Survival: A Six-Year Follow-up Study of 3,851, Older Adults", *Journals of Gerontology*, Série A, Biological e Medical Sciences 55 (2000): M400-405. Essa vantagem das EMERs não pode resultar da evolução por seleção natural (evolução darwiniana), como psicólogos evolucionistas talvez desejassem afirmar, porque o grupo de idade representado é *velho demais* em relação à reprodução para oferecer um fator de seleção. Se a vantagem relaciona-se com a evolução, aponta para fatores não darwinianos que não foram até agora adequadamente tratados.
37. K. I. Pargament et al.: "Religious Struggle as a Predictor of Mortality Among Medically Ill Elderly Patients", *Archives of Internal Medicine* 161 (13/27 de agosto de 2001): 1881-85.
38. Sabom, *Light and Death*, p. 126.
39. G. McCord, Valerie J. Gilchrist, Steven D. Grossman: Bridget D. King, Kenelm F. McCormick, Allison M. Oprandi et al.: "Discussing Spirituality with Patients: A Rational and Ethical Approach", *Annals of Family Medicine* 2 (2004): 256-361.
40. Farr A. Curlin, John D. Lantos, Chad J. Roach, Sarah A. Sellergren, Marshall H. Chin, "Religious Characteristic of U.S. Physicians", *Journal of General Intern Medicine* 20 (2005): 629-34.
41. Amy L. Ai, Christopher Peterson: Willard L. Rodgers, e Terrence N. Tice, "Faith Factors and Internal Health Locus of Control in Patients Prior to Open – heart Surgery", *Journal of Health Psychology* 10.5 (2005): 669-76. O estudo adverte contra o uso da questão de local de controle como equivalente a estilos de competição, bom *vs.* fraco; o paciente pode corretamente reconhecer a quantidade de controle que ele ou ela na verdade tem sobre eventos envolvendo importante cirurgia. Ver também Miranda Hitti, "Crenças Religiosas Podem Diminuir Tensão Pós-Operatória", *WebMD* (Fox News), 10 de agosto de 2006, http://www.foxnews.com/story/0,2933,207881,00.html um relato do trabalho de Amy e seus colegas apresentado na convenção da Associação Psicológica Americana de 2006.
42. Michael Conlon, "Study Fails to Show Healing Power of Prayer", *Reuters*, 30 de março de 2006.
43. Oliver Burkeman, "If you want to Get Better – Don't Say a Little Prayer", *Guardian*, 1° de abril de 2006.
44. M. Krucoff, S. Crater, e L. Kerry, "From Efficacy to Safety Concerns: A Step for ward or a Step Back for Clinical Research and Intercessory Prayer? The Study of Therapeutic Effects of Intercessory Prayer.
45. Citado em Gregory M. Lamb, "Study Highlights Difficulty of Isolating Effect of Prayer on Patients", *Christian Science Monitor*, 3 de abril de 2006.
46. H. Benson et al.: "Study of the Therapeutic Effects of Intercessory Prayer (STEP) in Cardiac Bypass Patients: A Multicenter Randomizer Trial of Uncertainty and

Certainty of Receiving Intercessory Prayer", *American Heart Journal* 151.4 (abril de 2006): 934- 42.

47. William S. Harris et al.: "A Randomized, Controlled Trial of the Effects of Remote, Intercessory Prayer on Outcomes in Patients Admitted to the Coronary Care Unit", *Archives of Internal Medicine* 159 (1999): 2273-78. A conclusão foi: "Associou-se a prece intercessora, remota, a pontuações inferiores no decorrer da UTC. Esse resultado sugere que a prece pode ser um eficaz adjunto para o tratamento médico padrão."

48. D. A. Matthews, S. M. Marlowe, e R S. MacNutt, "Effects of Intercessory Prayer on Patients with Rheumatoid Arthritis", *Southern Medical Journal* 93.12 (dezembro de 2000): 1177-86. "Pacientes que receberam prece intercessora em pessoa mostraram significativa melhora geral durante acompanhamento de 1 ano. Não se descobriram efeitos adicionais de prece intercessora suplementar, distante. Conclusões: A prece intercessora em pessoa pode ser um útil adjunto ao tratamento medico padrão para certos pacientes com artrite reumatoide. A prece intercessora suplementar, distante, não oferece vantagens adicionais."

49. Lamb, "Study Highlights Difficulty."

50. Benson et al.: "STEP in Cardiac Bypass Patients", p. 934. "Nos dois grupos inseguros quanto a receber prece intercessora, ocorreram complicações em 52 por cento (315/G04) de pacientes que receberam prece intercessora *versus* 51 por cento (304/597) dos que não (risco relativo 1.02, 95 por cento CI 0.92-1.15). Complicações ocorreram em 59 por cento (352/601) de pacientes seguros de receber prece intercessora comparados com os 52 por cento (315/604) dos inseguros de receber prece intercessora (risco relativo 1.14, 95 por cento CI 1.02-1.28). Eventos importantes e mortalidade de 30° dia foram semelhantes em todos os três grupos."

51. Krucoff et al.: "From Efficacy to Safety Concerns", p. 763.

52. Krucoff et al.: "From Efficacy to Safety Concerns."

53. Krucoff et al.: "From Efficacy to Safety Concerns."

54. Krucoff et al.: "From Efficacy to Safety Concerns."

55. Trata-se de um problema difícil. A maioria dos pacientes inscritos num estudo supõe que está no grupo de experiência, não no grupo de controle, mesmo que suas chances sejam de 50-50 ou menos. Esse fator ajuda a fortalecer o efeito placebo.

56. Lamb, "Study Highlights Difficulty."

57. Citado em Lamb, "Study Highlights Difficulty."

58. Krucoff et al, "From Efficacy to Savety Concerns."

59. Richard Sloan, professor de medicina comportamental na Universidade de Columbia, citado em Burkeman, "If You Want to Get Better."

60. Gary P. Posner, "God in the CCV? A Critique of the San Francisco Hospital Study on Intercessory Prayer and Healing", *Free Inquiry*, primavera de 1990.

61. R. C. Byrd, "Positive Therapeutic Effects of Intercessory Prayer in a Coronary Care Unit Population", *Southern Medical journal* 81.7 (julho de 1988): 826-29.

396   O CÉREBRO ESPIRITUAL

62. Alister Hardy, *The Spiritual Nature of Man* (Oxford: Clarendon, 1979), p. 56. Essa paciente que teve EMER parece ter criticado sua série comum de pensamentos a partir de uma consciência que a inclui, mas claramente *não* é idêntica a ela.

63. "Love That Never Runs Out", editorial não assinado em *The Christian Science Monitor*, 9 de dezembro de 2005.

64. Edward O. Wilson, Sociobiologia: Senso ou contra-senso? Belo Horizonte: Ed. Itatiaia; São Paulo: Edusp, 1983.

65. Pat Wingert e Martha Brant, "Reading Your Baby's Mind", *Newsweek*, 15 de agosto de 2005. Elas em seguida observam: "As pesquisadoras tocaram para os bebês fitas de outros bebês chorando. Como previsto, isso bastou para desencadear a choradeira. Mas quando as pesquisadoras tocavam para eles as gravações de seus próprios choros, os bebês raras vezes começavam a chorar." Elas citam Martin Hoffman, professor de psicologia na New York University: "Há alguma empatia rudimentar em ação, desde o nascimento. A intensidade da emoção tende a diminuir com o tempo. Bebês com mais de 6 meses deixam de chorar, mas fazem cara feira com o desconforto dos outros. Bebês de 13 a 15 meses tendem resolver eles mesmos os problemas. Tentarão reconfortar um coleguinha chorando. O que considero mais encantador é quando, mesmo com as duas mães presentes, eles trazem a própria mãe para perto, para ajudar."

66. Mary Katharine Ham, "Two Girls, One Strength", Townhall, 3 de maio de 2006.

67. Roy Hattersley, "Faith Does Breed Charity: We Atheists Have to Accept That Most Believers Are Better Human Beings", *Guardian*, 12 de setembro de 2005.

68. Hardy, *Spiritual Nature of Man*, pp. 98-103.

69. Hardy, *Spiritual Nature of Man*, p. 101.

70. Arthur C. Brooks, "Religious Faith and Charitable Giving", *Policy Review* 121 (outubro/novembro de 2003).

71. Stan Guthrie, "The Evangelical Scandal", entrevista com Ron Siaer, *Christianity Today*, abril de 2005.

72. Gregory S. Paul, "Cross-National Correlations of Confiable Societal Health with Popular Religiosity and Secularism in the Properous Democracies: A First Look", *Journal of Religion e Society* 7 (2005).

73. Ruth Gledhill: "Societies Worse Off 'When They Have God on Their Side'," *Times*, 27 de setembro de 2005.

74. George H. Gallup, Jr., "Dogma Bites Man: On the New and Biased Research Linking Faith and Social Ills", *Touchstone*, dezembro de 2005, p. 61.

75. Gallup: "Dogma Bits Man", pp. 62-63.

76. Chip Berlet "Religion and Politics in the United States: Nuances you Should Know", *Public Eye Magazine*, verão de 2003. Ver também Edith Blumhofer, "The New Evangelicals", *Wall Street journal*, 18 de fevereiro de 2005.

77. Claro, eles entendem tal experiência em termos cristãos, o que significa aceitar a moralidade do Novo Testamento como um guia para a vida e enfatizar a importância do sacrifício de Cristo na cruz. Ver Berlet, "Religion and Politics in the United States." Católicos carismáticos adotam visões semelhantes.

Notas

78. Harald Wallach e K. Helmut Reich, "Science e Spirituality: Towards Understanding and Overcoming a Taboo", *Zygon* 40, n. 2 (junho de 2005): 424.

79. Sem autoria, "A Catholic Worker Response to Welfare Reform", enviado em março de 1997, http://www.catholicworker.org/winona/welfare.htm, citando *Loaves e Fishes*, p. 210, de Dorothy Day.

80. Citado em Wikiquote, *Wikipedia*.

81. A mística cristã Catarina de Gênova (1447-1510) foi gerente e tesoureira do grande Hospital de Gênova.

82. Evelyn Underhill, *Misticismo: estudo sobre a natureza e o desenvolvimento da consciência espiritual do ser.* Curitiba: AMORC, 2002.

83. De uma carta escrita por Thomas Merton a Jim Forest, datada em 21 de fevereiro de 1966. O texto completo dessa carta foi publicado em *The Hidden Ground of Love: Letters of Thomas Merton*, ed. William Shannon (Nova York: Farrar, Straus e Giroux, 1985), trecho reproduzido em *Catalyst* 19, no. 2 (março-abril de 1996): 8.

84. David Glenn, "Religious Belief Is Found to Be Less Lacking Among Social Scientists", *Chronicle of Higher Education*, 15 de agosto de 2005.

85. Esses resultados mostram um absoluto contraste com as descobertas de pesquisas de opinião pública. Onde não se fizeram perguntas idênticas, não é possível estabeler uma comparação direta com o público geral, mas, por exemplo, as pesquisas em geral mostram que mais de 90 por cento dos americanos creem em Deus, em algum sentido, e 59 por cento dos americanos dizem que rezam diariamente, segundo a Pesquisa Social Geral de 2004 existentes da Associação de Arquivos de Dados de Religião (ARDA, em inglês).

86. Craig Lambert, "The Marketplace of Perceptions", *Harvard Magazine*, março-abril de 2006.

QUADRO

87. Salim Mansur, "A Bedouin State of Mind", *Western Standard*, 14 de agosto de 2006.

CAPÍTULO 9: OS ESTUDOS CARMELITAS: UMA NOVA DIREÇÃO?

1. Benedict Carey: "Scientists Bridle at Lecture Plan for Dalai Lama", *New York Times*, 19 de outubro de 2005.

2. Carey: "Scientists Bridle."

3. Citado em Jon Hamilton, "The Links Between the Dalai Lama and Neuroscience", National Public Radio, 11 de novembro de 2005.

4. Ver B. Alan Wallace, *The Taboo of Subjectivity: Toward a New Science of Consciousness* (Oxford: Oxford University Press, 2000), pp. 103ff.

5. David Adam, "Plano para Palestra do Dalai Lama Enfurece Neurocientistas", *Guardian*, 27 de julho de 2005.

6. A petição, "Contra a Palestra de Dalai Lama na SFN de 2005", endereçada à Dra. Carol Barnes, presidente da Society of Neuroscience (SFN), ficou à dispo-

398   O CÉREBRO ESPIRITUAL

sição para assinatura entre 8 e 10 de agosto de 2005, em www.petitiononline.com/sfn2005/. Embora a petição contasse com 1.007 assinaturas, alguns signatários usaram o espaço para Comentários, para anunciar opiniões contrárias. Portanto, o número de manifestantes não chega de fato a 1.007.

7. Editorial não assinado: "Science and Religion in Harmony", *Nature* 436 (18 de agosto de 2005): 889. Não é provável que os manifestantes contrários ficassem satisfeitos com a solução proposta pela *Nature* porque, entre outras reclamações, eles protestaram contra o fato de que se esperava que se sentassem fora do local da palestra e depois escrevessem suas perguntas/comentários em cartões que seriam coletados e levados ao pódio por terceiros. Eles descreveram a prática como uma "restrição à livre discussão."

8. Britt Peterson: "Despite Controversy, Dalai Lama Preaches Harmony", *Science e Theology News*, 13 de dezembro de 2005.

9. Antoine Lutz et al.: *"Procceding of the National Academy of Sciences", Procceding of the National Academy of Sciences USA* 101, no. 46 (16 de novembro de 2004): 16369-73.

10. Carey, "Scientists Bridle."

11. Adam, "Plan for Dalai Lama Lecture."

12. Talvez tenha havido uma complicação também com políticos. Peterson ("Despite Controversy, Dalai Lama Preaches Harmony") cita John Ackerley, presidente da Campanha Internacional pelo Tibete, que ajudou a patrocinar a visita do Dalai Lama, como se dissesse que a petição era um "teste de tornassol" em potencial para cientistas que dependem de Pequim para fundos e proteção.

13. Dalai Lama, prefácio para *The Case for Reincarnation*, Joe Fisher (Londres: Souvenir, 2001).

14. *Catechism of the Catholic Church, Popular e Definitive Edition* (Nova York: 2003), item 1013, p. 231. Esse catecismo foi supervisionado por Benedito XVI quando ele era Joseph, cardeal Ratzinger.

15. John H. Hannigan, neurobiólogo celular, carta a *Neuroscience Quarterly*, outono de 2005.

16. Andrew Newberg, Eugene D'Aquili, e Vince Rause, *Why God Won't Go Away: Brain Science e the Biology of Belief* (Nova York: Ballantine Books, 2001), pp. 145-46, 113.

17. A. Newberg et al.: "The Neasurement of Regional Cerebral Blood Flow During the Complex Cognitive Task of Meditation A Preliminary SPECT study, P*sychiatry Research Neuroimaging* 106 (2001): 113-22.

18. A. Newberg et al.: "Cerebral Blood Flow During Meditative Prayer: Preliminary Findings and Methodological Issues", *Perceptual e Motor Skills* 97 (2003): 625-30.

19. Newberg oferece: "Gene e eu começamos, como fazem todos os cientistas, com a suposição fundamental de que tudo que é real de fato é material. Víamos o cérebro como uma máquina biológica composta de matéria e criada pela evolução para perceber e interagir com o mundo físico. Após anos de pesquisa, contudo, nosso entendimento de várias estruturas cerebrais essenciais e da forma como a informação é canalizada ao longo de trilhas neurais levou-nos a criar a hipótese

Notas

de que o cérebro tem um mecanismo neurológico para a autotranscendência" (*Why God Won't Go Away*, pp. 145-46).

20. Newberg et al.: *Why God Won't Go Away*, p. 111.
21. Newberg et al.: *Why God Won't Go Away*, p. 174.
22. Anne McIlroy, "Hardwired for God", *Globe e Mail*, 6 de dezembro de 2003.
23. Evelyn Underhill, *Misticismo: estudo sobre a natureza e o desenvolvimento da consciência espiritual do ser humano*. Curitiba: AMORC, 2002.
24. As experiências místicas que ocorrem entre os 20 e 40 anos muitas vezes levaram a importantes resultados sociais, como a fundação das grandes ordens religiosas ou religiões. Isso motivou alguns a propor uma explicação materialista para essas experiências como um acidente da bioquímica do adulto jovem. Mas a variação de idade de experiências místicas *historicamente importantes* na certa reflete sobretudo a liberdade relativa de um forte jovem adulto para agir de uma forma que causa impacto nos demais. Crianças e idosos que têm essas experiências talvez não tenham condições de agir de modo que cause impacto na sociedade inteira. Por isso, a distribuição das experiências é provavelmente mais larga que seu impacto público.
25. W. T. Stace, *The Teachings of the Mystics* (Nova York: Macmillan, 1960).
26. Dean Hamer, entre outros, popularizou uma definição de autotranscedência baseada na obra do psiquiatra Robert Cloninger (ver Dean Hamer, *O gene de Deus: como a herança genética pode determinar a fé*. São Paulo: Mercuryo, 2005, p. 18). Hamer, seguindo Cloninger, identifica "três componentes de espiritualidade distintos, mas relacionados: esquecimento de si mesmo, identificação transpessoal, e misticismo" (p. 23). Essa definição é incompleta. Os principais componentes de que tal definição não trata incluem compaixão, amor incondicional, mudanças positivas de atitude e comportamento no longo prazo.
27. Quisemos identificar especificamente as áreas cerebrais que estão ativas durante as experiências espirituais. Várias linhas de indícios demonstraram que as drogas psicodélicas *enteógenas* usadas num contexto espiritual (p. ex., LSD-25, mescalina, psilocybin) — podem levar a genuínos estados de consciência unitiva (Grof, 1998). Na verdade, as experiências psicodélicas muitas vezes assemelham-se às várias dimensões, caracterizando o numinoso religioso e as experiências místicas (p.ex., despersonalização, euforia, consciência de uma inteligência ou presença maiores; Strassman, 1995). Por isso, se tem usado mescalina para promover experiências religiosas na Native American Church, e psilocybin revelou-se provocar experiências místicas durante cultos da igreja protestante (Doblin, 1991). Além disso, numa série de 206 sessões de ingestão de alucinógenos observadas (sobretudo de LSD-25 e mescalina), 58 por cento dos voluntários comunicaram haver encontrado figuras religiosas (Masters e Houston, 1966). As enteógenas envolvem um efeito agonista nos receptores de serotonina (5-HT) no cérebro (Glennon, 1990). As opiniões atuais na psicofarmacologia atribuem as propriedades psicodélicas das enteógenas com atividade agonista serotoninérgica, sobretudo em receptores 5-HT1a, 5-HT1c e 5-HT2. Esses receptores serotoninérgicos são extensamente distribuídos nos gânglios basais, neocórtex e estruturas

400 O CÉREBRO ESPIRITUAL

temporolímbicas (Strassman, 1995; Joyce et al.: 1993). O interessante é que a droga MDMA (3, 4-metilenedioximetamfetamina), que muitas vezes é associada ao "amor incondicional" e a um profundo estado de empatia pelo eu e o outro na maioria dos termos gerais — estado de empatia em que o sentimento é que o eu, o outro, e o mundo são em essência "bons" (Eisner, 1989) — age sobretudo por aumentar temporariamente a concentração sináptica do neurotransmissor serotonina (5-HT) no cérebro. Todas juntas, essas descobertas sugerem fortemente que, da perspectiva neuroquímica, a 5-HT talvez esteja ligada de forma crucial às EMERs. Para discussões dessas questões, ver em particular R. Doblin, "Pahnke's 'Good Friday Experiment': A Long-term Follow-up and Methodological Critique?" *Journal of Transpersonal Psychology* 23 (1991): 1-28; B. Eisner, *Ecstasy: The MDMA Story* (Berkeley, CA: Ronin, 1989); R. A. Glennon, "Do Classical Hallucinogens Act as 5-ht2 Agonists or Angonists?" *Neuropsychopharmacology* 3 (1990): 509-17; S. Grof, *The Cosmic Game: Explorations of the Frontiers of Human Consciousness* (Monaco: Du Rocher, 1998); J. N. Joyce, A. Share, N. Lexow, et al.: "Serotonin Uptake Sites and Serotonin Receptors Are Altered in the Limbic System of Schizophrenics", *Neuropsycbopbarmacology* 8 (1993): 315-36; R. E. L. Masters e J. Houston, *The Varieties of Psychedelic Experience* (Nova York: Holt, Rinehart, e Winston, 1966); e R. J. Strassman, "Hallucinogenic Drugs in Psychiatric Research and Treatment", *Journal of Nervous e Mental Disorders* 183 (1995): 127-38.

28. Nos primeiros anos após sua fundação em 1983, o centro fez poucos estudos em seres humanos. Testava, sobretudo, sistemas visuais em animais como gatos, ratos, e guaxinins. (Os guaxinins são de interesse especial porque um terço das células no córtex associam-se às suas patas dianteiras sensíveis, semelhante a mãos.) Atualmente, o centro também faz pesquisa em seres humanos, por exemplo, sobre a forma pela qual a plasticidade cerebral habilita as pessoas cegas a usar áreas cerebrais em geral direcionada pela visão para outros propósitos. O CERNEC hoje subvenciona o trabalho de mais de trinta pesquisadores, entre eles eu, mediante doações do Natural Sciences and Engineering Research Concil of Canada (NSERC), os Institutos de Pesquisas de Saúde Canadenses (CIHR), Fonds de Recherche en Santé du Québec (FRSQ) e doadores privados.

29. Citado em Hannah Ward e Jennifer Wild, eds., *Doubleday Christian Quotation Collection* (Nova York: Doubleday, 1997), p. 224.

30. "'Mystical Union': A Small Band of Pionners Is Exploring the Neurology of Religious Experience", *Economist*, 4 de março de 2004.

31. De uma carta de março de 1578 a Maria de San Jose Salazar, a prioresa em Sevilha, que dizia: Teresa escreveu a própria autobiografia espiritual, sob a direção de um confessor.

32. Por exemplo, com a subvenção recebida do Instituto Metanexus e da John Templeton Foundation, nós esperávamos fazer um terceiro estudo, um estudo PET (tomografia por emissão de pósitron), nas freiras, neste caso no Brain Imaging Center of the Montreal Neurological Institute (MNI, o famoso instituto criado por Wilder Penfield na década de 1920). A meta do estudo era medir a capacida-

Notas 401

de de síntese da serotonina (5-HT) durante as mesmas condições (linha de base, condição de controle, condição mística). O projeto foi vetado pelo Comitê de Trabalho com PET. Deram-nos a entender que alguns membros do comitê reagiram violentamente à nossa proposta. Acharam que *não se podiam* estudar estados místicos cientificamente (e na certa não quiseram que o MNI fosse associado com o que eles consideram pseudociência). Acabamos usando o dinheiro para outro projeto no qual examinamos a atividade cerebral (com IRMf e EEGQ) em pacientes que passaram por EQMs que foram espiritualmente transformados por suas EQMs.

33. Jennifer Woods, "Study Asks Whether Chemicals and Communion Are One", *Science e Theology News*, 11 de outubro de 2004.

34. Coventry Patmore, citado em Underhill, *Mysticism*, pp. 24-25.

35. "Mystical Union", *Economist*.

36. Esse padrão de onda cerebral lenta (ondas teta) não é exclusivo da tradição cristã; foi encontrado em iogues hindus e monges budistas, portanto parece ser uma característica de misticismo generalizada.

37. O TheatrGROUP, uma companhia teatral de St. Louis, Missouri, oferece alguma percepção da maneira como os atores ensinam a si mesmos a fazer isso em http://www.theatrgroup.com/methodM/ (acessado em 17 de janeiro de 2007).

38. M. Pelletier et al.: "Separate Neural Circuits for Primary Emotions? Brain Activity During Self – Induced Sadness and Hapiness in Professional Actors", Neuroreport 14.8 (11 de junho de 2003): 1111-16.

39. McIlroy, "Hardwired for God."

40. Também pretendíamos usar PET (tomografia por emissão de pósitron) para medir os níveis da serotonina reguladora do humor, mas não conseguimos acesso ao equipamento necessário.

41. Uma semana antes da experiência, pedimos às 15 freiras para praticarem lembrar e reviver sua mais importante experiência mística e seu mais intenso estado de união com outro ser humano já sentidos na vida enquanto elas eram membros da ordem carmelita.

42. McIlroy, "Hardwired for God."

QUADRO

43. Para uma discussão do papel dessas regiões cerebrais na emoção, ver M. Beauregard, P. Lévesque, e V. Paquette: "Neural Basis of Conscious and Voluntary Self-Regulation of Emotion, ed. M. Beauregard (Amsterdã: John Benjamins, 2004), pp. 163-94.

44. S. E Neggers et al.: "Interactions Between Ego and Allocentric Neuronal Representations of Space", *Neuroimage* (2006).

45. O. Felician et al.: "Pointing to Body Parts: A Double Dissociation Study", *Neuropsychologia* 41 (2003): 1307-16.

46. J. Decety, "Do Imagined and Executed Actions Share the Same Neural Substrate?" *Brain Research: Cognitive Brain Research* 3 (1996): 87-93.

402   O CÉREBRO ESPIRITUAL

47. M. Beauregard e V. Paquette: "Neural Correlates of a Mystical Experience in Carmelite Nuns", *Neuroscience Letters* 405 (2006): 186-90.

48. Y. Kubota et al.: "Frontal Midline theta Rhythm Is Correlated with Cardiac Autonomic Activities During the Perfomance of an Attention Demanding Meditation Procedures", *Brain Research: Cognitive Brain Research* 11.2 (abril de 2001): 281-87; T. Takahashi et al.: "Changes in EEG and Autonomic Nervous Activity During Meditation and Their Association with Personality Traits", *International Journal of Psychophysiology* 55.2 (fevereiro de 2005): 199-207.

49. L. 1. Aftanas et al.: "Affective Picture Processing: Event – Related Synchronization Withim Individually Defined Human Theta Band Is Modulated by Valence Dimension, *Neuroscience Letters* 303 (2001): 115-18.

50. Steven Weinberg, "Free People from Superstition", *Freethought Today*, abril de 2000.

51. C. E. M. Joad (1891-1953), *The Recovery of Belief* (Londres: Faber e Faber, 1952), htrp://cqod.gospelcom.net/cqod9904.htm (acessado em 13 de janeiro de 2007).

52. Tamar Sofer: "Seeing Miracles", *Aish*, 30 de abril de 2006.

QUADRO

53. 1 Reis 18,19. Os Israelitas antigos haviam começado a abandonar a religião monoteísta em favor de um culto popular de fertilidade introduzido por novos governantes. Elias exigia um confronto com os sacerdotes do culto.

54. A não ser onde se indicou, as informações sobre a ordem carmelita foram tiradas da obra de Peter-Thomas Rohrbach, *Journey to Carith: The Story of the Carmelite Order* (Garden City, NY: Doubleday, 1966). Para Elias e a tradição profética do Velho Testamento, ver p. 23ff. Para Maria, ver p. 46ff. O Magnificat (cântico de Maria) é a única longa citação de Maria registrada em Lucas 2 e, sem dúvida, demonstra a postura profética.

55. Ver 1 Reis 18,17-40. Para carreira de Elias, ver 1 Reis 17-19; 2 Reis 1-2.

56. Rohrbaeh, *Journey to Carith*, p. 66.

57. Números como "segundo" e "terceiro" refletem a ordem cronológica de fundação, não de importância.

58. A princípio, o escapulário era apenas uma peça de vestuário usado por um monge ou uma freira para proteger o hábito (traje aprovado de uma ordem religiosa) da sujeira, mas a peça adquiriu um significado religioso independente para as carmelitas. Existe para leigos uma versão menor, modificada, que promete realizar certas tradições espirituais.

59. Robert Browning, "Fra Lippo Lippi", Il. 224-25, in E. K. Brown e J. O. Bailey, eds., *Victorian Poetry*, 2a ed. (Nova York: Ronald Press, 1962), p. 207.

60. Dava Sobel, *Galileo's Daughter* (Toronto: Viking, 1999). Sobel explica que como as meninas nasceram fora do matrimônio, não era provável que se casassem bem (pp. 4-5).

61. Teresa D'Ávila, *The Interior Castle*, trad. para o inglês de Mirabai Starr (Nova York: Riverhead, 2003), p. 140.

Notas

62. Rohrbach, *Journey to Carith*, p. 138. Detalhes da vida de Teresa e da ordem das carmelitas são em geral da narrativa fornecida por Rohrbach, historiador de carmelitas.

63. O grupo da reforma foi chamado de Carmelitas "Descalços". Embora o termo signifique andar com os pés nus, as freiras e os monges não andavam de fato descalços; as freiras de Teresa calçavam sandálias baratas e, fora isso, evitavam excessos.

64. Rorhbach, *Journey to Carith*, p. 176.

65. Rohrbach, *Journey to Carith*, p. 146.

66. Rohrbach, *Journey to Carith*, p. 137.

67. João da Cruz, *Spiritual Canticle*, citado em Wilfrid McGreal, *John of the Cross* (Londres: HarperCollins, 1996), p. 35.

68. Gerald G. May, *The Dark Night of the Soul* (San Francisco: HarperSanFrancisco, 2004), p. 38.

69. Descreveu-se o encarceramento de João como uma captura de refém. Ele não cometera um crime, e seus captores não tinham qualquer direito óbvio de encarcerá-lo. João foi uma das muitas vítimas do conflito entre o papa e Filipe II sobre jurisdição de assuntos religiosos na Espanha.

70. McGreal, *John of the Cross*, p. 19.

71. Francis Poulenc, *Dialogues of the Carmelites*, Ricordi's Collection of Opera Librettos (Nova York: Ricordi, 1957), p. 36.

72. Baseada numa peça de Georges Bernanos, foi apresentada a primeira vez em Milão em 1957. Originalmente baseada num romance de Gertrude von Le Fort, inspirada por *Relation by Mother Marie of the Incarnation of God*.

73. Steven Payne, "Edith Stein: A Fragmented Life", *America*, 10 de outubro de 1998.

74. O antissemitismo de Hitler era racista, não religioso. Ele tinha pouco uso para o cristianismo, e nenhuma inclinação para proteger convertidos judeus.

75. Rohrbach, *Journey to Carith*, p. 357.

76. Laura Garcia, "Edith Stein — Convert, Nun, Martyr", *Crisis* 15, no. 6 (junho de 1997): 32-35.

77. Catarina de Siena, *Letters of St. Catherine of Siena*, ed. Vida D. Scudder, (Londres, Nova York: J.M. Dent e E.P. Dutton, 1905) http://www.domcentral.org/trad/cathletters.htm (acessado em 13 de janeiro de 2007), p. 278.

CAPÍTULO 10: FOI DEUS QUE CRIOU O CÉREBRO OU O CÉREBRO QUE CRIOU DEUS?

1. Albert Einstein, "Como vejo o mundo", Nova Fronteira, 2007. O ensaio foi originalmente publicado em *Forum e Century*, vol. 84, pp. 193-194, o 13º na serie Filosofias Vivas de *Forum*.

404 O CÉREBRO ESPIRITUAL

2. Abraham H. Maslow, *Religions, Values, e Peak Experiences* (Nova York: Arana, 1970), p. 20.
3. D. Hay, *Religions Experience Today: Studying the Facts* (Londres: Mowbray, 1990); A. Hardy, *The Biology of God* (Nova York: Taplinger, 1990); R. Wuthnow, "Peak Experiences: Some Empirical Tests", *Journal of Humanistic Psychology* 18.3 (1978): 59-75.
4. Pesquisa Gallup — Instituto de Opinião Pública Americana, 1990.
5. Pesquisa Social Geral (Chicago: National Opinion Research Center 1998).
6. D. Lukoff, F. Lu, e R. Turner, "Toward a More Culturally Sensitive DSM- IV: Psychorreligious and Psychospiritual Problems", *J Nerv Ment Dis*. 180 no. 11 (nov. de 1992): 673-82.
7. Sigmund Freud, *Civilization and Its Discontents* (Nova York: Norton, 1961).
8. B. Spilka et al.: *The Psychology of Religion: An Empirical Approach*, 3a ed. (Nova York: Guilford, 2003).
9. Abraham Mallow, *Religions Aspects of Peak-Experiences* (Nova York: Harper & Row, 1970).
10. M. Morse e P. Perry, *Transformed by the Light* (Nova York: Ballantine, 1992); P. van Lommel et al.: "Near – Death Experience in Survivors of Cardiac Arrest: A Prospective Study in the Netherlands", *Lancet* 358 (2001): 2039-45; S. Parnia e P. Fenwick: "Near – Death Experiences in Cardiac Arrest: Visions of a Dying Brain or Visions of a New Science of Consciousness." *Resuscitation* 52 (2002): 5-11.
11. O misticismo muitas vezes resulta num grau incomum de empatia por animais. Underhill observa que consta que Francisco persuadiu os aldeães de Gubbio a alimentar um lobo solitário que vinha destruindo seus rebanhos. Repelindo advertências, ele falou de forma delicada, porém firme, com o lobo, que, por fim, se submeteu. O lobo a partir daí passou a viver numa cabana abandonada na extremidade da aldeia como um animal semidomesticado, alimentado pelos aldeães até a morte, ocorrida poucos anos depois por causas naturais. Essa história é muitas vezes rejeitada como lenda, mas vale levar-se em conta que o lobo é um animal de matilha que se submete a uma personalidade mais forte que decide alimentá-lo e defendê-lo, em troca de obediência inquestionável. Ver Evelyn Underhill, *Misticismo: estudo sobre a natureza e o desenvolvimento da consciência espiritual do ser humano*. Curitiba: AMORC, 2002.
12. Michael Sabom, *Light and Death: One Doctor's Fascinating Account of Near-Death Experiences* (Grand Rapids, MI: Zondervan, 1998).
13. William James, "Human Immortality: Two Supposed Objections to the doctrine", em G. Murphy e R. O. Ballou, eds., *William James on Psychical Research* (Nova York: Viking, 1960), pp. 279-308; original apresentado como uma palestra (1898).
14. Henri Bergson, discurso presidencial, *Proceedings of the Society far Psychical Research* 27 (1914): 157-75.
15. Aldous Huxley, *As Portas da Percepção*. São Paulo: Globo, 2002.

Notas

16. R. M. Bueke, *Cosmic Consciousness: A Study in the Evolution of the Human Mind* (New Hyde Park, NY: University Books, 1961; originalmente publicado em 1901).

17. Richard Conn Henry: "The Mental Universe", *Nature* 436, no. 29 (7 de julho de 2005).

18. Citado em Dean Radin, *The Conscious Universe: The Scientific Truth of Psychic Phenomena* (San Francisco: HarperSanFrancisco, 1997), p. 264.

19. Essa forma global de consciência, que envolve a compreensão de que todas as espécies são interligadas, é centrada no planeta. Transcende egoísmo, nacionalismo, intolerância cultural e religiosa, e desrespeito pelo ambiente.

Glossário

amígdala: localizada logo atrás do hipotálamo, medeia as emoções, em especial as relacionadas a segurança ou bem-estar. Às vezes chamadas de *amígdalas*, porque compreendem duas massas de neurônio em forma de amêndoa.

áreas de Broadman: áreas do cérebro mapeadas pela estrutura celular.

cerebelo: região do cérebro que desempenha uma função fundamental na integração de percepção sensorial e produção motora.

cientismo: a visão de que só os métodos das ciências naturais como a física e a química fornecem conhecimento real.

clado: grupo de formas de vida com órgãos semelhantes, mais provavelmente derivado de um único ancestral comum.

construtivismo: visão de que a cultura e as suposições modelam as experiências místicas a tal grau que deixa de existir qualquer realidade subjacente.

contemplação: prática de concentrar intencionalmente a consciência num objeto ou numa ideia, às vezes chamada de meditação, recordação ou silêncio interior; as distrações são apenas notadas e descartadas, na esperança de encontrar níveis ocultos de consciência.

corpo caloso: estrutura de material branca no cérebro que liga os hemisférios direito e esquerdo do cérebro.

408   O CÉREBRO ESPIRITUAL

córtex (*cerebrum*): a parte maior e superior do cérebro humano, dividida em quatro lobos, frontal, parietal (lado superior), occipital (atrás) e temporal (lado inferior, acima as orelhas).

córtex cingulado anterior (CCA): uma espécie de colarinho que circunda o corpo caloso, que liga os hemisférios direito e esquerdo do cérebro; desempenha função relevante na tomada de decisões.

córtex frontal orbital (CFO): parte frontal do cérebro logo acima e atrás dos olhos que desempenha função relevante na detecção de erros.

córtex motor: a parte do córtex cerebral envolvida no planejamento, controle e na realização de funções motoras.

córtex occipital: parte do cérebro que processa informações visuais.

córtex para-hipocampo: região cerebral dentro do lobo-temporal associada à orientação da pessoa nos ambientes conhecidos.

córtex pré-frontal (CPF): as região corticais do lobo frontal do cérebro, associadas a comportamento complexo, incluindo cognição, personalidade e comportamento social adequado.

córtex pré-frontal lateral (CPFL): área da parte frontal do cérebro, na lateral da cabeça, que desempenha função relevante na avaliação de alternativas.

córtex pré-frontal ventrolateral (CPFVL): parte inferior do lado do córtex pré-frontal envolvida na integração de informações víscero-sensórias com sinais emocionais.

dopamina: neurotransmissor envolvido no movimento, na cognição, na motivação ou no prazer.

dualismo: filosofia que aceita a coexistência de entidades fundamentalmente diferentes (p. ex., matéria e mente).

efeito nocebo: o efeito prejudicial à saúde criado pela crença e expectativa de uma pessoa doente de que entrou em contato ou alguma for-

Glossário

ça administrou uma fonte de mal; as práticas médicas às vezes podem, sem querer, criar efeitos nocebos.

efeito placebo: o importante efeito curativo criado pela crença e a expectativa de uma pessoa doente de que lhe um foi aplicado um poderoso remédio quando a melhora não resultou fisicamente do remédio.

efeitos psi: fenômenos telepáticos e psicocinéticos em geral.

eletrencefalografia quantitativa (EEGQ): medição e análise (expressas num mapa colorido) das correntes elétricas na superfície do escalpo que refletem os registros gráficos das ondas cerebrais.

estriado: parte maior dos gânglios basais, que inclui o núcleo caudal, putâmen e o globo pálido.

exobiologia: o estudo de formas de vida que existiram ou existem agora em Marte ou noutros planetas que descrevem a órbita em torno de outros astros além do sol (planetas extrassolares); embora, em tese, se considerassem possíveis tais formas de vida, até agora não foram encontradas.

experiência duplo-cego: experiência em que nem o pesquisador nem o paciente influenciam os resultados sabendo (1) do que trata o estudo, ou (2) se o paciente é membro do grupo experimental (em que devem acontecer coisas importantes) ou do grupo de controle (uma situação aparentemente idêntica em que nada de importante deve acontecer). É difícil conseguir o duplo-cego na experimentação científica com seres humanos, porque os humanos são hábeis em pegar pistas, muitas vezes inconscientes. Quando alcançado, o duplo-cego é muitíssimo valorizado como um "padrão ouro" na pesquisa.

filosofia perene, perenialismo: a visão que os místicos de todas as tradições têm acerca do terreno divino do universo por trás da consciência; a verdade metafísica fundamental é una, universal e perene, e

410   O CÉREBRO ESPIRITUAL

as diferentes religiões constituem distintas linguagens que expressam essa verdade única, mas muitos a interpretam de forma diferente.

gânglios basais: região na base do cérebro que consiste de três grandes agrupamentos de neurônios que desempenham função relevante na direção de atividades habituais.

genes egoístas: a hipótese de Richard Dawkins de que o comportamento humano é motivado pela aparente (embora não real) atividade dos genes ao serem transmitidos.

giro cingulado: camada de neurônios acima da principal ligação entre os dois hemisférios do cérebro (o *corpus callosum*), que coordena as visões e os cheiros agradáveis com as lembranças agradáveis. O giro cingulado também participa da reação emocional à dor e da regulação da emoção.

giro: um vinco do cérebro.

hipocampo: estrutura cerebral pertencente ao sistema límbico localizada dentro do lobo-temporal. Semelhante a um cavalo-marinho, está envolvido na navegação memorial e espacial.

hipotálamo: embaixo do tálamo, espécie de termostato central que regula funções do corpo como pressão arterial e respiração, e também governa a intensidade do comportamento emocional. O hipotálamo controla ainda a glândula pituitária, que regula o crescimento e o metabolismo.

imagens por ressonância magnética funcional: técnica que produz mudanças de imagens no cérebro mediante ondas de rádio com forte campo magnético.

ínsula: região da parte inferior do córtex cerebral envolvida na representação de estados corporais que colorem as experiências conscientes.

interação mente-matéria: capacidade da mente de influenciar objetos materiais como gerador de números aleatórios (GNAs).

IRMf: *ver* imagens de ressonância magnética funcional.

Glossário 411

lâmina de Occam (ou Ockam): princípio científico de que, entre duas explicações adequadas, deve-se preferir a mais simples.

mapeamento MRI: *ver* imagens por ressonância magnética.

materialismo: filosofia em que a matéria é tudo que existe e tudo tem uma causa material.

meditação: ver contemplação.

meme: unidade hipotética de pensamento que se reproduz no cérebro, ideia criada por Richard Dawkins.

metacognitivo: pertinente a pensar em pensar, ou monitorar os próprios pensamentos.

misticismo monístico: a experiência mística de sentir que o universo criado gira em torno de um centro do qual tudo é emanado.

misticismo panteísta: experiência mística de sentir que todo o mundo externo é o poder supremo e que a pessoa que experimenta é parte desse poder.

misticismo teísta: a experiência mística de sentir a presença do mais alto poder no universo ou um poder além do universo.

misticismo: a experiência de certo contato místico com uma verdade maior ou um poder maior por trás do universo, em geral interpretado no contexto de uma tradição religiosa.

monismo: filosofia em que tudo que existe é fundamentalmente de uma única substância (p. ex., a matéria).

morte clínica: estado em que os sinais vitais cessam: o coração fica em fibrilação ventricular, há total falta de atividade elétrica no córtex do cérebro (eletrocardiograma horizontal) e a atividade do tronco cerebral é abolida (perda do reflexo corneano, pupilas fixas e dilatadas

412   O CÉREBRO ESPIRITUAL

e perda do reflexo faríngeo; a ressuscitação cardiopulmonar (RCP) pode reviver o paciente no intervalo de aproximadamente dez minutos; após, o dano cerebral torna a ressuscitação improvável.

naturalismo metafísico: *ver* naturalismo.

naturalismo: filosofia em que a natureza é tudo que existe e tudo tem uma causa natural.

neuroteologia: um enfoque das EMERs que busca uma base neurológica para as experiências espirituais.

neurotransmissores: substâncias químicas no cérebro que transmitem e modulam sinais elétricos entre as células (neurônios).

noite sombria da alma: termo cunhado por João da Cruz para descrever a sensação de abandono que os místicos às vezes sentem quando a contemplação não gera consciência mística; muitas vezes associada a uma relutância residual no sentido de abrir mão de um falso senso do eu.

núcleo caudado: um dos gânglios basais, estrutura semelhante a uma cauda que desempenha função relevante no movimento voluntário e na emoção.

observação consciente objetiva: observação de algum objeto de maneira desapaixonada, sem juízo de valor e sem preconceitos.

parapsicologia: como disciplina científica, o estudo dos efeitos psi, em geral psicocinesia e telepatia.

PET, mapeamento PET: *ver* tomografia por emissão de pósitron.

Princípio da Incerteza (ou indeterminação) de Heisenberg: o princípio de que as partículas subatômicas não ocupam posições definidas no espaço ou no tempo; só podemos descobrir onde estão como uma série de probabilidades sobre onde poderiam estar (precisamos decidir o que queremos saber).

Glossário 413

psicologia evolucionista (ou evolucionária): ramo da psicologia que afirma que o cérebro humano, incluindo qualquer componente que envolva religião ou espiritualidade, consiste de adaptações ou mecanismos psicológicos que evoluíram pela seleção natural para beneficiar a sobrevivência e a reprodução do organismo humano.

putâmen: parte dos gânglios basais que, junto com o núcleo caudado, forma o estriado. Essa estrutura envolve-se em reforçar o aprendizado e a emoção.

reação eletrodérmica (RED): medida de condutividade a partir dos dedos e/ou palmas, uma reação fisiológica involuntária da qual o indivíduo pode ou não ter consciência ou ser capaz de atribuir um motivo para ela.

região temporoparietal: parte do cérebro localizada na interseção dos córtices temporal e parietal.

síndrome de Geschwind: tendência à religiosidade que, segundo alguns médicos, associa-se à epilepsia do lobo temporal.

sistema de dopamina nigrostriatal: via neural que liga a substância nigra com o estriado, desempenhando função relevante no movimento.

sistema límbico: sistema, incluindo o hipotálamo, o hipocampo e a amígdala, que circunda e forma a base do tálamo; desempenha função-chave em nossas experiências emocionais e na capacidade de formar lembranças.

sistema nervoso autônomo: parte do sistema nervoso que controla as atividades automáticas, como a frequência do círculo cardíaco, a respiração e as atividades das glândulas, funções que ocorrem tenha ou não a pessoa consciência delas.

sistema nervoso simpático: parte do sistema nervoso autônomo ativada quando se percebe tensão ou perigo; ajuda a regular a pulsação e a pressão arterial, dilata as pupilas e muda o tono muscular.

414 O CÉREBRO ESPIRITUAL

substantia nigra: a parte do cérebro que produz dopamina.

sugestão/sugestionabilidade: a probabilidade de passarmos pela experiência de um efeito se nosso ambiente nos estimula a prevê-lo.

telecinese: a capacidade da mente para mover a matéria; estudo científico concentra-se na micropsicocinese, capacidade de influenciar eventos aleatoriamente gerados.

teleologicamente orientados: são mais intencionais que aleatórios.

telepatia: a comunicação de duas mentes por meios atualmente desconhecidos; o estudo científico concentra-se nas experiências de privação sensória em que o indivíduo precisa adivinhar qual de quatro imagens mentais outro indivíduo teve ao mesmo tempo.

terceiro chimpanzé: os seres humanos, quando classificados com as duas espécies de chimpanzé atualmente reconhecidas, o chimpanzé comum (*Pare troglodytes*) e o menor bonobo (*Pan paniscus*).

tomografia computadorizada por emissão de fóton único (SPECT, em inglês): técnica para mapear o fluxo sanguíneo e o metabolismo depois da injeção de substâncias radioativas que podem ser usadas para estudar mudanças cerebrais depois de um desafio psicológico.

tomografia por emissão de pósitron (PET): imagens da atividade cerebral usando as emissões de isótopos radiativos que decaem por emissão de pósitron.

traço adaptativo: traço que promove a sobrevivência e a capacidade de gerar rebentos férteis.

unio mystica: união mística com Deus ou o Absoluto no amor.

viscosidade interpessoal: tendência a grudar nos outros de uma forma que pode ser prejudicial aos relacionamentos.

Bibliografia

Aftanas, L. I., A. A. Varlamov, S. V Pavlov, V P Makhnev, e N. V Reva. "Affective Picture Processing: Event-Related Synchronization Within Individually Defined Human Theta Band Is Modulated by Valence Dimension." *Neuroscience Letters* 303 (2001): 115-18.

Alper, Matthew. *A parte divina do cérebro, Editora Best Seller, 2008.*

Antony, M. M., e R. P Swinson. "Specific Phobia." In M. M. Antony e R. P Swinson, eds., *Phobic Disorders and Panic in Adults: A Guide to Assessment and Treatment.* Washington, DC: American Psychological Association, 2000, pp. 79-104.

Arzy, S., M. Idel, T. Landis, e O. Blanke. "Why Have Revelations Occurred on Mountains? Linking Mystical Experiences e Cognitive Neuroscience." *Medical Hypotheses* 65 (2005): 841-45.

Aunger, Robert C., ed. *Darwiniaing Culture: The Status of Memetics as a Science.* Oxford: Oxford Univ. Press, 2001.

Bandura, A. "Social Cognitive Theory: An Agentie Perspective." *Annual Review of Psychology* 52 (2001): 1-26.

Beauregard, M., e V Paquette. "Neural Correlates of a Mystical Experience in Carmelite Nuns." *Neuroscience Letters* 405 (2006): 186-90.

Beauregard, M., J. Lévesque, e P Bourgouin. "Neural Correlates of Conscious Self-regulation of Emotion." *Journal of Neuroscience* 21 (2001): RC165 (1-6).

Beauregard, M., J. Lévesque, e V Paquette. "Neural Basis of Conscious e Voluntary Self-Regulation of Emotion." Em M. Beauregard, ed., *Consciousness, Emotional Self-Regulation and the Brain.* Amsterdã: John Benjamins, 2004, pp. 163-94.

416 O CÉREBRO ESPIRITUAL

Beauregard, M., V Paquette, M. Pouliot, e J. Lévesque. "The Neuro-biology of the Mystical Experience: A Quantitative EEG Study." Society for Neuroscience 34th Annual Meeting, 23-27 de outubro de 2004. San Diego, CA.

Bell, J. S. *Speakable and Unspeakable in Quantum Mechanics*. Cambridge: Cambridge Univ. Press, 2004.

Benson H., J. A. Dusek, J. B. Sherwood, P Lam, C. F. Bethea, W Carpenter, S. Levitsky P C. Hill, D. W Clem, Jr., M. K. Jain, D. Drumel, S. L. Kopecky, P S. Mueller, D. Marek, S. Rollins, e P L. Hibberd. "Study of the Therapeutic Effects of Intercessory Prayer (STEP) in Cardiac Bypass Patients: A Multi-center Randomized Trial of Uncertainty e Certainty of Receiving Intercessory Prayer." *American Heart Journal* 151.4 (abril de 2006): 934-42.

Benson, Herbert, e Marg Stark. *Timeless Medicine: The Power and Biology of Belief*. Nova York, Scribner, 1996.

Berdyaev, Nicolas, "Freedom from Fear." *Times of India*, 8 de fevereiro de 2007.

Berger, Peter. *The Desecularization of the World*. Grand Rapids, MI: Eerdmam, 1999.

Bibby, Reginald. *The Poverty and Potential of Religion in Canada*. Toronto: Irwin, 1987.

Blackmore, Susan. *The Meme Machine*. Oxford: Oxford Univ. Press, 1999.

Blanke, O., S. Ortigue, T Landis, umd M. Seeck. "Stimulating Illusory Own-Body Perceptions: The Part of the Brain That Can Induce Out-Of-Body Experiences Has Been Located." *Nature* 419 (2002): 269-70.

Bloom, Howard. *The Lucifer Principle: A Scientific Expedition into the Forces of History*. Nova York: Atlantic Monthly Press, 1995.

Blum, Deborah. *Sexo na nuca: as diferenças entre homens e mulheres*. São Paulo: Beca, 2000.

Bobrow, Robert S. "Paranormal Phenomena in the Medical Literature: Sufficient Smoke to Warrant a Search for Fire." *Medical Hypotheses* 60.6 (2003): 864-68.

Boswell, James. *Life of Johnson*. Editado por R. W Chapman e J. D. Fleeman.

Bibliografia 417

Boyer, Pascal. *Religion Explained: The Evolutionary Origins of Religions Thought.* Nova York: Basic Books, 2001.

Brodie, Richard. *Virus of the Mind: The New Science of the Meme.* Seattle: Integral Press, 1996.

Brody, A. L., S. Saxena, P. Stoessel, L. A. Gillies, L. A. Fairbanks, S. Alborzian, M. E. Phelps, S. C. Huang, H. M. Wu, M. L. Ho, M. K. Ho, S. C. Au, K. Maidment, e L. R. Baxter, Jr. "Regional Brain Metabolic Changes in Patients with Major Depression Treated with Either Paroxetine or Interpersonal Therapy: Preliminary Findings." *Archives of General Psychiatry* 58 (2001): 631-40. Brown, Geoffrey. *Minds, Brains and Machines.* Nova York: St. Martin's Press, 1989.

Buchanan, Mark. "Charity Begins at Homo sapiens." *New Scientist*, 12 de março de 2005.

Bucke, R. M. *Consciência cósmica: estudo da evolução da mente humana.* Rio de Janeiro: Renes, 1982.

Buller, D. J. "Evolutionary Psychology: The Emperor's New Paradigm." *Trends in Cognitive Science* 9.6 (junho de 2005): 277-83.

Byrd, R. C. "Positive Therapeutic Effects of Intercessory Prayer in a Coronary Care Unit Population." *Southern Medical Journal* 81.7 (julho de 1988): 826-29.

Cairns-Smith, A. G. *Seven Clues to the Origin of Life.* Cambridge: Cambridge Univ. Press, 1985.

Changeux, Jean-Pierre. *Neuronal Man: The Biology of Mind.* Traduzido por Laurence Garey. Nova York: Oxford Univ. Press, 1985.

Cheyne, J. A. "The Ominous Numinous: Sensed Presence e 'Other' Hallucinations." *Journal of Consciousness Studies* 8, ns. 5-7 (2001).

Churchland, Patricia Smith. *Brain-Wise: Studies in Neurophilosophy.* Cambridge, MA: MIT Press, 2002.

Cotton, Ian. *The Hallelujah Revolution: The Rise of the New Christians.* Londres: Prometheus, 1996.

Crick, Francis. *The Astonishing Hypothesis: The Scientific Search for the Soul.* Nova York: Simon & Schuster, Touchstone, 1995.

D'Espagnat, Bernard. *Reality and the Physicist: Knowledge, Duration and the Quantum World.* Cambridge: Cambridge Univ. Press, 1989. Originalmente publicado em francês como *Une incertaine réalité.*

418 O CÉREBRO ESPIRITUAL

Dawkins, Richard. *O gene egoísta*. São Paulo: Companhia das Letras, 2007.

De la Fuente-Fernández, R., Thomas J. Ruth, Vesna Rossi, Michael Schulzer, Donald B. Calne, e A. J. Stoessl. "Expectant e Dopamine Release: Mechanism of the Placebo Effect in Parkinson's Disease." *Science* 293 (10 de agosto de 2001): 1164-66.

Decety, J. "Do Imagined e Executed Actions Share the Same Neural Substrate?" *Brain Research: Cognitive Brain Research* 3 (1996): 87-93.

Dembski, William A. *No Free Lunch: Why Specified Complexity Cannot Be Purchased Without Intelligence*. Lanham, MD: Rowman & Littlefield, 2002.

Dennett, Daniel C. *Tipos de mentes: rumo a uma compreensão da consciência*. Rio de Janeiro: Rocco, 1997.

Denton, Michael J. *Nature's Destiny: How the Laws of Biology Reveal Purpose in the Universe*. Nova York: Free Press, 1998.

Devinsky, O. "Religious Experiences and Epilepsy." *Epilepsy &Behavior* 4 (2003): 76-77.

Dewhurst, K., e A. W Beard. "Sudden Religions Conversions in Temporal Lobe Epilepsy." *Epilepsy & Behavior* 4 (2003).

Eccles, Sir John, e Daniel N. Robinson. *The Wonder of Being Human: Our Brain and Our Mind*. Nova York: Free Press, 1984.

Edelman, Gerald M., e Giulio Tononi. *A Universe of Consciousness: How Matter Becomes Imagination*. Nova York: Basic Books, 2000.

Edição integral. Oxford: Oxford Univ. Press, 1998, p. 929.

Felician, O., M. Ceccaldi, M. Didic, C. Thinus-Blanc, e M. Poncet. "Pointing to Body Parts: A Double Dissociation Study." *Neuropsychologia* 41 (2003): 1307-16.

Felten, David L., e Ralph F. Józefowicz. *Atlas da neurociência humana de Netter*. Porto Alegre: Artmed, 2005.

Ferris, Timothy. *A State-of-the-Universes) Report*. Nova York: Simon & Schuster, Touchstone, 1997.

Flory, Richard W "Promoting a Secular Standard: Secularization e Modern journalism, 1870-1930." Em Christian Smith, ed., *The Secular Revolution: Power, Interests, and Conflict in the Secularization of American Public Life*. Berkeley e Los Angeles: Univ. of California Press, 2003.

Bibliografia   419

Frazer, James George. *The Golden Bough.* Editado por Mary Douglas. Condensado por Sabine McCormack. Londres: Macmillan, 1978.

Gellman, Jerome. "Mysticism." In the *Stanford Encyclopedia of Philosophy.* Editado por Edward N. Zalta. Primavera de 2005. http://plato.stanford.edu/archives/spr2005/entries/mysticism/.

Giovannoli, Joseph. *The Biology of Belief How Our Biology Biases our Beliefs and Perceptions.* Nova York: Rosetta, 2000.

Gonzalez, Guillermo, e Jay W Richards. *Privileged Planet: How Our Place in the Cosmos Is Designed for Discovery.* Washington, DC: Regnery, 2004.

Gorman, J. M., J. M. Kent, G. M. Sullivan, e J. D. Kaplan. "Neuroanatomical Hypothesis of Panic Disorder, Revised." *American Journal of Psychiatry* 157 (2000): 493-505.

Granqvist, Pehr, Mats Fredrikson, Dan Larhammar, Marcus Larsson, e Sven Valind. "Sensed presence e mystical experiences are predicted by suggestibility, not by the application of transcranial weak complex magnetic fields." *Neuroscience Letters,* doi:10.1016/j.neulet.2004.10.057 (2004).

Grant, George. *Lament for a Nation: The Defeat of Canadian Nationalism.* Don Mills: Oxford Univ. Press Canada, 1970.

Greyson, Bruce, e Nancy E. Bush. "Distressing Near-Death Experiences." *Psychiatry* 55.1 (fevereiro de 1992): 95-110.

Gross, Francis L., Jr., com Toni L. Gross. *The Making of a Mystic: Seasons in the Life of Teresa of Avila.* Albany: State Univ. of Nova York Press, 1993.

Grossman, N. "Who's Afraid of Life After Death?" *Journal of Near-Death Studies* 21.1 (outono de 2002).

Halgren E., R. D. Walter, D. G. Cherlow, e P H. Crandall. "Mental Phenomena Evoked by Electrical Stimulation of the Human Hippocampal Formation e Amygdala." *Brain* 101.1 (1978): 83-117.

Hamer, Dean. *O gene de Deus: como a herança pode determinar a fé.* São Paulo: Mercuryo, 2005.

Hanscomb, Alice, e Liz Hughes. *Epilepsy.* Londres: Ward Lock, 1995.

Hansen, B. A., e E. Brodtkorb. "Partial Epilepsy with 'Ecstatic' Seizures." *Epilepsy & Behavior* 4 (2003): 667-73.

Hardy Alister. *The Spiritual Nature of Man.* Oxford: Clarendon, 1979.

420   O CÉREBRO ESPIRITUAL

Harris, Sam. *The End of Faith: Religion, Terror, and the Future of Reason.* Nova York: Norton, 2004.

Harris, William S., Manohar Gowda, Jerry W Kolb, Christopher P Strychaz, James L. Hacek, Philip G. Jones, Alan Forker, James H. O'Keefe, e Ben D. McCallister. "A Randomized, Controlled Trial of the Effects of Remote, Intercessory Prayer on Outcomes in Patients Admitted to the Coronary Care Unit." *Archives of Internal Medicine* 159 (1999): 2273-78.

Harth, Erich. *The Creative Loop: How the Brain Makes a Mind.* Reading, MA: Addison-Wesley, 1993.

Hawking, Stephen. *The Illustrated A Brief History of Time.* Rev. ed. Nova York: Bantam, 1996.

Hawkley, L., e J. Cacioppo. "Loneliness Is a Unique Predictor of Age-Related Differences in Systolic Blood Pressure." *Psychology and Aging* 21.1 (março de 2006): 152-64.

Helm H. M., J. C. Hays, E. P Flint, H. G. Koenig, e D. G. Blazer. "Does Private Religions Activity Prolong Survival: A Six-Year Follow-Up Study of 3,851 Older Adults." *Journals of Gerontology.* Series A, Biological e Medical Sciences. 55 (2000): M400-405.

Hobson, J. Allan. *The Chemistry of Conscious States: How the Brain Changes Its Mind.* Boston: Little, Brown, 1994.

Hofstadter, Douglas R., e Daniel C. Dennett. *The Mind's I.- Fantasies and Reflections on Selfand Soul.* Nova York: Basic Books, 2000.

Hooper, Judith, e Dick Teresi. *The 3-Pound Universe.* Nova York: Macmillan, 1986.

Horgan, John. *A mente desconhecida: por que a ciência não consegue replicar, medicar e explicar o cérebro humano.* São Paulo: Companhia das Letras, 2002.

Hróbjartsson, A., e P GBtzsche. "Is the Placebo Powerless? An Analysis of Clinical Trials Comparing Placebo with No Treatment." *New England Journal of Medicine* 344, no. 21 (24 de maio de 2001).

Hughes, J. R. "Emperor Napoleon Bonaparte: Did He Have Seizures? Psychogenic or Epileptic or Both?" *Epilepsy & Behavior 4* (2003): 793-96.

———. "Dictator Perpetuus: Julius Caesar-Did He Have Seizures? If So, What Was the Etiology?" *Epilepsy & Behavior 5* (2004): 756-64.

Bibliografia 421

——. "Alexander of Macedon, the Greatest Warrior of All Times: Did He Have Seizures?" *Epilepsy & Behavior* 5 (2004): 765-67.

——. "Did All Those Famous People Really Have Epilepsy?" *Epilepsy & Behavior* 6 (2005): 115-39.

——. "A Reappraisal of the Possible Seizures of Vincent van Gogh." *Epilepsy & Behavior* 6 (2005): 504-10.

——. "The Idiosyncratic Aspects of the Epilepsy of Fyodor Dostoevsky" *Epilepsy & Behavior* 7 (2005): 531.

Huxley, Aldous. *A filosofia perene.* São Paulo: Circulo do Livro, 1990.

——. *As portas da percepção.* São Paulo: Globo, 2002.

Ingram, Jay. *Theatre of the Mind: Raising the Curtain on Consciousness.* Toronto: HarperCollins, 2005.

Isaacson, Walter. "In Search of the Real Bill Gates." *Time*, 5 de janeiro de 1997.

James, William. *The Varieties of Religions Experience.* Nova York: Random House, 1902.

Jeans, J. *The Mysterious Universe.* Londres: AMS Press, 1933.

Johnson, Phillip E. *Darwin no banco dos réus: o evolucionismo não se apoia em fatos, sua base é a fé no naturalismo filosófico.* São Paulo: Cultura Cristã, 2008.

Kimura, Doreen. *Sex and Cognition.* Cambridge, MA: MIT Press, 2000.

Kubota, Y., W. Sato, M. Toichi, T Murai, T. Okada, A. Hayashi, e A. Sengoku. "Frontal Midline Theta Rhythm Is Correlated with Cardiac Autonomic Activities During the Performance of an Attention Demanding Meditation Procedure." *Brain Research: Cognitive Brain Research* 11.2 (2001): 281-87.

Kuhn, Thomas. *The Structure of Scientific Revolutions.* 2a ed. Chicago: Univ. of Chicago Press, 1970.

Larson, Edward J., e Larry Witham. "Leading Scientists Still Reject God." *Nature* 394 (1998): 313.

Lévesque, J., E. Eugène, Y. Joanette, V. Paquette, M. Boualem, G. Beaudoin, J-M. Leroux, P Bourgouin, e M. Beauregard. "Neural Circuitry Underlying Voluntary Suppression of Sadness." *Biological Psychiatry* 53 (2003): 502-10.

422   O CÉREBRO ESPIRITUAL

Lévesque, J., Y. Joanette, B. Mensour, G. Beaudoin, J-M. Leroux, P. Bourgouin, e M. Beauregard. "Neural Basis of Emotional Self-Regulation in Childhood." *Neuroscience* 129 (2004): 361-69.

Levin, Jeff, e Harold G. Koenig, eds. *Faith, Medicine, and Science: A Festschrift in Honor of Dr. David B. Larson*. Nova York: Haworth, 2005.

Lewis, C. S. *A abolição do homem*. São Paulo: Martins Fontes, 2005.

Lewis, C. S. *O problema do sofrimento*. São Paulo: Vida, 2006.

Lewis, C. S. *Os quatro amores*. São Paulo: Martins Fontes, 2005.

Lusting, Abigail, Robert J. Richards, e Michael Ruse. *Darwinian Heresies*. Cambridge, MA: Cambridge Univ. Press, 2004.

Lutz Antoine, Lawrence L. Greischar, Nancy B. Rawlings, Matthieu Ricard, e Richard J. Davidson. "Long-Term Meditators Self-Induce High-Amplitude Gamma Synchrony during Mental Practice." *Proceedings of the National Academy of Sciences USA 101*, n. 46 (16 de novembro de 2004): 16369-73.

Malin, Shimon. *Nature Loves to Hide: Quantum Physics and the Nature of Reality, a Western Perspective*. Oxford: Oxford Univ. Press, 2001.

Marks, Jonathan, *What It Means to Be 98 Percent Chimpanzee: Apes, People, and Their Genes*. Berkeley e Los Angeles: Univ. of California Press, 2002.

Maslow, Abraham. *Religions Aspects of Peak-Experiences*. Nova York: Harper & Row, 1970.

May, Gerald G. *The Dark Night of the Soul*. San Francisco: HarperSanFrancisco, 2004.

McGrath, Alister. *Dawkins's God' Genes, Memes, and the Meaning of Life*. Oxford: Blackwell, 2005.

McGreal, Wilfrid. *John of the Cross*. Londres: HarperCollins, 1996.

McRae, C., E. Cherin, T. G. Yamazaki, G. Diem, A. H. Vo, D. Russell, J. H. Ellgring et al. "Effects of Perceived Treatment on Quality of Life e Medical Outcomes in a Double-Blind Placebo Surgery Trial." *Archives of General Psychiatry* 61 (2004): 412-20.

Merton, Robert K. "Science and the Social Order." *Philosophy of Science 5* n. 3 (julho de 1938): 321-337.

Midgeley, Mary. *The Myths We Live By*. Londres: Routledge, 2003.

Minsky, Marvin. *A sociedade da mente*. Rio de Janeiro: F. Alves, 1989.

Mitcham, Carl, e Alois Huning, eds. *Philosophy and Technology IT Information Technology and Computers in Theory and Practice. Vol.*

Bibliografia   423

2, Atas selecionadas de uma Conferência Internacional realizada em Nova York, 3-7 de setembro de 1983, e organizada pela Philosopy & Technology Studies Center of the Polytechmic Institute of New York junto com a Society for Philosophy and Technology. Nova York: Springer, 1986, p. 169.

Morse M., e P. Perry. *Transformados pela luz*. Rio de Janeiro: Record, 1997.

Neggers, S. E, R. H. Van der Lubbe, N. E. Ramsey, e A. Postma. "Interactions Between Ego- e Allocentric Neuronal Representations of Space." *Neuroimage* (2006).

Newberg, A., A. Alai, M. Baime, M. Pourdehnad, J. Santana, e E. G. D'Aquili. "The Measurement of Regional Cerebral Blood Flow During the Complex Cognitive Task of Meditation: A Preliminary SPECT Study." *Psychiatry Research: Neuroimaging* 106 (2001): 113-22.

Newberg, A., M. Pourdehnad, A. Alavi, e E. G. D'Aquili. "Cerebral Blood Flow During Meditative Prayer: Preliminary Findings e Methodological Issues." *Perceptual and Motor Skills* 97 (2003): 625-30.

Newberg, Andrew, Eugene D'Aquili, e Vince Rouse. *Why God Won't Go Away. Brain Science and the Biology of Belief.* Nova York: Ballantine, 2001.

O'Leary, Denyse. *By Design or by Chance? The Growing Controversy on the Origins of Life in the Universe.* Minneapolis: Augsburg, 2004.

Ornstein, Robert. *A evolução da consciência de Darwin a Freud, a origem e os fundamentos da mente.* São Paulo: Best Seller/ Círculo do Livro, 1992.

_____. *A mente certa: entendendo o funcionamento dos hemisférios.* Rio de Janeiro: Campus, 1998.

Otto, Rudolf. *The Idea of the Holy.* Translated by John W Harvey. Londres: Oxford Univ. Press, 1971.

Paquette V, J. Lévesque, B. Mensour, J-M. Leroux, G. Beaudoin, P. Bourgouin, e M. Beauregard. "Change the Mind e You Change the Brain: Effects of Cognitive-Behavioral Therapy on the Neural Correlates of Spider Phobia." *Neuroimage* 18.2 (fevereiro de 2003): 401-9.

Pargament, Kenneth I., H. G. Koenig, N. Tarakeshwar, J. Hahn. "Religions Struggle as a Predictor of Mortality Among Medically Ill Elderly Patients." *Archives of Internal Medicine* 161 (13 a 27 de agosto de 2001): 1881-85.

Parnia, S., e P Fenwick. "Near-Death Experiences in Cardiac Arrest: Visions of a Dying Brain or Visions of a New Science of Consciousness." *Resuscitation* 52 (2002): 5-11.

Peacock, Judith. *Epilepsy.* Mankato, MN: Capstone, 2000.

Pelletier M., A. Bouthillier, J. Levesque, S. Carrier, C. Breault, V. Paquette, B. Mensour, J-M. Leroux, G. Beaudoin, P. Bourgouin, e M. Beauregard. "Separate Neural Circuits for Primary Emotions? Brain Activity During SelfInduced Sadness e Happiness in Professional Actors." *Neuroreport* 14.8 (11 de junho de 2003): 1111-16.

Penfield, Wilder. *Second Thoughts: Science, the Arts, and the Spirit.* Toronto: McClelland e Stewart, 1970.

Persinger, M. "Religions e Mystical Experiences as Artifacts of Temporal-Lobe Function: A General Hypothesis." *Perceptual and Motor Skills* 57 (1983): 1255-62.

Persinger, M. A., e F. Healey. "Experimental Facilitation of the Sensed Presence: Possible Intercalation between the Hemispheres Induced by Complex Magnetic Fields." *Journal of Nervous and Mental Diseases* 190 (2002): 53341.

Pettitt, Paul. "When Burial Begins." *British Archaeology* 66 (agosto de 2002).

Pinker, Steven. *Como a mente funciona.* São Paulo: Companhia das Letras, 2005.

Raclin, Dean. *The Conscious Universe: The Scientific Truth of Psychic Phenomena.* San Francisco: HarperSanFrancisco, 2007.

Ramachandran, V. S., e Sandra Blakeslee. *Fantasmas no cérebro.* Rio de Janeiro: Record, 2004.

Ratzsch, Del. *The Battle of Beginnings: Why Neither Side Is Winning the Creation Evolution Debate.* Downers Grove, IL: InterVarsity Press, 1996.

Restak, Richard. *The Brain Has a Mind of Its Own: Insights from a Practicing Neurologist.* Nova York: Harmony, 1991.

Ring, K., e M. Lawrence. "Further Evidence for Veridical Perception During Near-Death Experiences." *Journal of Near-Death Studies* 11.4 (1993): 223-29.

Ring, Kenneth, e Sharon Cooper. *Near Death and Out of Body Experiences in the Blind.* Palo Alto, CA: William James Center, 1999.

Rohrbach, Peter-Thomas. *Journey to Carith: The Story of the Carmelite Order.* Garden City, NY: Doubleday, 1966.

Bibliografia 425

Rose, Hilary, e Steven Rose. *Alas, Poor Darwin: Arguments Against Evolutionary Psychology.* Londres: Random House, Vintage, 2001.

Ruse, Michael. *The Evolution Wars: A Guide to the Debates.* Santa Barbara, CA: ABC-CLIO, 2000.

Russell, Bertrand. "Quotes on Determinism", The Society of Natural Science, http://www.determinism.com/quotes.shtml (acessado em 27 de maio de 2007).

Sabom, Michael. *Light and Death: One Doctor's Fascinating Account of Near-Death Experiences.* Grand Rapids, MI: Zondervan, 1998.

Sagan, Carl. *Os dragões do Eden: especulações sobre a evolução da inteligência humana.* Rio de Janeiro: F. Alves, 1985.

_____. *O mundo assombrado pelos demônios: a ciência vista como uma vela no escuro.* São Paulo: Companhia de Bolso, 2006.

Salzman, Mark. *Lying Awake.* Nova York: Knopf, 2000.

Saver, J. L., e John Rabin. "The Neural Substrates of Religions Experience." *Journal of Neuropsychiatry and Clinical Neurosciences* 9 (1997): 498-510.

Sawyer, Robert J. *The Terminal Experiment.* Nova York: HarperCollins, 1995.

Schwartz J. M., P W Stoessel, L. R. Baxter, Jr., K. M. Martin, e M. E. Phelps. "Systematic Changes in Cerebral Glucose Metabolic Rate After Successful Behavior Modification Treatment of Obsessive-Compulsive Disorder." *Archives of General Psychiatry* 53 (1996): 109-13.

Schwartz, J. M., H. Stapp, e M. Beauregard. "Quantum Theory in Neuroscience e Psychology: A Neurophysical Model of Mind/ Brain Interaction." *Philosophical Transactions of the Royal Society B: Biological Sciences* 360 (2005): 1309-27.

Schwartz, Jeffrey M., e S. Begley. *The Mind and the Brain: Neuroplasticity and the Power of Mental Force.* Nova York: HarperCollins, Regan Books, 2003.

Searle, John R. *Mind: A Brief Introduction.* Oxford: Oxford Univ. Press, 2004.

Smith, A., e C. Tart. "Cosmic Consciousness Experience e Psychodelic Experiences: A First-Person Comparison." *Journal of Consciousness Studies* 5, no. 1 (1998): 97-107.

Soeling, Casper, e Eckert Voland. "Toward an Evolutionary Psychology of Religiosity." *Neuroendocrinology Letters, Human Ethology & Evolutionary Psychology* 23, supl. 4 (dezembro de 2002).

426 O CÉREBRO ESPIRITUAL

Spiegel, Herbert, e David Spiegel. *Trance and Treatment: Clinical Use of Hypnosis*. Nova York: Basic Books, 1978.

Spilka, B., B. Hunsberger, R. Gorsuch, e R. W Hood, Jr. *The Psychology of Religion: An Empirical Approach*. 3a ed. Nova York: Guilford, 2003.

Stace, W. T *The Teachings of the Mystics*. Nova York: Macmillan, 1960.

Stove, David. *Darwinian Fairytales*. Aldershot, UK: Avebury, 1995.

Takahashi, T., T. Murata, T. Hamada, M. Omori, H. Kosaka, M. Kikuchi, H. Yoshida, e Y. Wada. "Changes in EEG e Autonomic Nervous Activity During Meditation e Their Association with Personality Traits." *International Journal of Psychophysiology* 55.2 (fevereiro de 2005): 199-207.

Temple, R. "Implications of Effects in Placebo Groups." *Journal of the National Cancer Institute* 95, nos. 1, 2-3 (1º de janeiro de 2003).

Teresa of Avila. *The Interior Castle*. Traduzido para o inglês por Mirabai Starr. Nova York: Riverhead, 2003.

Tierney, Patrick. *Darkness in El Dorado: How Scientists and Journalists Devastated the Amazon*. Nova York: Norton, 2000.

Underhill, Evelyn. *Misticismo: estudo sobre a natureza e o desenvolvimento da consciência espiritual do ser humano*. Curitiba: AMORC, 2002.

Van Lommel P. R. van Wees, V Meyers, umd I. Elfferich. "Near-Death Experience in Survivors of Cardiac Arrest: A Prospective Study in the Netherlands." *Lancet* 358 (2001): 20395.

Van Lommel, P. "About the Continuity of Our Consciousness." Em *Brain Death and Disorders of Consciousness*. Editado por Calixto Machado e D. Alan Shewmon. Nova York: Kluwer Academic / Plenum, 2004.

Vercors [Jean Bruller]. *You Shall Know Them*. Traduzido por Rita Barisse do original *Les Animaux Denatures*. Toronto: McClelland & Stewart, 1953.

Wackermann, Jiří, Christian Seiter, Holger Keibel, e Harald Wallach. "Correlations between Brain Electrical Activities of Two Spatially Separated Human Subjects." *Neuroscience Letters* 336 (2003): 60-64.

Wager, Tor D., James K. Rilling, Edward E. Smith, Alex Sokolik, Kenneth L. Casey, Richard J. Davidson, Stephen M. Kosslyn, Robert

M. Rose, e Jonathan D. Cohen. "Placebo-Induced Changes in fMRI in the Anticipation e Experience of Pain." *Science* 303, n. 5661 (20 de fevereiro de 2004): 1162-67.

Wallace, B. Alan. *The Taboo of Subjectivity: Toward a New Science of Consciousness.* Oxford: Oxford Univ. Press, 2000.

Wallach, Harald, e Stefan Schmidt. "Repairing Plato's Life Boat with Ockham's Razor: The Important Function of Research in Anomalies for Consciousness Studies." *Journal of Consciousness Studies* 12, no. 2 (2005): 52-70.

Wildman, Derek E., Monica Uddin, Guozhen Liu, Lawrence I. Grossman, e Morris Goodman. "Implications of Natural Selection in Shaping 99.4% Nonsynonymous DNA Identity Between Humans e Chimpanzees: Enlarging Genus *Homo.*" *Proceedings of the National Academy of Sciences* 100 (2003): 7181-88.

Wilson, David Sloan. *Darwin's Cathedral: Evolution, Religion, and the Nature of Society.* Chicago: Univ. of Chicago Press, 2002.

Wilson, Edward O. *Sociobiology.* Abridged ed. Cambridge, MA: Harvard Univ. Press, 1980.

_____. *Consilience: The Unity of Knowledge.* Nova York: Random House, 1998.

Índice Remissivo

"Absoluto Ser Unitário" (ASU), 305
Ackerman, Diane, 135
Adams, Douglas, 40
adaptação inclusiva, 257
Adler, Jerry, 24
Affolter, Rudi, 89
Alberts, Bruce, 25
Alister Hardy, 59
Allport, Gordon, 278, 291
alma, 21-24
Alper, Matthew, 56, 66-73, 76
altruísmo, 11, 28-31
American Heart Journal, sobre oração, 284-285, 287, 289
amígdala, 89-90, 166
Anderson, Alun, 182
Angier, Natalie, 78
animais, 369*n*30
antidepressivos, 277
aracnofobia, 169. *Ver também* fobia de aranha
área de Broca, 99-100, 134
ascetismo, 233
Associação Parapsicológica, 205
Astonishing Hypothesis, The, 11, 136
Ataque, convulsões, 92-94. *Ver também* epilepsia do lobo temporal (ELT)
ataques do *grand mal Ver* convulsões tônico-clônicos

ateísmo, 25
atividade de ondas beta, 310
Atkinson, Richard L., sobre o efeitos psi, 205
atores e neurociência, 286, 311-312
Aunger, Robert, sobre memes, 262-264
aura (epilepsia), 90, 97
autorregulação emocional, 158
Ayer, A. J. sobre sua EQM, 195 sobre os efeitos psi, 210-211

Bandura, Albert, 144
Barash, David P. sobre o livre-arbítrio, 273 sobre humanzés, 34-35
Barco Salva-Vidas de Platão, 213
Barnes, Carol, 300
Barry, Constance, 279
Barss, Patchen, sobre neuroteologia, 110
Base do Ser, 340
Baxendale, Sallie, 93
Beard, A. W, 97
Beauregard, Mario estudos carmelitas, 9-10, 312-321 sobre Inteligência Cósmica, 339 descobertas, 318-320 outros estudos de neurociência, 158-173 objeções ao seu trabalho,

430 O CÉREBRO ESPIRITUAL

308-312 física e neurociência não materialista, 215-216 *Ver também* neurociência não materialista
Beecher, Henry K., 275
Begley, Sharon, 265 sobre a Década do Cérebro, 134 sobre a mente criar o cérebro, 216
beguinas, 324
behaviorismo, 141
Bênção do Aeroporto de Toronto, 270
Benedetti, Fabrizio, 178
Bennett, William J., 132
Benson, Herbert, 283, 286 e estudos de meditação, 275, 277 sobre o efeito nocebo, 179
Bento XVI, 302
Benzon, William L., 263 sobre memes, 259
Berdyaev, Nicolas, 169
Berger, Peter, 226
Bergin, Allen, sobre espiritualidade e saúde, 278
Berlet, Chip, 293
Biology of Belief, The, 264
Blackmore, Susan, 122, 261 sobre tudo como sem sentido, 216 sobre o capacete de Deus, 114, 122, 127 sobre os memes, 259, 260-261, 263 sobre EQMs, 198-199
Blau, J. N., sobre o efeito placebo, 181
Bloom, Paul, sobre a alma, 197, 216
Boyer, Pascal sobre a origem da religião, 69 sobre religião, 254-255
Brant, Martha, sobre altruísmo, 290
Breaking the Spell [Quebrando o sortilégio], 16, 271
Brodie, Richard, 264 sobre religião, 265

Buchanan, Mark, 28
Bucke, Richard Maurice, 339
Buda, 70 sobre o nirvana, 243
budismo, 31, 230, 385n38
Buller, David J., 248 sobre psicologia evolucionária, 265-267
Bunting, Madeleine, sobre ateísmo, 272
Burkeman, sobre prece intercessora, 282
Burn, John, sobre determinismo genérico, 73
Burnes, Jerome, sobre o capacete de Deus, 120
Bush, George H. W, 131-132
Bush, Nancy, 195

campos magnéticos e espiritualidade, 101-130
capacete de Deus, 58, 60, 107-130 como ciência popular, 120-130 reavalição de Granqvist, 124-128
carismático, 233
carmelitas, 323-326, 330, 332
Cash, William, 195
Catarina de Gênova, 233
Catarina de Siena, 294, 332
causas, 57
Centre de Recherche a l'Institut Universitaire de Gériatrie de Montréal (CRIUGM), 307
Centre de Recherche en Neuropsychologie et Cognition (CERNEC), 262
cerebelo, 87
cérebro, 11, 63 antropomorfização do cérebro, 144 evolução do cérebro, 160, 186 Deus e cérebro, 60, 335-341 pesquisa histórica do cérebro 99-100 interação com a mente, 10, 11,

184-188 lobos ilustrados, 87 experiências místicas e cérebro, 316 plasticidade, 55, 133 fenômenos quânticos e cérebro, 56 função nas experiências espirituais, 338-339 Ver também estudos carmelitas; neurociência

ceticismo e o capacete de Deus, 128-129 e ciência popular, 120-124 ceticismo unidirecional, 204-205

Ciência e valores humanos, 242

Changeux, Jean-Pierre, 138 sobre Homem Neuronal, 146 sobre neuroplasticidade, 133

Cherokee, 71

Chesterton, G. K., 220

Cheyne, J. Allan, 362*n*17

chimpanzés híbridos humano-chimpanzé, 34-35 seres humanos e chimpanzés, 34-39 proposta de reclassificação, 35-36

Churchland, Patricia, 137

Churchland, Paul, 137 sobre o efeitos psi, 209

ciência popular, mídia de, 248. *Ver também* o capacete de Deus

ciência visões materialistas, 253-254, 261 mídia e ciência, 86 misticismo e ciência, 221-222 nova estrutura de referência, 340-341 espiritualidade e ciência, 51-56, 295-296

cientificismo, 246. *Ver também* materialismo

Cirurgia simulada, 177

Clark, Andy, sobre o eu, 216

Clark, Tom, sobre livre-arbítrio, 148, 149, 163

Cloninger, Robert, 74

Colbert, Jim, 47

Colligan, Sylvester, 177

computacionalismo, 144

conferência Além da Crença [Beyond Belief], 16

Conlon, Michael, sobre prece intercessora, 282

Connecte, Thomas,326

Consciência Cósmica, 339

consciência mística, 10, 234-235 *Ver também* experiências místicas

consciência, 135 consciência e universo, 322-323 consciência como ilusão de usuário, 22 linguagem descrevendo consciência, 150-151 visão materialista, 11-12 consciência mística, 10, 221-222, 229-230 visão não materialista, 339-340 quebra-cabeça de consciência, 139

Consilience (Coincidência), 250

construtivismo, 244-245

contemplação, contemplativos, 229, 304 *Ver também* freiras, estudos de imagens do cérebro

conversão, experiências de, 231-232 *Ver também* religião; espiritualidade

convulsões tônico-clônicas, 90

Copleston, Frederick, 196

corpo caloso, 89

córtex cingulado anterior (CCA), 161

córtex orbitofrontal (COF), 161

córtex parietal, 318

córtex pré-frontal dorsolateral (CPFDL), 161

Cotton, Ian, sobre o capacete de Deus, 113

Coyne, Jerry, sobre psicologia evolucionária (ou evolucionista), 31

Creative Loop, The (O Arco Criativo), 153

432   O CÉREBRO ESPIRITUAL

crença em Deus, 397n85. *Ver também* espiritualidade
crenças pré-históricas, 269
crianças e tristeza, 167-169 e espiritualidade, 241-242
Crick, Francis, 11, 136, 262 sobre darwinismo e o cérebro, 143 sobre adaptação vs. verdade, 155 sobre hábitos de pensamento, 151 sobre o eu, 146
crises psicogênicas, 94
cristianismo, 31. *Ver também* espiritualidade
cruzada anti-Deus, 16
cultos de carga, 352
cura à distância, 213. *Ver também* prece intercessora
cura pela fé vs. efeito psi, 213

D'Amboise, Frances, 325
D'Aquili, Eugene, 303, 305
dados, em ciência, 212
Daily Planet, 315
Dalai Lama sobre budismo e neurociência, 299 sobre ética, 301 sobre reencarnação, 302 papel na neurociência, 299-303
Damasio, Antonio e Hanna, 134
Darwin's Cathedral (Catedral de Darwin), 251
darwinismo, 121, 152-153
Darwinizing Culture, 263
Davidson, Richard, 301
Davies, Paul, sobre a sintonia fina do universo, 47
Dawkins, Richard, 16, 262, 264 sobre dúvidas em relação ao darwinismo, 28 sobre livre-arbítrio, 149-150, 216 e o capacete de Deus, 107-108 sobre o meme de Deus, 259 sobre memes, 260, 263 sobre mente,

28 sobre religião, 272 sobre genes egoístas, 256-258
Dawkins'God, 261
Day, Dorothy, sobre revolução do coração, 294
De la Fuente-Fernández, Raül, 175
De Waal, Frans B.M., sobre chimpanzés, 39
Década do Cérebro, 15, 131-132
Deep Blue, Junior, 42-43
Deep Thought [Pensador Profundo], 40
Delius, Juan, 262
Dembski, William, sobre materialismo, 49
Dennett, Daniel, 16, 136, 273 sobre livre-arbítrio, 148 sobre crença, 236 sobre cérebro, 158 sobre evolução da religião, 249 sobre adaptação vs. verdade, 155 sobre memes, 263 sobre a mente, 20, 22, 137 sobre os efeitos psi, 203 sobre religião, 271-273
depressão, 166-169, 239, 373n22, 393n22
Desafio à Blasfêmia [Blasphemy Challenge], 16
Descartes, René, sobre dualismo, 138, 139
design inteligente, 46-48
determinismo, 52-55
Deus, e o cérebro, 60, 309, 335-341 "circuito de deus", 99-104 *Ver também* misticismo *God Delusion, The* (Deus, um delírio), 16
Devinsky, Orrin, 97, 98
Dewhurst, Kenneth, 70
Diagnostic and Statistical Manual of Mental Disorders (Manual de diagnóstico e estatística de distúrbios mentais – DSM-111), 279

Diane, Ir., 191, 230, 304, 314 sobre
  experiência mística, 306, 311
Dionísio Areopagita, 227
Dirac, Paul, sobre indeterminismo
  quântico, 55
Direita cristã, 293
distúrbio obsessivo-compulsivo, 13,
  158-162
DNA, 36
dor e efeito placebo, 175-176
dualismo cartesiano , 138
Durkheim, Émile, 226

Eccles, John, 17, 138, 236
  sobre consciência, 139 sobre
  materialismo, 152 sobre
  materialismo promissório, 157
Ecklund, Elaine Howard, 295
economistas e religião, 296
Edelman, Gerald em consciência,
  153-154 sobre relacionamento
  mente-cérebro, 142 sobre
  misticismo, 235 sobre qualia, 154
Edge, o, 261-217
efeito nocebo, 179-181, 275,
  282-289,376n58 causas não
  mecânicas, 57
efeito placebo, 16, 65, 173-179,
  211, 275 e antidepressivos, 167,
  173-175 trabalho de Benson,
  274-278 uso por médicos, 182-
  185, 276 limitações, 177-178
  ideias equivocadas, 181-184
  descobertas da neurociência,
  175, 177-178 e neurociência não
  materialista, 14, 158 Ver também
  efeito nocebo
efeito Zeno quântico, 55, 56
Einstein, Albert, sobre misticismo,
  335
Electric Meme, The, 263, 264

eletrencefalografia quantitativa
  (EEGQ), 60 no Estudo 2 de
  Beauregard, 313
elétrons, 54-55
EMERs, 61, 104, 130 Ver
  também misticismo; religião;
  espiritualidade e patologia. 104
empatia, 396n65, 404n11
Encontro Mundial sobre Evolução,
  19-21
End of Faith, The, 13, 204-205
enteógenas, 239, 399-400n27
epilepsia do lobo temporal (ELT)
  características, 91, 92 e "chave de
  Deus", 99-104, e espiritualidade,
  84-105 como explicação para
  a espiritualidade, 12 cobertura
  da mídia, 85-86 interpretação
  excessiva, 94-98 trabalho de
  Ramachandran, 99-104 figuras
  religiosas, 94-98 opinião de Saver
  e Rabin, 87-90
epilepsia, 92-93, 99-104,
  356n16 Ver também epilepsia
  do lobo temporal (ELT)
epifenomenalismo, 137, 142
escala chamada EXIT, 126
espiritualidade de pacientes, 281.
  Ver também espiritualidade e
  saúde
espiritualidade dos médicos, 281.
  Ver também espiritualidade e
  saúde
espiritualidade e saúde, 241, 271-
  298, 337 crenças no efeito
  nocebo, 280 descobertas de
  pesquisas, 278-283 Ver também
  prece intercessora; explicações
  materialistas da espiritualidade
espiritualidade muçulmana, 243,
  297

espiritualidade, 17, 85 cultura e espiritualidade, 60, 242-243 como adaptação da evolução, subproduto, 249-256 resultados sociais, 291-98 ciência e espiritualidade, 51-56 espiritualidade vs. materialismo, 14, 33, 44-45, 322 *Ver também* espiritualidade e saúde

estados mentais, e saúde, 276. *Ver também* efeito placebo

estudo com freiras carmelitas, 9-10, 312-321

Estudo dos Efeitos Terapêuticos da Prece Intercessora (STEP, em inglês), 282-289

estudos de gêmeos, 76, 78-79

estudos de irmãos, 78-79

"Eu Tenho um Sonho," 144

evangélico, 233

evolução, 153, 265-266, 343-344n6 visão dos autores, 32 evolução do cérebro,160, 186 evolução da mente, 33-39 visão não materialista, 11 como religião, 246 teleológica, 186 *Ver também* psicologia evolucionária

evolução humana,19-20, 266. *Ver também* evolução

excitação erótica, 14, 163-165

experiência cultural e espiritual, 60

experiência de "renascer", 231-232

experiência extracorpórea ou fora do corpo (EEC), 193

experiências espirituais, 59-60, 322-323, 336-341 e o cérebro, 72, 338-339 como mudando vidas, 289-298 complexas, multidimensionais, 15, 319 e genes, 74-80 e religião, 226, 249 resultados sociais, 291-298 e epilepsia do lobo temporal (ELT), 84-105 quem as tem, 239-243, 336 *Ver também* experiências de renascer; materialismo; experiência místicas; misticismo; religião; espiritualidade

experiências místicas, 58-61, 123, 230-232 atividade cerebral, imagens da, 312 atividade cerebral, Estudo I, 312-313, Estudo da atividade cerebral 20, 312-314, características, 89-90, 224-225, 227-230 união mística, 229, 306, 315-321, gatilhos, 219-270 *Ver também* misticismo; espiritualidade

experiências quase-morte (EQMs), 15, 58, 188-203, 337 ressuscitação avançada, 15, 190-192 experiências angustiantes, 195-196 frequência, 192 mudanças de atitude essenciais, 194, 196, 197, 201 visão materialista, 197-200, 201 valor da pesquisa, 202

Faith Factor, The, 279

fé, 279-280 *Ver também* espiritualidade

Fehr, Ernst, sobre altruísmo, 32

fenômenos quânticos, 53-55, 211

Fenwick, Peter, 15, 58

Fenwick, Trent, 30

Ferris, Timothy, sobre indeterminação,54

Flew, Antony, 25

Flory, Richard, 122

fobia de aranha, 14, 169-173

fobias, 14, 170 *Ver também* fobia de aranha

Fodor, Jerry sobre reducionismo, 257 sobre genes egoístas, 256

Índice Remissivo

fórnice, 89
Francisco de Assis, 233, 337
Frazer, James George, 14, 70, 387n77
Fredkin Prize, 41
Freedom evolves (A Liberdade evolui), 273
freiras carmelitas, 15, 59, 307-309, 326-328, 330-331 Ver também estudo com freiras carmelitas
freiras franciscanas, 303-304
freiras, estudos de imagens do cérebro, 303-321
Freud, Sigmund, 14, 233
freudianismo, 256
Friedlander, Michael, sobre neuroplasticidade, 134
Fundação Templeton, 279, 283, 308 financiamento dos estudos de Beauregard, 10

Gallup, George H., Jr., sobre estatísticas, 292
Galton, Francis, sobre a origem da religião, 246
Gandhi, Mohandas, sobre a espiritualidade, 294
gânglios basais, 166
ganzfeld ("campo total"), 207
Garber, Paul, 37
Gates, Bill, sobre mente vs. computadores, 44
Gellman, Jerome, 230, 385n36 sobre misticismo, 234
gene de Deus, 10, 57 Ver também Hamer, Dean
genes egoístas, 256-260, 391n156
genes, 14, 260, 261 espiritualidade e genes, 73-81 Ver também memes; gene egoísta George, Jeremy, 195
gerador de números aleatórios (GNAs), 171

giro cingulado, 89
giro para-hipocampo, 89
Glenn, David, sobre religião e acadêmicos, 295
God Gene, The (O Gene de Deus), 57
God Is Not Great, 16
God: The Failed Hypothesis, 16
Goldberg, John, sobre ciência, 83
Gonzalez, Guillermo, 46-50
Goodall, Jane, 38
Goodenough, Ursula, sobre o efeitos psi, 209
Götzsche, Peter C., 181
Gould, Stephen Jay, 34-35
Granqvist, Pehr, et al, 124-128 sobre o capacete de Deus, 127
Grant, George, sobre liberdade, 149
Greeley, Andrew, 241
Greenfield, Amy Butler, 135
Greenfield, Susan, sobre consciência, 140
Greyson, Bruce, 15, 58, 195
Gross, Michael Joseph, 71
Grossman, Neal, sobre EQMs, 196, 201, 202, 203
Grupo para o progresso de registro psiquiátrico, 278
Gu, Jianguo, 302
guia do mochileiro das galáxias, O, 40

Hahn, Robert, sobre o efeito placebo, 173
Halgren, E., 118
Halpern, Mark sobre computadores, 144 sobre o Teste de Turing, 145
Hamer, Dean, 57, 65, 73-80, 249 sobre Deus, 73
Hannigan, John H., sobre reencarnação, 303 problema

difícil de consciência, 12, 139 *Ver também* consciência

Hardy, Alister, 231, 236-239, 289-291

Harris, Sam, 13, 16, 286 sobre os efeitos psi, 204

Harris, William, 283

Harth, Eric, 153-154

Hattersley, Roy, sobre espiritualidade e empatia, 291

Havel, Vaclav, sobre política, 39

Hawthorne, efeito de, 178

Hay, D., 240

Henry, Richard Conn, sobre misticismo, 220

Herbert, Nick, sobre consciência, 139

Herrick, C. J., sobre a mente, 137

Hercz, Robert, 120-121 sobre o capacete de Deus, 107, 110, 113, 117, 119, 124

Hilton, Walter, sobre visões, 233

hipocampo, 88-89

hipotálamo, 88-89

hipótese de tradução psiconeural, 185-188

Hitchens, Christopher, 16

Hitt, Jack, sobre o capacete de Deus, 113, 114, 116

Hofstadter, Douglas R., sobre os efeitos psi, 203

Holland, John, sobre limitações da IA, 43-44

Holmes, Bob, sobre o capacete de Deus, 107

homem natural vs. transcendência, 268-269

homem neuronal, 143, 144

Hood. R. M., 226

Hoods, escala de misticismo de, 126, 226, 315-319

Horgan, John, 77 sobre o cérebro, 132 sobre o controle da mente, 118-119 sobre almas, 215

Hróbjartsson, Asbjørn, 181

Hughes, John, sobre síndrome de Geschwind, 91 sobre epilepsia de figuras históricas, 92-94

humanzé, 34-35

Huxley, Aldous, sobre perenialismo, 244-245

Huxley, Thomas, sobre consciência, 143, 146

imagens por ressonância magnética funcional (IRMf), 60 nos estudos carmelitas de Beauregard, 311-313 limitações, 312 e excitação sexual, 163-165

imagens por ressonância magnética, 132 *Ver também* IRMf

incerteza (indeterminação), 54-55

inconsciente, 234

Ingram, Jay, 198 sobre o capacete de Deus, 114, 118, 127

Inteiramente Outra, 269

inteligência artificial (IA), 40-44, 347n61, 348n70 limitações, 144-145

interacionismo-dualista, 138

Inventário de Temperamento e Caráter (ITC),74

IRMf: *Ver* imagens por ressonância magnética funcional (IRMf)

Isaac, George, 277

islamismo e espiritualidade, 243, 297

James, William, 223, 231, 296-298 sobre evolução, 246 sobre consciência mística, 228-230 sobre misticismo como termo de maus-tratos e abuso sexual,

219 sobre místicos, 219 sobre personalidade e espiritualidade, 80 sobre devoção bem-sucedida, 264-265

Jeans, James, sobre o universo como o grande pensamento, 340

movimento de Jesus, 24

Joad, C.E.M., sobre religião, 321

Joana d'Arc, 94, 96-97

João da Cruz, 229, 329-330, 332 sobre experiência mística, 230 sobre visões, 233

Johnson, Phillip, sobre naturalismo, 21

Johnson, Samuel, sobre livre-arbítrio, 52

jornalismo, 122 *Ver também* mídia

Kasparov, Garry, 42

Keller, Julia C., sobre o capacete de Deus, 128

Khaldun, Ibn, 297

Khamsi, Roxanne, sobre o capacete de Deus, 124

King, Barbara J., 79

King, Martin Luther, 144

Kirsch, Adam sobre a escolha de acreditar, 268 sobre religião, 271-272 sobre religião e saúde, 272-273

Kluger, Jeffrey et al., sobre o conceito de Deus, 73

Koch, Christof., 142

Koenig, Harold, 279, 289 sobre prece intercessora, 283 sobre espiritualidade e saúde, 287

Kotsonis, Frank, sobre anedotas, 129

Krucoff, M. et al., sobre prece intercessora, 283

Kuhn, Thomas sobre paradigmas, 191 sobre realismo em ciência, 252-253

Kurzweil, Ray sobre máquinas conscientes, 141 sobre inteligência não biológica, 40, 41

Lambert, Craig, sobre homem econômico, 296

Lâmina de Ockham, 213

Larson, David, sobre espiritualidade e saúde, 278-282

Larson, Edward, 25

Lawrence, Raymond, Jr., 309

Leibniz, Gottfried, 244

lembrar, recordar, 311-312, 313

Lemonick, Michael, 142 sobre consciência, 134 sobre o eu, 146

Letters to a Christian Nation [Cartas a uma nação cristã], 16

Lévesque, Johanne, 164, 167

Levin, Jeff, 279

Lewis, C. S., 80, 129 sobre livre-arbítrio, 150 sobre amizade, 28

linguagem e misticismo, 227-230

livre-arbítrio, 11-12, 21-24, 51, 135, 147-150, 273, 371n64 e teoria quântica de Von Neuman, 57

lobo frontal, 87

lobo occipital, 87

lobo parietal inferior, 317

lobo parietal superior, 317

lobo parietal, 87

lobo temporal, 87 e experiência espiritual, 59, 103

Lucifer Principle, The, 264

Lucrécio, sobre materialismo, 52, 53

Lying Awake [Deitado acordado], 83, 104

macacos, e seres humanos, 33-39

Madre Teresa, 240

magia, 250, 351n106, 392n167

mal de Parkinson efeito placebo, 175, 176-177, 182, 184

Mansur, Salim, 297

Marks, Jonathan, sobre chimpanzés, 36, 38

Marx, Chico, 66

Maslow, Abraham, e experiências espirituais, 336-337

materialismo eliminativo, 137, 146

materialismo, 14, 121-124, 154, 273 e consciência, 139-142 dificultando pesquisa, 400-401n32 ideologia vs. provas, 13 e causas materiais, 52-55 na medicina, 276-277 e a mente,11, 22-24 e física moderna, 155 como filosofia monística 129-130 e consciência mística, 235 e EQMs, 202-203 oponentes na ciência, 45-50 e o efeito placebo, 181-182 materialismo promissório, 45 e efeitos psi, 208-210 e qualia, 135-139 e espiritualidade, 44-45, 273, 322 suas fraquezas, 15, 50, 152-156 Ver também mente, visões materialistas; problema mente-cérebro

Matthews, Dale, 279, 280, 283

May, Gerald, 329

McCarthy, Susan, sobre o efeito placebo, 183

McCrone, John, 204

McGrath, Alister sobre memes, 261 sobre religião e saúde, 271

McGrew, Tim, sobre xadrez de computador, 43

McIlroy, Ann, sobre estudos carmelitas, 312

mecânica quântica, 210 e consciência, 138

mecanismo, 139-142, 155

medicina e espiritualidade, 276-277 Ver também efeito placebo; espiritualidade e saúde

medicina mente-corpo, 276. Ver também espiritualidade e saúde

medicina psicossomática, 276

meditação, 229, 239, 276-277, 301-302

meditadores budistas, 303-304

memes, 259-265 explicados, 259 e EQMs, 198-199

Mendel, Gregor, 261

mentalês, 186

mentalismo, 138

mente humana. Ver mente

mente, 22-24, 134, 135 evolução da mente, 33-39 interação com o cérebro, 10, 184-188 linguagem usada, 150-151 visões materialistas, 13-14, 58 problema mente-cérebro, 51-53, 136-137 mente mudando o cérebro, 158-173 mente como ilusão, 11 mente como causa não material, 58 leitura da mente, 118-119, 154 visão não materialista 11, 13, 339-340. Ver também qualia

Meredith, George, 33

Merton, Robert K., sobre ceticismo, 121

Merton, Thomas, sobre ativismo, 295

metáfora "executivo central", 144

Metzinger, sobre livre-arbítrio, 216

Michelson e Morley, 210

Midgley, Mary, sobre genes egoístas, 256

mídia, 86, 122 e estudo das freiras carmelitas, 314 e psicologia evolucionária, 248 e capacete de Deus, 116-118 e Michael Persinger, 112-124, 126-129

Índice Remissivo 439

sobre espiritualidade, 85-86, 88-89 *Ver também Newsweek*; *Time Magazine*

milagres, 212

Miller, Laurence, 100

Minsky, Marvin sobre mente, 52 sobre computadores feitos de carne, 44

misticismo experiência do autor, 9-10 cultura e misticismo, 60, 233, 242-243, 294-298 e realismo factual, 253 estudo formal, 223-230 e idealismo, 233 e linguagem, 227-230 ideias errôneas, 232-236 místicos comparados a cientistas, 221-222 origem do termo, 220 paradoxo, 333 tecnologias, 310 tipos, 220-221 como meio de conhecimento, 220-221, 294

Moody, Raymond, 194

Moore, Thomas J., sobre o efeito placebo, 173

Morgan, Elaine, sobre evolução humana, 39

Morisy, A., 240

Morowitz, Harold J., 151 sobre emergência, 152 sobre materialismo, 152, 155-156

morte clínica, 190, 191

morte culturas antigas e morte, 70-71 medo da morte, 193 *Ver também* experiências quase-morte (EQMs)

morte vodu, 180

"munido de fiação," 250

Murphy, Todd, 120-122

Mysticism (Misticismo), 225

Mysticism and Philosophy, 225

naturalismo, 343n1

National Academy of Science, 25

Nature, sobre Dalai Lama, 301

neandertaleses, 25, 32

Nelkin, Dorothy, 77-78

neurociência estado atual da neurociência, 21, 132-139 e misticismo, 61, 309-311 neurociência materialista, 22, 129 e livre-arbítrio, 22, 129 *Ver também* materialismo; neurociência, neurociência não materialista

neurociência, neurociência não materialista vantagens, 217 e neurociência materialista, 9-10 não materialismo vs. antimaterialismo, 215-217 esboço, 56-61 pioneiros, 17 aplicações práticas, 158-172 autorregulação de emoções, 158 três afirmações essenciais, 17

neurocientistas, 132 *Ver também* neurociência

neuronês, 186

neurônio, 143-146 neurônios e pensamentos, 184-186

neuroplasticidade, 133

neuroteologia, 248

Newberg, Andrew, 303-305, 398n19 sobre chimpanzés, 38 e modelo de patologia, 305 sobre a realidade da autotranscendência, 303

Newsweek, "A espiritualidade na América", 24

Newton, Isaac, sobre a matéria, 53

nocebo, 179 sobre o efeito placebo, 173-174, 178 sobre espiritualidade e saúde, 273, 274-278 *Ver também* prece intercessora

noite escura da alma, 229

núcleo caudado, 166

Nuland, Sherwin B., sobre EQMs, 196

numinoso, 268-269

o dualismo da substância, 138

o eu, 22-23, 134-135 abolição do eu, 231 linguagem usada, 150-151 visão materialista, 143, 146-147 visão não materialista, 339-340

O'Malley, Martin, sobre o efeito placebo, 183

objetividade, 122-123 Ver também mídia

observação objetiva, 164, 167, 168-169

Orr, Robert, 277

Otto, Rudolf, 228

ouvir vozes, 233

Paquette, Vincent, 9, 10, 59, 104, 306, 315

paranormal. Ver efeitos psi

parapsicologia, 212

Parnia, Sam, 15, 58

Parte divina do cérebro , A, 56, 67-68

patologia e EMERs, 104

Paul, Gregory S., sobre religião e sociedade, 292-293

Paulo o Apóstolo, 95, 233, 337

Paulson, Steve, 250-251

Penfield, Wilder, 17, 58, 139

pentecostalismo, 24, 233

percepção extrassensorial, 13

perenialismo, 244-245

Perfect Red, A, 135

Persaud, Raj, sobre o capacete de Deus, 107

Persinger, Michael, 58, 105 suas descobertas, 11-112, 117 o capacete de Deus, 107-130 mídia de ciência popular, 112-124,

126, 129 e Richard Dawkins, 107-110

Personalidade e epilepsia do lobo temporal, 88, 89, 90-92

Pert, Candace, 186

pesquisas de opinião pública sobre religião, 24

Peterson, Greg, 143 sobre o cérebro, 131, 132-133

Petrovic, 176

Pettit, Paul, 26

Phillips, Helen, sobre consciência, 136

Pinker, Steven sobre consciência, 12, 143 sobre a morte, 15 sobre adaptação vs. verdade, 155 sobre livre-arbítrio, 12, 148-149 sobre a mente, 22, 144 sobre genes egoístas, 256

ponto de Deus, 10, 58, 316

Popper, Karl, 135, 139 sobre materialismo promissório, 45

Posner, Gary P., 288-289

pragmatismo, 223

prece intercessora, 282-289 questões das pesquisas atuais, 287-288 efeito placebo vs. prece, 285-286 restrições ao estudo de Efeitos Terapêuticos da Prece Intercessora (STEP, em inglês), 287-288

prece, 213, 239, 307 prece e saúde, 282 Ver também prece intercessora

pré-frontal, cortex, 161

presença sentida, 110-113, 362-363n23, 364n44

promissório, materialismo, 135, 146, 154 na vida acadêmica, 46-48 e uso da linguagem, 150-151 e filosofia monística, 50

Provine, sobre almas, 216

Índice Remissivo

psi, efeitos 13, 15, 158, 203-215
como de baixo-nível, 206-207 e
materialismo, 208-210 contexto
da ciência, 210-213 valor de
estudo, 215-216
psicocinesia, 208
psicodélicos, 239
psicologia evolucionária, 16, 27-
28 sobre altruísmo, 28-32 sobre
espiritualidade, 14, 26, 68-83,
245-270 previsões testáveis, 265-
266 fraquezas, 338
psiconeuroimunologia (PNI, em
inglês), 186
psiquiatria, 26, 336
putâmen, 166

QEEG. *Ver* eletrencefalografia
quantitativa (EEGQ)
qualia, 135-139
Questionário sobre Mudança de
Vida, 197

Rabi'a of Basra, sobre Deus, 243
Rabin, John, 57, 84, 87-90, 94, 98,
199-200
Radin, Dean sobre consciência,
143 sobre a mente, 210 sobre
místicos, 221 sobre o efeito
placebo, 173 sobre o efeitos psi,
204, 207, 210 sobre pesquisa psi,
210-212
raiz de todo mal?, A, 272
Ramachandran, V. S., 57, 99 sobre
a mente, 83 sobre "pacote de
neurônios", 216
Randi, James, 206
Raymo, Chet, 77
Raynes, Brent, 121
razão, 253-254
reação eletrodérmica (EDR), 102-
103

rede psicossomática, 186
reencarnação, 300, 302
Reich, K. Helmut, sobre
espiritualidade, 293
relatividade, 210
religião, 24, 61-62, 394n36
altruísmo e religião, 291-293
definida, 85 visão da psicologia
evolucionária, 68-71, 246-270
como meme, 259-266
religião e saúde, 271-298 religião e
espiritualidade, 249-250 estudo
da religião, 226-227
Religious Experience Research Unit
(RERU), 59, 237
Renninger, Suzanne-Viola, sobre
altruísmo, 32
Reynolds, Pam, 58, 188-190, 192
Rhodes, Ron, sobre EQMs, 200
Ring, Kenneth, 58
Robinson, Daniel N. sobre
materialismo, 152 sobre
materialismo promissório, 157
Robinson, Edward, 241-242
Rohrbach, Peter-Thomas, 324, 328
Rose, Hilary, sobre determinismo
genético, 76
Rossetti, Zvani, sobre a palestra de
Palestra de Dalai Lama, 299
Russell, Bertrand, 48 sobre livre-
arbítrio, 51 sobre misticismo, 232
sobre desespero inflexível, 45

Sabom, Michael, 194, 197
Sagan, Carl, 151 sobre a mente
do chimpanzé, 36 sobre mentes
máquinas, 42 sobre mente, 157
sobre os efeitos psi, 207
sagrado, 268-269
sagrado, O, 228, 268
Salzman, Mark, 83-84, 104,
360n73

442   O CÉREBRO ESPIRITUAL

Saver, Jeffrey, 57, 84, 87-90, 94, 98 sobre EQMs, 199-200

Sawyer, Robert J., 35, 41, 44 sobre desígnio inteligente, 47

Scheitle, Christopher P., 295

Schmidt, Stefan, 212-213 sobre o papel crucial de dados, 212

Schonfeld, Janis, 174

Schwartz, Jeffrey M., 56, 57 sobre a Década do Cérebro, 134 sobre o controle da mente sobre o cérebro, 158 sobre a mente criar o cérebro, 216 distúrbio obsessivo-compulsivo, 13, 158-163

Scruton, Roger, sobre religião, 268, 272

Searle, John, sobre IA vs. mente, 41, 44

secularização, 226, 384n26

seleção natural, 253-254 Ver também evolução

Selzer, Richard, 144

sensibilidade lobo-temporal, 109, 117-118 Ver também capacete de Deus; Persinger, Michael

ser humano, como terceiro chimpanzé, 34-35

seres humanos como reações químicas, 73 e mídia de ciência, 76-77 sobre espiritualidade, 65, 73 sobre transcendência, 74

Shermer, Michael, sobre evolução, 247

Sherrington, Charles, 17, 236 sobre a mente e o cérebro, 184

Shirky, sobre livre-arbítrio, 216

Sider, Ron, sobre materialismo popular, 291

Silber, Kenneth, sobre mentes de computador, 43

síndrome de Geschwind, 91-92

síndrome do "membro fantasma", 133 sobre qualia, 135 sobre crença religiosa, 99 sobre o eu, 143, 146-147 trabalho de ELT, 24, 99-109

sistema límbico, 88-89

Skinner, B. F., sobre ambiente controlado, 141

Smith, Allan, 221

Smith, David Livingstone sobre mundo natural, 216

sobre o eu, 146-147

sobrenatural, 214-215

Sociedade de Neurociência, 299-303

Sociobiologia, 250

sociologia da religião, 226

Soeling, Casper, sobre misticismo, 251

Sofer, Tamar, sobre religião, 321

SPECT, 304

Sperry, Roger, 138

Spetzler, Robert, 189

Spiritual Nature of Man, The, 59, 242

St. Louis, Eric K., 104

Stace, W. T., 225, 231 sobre misticismo, 220, 225 sobre visões, 274

Stanovich, Keith E., sobre os genes egoístas, 256

Stapp, Henry, 56

Stark, Marg, 177 sobre o efeito placebo, 173 sobre religião e saúde, 274

Stein, Edith, 331

Stenger, Victor J., 16

Sternberg, Richard, 48-49

Steyn, Mark, 29

Stout, Hope, 290

Stove, David sobre evolução humana, 266 sobre religião e sexo, 258

Índice Remissivo

Sudbury, 116
sugestionamento psicológico, 116, 117, 122, 128
sugestionamento, 116, 122, 128
suicídio, 195
Summers, Larry, sobre gênero, 216
Sussman, Robert, 37
Suzman, Richard, 277

Tagore, 231
tálamo, 88-89
Teachings of the Mystics, The, 225
telecinese, 13, 203, 382n159
telepatia, 13, 203, 207-208, 213
Tellagen, escala de absorção de, 126
temor, 269
Temple, Robert J., 177
teoria da identidade psicofísica, 137-138
terapia de comportamento cognitivo, 170-173
Teresa d'Ávila, 94, 97, 233, 326-328, 329, 332 sobre registro de experiências místicas, 309 e ELT, 84
Teste de Turing, 41, 144-145
Theta, atividade de onda, 310, 320, 401n36
Thérèse de Lisieux, 94, 97, 332
Thompson, W Grant, sobre o efeito placebo, 181 ideias, 185-186
Thurman, Robert, sobre gene da espiritualidade, 75
Tighe, Gwen, 89
Time Magazine, "Deus está morto?", 24, 73-74
Timeless Medicine, 276
tomografia computadorizada por emissão de fóton individual (SPECT, em inglês), 304
tomografia por emissão de pósitron (PET), 132, 160, 162

Tononi, Giulio consciência, 153 sobre relação mente-cérebro, 142 sobre misticismo, 235 sobre qualia, 154
transcendência do eu, 74, 75-76
transcendência, 74, 75-76
transportador de monoamina vesicular (VMAT2, em inglês), 76, 78
tristeza, 13, 168-169
Trivers, Robert, 29
Tucker, Liz, sobre espiritualidade, 85
Turcotte, Jean-Claude, 308
Turing, A.M., sobre os efeitos psi, 203

Umipeg, Vicki, 194
Underhill, Evelyn, 123, 223, 231 sobre misticismo, 219, 243, 246, 294-295, 306 sobre misticismo e linguagem, 228 sobre origem da espiritualidade, 31 sobre pesquisa de misticismo, 310 *Ver também* misticismo
união com Deus, 103 *Ver também* unio mystica
unio mystica, 59, 229, 315-321 *Ver também* freiras, estudos de imagens do cérebro

van Lommel, Pim, 15, 58, 190, 197-198, 201 morte após EQM, 202 vida após EQM, 188, 196 estudos de quase-morte, 191-194
van Ruysbroeck, 231
variedades da experiência religiosa, As, 223
vida depois da vida, A, 194
Virus of the Mind, 264
vírus, religião como vírus, 260 vírus da mente, 263-266

visão cega, 378n96
visão da mente, 378n95
visões, 233
VMXT2. *Ver* transportador de monoamina vesicular (VMAT2)
Voland, Eckert, sobre misticismo, 251
Von Neumann, interpretação de quantum de, 56, 57
vontade, 22-23 *Ver também* livre-arbítrio
vozes, 233

Wackermann, Jiří, 208, 262
Wallace, B. Alan sobre consciência, 131, 140, 223 sobre materialismo, 152 sobre mecanismo, 155 sobre experiências quase-morte, 188
Wallach, Harald sobre papel crucial de dados, 212 sobre ciência não materialista, 213 sobre espiritualidade, 293
Watson, James, 261
Watson, Peter, 151
Weinberg, Steven sobre Deus como conto de fadas, 216 sobre religião, 321 Wernicke, área de, 99-100, 134

Wieseltier, Leon sobre independência da razão, 254 sobre religião, 272
Wills, Polly, 65
Wilson, David Sloan sobre adaptação, 252 sobre religião, 252-254
Wilson, Edward O., 67 sobre altruísmo, 290 sobre mente, 22 sobre seleção natural, 247 sobre origem da religião, 246 sobre religião, 67 sobre religião como munida, 250
Wingert, Pat, sobre altruísmo, 290
Witham, Larry, 25
Wolfe, Tom, 22-23 sobre darwinismo, 48 sobre lítium, 174-179 sobre alma, 172
Woodward, Colin, 17
Wyman, Robert, sobre Palestra de Dalai Lama, 299

X3dFritz, 42
xadrez, 41-43
xamanismo, 250

Zimmer, Carl, sobre gene de Deus, 77, 80
Zoológico de Londres, 65-66

Este livro foi composto na tipografia
Classical Garamond, em corpo 11/14,3, e impresso em
papel off-white no Sistema Digital Instant Duplex
da Divisão Gráfica da Distribuidora Record.